普通高等教育"十一五"国家级规划教材
国 家 精 品 课 程 配 套 教 材
国家级精品资源共享课程配套教材

21世纪大学本科计算机专业系列教材

丛书主编 李晓明

算法设计与分析

（第3版）

屈婉玲 刘田 张立昂 王捍贫 编著

清华大学出版社
北 京

内 容 简 介

本书为高等学校计算机类专业核心课程"算法设计与分析"教材.全书以算法设计技术和分析方法为主线来组织各知识单元.主要内容包括基础知识、分治策略、动态规划、贪心法、回溯与分支限界、线性规划、网络流算法、算法分析与问题的计算复杂度、NP完全性、近似算法、随机算法、处理难解问题的策略等.力求突出对问题本身的分析和求解方法的阐述,从问题建模、算法设计与分析、改进措施等方面给出适当的建议,同时也简要介绍了计算复杂性理论的核心内容和处理难解问题的一些新技术.

与本书配套的有习题解答与学习指导用书、PPT电子教案以及MOOC视频教学资源等.

本书适合作为高等学校计算机科学与技术、软件工程、信息安全、信息与计算科学等专业本科生和研究生的教学用书,也可以作为从事实际问题求解的算法设计与分析工作的科技人员的参考书.

图书在版编目(CIP)数据

算法设计与分析/屈婉玲等编著.—3版.—北京:清华大学出版社,2023.1(2025.2重印)
21世纪大学本科计算机专业系列教材
ISBN 978-7-302-61239-1

Ⅰ.①算… Ⅱ.①屈… Ⅲ.①电子计算机－算法设计－高等学校－教材 ②电子计算机－算法分析－高等学校－教材 Ⅳ.①TP301.6

中国版本图书馆CIP数据核字(2022)第110239号

责任编辑:张瑞庆
封面设计:常雪影
责任校对:郝美丽
责任印制:宋 林

出版发行:清华大学出版社
　　　网　　址:https://www.tup.com.cn,https://www.wqxuetang.com
　　　地　　址:北京清华大学学研大厦A座　　　　邮　　编:100084
　　　社 总 机:010-83470000　　　　　　　　　邮　　购:010-62786544
　　　投稿与读者服务:010-62776969,c-service@tup.tsinghua.edu.cn
　　　质量反馈:010-62772015,zhiliang@tup.tsinghua.edu.cn
　　　课件下载:https://www.tup.com.cn,010-83470236
印 装 者:三河市人民印务有限公司
经　　销:全国新华书店
开　　本:185mm×260mm　　　印　　张:19.75　　　字　　数:481千字
版　　次:2011年5月第1版　2023年1月第3版　　印　　次:2025年2月第7次印刷
定　　价:59.50元

产品编号:097216-01

第 3 版前言

普通高等教育"十一五"国家级规划教材《算法设计与分析(第 2 版)》已经出版 6 年了. 在这 6 年里,计算机科学技术又有了新的发展,各种新的技术和算法层出不穷. 然而万变不离其宗,各种新的算法依然是建立在各种经典算法技术的基础上,最新的算法技术往往是对各种已有算法技术的组合和改进. 掌握了本书所介绍的各种经典算法技术之后,在学习理解新的算法技术时,或者在学习掌握各领域内的专门算法时,可以事半功倍.

本次修订对第 2 版的内容未作大的改动,除了订正一些错误,以及对文字做了进一步的精细加工外,主要在第 11 章中新增最后一节,介绍了姚的极小极大原理,并补充了相应的习题. 姚的极小极大原理是证明随机算法复杂度下界的主要工具,在各种随机算法模型下都有着广泛应用.

本次修订主要由刘田完成. 对广大读者提出的宝贵建议和意见,以及清华大学出版社的大力支持,我们一如既往地表示衷心的感谢!

作 者

2022 年 6 月于北京大学

第 2 版前言

作为普通高等教育"十一五"国家级规划教材,《算法设计与分析》出版已经近 5 年了. 在这 5 年的时间里,大数据、云计算、"互联网+"等新领域、新问题、新应用层出不穷,许多问题求解都离不开问题的建模和算法的设计与分析.

这次修订保持了第 1 版原书的基本结构、主要内容与写作特色,仍旧以算法设计技术为主线来组织素材. 考虑到线性规划与网络流问题在实践中的广泛应用,本书增加了两章(第 6、7 章)内容,并在第 9 章中增添了整数线性规划的 NP 完全性证明. 此外,补充了部分习题,并对原书的某些疏漏之处进行了更新.

与本书同步更新的还有教学辅导用书《算法设计与分析习题解答与学习指导(第 2 版)》、PPT 电子课件,本书 MOOC 视频教学资源也将于近期完成.

本书第 1 章至第 4 章由屈婉玲完成,第 5 章和第 8 章由王捍贫完成,第 6 章、第 7 章、第 9 章和第 10 章由张立昂完成,第 11 章和第 12 章由刘田完成. 对广大读者所提出的建议和意见,我们表示衷心的感谢!

作 者

2015 年 11 月于北京大学

第 1 版前言

作为问题求解和程序设计的重要基础,"算法设计与分析"在高等学校计算机科学与技术专业的课程体系中是一门重要的必修课. 通过该课程的学习,不但为学习其他专业课程奠定了扎实的基础,也对培养学生的逻辑思维和创造性有着不可替代的作用. ACM IEEE *Computing Curricula 2004* 与我国教育部高等学校计算机科学与技术专业教学指导委员会提出的《计算机科学与技术专业规范》都把该课程列入相关专业的核心课程之一. 纵观计算机学科数十年发展的历史,算法与计算复杂性理论一直是计算机科学研究的热点和活跃领域,也是获得图灵奖最多的研究领域之一. 面对计算机应用领域的大量问题,最重要的是根据问题的性质选择正确的求解思路,即找到一个好的算法. 特别在复杂的、海量信息的处理中,一个好的算法往往起着决定性的作用.

目前已经出版了许多算法教材,各有特色. 作为普通高等教育"十一五"国家级规划教材,我们在多年从事算法设计分析及计算复杂性理论的教学和研究的基础上,精心选材,完成了本书的写作. 本书的主要特点是:

(1) 以算法设计技术为主线来组织素材,深入分析各种设计技术的适用范围、设计步骤、算法的正确性证明与复杂度的分析方法、算法改进的途径、局限性等. 与通常的算法与数据结构教材有所不同,本书不过多地关注实现细节,算法描述采用伪码,力求突出对问题本身的分析和求解方法的阐述,从问题建模、算法设计与分析、改进措施等方面给出适当的建议,为从事实际问题的算法设计与分析工作在理论上提供清晰的、整体的思路和方法.

(2) 从对具体算法的设计技术与分析方法,自然过渡到对问题难度的分析和界定. 这里处理的不是一个具体的算法,而是对求解该问题的一大类算法的评价和分析,是对问题本身计算复杂度的估计. 基于这种分析,就能回答"求解该问题的最好算法是什么"和"它能好到什么程度"等问题,从而为选择最好的算法给出依据. 一般的算法教材涉及这方面的知识比较少,本书比较系统地介绍了一些关于问题复杂度的分析方法.

(3) NP 完全理论是计算复杂性理论的核心内容,其中"**P≠NP**"问题是 21 世纪最重要的数学难题之一. 计算复杂性理论关注的不仅仅是某个具体问题,而是希望了解每一个问题在计算难度的层次结构中到底处于什么位置,不同问题的难度之间有什么关系. 本书力求用清晰易懂的语言,对计算复杂性理论的核心内容和针对难解问题的处理策略加以简单的介绍,希望为从事复杂问题求解的读者提供一点帮助.

(4) 本书的素材来自多年的教学积淀,选材适当,组织合理,首先引入基本概念和数学基础知识,然后进入算法设计与分析的核心内容. 在叙述中不但注意理论的严谨,也精选了大量生动有趣的例子. 每章都配有难度适当的练习,适合教学使用.

全书共 10 章,第 1 章是基础知识,介绍和算法设计与分析有关的基本概念、符号和数学知识;第 2 章至第 5 章分别阐述分治策略、动态规划、贪心法、回溯与分支限界等算法设计技术;第 6 章介绍算法分析与问题的计算复杂度;第 7 章是 NP 完全性理论;第 8 章是近似算法;第 9 章是随机算法;第 10 章介绍处理难解问题的策略.

本书既可以作为本科生教材,也可以作为研究生教材. 对于本科生教学,建议讲授第 1 章至第 6 章的全部内容,第 7 章至第 10 章可根据情况选择部分内容做一些概括性的介绍. 研究生教学可以选择第 1 章至第 9 章的全部内容,第 10 章可根据情况选讲. 此外,对于从事实际问题求解的研究工作者,本书也可以作为一本算法设计与分析的入门参考书.

为了更好地为使用本教材的读者服务,作者正在撰写和开发与本教材配套的教学辅导书和 PPT 电子教案.

本书的第 1 章至第 4 章由屈婉玲完成,第 5 章和第 6 章由王捍贫完成,第 7 章和第 8 章由张立昂完成,第 9 章和第 10 章由刘田完成.

在编写过程中,作者参考了国内外多种版本的算法设计与分析以及计算复杂性方面的教材、论文和专著,从中吸取了一些好的思路和素材,在此一并向有关作者致谢. 特别感谢李晓明教授审阅了初稿并提出了宝贵意见,感谢清华大学出版社对本书出版的大力支持. 我们期待着广大读者,特别是使用本书的教师和学生对本书的批评、指正和建议.

作 者

2010 年 11 月于北京大学

目　录

CONTENTS

第 1 章

基础知识

1.1 有关算法的基本概念

对于给定的问题,一个计算机算法就是用计算机求解这个问题的方法. 一般来说,算法由有限条指令构成,每条指令规定了计算机所要执行的有限次运算或者操作. 下面先看几个具体例子.

例 1.1 有 n 个客户带来 n 项任务等待在一个机器上加工,这些任务记为 $1,2,\cdots,n$. 设第 j 项任务的加工时间是 $t_j,j=1,2,\cdots,n$. 一个可行的调度方案是 $1,2,\cdots,n$ 的一个排列 $i_1,i_2,\cdots,i_n$. 对于排在第 j 个位置的任务 i_j,这个客户所需要等待的时间是任务 i_j 本身的加工时间与排在它前面的所有任务加工时间之和,即 $T(i_j)=t_{i_1}+t_{i_2}+\cdots+t_{i_{j-1}}+t_{i_j}$. 而所有客户的总等待时间就是每项任务的等待时间之和. 为了使得尽可能多的客户满意,我们希望找到使得总等待时间最少的调度方案.

为了完成算法的设计与分析,需要用数学语言将这个问题加以形式化描述. 首先分析总等待时间的构成:第 1 项任务只需要等待自己的加工时间,第 2 项任务需要等待前两项任务的加工时间……第 n 项任务需要等待所有 n 项任务的加工时间. 因此,在总等待时间的计算公式中,第 1 项任务的加工时间出现 n 次,第 2 项任务的加工时间出现 $n-1$ 次……第 k 项任务的加工时间出现 $n-k+1$ 次. 因此,这个调度问题可以描述如下.

问题:给定任务集合 $S=\{1,2,\cdots,n\}$,$\forall j\in S$,加工时间 $t_j\in\mathbf{Z}^+$,$\mathbf{Z}^+$ 为正整数集合,求 S 的排列 $i_1,i_2,\cdots,i_n$ 使得 $\sum_{k=1}^{n}(n-k+1)t_{i_k}$ 最小.

一种可能的想法就是"加工时间短的任务先做". 把任务按照加工时间的递增顺序排序,即如果 $i<j$,那么 $t_i\leqslant t_j$. 然后按照标号从小到大的顺序进行加工. 例如,给定 $S=\{1,2,3,4\}$,$t_1=5,t_2=20,t_3=3,t_4=15$. 那么这种加工顺序就是 $3,1,4,2$. 按照这种顺序的总等待时间 $T=3\times4+5\times3+15\times2+20=77$.

以上设计的算法是一种贪心算法. 我们需要考虑的问题是:

(1) 如何一步一步地给出这个算法的清晰描述?

(2) 这个算法是否对所有有效的输入都能得到正确的解? 如果能,怎样证明? 如果不能,能否举出反例?

我们还可以进一步考虑,什么类型的问题叫以使用贪心算法的设计技术? 如果对某些问题,贪心算法不能得到正确的解,还有没有其他设计技术? 回答这些问题涉及算法的描述、算法的设计技术、算法的正确性证明等,这些都与算法设计与分析领域的基本理论及方法相关. 它们构成了这本书的主要内容.

2

    例 1.2   排序问题是大家熟悉的问题,已经存在的排序有插入排序、冒泡排序、选择排序、快速排序、堆排序等多种算法. 其中,哪些算法的运行效率更高? 是否存在更好的算法? 为解决这些问题,需要对算法的运行效率给出科学的量化定义——算法在最坏情况和平均情况下的时间复杂度,并给出计算这两种时间复杂度的方法. 例如,上述排序算法中插入排序与冒泡排序都是 $O(n^2)$①时间的算法,而快速排序在最坏情况下是 $O(n^2)$ 时间的算法,平均情况下是 $O(n\log n)$ 时间的算法. 堆排序在两种情况下都是 $O(n\log n)$ 时间的算法. 这些都是针对一个给定算法的分析工作. 是否存在更有效的算法则涉及对问题难度的界定,与一个具体算法的分析相比,这是不同层次的问题. 问题难度是由问题本身的内在性质决定的,与求解它的具体算法无关. 希望能对问题难度给出界定,从而为设计与评价相关的算法提供可靠依据.

    遗憾的是,目前只有少量问题得到了有关难度下界的分析结果. 例如排序问题,已经证明了对于 n 个元素进行排序,任何基于元素比较运算的算法在最坏及平均情况下一定对某个输入至少要做 $\Omega(n\log n)$②次比较. 这说明在这个算法类中不可能找到时间复杂度比 $O(n\log n)$ 更好的排序算法(对某些特定数组的排序,如果算法的运算不限于元素之间的比较,则存在更好的算法),这也意味着现有的某些算法已经是求解排序问题的最有效的算法.

    有关算法以及问题复杂度的分析也是本书的主要内容.

    例 1.3   货郎问题   设有 m 个城市,已知其中任何两个城市之间(不经过第三个城市)道路的距离. 一个货郎需要到每个城市巡回卖货,他从某个城市出发,每个城市恰好经过一次,最后回到出发的城市. 问怎样走使得总的路程最短?

    首先建立问题的数学模型.

    问题:有穷个城市的集合 $C=\{c_1,c_2,\cdots,c_m\}$,距离 $d(c_i,c_j)=d(c_j,c_i)\in \mathbf{Z}^+,1\leqslant i<j\leqslant m$.

    求 $1,2,\cdots,m$ 的排列 $k_1,k_2,\cdots,k_m$,以求得最小值

$$\min\left\{\sum_{i=1}^{m-1}d(c_{k_i},c_{k_{i+1}})+d(c_{k_m},c_{k_1})\right\}$$

下面给出问题的一个实例,即

$$C=\{c_1,c_2,c_3,c_4\},\quad d(c_1,c_2)=10,$$
$$d(c_1,c_3)=5,\quad d(c_1,c_4)=9,$$
$$d(c_2,c_3)=6,\quad d(c_2,c_4)=9,\quad d(c_3,c_4)=3$$

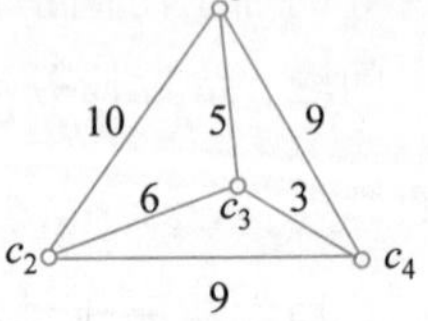

图 1.1 货郎问题的实例

    这个实例也可以用图来表示,如图 1.1 所示. 上述问题就是著名的货郎问题. 使用图论的术语,这个问题可以表述为:如何在带权完全图 G 中找一条最短哈密顿(Hamilton)回路.

    假定从 c_1 出发,一种可行的算法就是穷举所有可能的排列 $i_1=1,i_2,\cdots,i_m$(代表旅行路线 $c_1,c_{i_2},\cdots,c_{i_m},c_1$),然后针对每个排列计算路径长度之和,从而确定最短路径. 一般把

---

    ①②   关于 $O(\ )$ 和 $\Omega(\ )$ 记号,后面将给出定义.

这种算法称为"蛮力算法". 对于任何组合问题都有一个搜索空间,搜索空间的某些结点对应了问题的可行解,而其中有的结点对应了最优解. 蛮力算法不需要分析解之间的关系以利用其相关的信息,也不需要考虑其他加快搜索的技术,因此是一种很笨的算法,效率不高. 我们所考虑的算法设计技术,是通过分析问题的结构找到最好的搜索策略,以得到比蛮力算法更高的效率.

与例 1.1 不同,对于货郎问题,到目前为止还没有找到比蛮力算法有着本质改进的高效算法(指算法的时间复杂度由指数函数降为多项式函数). 这就促使我们考虑更多的问题: 如果对一个问题经过多年的努力还没有找到有效的算法,这是否揭示了这个问题本质上的"难解性"? 这类问题大量存在于各个不同的研究和应用领域. 自从 20 世纪 70 年代建立了计算复杂性的核心理论——NP 完全性理论——以来,已经发现了数千个判定问题(问题的解是 Yes 或者 No. 货郎的判定问题是其中之一. 考虑图 1.1 的例子,如果问:是否存在一条不超过 20 的旅行路线? 这就变成了货郎判定问题的一个实例). 可以证明这些判定问题的难度在是否可有效计算的意义上彼此等价. 换句话说,如果其中一个问题能够有效求解,那么所有这些问题都能有效求解;如果证明了其中一个问题没有有效的算法,那么所有这些问题都是难解的. 在计算复杂性理论中把这类判定问题称为 NP 完全问题[①]. 我们关心的是: NP 完全问题到底是不是难解的? 经过数十年的研究已经得到一些结果,但是到目前为止还没有本质上的突破. 这个问题就是著名的"**P＝NP**?"的问题,已列入 21 世纪数学界最重要的问题之一. 与此相关的是在各个应用领域有大量的实际问题,已经证明其难度至少和 NP 完全问题一样,人们不得不为处理这类问题寻找各种应对的策略.

上面三个例子分别显示了从某个具体算法的设计与分析技术,到针对某个问题的算法类的分析技术——问题难度的确认,最后到不同问题之间的难度分析——计算复杂性理论这样三种不同的研究层次. 我们将按照这样一种由低到高、由具体到抽象的思路来安排各章的内容. 在介绍了 NP 完全理论之后,将对近似算法、概率算法等比较活跃的研究方向,以及面对 NP 难问题的应对策略加以介绍.

下面首先说明有关算法的基本概念.

问题是需要回答的一般性提问,通常含有若干参数. 为了清晰地描述一个问题,需要说明参数的含义和解所满足的条件. 如果对问题参数给出一组赋值,就得到了问题的一个实例. 例 1.3 的货郎问题就是这样描述的. 今后所提到的问题都是指它的所有实例构成的抽象描述,不是特指一个具体的实例.

算法是有限条指令的序列,这个指令序列确定了解决某个问题的运算或操作的步骤. 算法 A 解问题 P 是指:把问题 P 的任何实例作为算法 A 的输入,A 能够在有限步停机,并输出该实例的正确解.

算法的时间复杂度是对算法效率的度量. 如何度量一个算法的效率? 理论上不能用算法在机器上真正的运行时间作为度量标准. 因为运行时间依赖于机器的硬件性能,如 CPU 的速度等,也依赖于程序的代码质量. 我们希望这个度量能够反映算法本身的性能. 因此,一般的做法是针对问题选择基本运算,用基本运算次数来表示算法的效率,运算次数越多,效率就越低. 为了给出时间复杂度的清晰定义,有两个问题需要解决. 第一个问题是算法运

---

① 关于 NP 完全问题将在第 9 章给出定义.

算次数与问题的实例规模有关(关于实例规模的精确定义详见第9章),如何表示这种依赖关系. 如对整数数组排序,其基本运算是数之间的比较. 显然 100 000 个数的数组比 10 个数的数组所需要的比较次数要多得多,在这里数组的大小 $n=100\,000$ 或 $n=10$ 代表了不同的实例规模. 可以用函数来解决这个问题,即把排序算法对规模为 n 的输入实例所做的比较次数看作 n 的函数 $T(n)$,即算法的时间复杂度函数. 第二个问题是对规模为 n 的两个不同的输入实例,算法的运算次数也可能不一样,选择哪一个作为它的时间复杂度函数. 例如插入排序. 假如算法的输入是 3,2,5,4,1. 初始输出数组只保留第一个数 3,然后算法依次在这个数组中插入 2,5,4,1. 插入时,把要插入的元素从后向前与数组中的数比较,找到应该插入的正确位置. 首先把 2 与 3 比较;因为 2 比 3 小,把 2 插到 3 的前面,数组变成 2,3. 接着把 5 与 3 比较,5 比 3 大,因此 5 插到 3 的后面,数组变成 2,3,5. 类似地,在 3 和 5 之间插入 4;最后在 2 前面插入 1,从而得到输出 1,2,3,4,5. 如果输入数组是 $1,2,\cdots,n$,那么插入 2 需要 1 次比较,插入 3 需要 1 次比较,……,插入 n 也仅需要 1 次比较,总计 $n-1$ 次就够了. 但是,对于以相反次序排列的输入数组 $n,n-1,\cdots,2,1$,同样的插入排序算法所需要的比较次数则是 $1+2+\cdots+n-1=n(n-1)/2$ 次比较. 上述两个实例的规模都等于 n,但插入算法所做的比较次数不一样. 为了解决这个问题,通常将算法的时间复杂度分为最坏情况下的时间复杂度与平均情况下的时间复杂度. 所谓最坏情况下的时间复杂度代表了该算法求解输入规模为 n 的实例所需要的最长时间 $W(n)$;而平均情况下的时间复杂度则代表了该算法求解输入规模为 n 的实例所需要的平均时间 $A(n)$.

以检索问题为例,给定按照递增顺序排列的数组 L,其中含有 n 个不同的元素. 现在需要在 L 中检索 x. 如果 x 在 L 中出现,那么输出 x 所在的位置,否则输出 0. 如下设计顺序检索算法:从 L 的第一个元素开始采用顺序与 x 比较的方法,如果第 j 个元素等于 x,那么输出 j,算法结束. 如果直到最后一个元素为止,没有元素等于 x,那么输出 0,算法结束. 对于含有 n 个元素的数组 L,x 可能是第一个元素,算法只要比较 1 次就结束了;x 也可能是最后一个元素或者 x 根本不在数组中出现,那么算法就需要比较 n 次才能结束. 对于规模为 n 的不同输入实例,算法的比较次数是不一样的,最坏的情况是指对于某个输入运算次数达到最多的那种情况. 显然对于顺序检索最坏情况下的时间复杂度函数 $W(n)=n$. 为了计算平均情况下的时间复杂度函数,需要给出规模为 n 的所有输入实例的概率分布. 假定实例集合为 S,实例 $I\in S$ 出现的概率是 p_I,算法对于 I 所做的基本运算次数为 t_I,那么平均情况下的时间复杂度为 $\sum_{I\in S}t_Ip_I$. 以顺序检索算法为例,假定 x 在 L 中的概率是 p,并且处在 L 每个位置的概率相等,那么平均情况下的时间复杂度函数是:

$$A(n)=\sum_{i=1}^{n}i\,\frac{p}{n}+(1-p)n=\frac{p(n+1)}{2}+(1-p)n$$

对于同样的问题可以设计不同的算法,不同算法的时间复杂度函数可能是不一样的. 什么算法在实践中是可以接受的算法? 划定这个界限对处理实际问题有着重要的意义. 这个界限就是考查算法是不是多项式时间的. 以最坏情况下的时间复杂度函数为例,多项式时间的算法是指在最坏情况下的时间复杂度函数在 n 充分大时以 $P(n)$ 为上界的算法,其中 $P(n)$ 是 n 的多项式. 而对于许多实际的算法,如 Hanoi 塔的递归算法(见例 1.10),根本不存在多项式 $P(n)$,使得该算法最坏情况下的时间复杂度函数在 n 充分大时以 $P(n)$ 为上界,这些算法可能是指数时间的算法或者时间复杂度更高的算法. 如果使用指数时间的算法,对于比较大的 n,实践中是根本不能工作的. 根据这个分析,就可以对实际上可求解问题的范围进行更清晰的划分,即多项式时间可解的问题与难解的问题. 关于这个问题将在第 9 章进行详细的讨论.

1.2 算法的伪码描述

我们将使用伪码描述算法. 伪码由带标号的指令构成,但是它不是 C、C++、Java 等通常使用的程序设计语言,而是算法步骤的描述. 它包含赋值语句,并具有程序的主要结构,如顺序、分支(if…then…else)、循环(while,for,repeat until)等语句. 为了叙述方便,我们也允许使用转向语句(goto). 有时也可以在某些语句后面加上注释. 输出语句由关键字 return 后面跟随着输出变量或函数值等构成. 当在循环体内遇到输出语句时,不管是否满足循环的条件,算法将停止进一步迭代,立刻进行输出,然后算法停止运行. 下面是伪码的具体表示:

赋值语句: ←

分支语句: if…then…[else…]

循环语句: while,for,repeat until

转向语句: goto

输出语句: return

调用: .

注释: //…

伪码程序中常常忽略变量或函数的说明,有时也不指明算法所使用的数据结构. 伪码程序也常常忽略程序的实现细节. 忽略这些,是为了更加专注于算法的设计技术与分析方法,即求解问题的思路与方法.

伪码程序中的语句通常带有标号,这是为了在分析算法的工作量时更为方便.

算法调用子过程时,只需要在相应的语句中写明该子过程的名字. 有时甚至可以直接使用自然语言来指出使用的函数或者过程. 例如,"将数组 $A[1..n]$ 复制到数组 B""将数组 A 的元素按照递增的顺序排序"都是合法的语句. 一般来说,所调用的子过程应该是前面已经说明的过程.

下面是一些伪码的例子. 其中,Euclid 算法计算 m 和 n 的最大公约数. 顺序检索算法 Search 检查 x 是否在数组 L 中出现. 如果出现,则输出 x 第一次出现的位置;否则,输出 0.

算法 1.1 Euclid(m,n)

输入: 非负整数 m,n,其中 m 与 n 不全为 0

输出: m 与 n 的最大公约数

1. while $m>0$ do

2. $r←n$ mod m

3. $n←m$

4. $m←r$

5. return n

Euclid 算法中第 2 行的 mod 是取模运算,n mod m 表示 n 除以 m 所得的余数,一般余

数的值应该在 $0 \sim m-1$ 内.

> **算法 1.2** Search(L,x)
> 输入：数组 $L[1..n]$，其元素按照从小到大排列，数 x
> 输出：若 x 在 L 中，输出 x 的位置下标 j；否则输出 0
> 1. $j \leftarrow 1$；
> 2. while $j \leqslant n$ and $x > L[j]$ do $j \leftarrow j+1$
> 3. if $x < L[j]$ or $j > n$ then $j \leftarrow 0$
> 4. return j

不难看出，算法 Search 在第 2 行把 x 与 L 中的元素依次进行比较. while 循环的结束条件是 $x \leqslant L[j]$ 或 $j > n$. 当 $x = L[j]$ 时，这个 j 就是 x 在数组中第一次出现的下标；当 $x < L[j]$ 时或 $j > n$ 时，x 不在数组 L 中. 因此，算法在最坏的情况下所执行的比较次数是 n. 不难看出，算法 Search 比 1.1 节提到的顺序检索算法已经有了改进. 当 x 不在 L 中时，它利用 L 中元素的有序性减少了比较次数. 如果 x 在表的 n 个位置和 $n+1$ 个空隙（不在表中）的 $2n+1$ 种输入都具有相等的概率，请读者给出 Search 算法在平均情况下的时间复杂度函数.

1.3 算法的数学基础

在讨论算法设计与分析技术之前，我们需要介绍一些相关的数学知识，包括函数的渐近的界的定义与性质、算法分析中常用的证明方法、序列求和的技术以及递推方程的求解.

1.3.1 函数的渐近的界

在算法分析中经常用到定义在自然数集合上的函数 $f: \mathbf{N} \to \mathbf{N}$. 例如，二分检索算法最坏情况下的时间复杂度为 $O(\log n)$，插入排序算法最坏情况下的时间复杂度为 $O(n^2)$，等等. 这里的 n 表示输入规模，检索问题中的 n 表示被检索的线性表中的元素个数，排序问题中的 n 表示被排序的数组中的元素个数. $f(n) = O(\log n)$ 表示函数 $f(n)$ 在 n 充分大时以 $c\log n$ 为上界，其中 c 为某个正数，称为函数 $f(n)$ 的渐近的上界. 类似地，也可以定义渐近的下界. 如果函数 $f(n)$ 的渐近的上界与渐近的下界相等，都是 $g(n)$，这时也称 $g(n)$ 是 $f(n)$ 的渐近的紧的界，或者称函数 $f(n)$ 的阶是 $g(n)$. 考查函数渐近的性质，主要基于以下考虑：首先，当 n 充分大时，不同阶的函数的值差别非常大，例如 2^n 与 n^2 就是这样的函数. 因此，为了考查算法的性能，我们更应该关心在实例规模很大时算法所表现的计算效率. 其次，这里渐近的界的概念，也抓住了算法分析中影响时间复杂度函数的关键因素，使得分析过程更为简单和清晰. 很可能算法的时间复杂度函数的表达式 $T(n)$ 有多个项，例如 $T(n) = n^2 + 8n - 5$，其中含有三项：$n^2, 8n, -5$. 当 n 充分大时，与第一项 n^2 比较，后面两项的影响可以忽略不计. 而 $T(n)$ 的阶就是 n^2. 这种阶的表示恰好反映了影响算法性能的关键因素. 下面给出关于函数渐近的界的定义. 由于讨论与算法复杂度有关，不妨假设所有函数 $f(n)$，$g(n)$ 都是非负的.

定义 1.1 设 f 和 g 是定义域为自然数集合 $\mathbf{N}$ 上的函数.

(1) 若存在正数 c 和 n_0，使得对一切 $n \geqslant n_0$ 有 $0 \leqslant f(n) \leqslant cg(n)$ 成立，则称 $f(n)$ 的渐近的上界是 $g(n)$，记作 $f(n) = O(g(n))$.

(2) 若存在正数 c 和 n_0,使得对一切 $n \geqslant n_0$ 有 $0 \leqslant cg(n) \leqslant f(n)$ 成立,则称 $f(n)$ 的渐近的下界是 $g(n)$,记作 $f(n) = \Omega(g(n))$.

(3) 若对于任意正数 c 都存在 n_0,使得当 $n \geqslant n_0$ 时有 $0 \leqslant f(n) < cg(n)$ 成立,则记作 $f(n) = o(g(n))$.

(4) 若对于任意正数 c 都存在 n_0,使得当 $n \geqslant n_0$ 时有 $0 \leqslant cg(n) < f(n)$ 成立,则记作 $f(n) = \omega(g(n))$.

(5) 若 $f(n) = O(g(n))$ 且 $f(n) = \Omega(g(n))$,则记作 $f(n) = \Theta(g(n))$.

定义 1.1(1) 与(2)要求存在一个与 n 无关的常数 c,且对这个 c 存在 n_0,使得,$n \geqslant n_0$ 时不等式成立. 而(3)中的 c 不是常数,它可以任意小. 对任意的 c 都存在某个 n_0,使得 $n \geqslant n_0$ 时不等式成立. (1)与(3)中的记号分别称为"大 O 记号"与"小 o 记号",它们的区别在于: 当 $f(n) = O(g(n))$ 时,$f(n)$ 的阶可能低于 $g(n)$ 的阶,也可能等于 $g(n)$ 的阶. 而 $f(n) = o(g(n))$ 时,$f(n)$ 的阶只能低于 $g(n)$ 的阶. 因此,从 $f(n) = o(g(n))$ 可以推出 $f(n) = O(g(n))$,但是反过来不成立. 例如,对于函数 $f(n) = n^2 + n$,可以写为

$$f(n) = O(n^2), \quad f(n) = O(n^3), \quad f(n) = o(n^3)$$

但是不能写为 $f(n) = o(n^2)$. 类似地,对于大 Ω 与小 ω 记号也存在相同的性质. (5)中的 Θ 记号表示 $f(n)$ 与 $g(n)$ 的阶相等,这时 $f(n)$ 与 $g(n)$ 的增长仅差一个常数因子,也称作 $g(n)$ 是 $f(n)$ 的紧的界. 正如关于 Θ 的定义所显示的,通过缩小在上界和下界之间的差距可以得到这个紧的界. 注意,在后面的叙述中用 $O(1)$ 来表示常数函数.

有时也可以直接从计算 n 趋于无穷时的极限得到一个渐近的紧的界. 当 n 趋于无穷时,如果函数 $f(n)$ 和 $g(n)$ 之比趋向一个正常数,那么 $f(n) = \Theta(g(n))$. 请看下面的定理.

定理 1.1 设 f 和 g 是定义域为自然数集合 $\mathbf{N}$ 上的非负函数.

(1) 如果 $\lim\limits_{n \to \infty} \dfrac{f(n)}{g(n)}$ 存在,并且等于某个常数 $c > 0$,那么 $f(n) = \Theta(g(n))$.

(2) 如果 $\lim\limits_{n \to \infty} \dfrac{f(n)}{g(n)} = 0$,那么 $f(n) = o(g(n))$.

(3) 如果 $\lim\limits_{n \to \infty} \dfrac{f(n)}{g(n)} = +\infty$,那么 $f(n) = \omega(g(n))$.

证 假设 $f(n)$ 与 $g(n)$ 均大于或等于 0.

(1) 由于 $\lim\limits_{n \to \infty} \dfrac{f(n)}{g(n)} = c > 0$,根据极限定义,对给定的正数 $\varepsilon = c/2$,存在某个 n_0,只要 $n \geqslant n_0$,就有

$$\left| \frac{f(n)}{g(n)} - c \right| < \varepsilon \Rightarrow c - \varepsilon < \frac{f(n)}{g(n)} < c + \varepsilon \Rightarrow \frac{c}{2} < \frac{f(n)}{g(n)} < \frac{3c}{2} < 2c$$

于是,对所有的 $n \geqslant n_0$,$f(n) \leqslant 2cg(n)$. 从而推出 $f(n) = O(g(n))$;并且对所有的 $n \geqslant n_0$,$f(n) \geqslant \dfrac{1}{2} cg(n)$,从而推出 $f(n) = \Omega(g(n))$.

(2) 任意给定 $c > 0$.由于 $\lim\limits_{n \to \infty} \dfrac{f(n)}{g(n)} = 0$,根据极限定义,对于 $\varepsilon = c > 0$ 存在 n_0,只要 $n \geqslant n_0$,就有 $|f(n)/g(n)| < \varepsilon$,即 $f(n) < \varepsilon g(n) = cg(n)$,于是 $f(n) = o(g(n))$.

(3) 任意给定 $c>0$. 由于 $\lim\limits_{n\to\infty}\dfrac{f(n)}{g(n)}=+\infty$,根据极限定义,对于 $M=c>0$,存在 n_0,只要 $n\geqslant n_0$,就有 $|f(n)/g(n)|>M=c$,即 $f(n)>Mg(n)=cg(n)$,于是 $f(n)=\omega(g(n))$.

为了简单起见,在下面的讨论中有时也将 $f(n)=O(g(n))$ 简记为 $f=O(g)$. 类似地,对于 Ω 与 Θ 符号也有相应的记法. 下面考查 O,Ω 和 Θ 的性质.

定理 1.2 设 f,g,h 是定义域为自然数集合的函数.

(1) 如果 $f=O(g)$ 且 $g=O(h)$,那么 $f=O(h)$.

(2) 如果 $f=\Omega(g)$ 且 $g=\Omega(h)$,那么 $f=\Omega(h)$.

(3) 如果 $f=\Theta(g)$ 和 $g=\Theta(h)$,那么 $f=\Theta(h)$.

证 (3) 是 (1) 和 (2) 的直接结果,而 (2) 的证明与 (1) 类似,因此只证明 (1).

根据定义,存在某个常数 c_1 和 n_1,对所有的 $n\geqslant n_1$,有 $f(n)\leqslant c_1g(n)$. 类似地,存在某个常数 c_2 和 n_2,对所有的 $n\geqslant n_2$,有 $g(n)\leqslant c_2h(n)$. 于是,令 $n_0=\max\{n_1,n_2\}$,当 $n\geqslant n_0$ 时,有 $f(n)\leqslant c_1g(n)\leqslant c_1c_2h(n)$,因此 $f=O(h)$.

定理 1.3 假设 f 和 g 是定义域为自然数集合的函数,若对某个其他函数 h,有 $f=O(h)$ 和 $g=O(h)$,那么 $f+g=O(h)$.

这个证明与定理 1.2 类似,留作练习.

使用数学归纳法不难证明上述性质可以推广到 k 个函数相加的情况. 即令 k 是固定常数,且 $f_1,f_2,\cdots,f_k$ 和 h 是函数,且对所有的 $i,f_i=O(h),i=1,2,\cdots,k$,那么 $f_1+f_2+\cdots+f_k=O(h)$.

推论 假设 f 和 g 是定义域为自然数集合的函数,且满足 $g=O(f)$,那么 $f+g=\Theta(f)$.

证 显然 $f+g=\Omega(f)$,因为对所有的 $n\geqslant 0$,有 $f(n)+g(n)\geqslant f(n)$;反之,由 $g=O(f)$ 及 $f=O(f)$,使用定理 1.3 可得 $f+g=O(f)$.

这个推论也可以推广到 k 个函数的和.

下面给出几个例子.

例 1.4 设 $f(n)=\dfrac{1}{2}n^2-3n$,证明 $f(n)=\Theta(n^2)$.

证 因为

$$\lim_{n\to+\infty}\frac{f(n)}{n^2}=\lim_{n\to+\infty}\frac{\dfrac{1}{2}n^2-3n}{n^2}=\frac{1}{2}$$

根据定理 1.1,有 $f(n)=\Theta(n^2)$.

例 1.5 设 $f(n)=6n^3$,证明 $f(n)\neq\Theta(n^2)$.

证 要使 $6n^3\leqslant cn^2$ 成立,则必有 $6n\leqslant c$,即 $n\leqslant c/6$,而 n 充分大,这与 c 是常数矛盾.

下面给出一些算法分析中常用的复杂度函数的渐近的紧的界.

多项式函数 $f(n)=a_0+a_1n+a_2n^2+\cdots+a_dn^d$ 称为 d 次多项式,其中 $a_d\neq 0$. 显然有 $f(n)=\Omega(n^d)$,再根据定理 1.3 的推广结果不难证明 $f(n)=O(n^d)$,因此得到 $f(n)=\Theta(n^d)$.

在前面已经看到,一个多项式时间的算法是运行时间 $T(n)$ 为 $O(n^d)$ 的算法,其中 d 是某个常数. 即使一个算法的运行时间没有写成 n 的某个整数幂,它也可能是多项式时间的. 例如在第 2 章将看到一个运行时间是 $O(n^{1.59})$ 的整数相乘的算法,还有运行时间是

$O(n\log n)$ 的排序算法. 这些算法也是多项式时间的.

对数函数 对数函数 $\log_b n$ 的值等于 x 当且仅当 $b^x = n$. 对数运算满足下面的性质:

$$a^{\log_b n} = n^{\log_b a}$$

只要对上述等式两边取以 b 为底的对数, 都会得到 $\log_b n \cdot \log_b a$, 从而证明了上述等式成立. 这个等式说明, 有些函数表面上看, n 处在指数位置, 但是它不一定是指数函数, 有可能仍旧是多项式函数.

对数是增长得非常慢的函数. 使用微积分的知识很容易证明, 任何幂函数 n^α $(\alpha > 0)$ 都比对数函数 $\log_b n$ 的阶高, 这里的 α 可以是非常小的正数. 这个结果具体表述如下.

定理 1.4 对每个 $b > 1$ 和每个 $\alpha > 0$, 有 $\log_b n = o(n^\alpha)$.

对数函数的另一条性质是: 对于不同的底 a 与 b, $\log_a n = \Theta(\log_b n)$. 这个证明只需要使用关于对数的基本恒等式

$$\log_a n = \frac{\log_b n}{\log_b a}$$

就可以得到. 这个性质说明对于渐近的界来说, 对数的底并不重要. 前面提到 $\log n$ 通常指以 2 为底的对数, 它与其他数为底的对数之间只相差一个常数因子.

最后需要说明, 为了使得对数表达式更简洁, 将把 $(\log n)^k$ 记为 $\log^k n$.

指数函数 这里出现的指数函数是形如 $f(n) = r^n$ 的函数, 其中 r 为某个大于 1 的常数. 与对数函数相反, 指数函数是一个飞速增长的函数. 使用微积分的知识不难证明指数函数与多项式函数有下面的关系.

定理 1.5 对每个 $r > 1$ 和每个 $d > 0$, 有 $n^d = o(r^n)$.

这个结果说明每个指数函数比每个多项式函数都增长得快. 但是对于不同的底 r 与 s, 指数函数 r^n 与 s^n 的阶是不相同的. 底越大, 指数函数的阶就越高.

定理 1.4 和定理 1.5 的证明留作习题.

阶乘函数 $f(n) = n!$ 是增长很快的函数, 根据斯特灵 (Stirling) 公式, 阶乘函数

$$n! = \sqrt{2\pi n} \left(\frac{n}{e}\right)^n \left[1 + \Theta\left(\frac{1}{n}\right)\right]$$

关于阶乘函数有下面的结果:

$$n! = o(n^n), \quad n! = \omega(2^n), \quad \log(n!) = \Theta(n\log n)$$

前两个等式直观上很容易理解. 考虑最后一个等式, 因为

$$\lim_{n \to +\infty} \frac{\log(n!)}{n\log n} = \lim_{n \to +\infty} \frac{\ln(n!)/\ln 2}{n\ln n/\ln 2} = \lim_{n \to +\infty} \frac{\ln(n!)}{n\ln n}$$

$$= \lim_{n \to +\infty} \frac{\ln\left\{\sqrt{2\pi n}\left(\frac{n}{e}\right)^n\left[1 + \left(\frac{c}{n}\right)\right]\right\}}{n\ln n} \quad (c \text{ 为某个常数})$$

$$= \lim_{n \to +\infty} \frac{\ln\sqrt{2\pi n} + n\ln\frac{n}{e}}{n\ln n} = 1$$

于是 $\log(n!) = \Theta(n\log n)$.

例 1.6 下面给定一些函数, 请把它们按照渐近的界从高到低的顺序进行排列. 如果两个函数 $f(n)$ 与 $g(n)$ 的阶相等, 则表示为 $f(n) = \Theta(g(n))$.

$$\log^2 n, \quad 1, \quad n!, \quad n2^n, \quad n^{1/\log n}, \quad (3/2)^n, \quad \sqrt{\log n}, \quad (\log n)^{\log n},$$

$$2^{2^n}, \quad n^{\log\log n}, \quad n^3, \quad \log\log n, \quad n\log n, \quad n, \quad 2^{\log n}, \quad \log n, \quad \log(n!)$$

解 指数函数的阶高于多项式函数的阶,而多项式函数的阶高于对数函数的阶.因此有

$$2^{2^n}, \quad n!, \quad n2^n, \quad (3/2)^n, \quad (\log n)^{\log n} = n^{\log\log n}, \quad n^3, \quad \log(n!) = \Theta(n\log n),$$

$$n = \Theta(2^{\log n}), \quad \log^2 n, \quad \log n, \quad \sqrt{\log n}, \quad \log\log n, \quad n^{1/\log n} = \Theta(1)$$

在算法分析中有时会遇到取整函数,即$\lfloor x \rfloor$与$\lceil x \rceil$,分别称为底函数与顶函数.$\lfloor x \rfloor$表示小于或等于 x 的最大的整数,而$\lceil x \rceil$表示大于或等于 x 的最小的整数.例如:

$$\lfloor 3.4 \rfloor = 3, \quad \lceil 3.4 \rceil = 4$$

取整函数具有下述性质.

(1) $x - 1 < \lfloor x \rfloor \leqslant x \leqslant \lceil x \rceil < x + 1$.

(2) $\lfloor x + n \rfloor = \lfloor x \rfloor + n$,$\lceil x + n \rceil = \lceil x \rceil + n$,其中 n 为整数.

(3) $\lceil \dfrac{n}{2} \rceil + \lfloor \dfrac{n}{2} \rfloor = n$,其中 n 为整数.

(4) $\left\lceil \dfrac{\left\lceil \dfrac{n}{a} \right\rceil}{b} \right\rceil = \left\lceil \dfrac{n}{ab} \right\rceil$,$\left\lfloor \dfrac{\left\lfloor \dfrac{n}{a} \right\rfloor}{b} \right\rfloor = \left\lfloor \dfrac{n}{ab} \right\rfloor$,其中 n, a, b 为整数.

关于这些性质的证明留作练习.

1.3.2 求和的方法

在算法分析中如果遇到循环,经常需要对循环中各次迭代的运算次数求和,从而得到总的运算次数,这就用到了序列求和的方法.

最常见的序列是等差级数$\{a_k\}$、等比级数$\{aq^k\}$与调和级数$\{1/k\}$.其求和公式分别为

$$\sum_{k=1}^{n} a_k = \frac{n(a_1 + a_n)}{2}$$

$$\sum_{k=0}^{n} aq^k = \frac{a(1 - q^{n+1})}{1 - q}, \quad \sum_{k=0}^{n} x^k = \frac{1 - x^{n+1}}{1 - x}$$

$$\sum_{k=1}^{n} \frac{1}{k} = \ln n + O(1)$$

可以使用数学归纳法证明等差与等比级数的求和公式.对调和级数求和得到的不是精确值,而是一个近似值.对于算法分析工作,主要关注的是函数的渐近的界,而这个近似值正好就是它的渐近的界.下面给出一些求和的例子.

例 1.7 求和.

(1) $\displaystyle\sum_{k=1}^{n-1} \frac{1}{k(k+1)}$.

(2) $\displaystyle\sum_{t=1}^{k} t2^{t-1}$.

解

(1) $\displaystyle\sum_{k=1}^{n-1} \frac{1}{k(k+1)} = \sum_{k=1}^{n-1} \left(\frac{1}{k} - \frac{1}{k+1} \right) = \sum_{k=1}^{n-1} \frac{1}{k} - \sum_{k=1}^{n-1} \frac{1}{k+1} = \sum_{k=1}^{n-1} \frac{1}{k} - \sum_{k=2}^{n} \frac{1}{k} = 1 - \frac{1}{n}$.

(2) $\displaystyle\sum_{t=1}^{k} t\,2^{t-1} = \sum_{t=1}^{k} t\,(2^t - 2^{t-1}) = \sum_{t=1}^{k} t\,2^t - \sum_{t=1}^{k} t\,2^{t-1} = \sum_{t=1}^{k} t\,2^t - \sum_{t=0}^{k-1}(t+1)2^t$

$\displaystyle\qquad = \sum_{t=1}^{k} t\,2^t - \sum_{t=0}^{k-1} t\,2^t - \sum_{t=0}^{k-1} 2^t = k\,2^k - (2^k - 1) = (k-1)2^k + 1.$

上面的求和利用了基本的求和公式. 例 1.7(2) 的运算式将在二分检索算法平均情况下的时间复杂度分析公式中用到.

对于有些求和公式, 求不出精确的值, 但可以估计和式的上界. 这个上界对某些算法分析过程也是有用的. 为了估计和式的上界, 可以使用放大的方法, 就是将数列中的某些项放大, 以使得数列变成一个类似于等比或等差数列等基本数列的形式, 然后再求和. 当然, 这样求得的和是一个上界.

估计和式上界的第一种放大法就是用序列中的最大项代替序列中的每个项, 这种方法可以表示为 $\displaystyle\sum_{k=1}^{n} a_k \leqslant n\,a_{\max}$. 这种方法虽然简单, 但是放大后求得的和可能与原来数列的和差距太大. 如果放大后所求得和函数的渐近的界仍旧保持不变, 这种放大还是有用的.

另一种放大方法要用到等比级数. 假设存在常数 $r < 1$, 使得 $a_{k+1}/a_k \leqslant r$ 对一切 $k \geqslant 0$ 成立, 那么有

$$\sum_{k=0}^{n} a_k \leqslant \sum_{k=0}^{\infty} a_0 r^k = a_0 \sum_{k=0}^{\infty} r^k = \frac{a_0}{1-r}$$

例 1.8 估计 $\displaystyle\sum_{k=1}^{n} \frac{k}{3^k}$ 的上界.

解 由 $a_k = \dfrac{k}{3^k}$, $a_{k+1} = \dfrac{k+1}{3^{k+1}}$ 得

$$\frac{a_{k+1}}{a_k} = \frac{1}{3}\,\frac{k+1}{k} \leqslant \frac{2}{3}$$

从而得到

$$\sum_{k=1}^{n} \frac{k}{3^k} \leqslant \sum_{k=1}^{\infty} \frac{1}{3}\left(\frac{2}{3}\right)^{k-1} = \frac{1}{3} \times \frac{1}{1 - \dfrac{2}{3}} = 1$$

除了用放大的方法估计和式上界外, 还可以利用积分来求出和式渐近的紧的界. 调和级数和的近似值就是这样求得的.

例 1.9 估计 $\displaystyle\sum_{k=1}^{n} \frac{1}{k}$ 的渐近的界.

解 调和级数的和可以用积分作为它的渐近的界, 下界与上界的积分分别是:

$$\sum_{k=1}^{n} \frac{1}{k} \geqslant \int_{1}^{n+1} \frac{\mathrm{d}x}{x} = \ln(n+1)$$

$$\sum_{k=1}^{n} \frac{1}{k} = 1 + \sum_{k=2}^{n} \frac{1}{k} \leqslant 1 + \int_{1}^{n} \frac{\mathrm{d}x}{x} = \ln n + 1$$

图 1.2 给出了这两个积分的图示. 其中第一个图代表下界图中的阴影面积恰好等于左边的和式; 第二个图代表上界, 图中的阴影面积与左边的和式相差 1. 根据上面的分析得到

$$\sum_{k=1}^{n} \frac{1}{k} = \Theta(\log n)$$

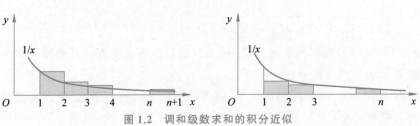

图 1.2　调和级数求和的积分近似

1.3.3　递推方程求解方法

递归算法的分析离不开递推方程的求解. 本节首先给出递推方程的定义，然后说明一些常用的求解方法，有关求解方法的正确性证明和应用可以参考文献[1].

定义 1.2　设序列 $a_0, a_1, \cdots, a_n, \cdots$，简记为 $\{a_n\}$，一个把 a_n 与某些个 $a_i (i < n)$ 联系起来的等式称为关于序列 $\{a_n\}$ 的递推方程. 请看下面的例子.

例 1.10　Hanoi 塔问题.

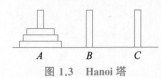

图 1.3　Hanoi 塔

图 1.3 中有 A、B、C 三根柱子，在 A 柱上放着 n 个圆盘（图中的 $n = 3$），其中小圆盘放在大圆盘的上边. 从 A 柱将这些圆盘移到 C 柱上去. 把一个圆盘从一根柱子移到另一根柱子称作 1 次移动，在移动和放置时允许使用 B 柱，但不允许大圆盘放到小圆盘的上面. 问把所有的圆盘从 A 柱移到 C 柱总计需要多少次移动？

一种递归的求解方法是分三步解决这个问题. 第一步使用同样的方法将 $n-1$ 个圆盘从 A 柱移到 B 柱；第二步利用 1 次移动将最下面的大圆盘从 A 柱移到 C 柱；第三步还是用第一步的方法将 B 柱上的 $n-1$ 个圆盘移到 C 柱，用伪码描述如下：

算法 1.3　Hanoi(A,C,n)　　　//将 A 柱上的 n 个圆盘按照要求移到 C 柱上
1. if $n=1$ then move (A,C)　　//将 A 柱上的 1 个圆盘移到 C 柱上
2. else Hanoi($A,B,n-1$)
3. 　　 move(A,C)
4. 　　 Hanoi($B,C,n-1$)

使用上述算法将 n 个圆盘从 A 柱移到 C 柱且不允许大圆盘放到小圆盘上面，设算法总的移动次数为 $T(n)$，第 2 行与第 4 行有两次递归调用，每次调用的输入实例规模是 $n-1$，因此移动次数为 $T(n-1)$，第 3 行有 1 次移动，从而得到如下递推方程：

$$T(n) = 2T(n-1) + 1$$

这个方程的初值是 $T(1) = 1$. 后面将证明这个方程的解是 $T(n) = 2^n - 1$.

这个问题就是著名的 Hanoi 塔问题，据说古代的僧侣按照这种方法移动 64 个金盘子，他们认为当 64 个金盘子全部移动完毕，世界末日就到了. 下面计算移动时间. 如果每秒移动 1 次，那么移动 64 个金盘子需要 $2^{64} - 1 = 18\,446\,744\,073\,709\,551\,615$ 秒，大约是 5000 亿年. 对于 Hanoi 塔问题，盘子的个数 n 代表问题的实例规模，$T(n)$ 代表求解规模为 n 的问

题所做的基本运算——移动的次数,它是这个算法的时间复杂度函数. 对于 Hanoi 塔问题,算法 1.3 的时间复杂度函数 $T(n)$ 是 n 的指数函数. 正如上面的计算所显示的,即使 1 秒移动 1 亿次,64 个金盘子也需要 5000 年的时间. 对于 Hanoi 塔问题,可以证明不存在多项式时间的算法. 因此,这是一个难解的问题.

例 1.11 在计算机中经常需要对数据进行排序,下面给出两种排序算法,即插入排序算法 InsertSort 与二分归并排序算法 MergeSort. 试确定哪种排序算法在最坏情况下的时间复杂度比较低. 为简单起见,不妨设输入是 n 个不同的数构成的数组 $A[1..n]$,其中 $n=2^k$,k 为正整数.

先考虑插入算法. 假设前 $j-1$ 个数已经排好,考虑第 j 个数 $A[j]$ 插入的位置. 从第 $j-1$ 个数开始,从后向前,顺序将 $A[j]$ 与已经排好的数进行比较,直到找到第 j 个数应该放置的适当位置,然后插入第 j 个数. 算法开始时 $j=2$,每当上述过程完成后 j 增加 1,直到 $j=n$ 的过程完成为止. 用伪码描述如下:

算法 1.4　InsertSort(A,n)
输入:n 个数的数组 A
输出:按照递增顺序排好序的数组 A
1. for $j\leftarrow 2$ to n do
2.　$x\leftarrow A[j]$
3.　$i\leftarrow j-1$　　　　　　　　//第 3 行到第 7 行把 $A[j]$ 插入 $A[1..j-1]$ 中
4.　while $i>0$ and $x<A[i]$ do
5.　　$A[i+1]\leftarrow A[i]$
6.　　$i\leftarrow i-1$
7.　$A[i+1]\leftarrow x$

设 $W(n)$ 表示顺序插入算法 InsertSort 对于规模为 n 的输入在最坏情况下所做的比较次数. 如果 $n-1$ 个数已经排好,为插入第 n 个数,最坏情况下需要将它与前 $n-1$ 个数中的每一个都进行 1 次比较,因此,得到递推方程:

$$\begin{cases} W(n)=W(n-1)+n-1 \\ W(1)=0 \end{cases}$$

后面的求解显示 $W(n)=n(n-1)/2=O(n^2)$.

下面考虑二分归并排序算法 MergeSort. 它的设计思想是:将被排序的数组分成相等的两个子数组,然后使用同样的算法对两个子数组分别排序,最后将两个排好序的子数组归并成一个数组. 例如,对 8 个数的数组 L 进行排序,先将 L 划分成 $L[1..4]$ 和 $L[5..8]$ 两个子数组,然后分别对这两个子数组进行排序. 子数组的排序方法与原来数组的方法一样,以 $L[1..4]$ 的排序为例,先将 $L[1..4]$ 划分成 $L[1..2]$ 和 $L[3..4]$ 两个更小的子数组,分别对它们排序,然后进行归并. 当对更小的子数组 $L[1..2]$ 进行排序时,按照算法需要进一步划分. 划分结果是 $L[1]$ 和 $L[2]$,各含有 1 个元素,不再需要排序. 这时算法将停止递归调用并开始归并. 对于其他的子问题,算法也同样处理. 算法 MergeSort 的伪码描述如下:

算法 1.5　MergeSort(A,p,r)
输入:数组 $A[p..r]$,　$1\leqslant p\leqslant r\leqslant n$
输出:从 $A[p]$ 到 $A[r]$ 按照递增顺序排好序的数组 A

1. if $p < r$
2. then $q \leftarrow \lfloor (p+r)/2 \rfloor$
3. MergeSort(A, p, q)
4. MergeSort$(A, q+1, r)$
5. Merge(A, p, q, r)

其中, Merge(A, p, q, r)将两个排好序的小数组 $A[p..q]$ 与 $A[q+1..r]$ 合并成一个排好序的大数组. 归并的基本思想是: 将这两个小数组分别复制到 B 与 C 中, A 变成空数组, 用来存放排好序的大数组. 接着, 算法比较 B 与 C 的首元素, 如果哪个首元素较小, 就把它移到 A 中. 比较 1 次, 移走 B 或 C 的 1 个元素. 如果 B 或 C 中的一个变成空数组, 那么就把另一个数组剩下的所有元素顺序复制到 A 中. 用伪码描述, 过程如下:

算法 1.6 Merge(A, p, q, r)
输入: 按照递增顺序排好序的数组 $A[p..q]$ 与 $A[q+1..r]$
输出: 按照递增顺序排序的数组 $A[p..r]$

1. $x \leftarrow q-p+1, y \leftarrow r-q$ //x, y 分别为划分后两个子数组的元素数
2. 将 $A[p..q]$ 复制到 $B[1..x]$, 将 $A[q+1..r]$ 复制到 $C[1..y]$
3. $i \leftarrow 1, j \leftarrow 1, k \leftarrow p$
4. while $i \leqslant x$ and $j \leqslant y$ do
5. if $B[i] \leqslant C[j]$ //B 的首元素不大于 C 的首元素
6. then $A[k] \leftarrow B[i]$ //将 B 的首元素放到 A 中
7. $i \leftarrow i+1$
8. else
9. $A[k] \leftarrow C[j]$
10. $j \leftarrow j+1$
11. $k \leftarrow k+1$
12. if $i > x$ then 将 $C[j..y]$ 复制到 $A[k..r]$ //B 已经是空数组
13. else 将 $B[i..x]$ 复制到 $A[k..r]$ //C 已经是空数组

对 $A[1..n]$ 排序直接调用 MergeSort$(A, 1, n)$ 即可. 不妨设 $n = 2^k$, k 为自然数. 根据上面的分析, 算法 1.5 中的第 3 行与第 4 行是对输入实例规模为 $n/2$ 的两个子问题的递归调用; 从第 5 行开始是算法 1.6 的合并过程, 这个过程最坏情况下需要 $n-1$ 次比较运算. 设 $W(n)$ 表示二分归并排序算法在最坏情况下所做的比较次数, 那么 $W(n)$ 满足递归方程:

$$\begin{cases} W(n) = 2W(n/2) + n - 1 \\ W(1) = 0 \end{cases}$$

从后面的求解过程可以知道, 上述递推方程的解是 $W(n) = O(n\log n)$. 与顺序插入算法比较, 显然二分归并算法的复杂度函数的阶较低, 因此, 二分归并算法在最坏情况下比顺序插入算法效率更高.

从上面两个简单的例子已经看到递推方程在算法分析中的重要作用. 下面讨论一些递推方程的求解方法.

迭代归纳法是常用的方法之一. 所谓迭代就是从原始递推方程开始, 反复将对应于递推方程左边的函数用右边的等式代入, 直到得到初值, 然后将所得的结果进行化简. 为了保证结果的正确性, 往往需要代入原来的递推方程进行验证. 下面用迭代归纳法求解关于插入排序和二分归并排序算法时间复杂度函数的递推方程.

例 1.12   用迭代归纳法求解递推方程：

(1) $\begin{cases} W(n)=W(n-1)+n-1 \\ W(1)=0 \end{cases}$

(2) $\begin{cases} W(n)=2W(n/2)+n-1 \quad n=2^k \\ W(1)=0 \end{cases}$

解

(1) $W(n)=W(n-1)+n-1$

$\qquad =[W(n-2)+n-2]+n-1=W(n-2)+(n-2)+(n-1)$ （一步迭代）

$\qquad =[W(n-3)+n-3]+(n-2)+(n-1)$

$\qquad =W(n-3)+(n-3)+(n-2)+(n-1)$

$\qquad =\cdots$

$\qquad =W(1)+1+2+\cdots+(n-2)+(n-1)$

$\qquad =1+2+\cdots+(n-2)+(n-1)$ （代入初值 $W(1)=0$）

$\qquad =n(n-1)/2$

下面对解进行归纳验证.

$n=1$ 时,有 $W(1)=1\times(1-1)/2=0$,与给定初值符合. 假设对于 n,有 $W(n)=n(n-1)/2$,那么

$$W(n+1)=W(n)+n=n(n-1)/2+n=(n+1)n/2$$

从而证明了 $W(n)=n(n-1)/2$ 是原递推方程的解.

(2) $W(n)=2W(2^{k-1})+2^k-1$

$\qquad =2[2W(2^{k-2})+2^{k-1}-1]+2^k-1$

$\qquad =2^2W(2^{k-2})+2^k-2+2^k-1$

$\qquad =2^2[2W(2^{k-3})+2^{k-2}-1]+2^k-2+2^k-1$

$\qquad =2^3W(2^{k-3})+2^k-2^2+2^k-2+2^k-1$

$\qquad =\cdots$

$\qquad =2^kW(1)+k2^k-(2^{k-1}+2^{k-2}+\cdots+2+1)$

$\qquad =k2^k-2^k+1$

$\qquad =n\log n-n+1$

对结果进行归纳验证. 把 $n=1$ 代入上述公式得

$$W(1)=1\cdot\log 1-1+1=0$$

符合初始条件. 将结果代入原递推方程的右边得

$$2W(n/2)+n-1=2(2^{k-1}\log 2^{k-1}-2^{k-1}+1)+2^k-1$$

$$=2^k(k-1)-2^k+2+2^k-1$$

$$=k2^k-2^k+1$$

$$=n\log n-n+1$$

$$=W(n)$$

这说明得到的解满足原来的递推方程.

例 1.13   用迭代法求解关于 Hanoi 塔问题的递推方程：

$$\begin{cases} T(n)=2T(n-1)+1 \\ T(1)=1 \end{cases}$$

解　$T(n)=2T(n-1)+1=2[2T(n-2)+1]+1=2^2T(n-2)+2+1$

$\qquad\qquad =2^2[2T(n-3)+1]+2+1=2^3T(n-3)+2^2+2+1$

$\qquad\qquad =\cdots$

$\qquad\qquad =2^{n-1}T(1)+2^{n-2}+2^{n-3}+\cdots+2+1$

$\qquad\qquad =2^{n-1}+2^{n-2}+2^{n-3}+\cdots+2+1=2^n-1$

归纳验证与前面类似,在此不再赘述.

迭代方法一般适用于一阶的递推方程. 对于二阶以上,即 $T(n)$ 依赖于它前面更多个项的递推方程,直接迭代将导致迭代后的项太多,从而使得求和公式过于复杂. 因此,需要先把递推方程化简,然后再进行迭代. 使用差消法可以将某些高阶递推方程化简为一阶递推方程. 下面的例子是关于快速排序算法平均情况下时间复杂度 $T(n)$ 的递推方程(见 2.4.1 节). $T(n)$ 依赖于 $T(n-1),T(n-2),\cdots,T(1),T(0)$ 等所有的项,这种递推方程也称为全部历史递推方程. 由于 $T(0)=0$,可以把这一项从方程中删除,从而得到下面的方程. 求解过程如下.

例 1.14　求解下述递推方程:

$$\begin{cases} T(n)=\dfrac{2}{n}\displaystyle\sum_{i=1}^{n-1}T(i)+n-1 & n\geqslant 2 \\[2mm] T(1)=0 \end{cases}$$

解　由原方程得到

$$nT(n)=2\sum_{i=1}^{n-1}T(i)+n^2-n$$

$$(n-1)T(n-1)=2\sum_{i=1}^{n-2}T(i)+(n-1)^2-(n-1)$$

将两个方程相减得到

$$nT(n)-(n-1)T(n-1)=2T(n-1)+2n-2$$

化简得到

$$nT(n)=(n+1)T(n-1)+2n-2$$

变形并迭代得到

$$\frac{T(n)}{n+1}=\frac{T(n-1)}{n}+\frac{2n-2}{n(n+1)}$$

$$=\cdots$$

$$=2\left(\frac{1}{n+1}+\frac{1}{n}+\cdots+\frac{1}{3}\right)+\frac{T(1)}{2}-1+O\left(\frac{1}{n}\right)$$

括号内恰好为调和级数之和. 根据前面的例 1.9,这个和是 $\Theta(\log n)$,因此得到原递推方程的解 $T(n)=\Theta(n\log n)$.

上面的例子说明,许多递推方程不能求出精确的解,但是可以估计出函数的阶,这对于算法分析工作是有意义的.

用递归树的模型可以说明上述迭代的思想. 下面以二分归并排序算法的递推方程

$$\begin{cases} W(n)=2W(n/2)+n-1 & n=2^k \\ W(1)=0 \end{cases}$$

为例来构造递归树.

递归树是一棵结点带权的二叉树. 初始的递归树只有一个结点,它的权标记为 $W(n)$. 然后不断进行迭代,直到树中不再含有权为函数的结点为止. 迭代规则就是把递归树中权为函数的结点,如 $W(n),W(n/2),W(n/4),\cdots$,用和这个函数相等的递推方程右部的子树来代替. 这种子树只有 2 层,树根标记为方程右部除了函数外的剩余表达式,每一片树叶则代表方程右部的一个递归的函数项. 例如,第一步迭代,树中唯一的结点(第 0 层)$W(n)$ 可以用根是 $n-1$,2 片树叶都是 $W(n/2)$ 的子树来代替. 代替以后递归树由 1 层变成了 2 层. 第二步迭代,应该用根为 $n/2-1$,2 片树叶都是 $W(n/4)$ 的子树来代替树中权为 $W(n/2)$ 的叶结点(第 1 层),代替后递归树就变成了 3 层. 照这样进行下去,每迭代一次,递归树就增加一层,总共迭代 $k-1$ 次,直到树叶都变成 $W(2)=1$ 为止. 整个迭代过程与递归树的生成过程完全对应起来,正如图 1.4 所示. 不难看出,在整个迭代过程中递归树中全部结点的权之和不变,总是等于函数 $W(n)$.

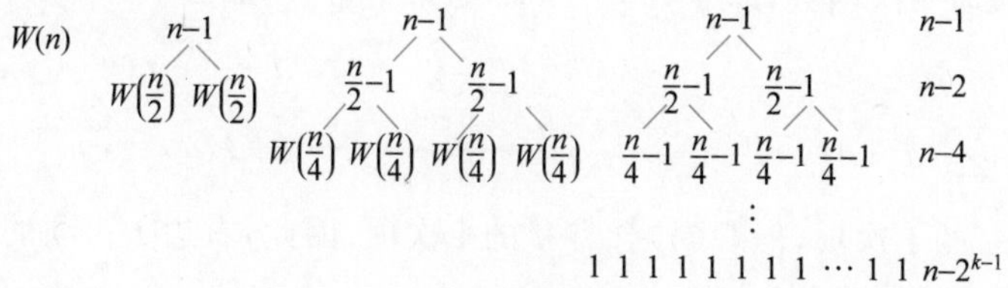

图 1.4 递归树

为了计算最终的递归树中所有结点的权之和,可以采用分层计算的方法. 递归树有 k 层,各层结点的值之和分别为

$$n-1,n-2,n-4,\cdots,n-2^{k-1}$$

因此,总和为

$$nk-(1+2+\cdots+2^{k-1})=nk-(2^k-1)=n\log n-n+1$$

不难看出,这个结果与例 1.12 的结果完全一致.

对于某些递推方程,由于右边的两个项不一样,不能合并. 如果用迭代归纳法求解,每迭代 1 次就出来至少两个不同的项,迭代 k 次以后就会出来 2^k 个不同形式的项,这对于求和不是很方便. 在这种情况下,用递归树的方法更加直观. 请见例 1.15.

例 1.15 求解递推方程:

$$T(n)=T(n/3)+T(2n/3)+n$$

解 这个方程右边的项分别为 $T(n/3)$ 与 $T(2n/3)$,它的递归树如图 1.5 所示.

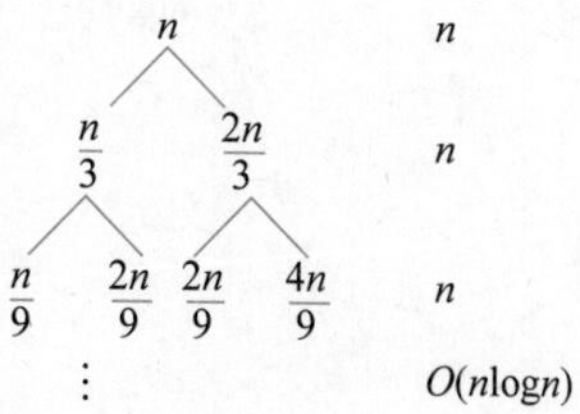

这棵递归树的树叶不在同一层上. 从树根出发直到树叶,最左边的路径是最短的路径,每走一步,问题规模就减少为原来的 $1/3$;最右边的路径是最长的路径,每走一步,问题规模减少为原来的 $2/3$. 在最坏情况下,考虑最长的路径. 假设递推方程的初值为 1(如果设其他常数作为初值,解的阶仍旧不变),最长路径的长度是 k,那么有

图 1.5 递归树

$$n\left(\frac{2}{3}\right)^k=1\Rightarrow n=\left(\frac{3}{2}\right)^k\Rightarrow k=\log_{3/2}n$$

因此,这棵递归树有 $\log_{3/2}n$ 层. 因为每层结点的数值之和都为 $O(n)$,从而得到

$$T(n)=O(n\log_{3/2}n)=O(n\log n)$$

估计递推方程解的阶,也可以使用尝试的方法. 这种方法的基本思想就是：先猜想解是哪种类型的函数,给出这个函数表达式的一般形式,在这个表达式中可能含有某些待定参数,然后将这个函数代入原递推方程以确定这些参数的值.

例 1.14 中的递推方程可以写成下述形式,现在使用尝试法求解.

$$T(n) = \frac{2}{n} \sum_{i=1}^{n-1} T(i) + O(n)$$

如果首先猜想 $T(n) = C$ 为常函数,代入原递推方程得到

$$左边 = O(1)$$

$$右边 = \frac{2}{n} C(n-1) + O(n) = 2C - \frac{2C}{n} + O(n) = O(n)$$

右边为一次函数,左边为常函数,右边的阶高于左边的阶,显然函数设定不合适.

接着设 $T(n)$ 为一次函数,即 $T(n) = cn$,c 为某个常数,那么

$$左边 = cn$$

$$右边 = \frac{2}{n} \sum_{i=1}^{n-1} ci + O(n) = \frac{2c}{n} \frac{(1+n-1)(n-1)}{2} + O(n) = cn - c + O(n)$$

两边最高次项是 n 的 1 次项,但 $O(n)$ 含有 n 的 1 次项,因此,右边 1 次项的系数大于左边的系数. 这个解仍旧不满足方程.

下面尝试 $T(n) = cn^2$,c 为某个常数,代入得到

$$左边 = cn^2$$

$$右边 = \frac{2}{n} \sum_{i=1}^{n-1} ci^2 + O(n) = \frac{2}{n} \left[\frac{cn^3}{3} + O(n^2) \right] + O(n) = \frac{2c}{3} n^2 + O(n)$$

右边 2 次项的系数小于左边 2 次项的系数,这个解也不对. 于是,猜想 $T(n)$ 的阶应该介于 cn 和 cn^2 之间.

下面设 $T(n) = cn\log n$,c 为某个常数,代入得到

$$左边 = cn\log n$$

$$右边 = \frac{2c}{n} \sum_{i=1}^{n-1} i\log i + O(n) = \frac{2c}{n} \left[\frac{n^2}{2}\log n - \frac{n^2}{4\ln 2} + O(1) \right] + O(n)$$

$$= cn\log n + O(n)$$

这时左边和右边的最高次项,即 $n\log n$ 项的系数都是 c,因此,函数 $T(n) = cn\log n = \Theta(n\log n)$ 是方程的解.

在上面的求和过程中也使用了积分近似,上界的近似如图 1.6 所示,阴影部分的面积等于和式 $\sum_{i=1}^{n-1} i\log i$ 的值,满足

$$\sum_{i=1}^{n-1} i\log i \leqslant \int_2^n x\log x \, \mathrm{d}x$$

而计算积分可得到

$$\int_2^n x\log x \, \mathrm{d}x = \int_2^n \frac{x}{\ln 2}\ln x \, \mathrm{d}x = \frac{1}{\ln 2} \left(\frac{x^2}{2}\ln x - \frac{x^2}{4} \right) \Bigg|_2^n$$

$$= \frac{1}{\ln 2} \left(\frac{n^2}{2}\ln n - \frac{n^2}{4} \right) - \frac{1}{\ln 2} \left(\frac{4}{2}\ln 2 - \frac{4}{4} \right)$$

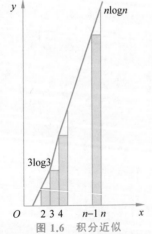

图 1.6 积分近似

$$\sum_{i=1}^{n-1} i \log i = \frac{n^2}{2} \log n - \frac{n^2}{4\ln 2} + O(1)$$

不难看出,对于上述递推方程,使用尝试法得到的解与使用迭代法得到的解完全一样.

最后,介绍一个重要的定理——主定理,它直接给出了某些常用递推方程的解.

定理 1.6 主定理(Master Theorem)设 $a \geq 1, b > 1$ 为常数, $f(n)$ 为函数, $T(n)$ 为非负整数,且

$$T(n) = aT(n/b) + f(n)$$

则有以下结果:

(1) 若 $f(n) = O(n^{\log_b a - \varepsilon})$, $\varepsilon > 0$,那么 $T(n) = \Theta(n^{\log_b a})$.

(2) 若 $f(n) = \Theta(n^{\log_b a})$,那么 $T(n) = \Theta(n^{\log_b a} \log n)$.

(3) 若 $f(n) = \Omega(n^{\log_b a + \varepsilon})$, $\varepsilon > 0$,且对于某个常数 $c < 1$ 和所有充分大的 n,有 $af(n/b) \leq cf(n)$,那么 $T(n) = \Theta(f(n))$.

证 不妨设 $n = b^k$,经过迭代得到

$$T(n) = aT\left(\frac{n}{b}\right) + f(n) = a\left[aT\left(\frac{n}{b^2}\right) + f\left(\frac{n}{b}\right)\right] + f(n)$$

$$= a^2 T\left(\frac{n}{b^2}\right) + af\left(\frac{n}{b}\right) + f(n)$$

$$= \cdots$$

$$= a^k T\left(\frac{n}{b^k}\right) + a^{k-1} f\left(\frac{n}{b^{k-1}}\right) + \cdots + af\left(\frac{n}{b}\right) + f(n)$$

$$= a^k T(1) + \sum_{j=0}^{k-1} a^j f\left(\frac{n}{b^j}\right)$$

$$= c_1 n^{\log_b a} + \sum_{j=0}^{k-1} a^j f\left(\frac{n}{b^j}\right)$$

$$T(1) = c_1$$

(1) 第一种情况, $f(n) = O(n^{\log_b a - \varepsilon})$,

$$T(n) = c_1 n^{\log_b a} + \sum_{j=0}^{k-1} a^j f\left(\frac{n}{b^j}\right) = c_1 n^{\log_b a} + O\left(\sum_{j=0}^{\log_b n - 1} a^j \left(\frac{n}{b^j}\right)^{\log_b a - \varepsilon}\right)$$

$$= c_1 n^{\log_b a} + O\left(n^{\log_b a - \varepsilon} \sum_{j=0}^{\log_b n - 1} \frac{a^j}{(b^{\log_b a - \varepsilon})^j}\right) = c_1 n^{\log_b a} + O\left(n^{\log_b a - \varepsilon} \sum_{j=0}^{\log_b n - 1} (b^\varepsilon)^j\right)$$

$$= c_1 n^{\log_b a} + O\left(n^{\log_b a - \varepsilon} \frac{b^{\varepsilon \log_b n} - 1}{b^\varepsilon - 1}\right) = c_1 n^{\log_b a} + O(n^{\log_b a - \varepsilon} n^\varepsilon) = \Theta(n^{\log_b a})$$

(2) 第二种情况, $f(n) = \Theta(n^{\log_b a})$,

$$T(n) = c_1 n^{\log_b a} + \sum_{j=0}^{k-1} a^j f\left(\frac{n}{b^j}\right) = c_1 n^{\log_b a} + \Theta\left(\sum_{j=0}^{\log_b n - 1} a^j \left(\frac{n}{b^j}\right)^{\log_b a}\right)$$

$$= c_1 n^{\log_b a} + \Theta\left(n^{\log_b a} \sum_{j=0}^{\log_b n - 1} \frac{a^j}{a^j}\right) = c_1 n^{\log_b a} + \Theta(n^{\log_b a} \log n)$$

$$= \Theta(n^{\log_b a} \log n)$$

(3) 第三种情况，$f(n) = \Omega(n^{\log_b a + \varepsilon})$，

$$T(n) = c_1 n^{\log_b a} + \sum_{j=0}^{k-1} a^j f\left(\frac{n}{b^j}\right) \leqslant c_1 n^{\log_b a} + \sum_{j=0}^{\log_b n - 1} c^j f(n) \quad \left(af\left(\frac{n}{b}\right) \leqslant cf(n)\right)$$

$$= c_1 n^{\log_b a} + f(n) \frac{c^{\log_b n} - 1}{c - 1} = c_1 n^{\log_b a} + \Theta(f(n)) \quad (c < 1)$$

$$= \Theta(f(n)) \quad (f(n) = \Omega(n^{\log_b a + \varepsilon}))$$

显然 $T(n) \geqslant f(n)$，于是得到 $T(n) = \Theta(f(n))$.

下面针对主定理的三种情况分别给出求解的例子.

例 1.16 求解递推方程：

$$T(n) = 9T(n/3) + n$$

解 上述递推方程中的 $a = 9, b = 3, f(n) = n$，那么

$$n^{\log_3 9} = n^2, \quad f(n) = O(n^{\log_3 9 - 1})$$

这里相当于主定理的第一种情况，其中 $\varepsilon = 1$. 根据定理得到 $T(n) = \Theta(n^2)$.

例 1.17 求解递推方程：

$$T(n) = T(2n/3) + 1$$

解 上述递推方程中的 $a = 1, b = 3/2, f(n) = 1$，那么

$$n^{\log_{3/2} 1} = n^0 = 1, \quad f(n) = 1$$

这里相当于主定理的第二种情况. 根据定理得到 $T(n) = \Theta(n^0 \log n) = \Theta(\log n)$.

例 1.18 求解递推方程：

$$T(n) = 3T(n/4) + n \log n$$

解 上述递推方程中的 $a = 3, b = 4, f(n) = n \log n$，那么

$$n \log n = \Omega(n^{\log_4 3 + \varepsilon}) = \Omega(n^{0.793 + \varepsilon}), \quad \varepsilon \approx 0.2$$

此外，要使 $af(n/b) \leqslant cf(n)$ 成立，代入 $f(n) = n \log n$，得到

$$\frac{3n}{4} \log \frac{n}{4} \leqslant cn \log n$$

显然只要 $c \geqslant 3/4$，上述不等式就可以对充分大的 n 成立. 这里相当于主定理的第三种情况. 因此，有 $T(n) = \Theta(f(n)) = \Theta(n \log n)$.

特别需要说明的是，在第一种情况与第三种情况的条件中需要存在一个大于 0 的数 ε. 注意，$n^{\log_b a - \varepsilon}$ 或 $n^{\log_b a + \varepsilon}$ 与 $n^{\log_b a}$ 的阶是不一样的. 考查下面的例子.

例 1.19 求解以下递推方程：

$$T(n) = 2T(n/2) + n \log n$$

在第 2 章关于最临近点对问题的分治算法设计与分析中，这个方程是关于最坏情况下时间复杂度函数的递推方程. 不难看到，$a = b = 2, f(n) = n \log n$，从而得到 $n^{\log_2 2} = n$. 而 $f(n) = n \log n$ 的阶比 n 的阶高，似乎应该属于主定理的第三种情况. 但是，找不到正数 $\varepsilon > 0$ 使得 $n \log n = \Omega(n^{1 + \varepsilon})$ 成立，因为 $\log n$ 的阶低于任何幂函数 n^ε 的阶. 于是，这个递推方程不满足主定理的条件，因此，不能使用主定理求解. 下面使用递归树的方法求解.

解 为简单起见，不妨设 $n = 2^k$，递推方程 $T(n) = 2T(n/2) + n \log n$ 的递归树如图 1.7 所示.

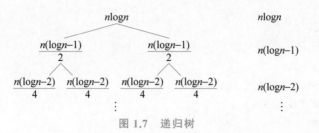

图 1.7 递归树

该方程的解为

$$T(n) = n\log n + n(\log n - 1) + n(\log n - 2) + \cdots + n(\log n - k + 1)$$
$$= (n\log n)\log n - n(1 + 2 + \cdots + k - 1)$$
$$= n\log^2 n - nk(k-1)/2 = O(n\log^2 n)$$

注意,在上面的公式中 $\log^2 n$ 是 $(\log n)^2$ 的简单表示.

在递归算法的时间复杂度分析中常常用到主定理. 其中,a 代表递归调用所产生的子问题个数,n/b 代表这些子问题的规模,$f(n)$ 则代表调用前的操作及调用后把子问题的解组合成原问题的解的总工作量. 例如,二分检索算法,经过 1 次比较就产生 1 个规模减半的子问题,因此,$a=1,b=2,f(n)=1$;二分归并排序算法,需要对两个规模减半的数组进行调用,而调用后的归并工作量是 $n-1$,因此,$a=2,b=2,f(n)=O(n)$. 更多的应用例子将在第 2 章给出.

在某些递推方程中,有取整的底函数或顶函数. 对于这种方程,有的可以采用尝试法来求解,即先估计解的表达式,然后归纳证明解的正确性. 考虑下面的例子.

例 1.20 求解下述递推方程:

$$\begin{cases} T(n) = 2T\left(\left\lfloor \dfrac{n}{2} \right\rfloor\right) + n \\ T(1) = 1 \end{cases}$$

解 因为递推方程 $T(n)=2T(n/2)+n$ 的解是 $O(n\log n)$,即存在 $c>0,n_0$ 使得当 $n\geqslant n_0$ 时有 $T(n)\leqslant cn\log n$. 于是,可以估计原递推方程的解也是 $cn\log n(n\geqslant 2)$,下面进行归纳证明.

当 $n=2$ 时,有 $T(2)=2T(1)+2=4$,$2c\log 2=2c$,只要 $c=2$,就有 $T(2)\leqslant 2c\log 2$ 成立.

假设对于一切小于 n 的自然数 k,$T(k)\leqslant ck\log k$ 成立,那么有

$$T(n) = 2T(\lfloor n/2 \rfloor) + n \leqslant 2T(n/2) + n \leqslant 2c\,\frac{n}{2}\log\frac{n}{2} + n$$
$$= cn(\log n - 1) + n = cn\log n - cn + n$$
$$\leqslant cn\log n - (c-1)n \leqslant cn\log n \quad (c>1)$$

综上所述,只要 $c=2$,对一切 n 都有 $T(n)\leqslant cn\log n$ 成立.

以上简要介绍了递推方程的求解方法,这些方法在第 2 章有关分治算法的分析中会大量用到.

习 题 1

1.1 设 A 是 n 个不等数的数组,$n>2$. 以比较作为基本运算,试给出一个 $O(1)$ 时间的算法,找出 A 中一个既不是最大也不是最小的数. 写出算法的伪码,说明该算法最坏情

况下执行的比较次数.

1.2 考虑下述选择排序算法：

算法　ModSelectSort
输入：n 个不等的整数的数组 $A[1..n]$
输出：按递增次序排序的 A
1. for $i \leftarrow 1$ to $n-1$ do
2. 　for $j \leftarrow i+1$ to n do
3. 　　if $A[j] < A[i]$ then $A[i] \leftrightarrow A[j]$

问：

(1) 最坏情况下该算法做多少次比较运算？

(2) 最坏情况下该算法做多少次交换运算？这种情况在什么输入条件下发生？

1.3 给定正整数的数组 $A[1..n]$，测试 A 的每个元素 $A[i]$ 的奇偶性. 如果 $A[i]$ 是奇数，则将它 2 倍后输出；否则，直接输出 $A[i]$.

(1) 以乘法作为基本运算，使用大 O 记号，还是使用大 Θ 记号，哪个记号能够正确表达这个算法对于规模为 n 的输入所做的基本运算次数？为什么？

(2) 如果以元素的测试作为基本运算，重复问题(1).

1.4 计算下述算法所执行的加法次数.

算法
输入：$n = 2^t$，t 为正整数
输出：k
1. $k \leftarrow 0$
2. while $n \geqslant 1$ do
3. 　for $j \leftarrow 1$ to n do
4. 　　$k \leftarrow k+1$
5. 　$n \leftarrow n/2$
6. return k

1.5 计数算法 C 所执行的加法次数.

算法　C
输入：n 为正整数
输出：k
1. $k \leftarrow 0$
2. for $i \leftarrow 1$ to n do
3. 　$m \leftarrow \lfloor n/i \rfloor$
4. 　for $j \leftarrow 1$ to m do
5. 　　$k \leftarrow k+1$
6. return k

1.6 阅读关于下述算法 A 的伪码，说明该算法求解的是什么问题，并计算该算法所做的乘法运算(*)和加法运算次数.

算法　A
输入：数组 $P[0..n]$，实数 x

输出：y

1. $y \leftarrow P[0]$; power$\leftarrow 1$
2. for $i \leftarrow 1$ to n do
3.   power$\leftarrow$power $* x$
4. $y \leftarrow y + P[i] *$ power
5. return y

1.7 下述 Find-Second-Min 算法是找第二小算法. 输入是 n 个不等的数构成的数组 S, 输出是第二小的数 SecondMin.

(1) 在最坏情况下, 该算法做多少次比较?

(2) 若所有输入是等概率分布的, 平均情况下该算法做多少次比较?

算法　Find-Second-Min(S, n)
1. if $S[1] < S[2]$
2. then min$\leftarrow S[1]$; SecondMin$\leftarrow S[2]$
3. else min$\leftarrow S[2]$; SecondMin$\leftarrow S[1]$
4. for $i \leftarrow 3$ to n do
5.   if $S[i] <$ SecondMin
6.   then if $S[i] <$ min
7.   then SecondMin$\leftarrow$min; min$\leftarrow S[i]$
8.   else SecondMin$\leftarrow S[i]$

1.8 已知 L 是含有 n 个元素并且排好序的数组, x 在 L 中. 如果 x 出现在 L 中第 i 个($i = 2, 3, \cdots, n$)位置的概率是在前一个位置概率的一半, 当 n 充分大时, 估计下述查找算法平均情况下的时间复杂度 $A(n)$. 只需给出近似值.

算法　顺序查找
1. $j \leftarrow 1$
2. while $j \leqslant n$ and $x > L[j]$ do
3. $j \leftarrow j + 1$
4. if $x < L[j]$ or $j > n$
5. then $j \leftarrow 0$

1.9 设 A 为 n 个不等的数的数组. 给定 x, 若 x 在 A 中, 输出 x 的下标 k; 若 x 不在 A 中, 则输出 0. BinarySearch 和 LinearSearch 分别表示二分和顺序搜索, 设计下述算法:

算法　Search(A, x)
1. if n 为奇数　then $k \leftarrow$ BinarySearch(A, x)
2. else $k \leftarrow$ LinearSearch(A, x)

以比较作基本运算, 用大 O 记号表示算法在最坏情况下的时间复杂度 $W(n)$, 能否使用大 Θ 记号表示 $W(n)$? 为什么?

1.10　考虑下述素数测试算法:

算法　PrimalityTest(n)
输入: n, n 为大于 2 的奇整数
输出: true 或者 false

1. $s \leftarrow \lfloor \sqrt{n} \rfloor$
2. for $j \leftarrow 2$ to s
3.   if j 整除 n
4.   then return false
5. return true

(1) 假设计算 $\lfloor \sqrt{n} \rfloor$ 可以在 $O(1)$ 时间完成,估计该算法在最坏情况下的时间复杂度.

(2) 能否使用 Θ 符号表示这个算法在最坏情况下的时间复杂度? 为什么?

1.11 证明定理 1.3:假设 f 和 g 是定义域为自然数集合的函数,若对某个其他函数 h,有 $f = O(h)$ 和 $g = O(h)$ 成立,那么 $f + g = O(h)$.

1.12 证明定理 1.4:对每个 $b > 1$ 和每个 $\alpha > 0$,有 $\log_b n = o(n^\alpha)$.

1.13 证明定理 1.5:对每个 $r > 1$ 和每个 $d > 0$,有 $n^d = o(r^n)$.

1.14 设 x 为实数,n, a, b 为整数,证明下述性质.

(1) $x - 1 < \lfloor x \rfloor \leqslant x \leqslant \lceil x \rceil < x + 1$.

(2) $\lfloor x + n \rfloor = \lfloor x \rfloor + n, \lceil x + n \rceil = \lceil x \rceil + n$.

(3) $\lceil \frac{n}{2} \rceil + \lfloor \frac{n}{2} \rfloor = n$.

(4) $\left\lceil \dfrac{\lceil \frac{n}{a} \rceil}{b} \right\rceil = \left\lceil \dfrac{n}{ab} \right\rceil, \left\lfloor \dfrac{\lfloor \frac{n}{a} \rfloor}{b} \right\rfloor = \left\lfloor \dfrac{n}{ab} \right\rfloor$.

1.15 考虑下面每对函数 $f(n)$ 和 $g(n)$,如果它们的阶相等则使用 Θ 记号,否则使用 O 记号表示它们的关系.

(1) $f(n) = (n^2 - n)/2, g(n) = 6n$.

(2) $f(n) = n + 2\sqrt{n}, g(n) = n^2$.

(3) $f(n) = n + n \log n, g(n) = n \sqrt{n}$.

(4) $f(n) = 2 \log^2 n, g(n) = \log n + 1$.

(5) $f(n) = \log(n!), g(n) = n^{1.05}$.

1.16 在表 1.1 中填入 true 或 false.

表 1.1 函数 f 与 g

序号	函数				
	$f(n)$	$g(n)$	$f(n) = O(g(n))$	$f(n) = \Omega(g(n))$	$f(n) = \Theta(g(n))$
1	$2n^3 + 3n$	$100n^2 + 2n + 100$			
2	$50n + \log n$	$10n + \log \log n$			
3	$50n \log n$	$10n \log \log n$			
4	$\log n$	$\log^2 n$			
5	$n!$	5^n			

1.17 对于下面每个函数 $f(n)$,用 Θ 符号表示成 $f(n) = \Theta(g(n))$ 的形式,其中 $g(n)$ 要尽可能简洁. 例如,$f(n) = n^2 + 2n + 3$ 可以写为 $f(n) = \Theta(n^2)$. 然后,按照阶递增的顺

序将这些函数进行排列.

$$(n-2)!,\quad 5\log(n+100)^{10},\quad 2^{2n},\quad 0.001n^4+3n^3+1,$$

$$(\ln n)^2,\quad \sqrt[3]{n}+\log n,\quad 3^n,\quad \log(n!),\quad \log(n^{n+1}),\quad 1+\frac{1}{2}+\cdots+\frac{1}{n}$$

1.18 对以下函数,按照它们的阶从高到低排列;如果 $f(n)$ 与 $g(n)$ 的阶相等,表示为 $f(n)=\Theta(g(n))$.

$$2^{\sqrt{2\log n}},\quad n\log n,\quad \sum_{k=1}^{n}\frac{1}{k},\quad n2^n,\quad (\log n)^{\log n},\quad 2^{2n},\quad 2^{\log\sqrt{n}}$$

$$n^3,\quad \log(n!),\quad \log n,\quad \log\log n,\quad n^{\log\log n},\quad n!,\quad n,\quad \log 10^n$$

1.19 求解以下递推方程.

(1) $\begin{cases} T(n)=T(n-1)+n^2 \\ T(1)=1 \end{cases}$

(2) $\begin{cases} T(n)=9T(n/3)+n \\ T(1)=1 \end{cases}$

(3) $\begin{cases} T(n)=T(n/2)+T(n/4)+cn,\quad c\ \text{为常数} \\ T(1)=1 \end{cases}$

(4) $\begin{cases} T(n)=T(n-1)+\log 3^n \\ T(1)=1 \end{cases}$

(5) $\begin{cases} T(n)=5T(n/2)+(n\log n)^2 \\ T(1)=1 \end{cases}$

(6) $\begin{cases} T(n)=2T(n/2)+n^2\log n \\ T(1)=1 \end{cases}$

(7) $\begin{cases} T(n)=T(n-1)+1/n \\ T(1)=1 \end{cases}$

(8) $T(n)=T(n-1)+\log n$,估计 $T(n)$ 的阶

1.20 设递推方程 $T(n)=7T(n/2)+n^2$ 给出了算法 A 在最坏情况下的时间复杂度函数,算法 B 在最坏情况下的时间复杂度函数 $W(n)$ 满足递推方程 $W(n)=aW(n/4)+n^2$. 试确定最大的正整数 a,使得 $W(n)$ 的阶低于 $T(n)$ 的阶.

1.21 设原问题的规模是 n,从下述三个算法中选择一个最坏情况下时间复杂度最低的算法,简要说明理由.

算法 A:将原问题划分规模减半的 5 个子问题,递归求解每个子问题,然后在线性时间将子问题的解合并得到原问题的解.

算法 B:先递归求解 2 个规模为 $n-1$ 的子问题,然后在常量时间内将子问题的解合并.

算法 C:将原问题划分规模为 $n/3$ 的 9 个子问题,递归求解每个子问题,然后在 $O(n^3)$ 时间将子问题的解合并得到原问题的解.

第 2 章

分治策略

分治策略(Divide and Conquer)是一种常用的算法设计技术,使用分治策略设计的算法通常是递归算法.

2.1 分治策略的基本思想

2.1.1 两个熟悉的例子

先看两个熟悉的例子:二分查找和二分归并排序.

在一个排好序的数组 $T[1..n]$ 中查找 x. 如果 x 在 T 中,输出 x 在 T 中的下标 j;如果 x 不在 T 中,输出 $j=0$. 使用下述二分查找算法.

算法 2.1　BinarySearch(T,x)
输入:排好序的数组 T;数 x
输出:j
1. $l\leftarrow1$; $r\leftarrow n$
2. while $l\leqslant r$ do
3. 　$m\leftarrow\lfloor(l+r)/2\rfloor$
4. 　if $T[m]=x$ then return m　　　　　　　　//x 恰好等于中位元素
5. 　else if $T[m]>x$ then $r\leftarrow m-1$
6. 　else $l\leftarrow m+1$
7. return 0

通过 x 与数组 T 中元素的 1 次比较,T 中需要检索的范围至少减半,因此,检索次数 $W(n)$ 满足下述递推方程:

$$\begin{cases} W(n)=W\left(\left\lfloor\dfrac{n}{2}\right\rfloor\right)+1 \\ W(1)=1 \end{cases}$$

根据第 1 章的知识,可以解出 $W(n)=\lfloor\log n\rfloor+1$.

回顾第 1 章提到的二分归并排序算法 MergeSort. 它的设计思想是:将被排序的数组分成相等的两个子数组,然后使用同样的算法对两个子数组分别排序,最后将这两个排好序的子数组归并成一个排序的数组. 假设 $n=2^k$,那么二分归并排序算法时间复杂度的递推方程是:

$$\begin{cases} W(n) = 2W\left(\dfrac{n}{2}\right) + n - 1 \\ W(1) = 0 \end{cases}$$

且 $W(n) = n\log n - n + 1$.

上面两个算法就是用分治策略设计的算法. 它们的共同特点是: 将规模为 n 的原问题归约为规模减半的子问题(可以是一个子问题, 也可以是多个子问题). 分别求解每个子问题, 然后把子问题的解进行综合, 从而得到原问题的解.

2.1.2 分治算法的一般性描述

把上面的设计思想加以概括, 可以得到分治算法的一般描述. 设 P 是待求解的问题, $|P|$ 代表该问题的输入规模, 一般的分治算法 Divide-and-Conquer 的伪码描述如下:

算法 2.2　Divide-and-Conquer(P)

1. if $|P| \leqslant c$ then $S(P)$
2. divide P into $P_1, P_2, \cdots, P_k$ //将 P 归约成 k 个子问题
3. for $i = 1$ to k do
4. $y_i \leftarrow$ Divide-and-Conquer(P_i)   //递归求解每个子问题
5. return Merge($y_1, y_2, \cdots, y_k$)   //把子问题的解进行综合

上述伪码说明: 如果问题规模不超过 c (在上述二分检索和二分归并排序算法中 $c = 1$), 算法停止递归, 直接求解 P, $S(P)$ 就代表直接求解的过程; 否则, 将 P 归约成 k 个彼此独立的子问题 $P_1, P_2, \cdots, P_k$. 然后递归地依次求解这些子问题, 得到解 $y_1, y_2, \cdots, y_k$. 最后将这 k 个解归并得到原问题的解, Merge 代表归并子问题的解的过程.

分治算法通常都是递归算法, 这种算法的时间复杂度分析通常需要求解递推方程. 如果原问题的输入规模是 n, 根据上面的伪码, 分治算法时间复杂度的递推方程的一般形式是:

$$\begin{cases} W(n) = W(|P_1|) + W(|P_2|) + \cdots + W(|P_k|) + f(n) \\ W(c) = C \end{cases}$$

上面方程中的 C 代表直接求解规模为 c 的子问题的工作量, 而 $f(n)$ 代表将原问题归约为若干子问题以及将子问题的解综合为原问题的解所需要的总工作量. 例如, 二分检索通过 1 次比较就将原问题归约为规模减半的子问题, 而最后子问题的解就是原问题的解, 综合阶段不需要额外工作, 因此 $f(n) = 1$. 二分归并排序的划分阶段不需要工作, 而归并两个子问题的解需要 $n - 1$ 次比较, 因此 $f(n) = n - 1$.

观察上面的递推方程, 不难发现: 如果子问题的规模都一样, 方程的求解比较简单. 这就要求子问题的划分比较均匀. 同时, 后面的例子将表明, 当子问题的划分比较均匀时, 时间复杂度相对也比较低.

2.2　分治算法的分析技术

分治算法通常是递归算法, 算法时间复杂度的分析需要求解递推方程. 在分治算法中最常见的递推方程有下面两类:

$$T(n) = \sum_{i=1}^{k} a_i T(n-i) + f(n)$$

$$T(n) = aT\left(\frac{n}{b}\right) + d(n)$$

如果归约后的子问题规模比原问题呈现常数量级的减少,就会得到第一类递推方程.例如,Hanoi 塔问题的分治算法,将 n 个圆盘的移动归约为两个 $n-1$ 个圆盘移动的子问题,子问题规模只比原问题少 1,于是递推方程是:

$$\begin{cases} W(n) = 2W(n-1) + 1 \\ W(1) = 1 \end{cases}$$

第一类递推方程可以使用迭代、递归树、尝试等方法求解.

第二类递推方程反映的是类似于二分检索和二分归并排序算法的分治算法.在均衡划分的情况下,a 代表归约后的子问题个数,b 代表子问题规模减少的倍数,$d(n)$ 表示归约过程和综合解过程的总工作量.这两类方程的求解方法可以使用迭代法、递归树和主定理等.使用大 Θ 记号表示解,有如下几种常见的形式:

当 $d(n)$ 为常数时,如果 $a=1$,那么符合主定理的第二种情况,于是 $T(n) = \Theta(\log n)$;如果 $a \neq 1$,$n^{\log_b a}$ 不是常数,属于主定理的第一种情况,$T(n) = \Theta(n^{\log_b a})$,于是得到

$$T(n) = \begin{cases} \Theta(n^{\log_b a}) & a \neq 1 \\ \Theta(\log n) & a = 1 \end{cases}$$

当 $d(n) = cn$ 时,如果 $a > b$,对应主定理的第一种情况,方程的解是 $\Theta(n^{\log_b a})$;如果 $a = b$,对应主定理的第二种情况,方程的解是 $\Theta(n \log n)$;如果 $a < b$,对应主定理的第三种情况,方程的解是 $\Theta(d(n)) = \Theta(n)$.于是有

$$T(n) = \begin{cases} \Theta(n) & a < b \\ \Theta(n \log n) & a = b \\ \Theta(n^{\log_b a}) & a > b \end{cases}$$

利用上述结果,直接可以得到二分检索算法的时间复杂度为 $\Theta(\log n)$,二分归并排序算法的时间复杂度为 $\Theta(n \log n)$.

下面看一个芯片测试的例子.

例 2.1 有 n 片芯片,已知其中好芯片比坏芯片至少多 1 片.现在需要通过测试从中找出 1 片好芯片.测试的方法是:将 2 片芯片放到测试台上,2 片芯片互相测试并报告测试结果:"好"或者"坏".假定好芯片的报告是正确的,坏芯片的报告是不可靠的(可能是对的,也可能是错的).试设计一个算法,使用最少的测试次数来找出 1 片好芯片.

由于好芯片至少比坏芯片多 1 片,对 1 片芯片来说,如果至少有 $\lfloor n/2 \rfloor$ 片芯片都报告它是"好的",那么这片芯片一定是好的,否则它就是坏芯片.一个蛮力算法就是任取 1 片芯片,然后用其余所有芯片来测试它.如果它是好的,则算法结束;如果它是坏的,则抛弃它,再任选 1 片进行测试,直到找到 1 片好芯片为止.这个算法最坏情况下需要 $\Theta(n^2)$ 次测试.

下面尝试使用分治策略.初始的想法就是:将 n 片芯片两两一组分成 $\lfloor n/2 \rfloor$ 组,每组测试 1 次.就像体育比赛的淘汰赛一样,通过第一轮的 $\lfloor n/2 \rfloor$ 次测试淘汰一部分芯片,剩下的芯片构成一个规模较小的子问题进入第二轮.如果测试的芯片不超过 3 片(即子问题规模小

于或等于 3), 并且好芯片比坏芯片至少多 1 片, 那么只要测试 1 次就可以找出好芯片. 剩下需要考虑的一个问题是: 采取什么样的淘汰规则, 能够保证进入下一轮的好芯片比坏芯片至少多 1 片. 换句话说, 每轮测试丢弃的坏芯片数至少和丢弃的好芯片数一样多. 这涉及算法的正确性. 另一个问题是: 每轮测试淘汰的芯片数占测试芯片数的比例是多少. 这涉及子问题规模缩小得有多快, 它决定了算法的效率.

先分析不同的测试报告究竟给出了什么信息. 假设放到测试台上的芯片是 A 和 B, 表 2.1 列出了可能的结果.

表 2.1　测试结果

情况	A 报告	B 报告	结　论
1	B 是好的	A 是好的	A 和 B 都好或者 A 和 B 都坏
2	B 是好的	A 是坏的	至少 1 片是坏的
3	B 是坏的	A 是好的	至少 1 片是坏的
4	B 是坏的	A 是坏的	至少 1 片是坏的

如果测试结果是情况 1, 那么 A 和 B 中留 1 片, 丢掉 1 片; 如果是后三种情况, 则把 A 和 B 全部丢掉.

命题 2.1　当 n 是偶数时, 在上述规则下, 经过一轮淘汰, 剩下的好芯片比坏芯片至少多 1 片.

证　设 A 和 B 都是好芯片的有 i 组, A 和 B 一好一坏有 j 组, A 和 B 都坏的有 k 组, 那么

$$2i + 2j + 2k = n \quad 且 \quad 2i + j > 2k + j \Rightarrow i > k$$

经过淘汰后, 剩下好芯片数为 i, 坏芯片数至多为 k, 满足 $i > k$.

但是当 n 是奇数, 没被分组而轮空的是 1 片坏芯片时, 可能淘汰后剩下的好芯片数与坏芯片数相等. 例如 $n = 7$, 有 4 片好芯片, 3 片坏芯片. 如果分组为: {好, 好}, {好, 好}, {坏, 坏}, 1 片坏芯片轮空, 那么淘汰后的 4 片芯片有可能恰好 2 好 2 坏. 对于奇数的情况, 可以增加一轮特殊处理, 即把这个轮空的芯片与每 1 片其他芯片都测一遍. 根据前面的分析, 通过这些测试可以判断这片芯片的好坏. 如果它是好的, 则算法结束; 如果它是坏的, 则丢弃它. 这些额外工作需要 $O(n)$ 次测试, 而这轮分组内的测试也需要 $O(n)$ 次(精确地说应该是 $\lfloor n/2 \rfloor$ 次). 因此, 不论是偶数还是奇数, 归约为子问题的工作量都是 $O(n)$.

下面考虑第二个问题, 因为每组至少需要丢掉 1 片芯片, 因此, 经过一轮测试后, 剩下的芯片数至多为 $n/2$. 算法的伪码描述如下:

算法 2.3　Test(n)
输入: n 片芯片构成的数组, 其中好芯片至少比坏芯片多 1 片
输出: 1 片好芯片
1. $k \leftarrow n$
2. while $k > 3$ do
3. 　　将芯片分成 $\lfloor k/2 \rfloor$ 组　　　　　　　//如有轮空芯片, 单独测试, 根据情况丢弃或保留
4. 　　for $i = 1$ to $\lfloor k/2 \rfloor$ do
　　　　if 2 片好, 则任取 1 片留下

else 2 片同时丢掉

5.　　$k \leftarrow$ 剩下的芯片数

6. if $k = 3$

　　then 任取 2 片芯片测试

　　　　if 1 好 1 坏,取没测的芯片

　　　　else 任取 1 片被测芯片

7. if $k = 2$ or 1 then 任取 1 片

考虑该算法的最坏情况下的时间复杂度,有如下递推方程:

$$\begin{cases} W(n) = W\left(\dfrac{n}{2}\right) + O(n) & n > 3 \\ W(n) = 1 & n \leqslant 3 \end{cases}$$

根据前面关于递推方程的分析结果,可以得到 $W(n) = O(n)$. 不难看出,比起蛮力算法,分治算法在效率上有明显的提高.

例 2.2　设 a 是一个给定实数,计算 a^n,其中 n 为自然数.

如果选择基本运算是数的乘法,那么蛮力算法将对 a 进行 $n-1$ 次相乘,算法的时间复杂度是 $O(n)$.

下面考虑分治算法. 将 a^n 看作两部分幂的乘积,每部分都是一个子问题,即 $a^{n/2}$ 幂. 更确切地说,有

$$a^n = a^{n/2} \times a^{n/2} \qquad\qquad n \text{ 为偶数}$$
$$a^n = a^{(n-1)/2} \times a^{(n-1)/2} \times a \quad n \text{ 为奇数}$$

请读者给出该算法的伪码描述. 关于该算法的最坏情况下的时间复杂度 $W(n)$ 有

$$W(n) = W(n/2) + O(1)$$
$$W(1) = 0$$

于是得到 $W(n) = O(\log n)$.

需要说明的是,如果更精细地考虑数的乘法,常常把基本运算选作位乘,即每 1 位乘 1 次就看作执行了 1 次基本运算. 这里只是比较粗糙的估计. 这个算法可以用于 Fibonacci 数的计算中.

定义 2.1　Fibonacci 数 $F_n (n \geqslant 1)$ 构成下述数列:

$$1, 1, 2, 3, 5, 8, 13, \cdots$$

其中,从第 3 项开始每一项等于它前面相邻两项的和.

为了设计算法的方便,在这个数列前面加上一项 $F_0 = 0$,如果用递归的方式定义,可以写作

$$F_n = \begin{cases} 0 & \text{if } n = 0 \\ 1 & \text{if } n = 1 \\ F_{n-1} + F_{n-2} & \text{if } n > 1 \end{cases}$$

我们的问题是:对于给定的 n,计算 F_n.

通常的算法是从 $F_0, F_1, \cdots$,根据定义陆续相加,最后得到 F_n,需要做 $\Theta(n)$ 次加法. 下面考虑分治算法. 这个算法的时间复杂度可以达到 $O(\log n)$. 首先给出下面的定理.

定理 2.1　设 $\{F_n\}$ 为 Fibonacci 数构成的数列,那么

$$\begin{bmatrix} F_{n+1} & F_n \\ F_n & F_{n-1} \end{bmatrix} = \begin{bmatrix} 1 & 1 \\ 1 & 0 \end{bmatrix}^n$$

证　对 n 进行归纳.

$n=1$ 时,左边是 $\begin{bmatrix} F_2 & F_1 \\ F_1 & F_0 \end{bmatrix}$,右边是 $\begin{bmatrix} 1 & 1 \\ 1 & 0 \end{bmatrix}$,显然左边与右边相等.

假设对于 n 命题为真,即 $\begin{bmatrix} F_{n+1} & F_n \\ F_n & F_{n-1} \end{bmatrix} = \begin{bmatrix} 1 & 1 \\ 1 & 0 \end{bmatrix}^n$,那么

$$\begin{bmatrix} F_{n+2} & F_{n+1} \\ F_{n+1} & F_n \end{bmatrix} = \begin{bmatrix} F_{n+1}+F_n & F_{n+1} \\ F_n+F_{n-1} & F_n \end{bmatrix} = \begin{bmatrix} F_{n+1} & F_n \\ F_n & F_{n-1} \end{bmatrix} \begin{bmatrix} 1 & 1 \\ 1 & 0 \end{bmatrix}$$

$$= \begin{bmatrix} 1 & 1 \\ 1 & 0 \end{bmatrix}^n \begin{bmatrix} 1 & 1 \\ 1 & 0 \end{bmatrix} = \begin{bmatrix} 1 & 1 \\ 1 & 0 \end{bmatrix}^{n+1}$$

由归纳法可知,命题对一切正整数 n 成立.

这个定理告诉我们：要计算 F_n,可以通过矩阵 $\begin{bmatrix} 1 & 1 \\ 1 & 0 \end{bmatrix}$ 的 $n-1$ 次幂运算得到.从而可以使用高效的关于幂运算的分治算法.矩阵乘法的基本运算是元素相乘,两个二阶矩阵相乘需要做 8 次元素相乘. 8 是一个常数,根据上面关于 a^n 的分治算法,这种乘法的时间复杂度是 $O(\log n)$.

2.3　改进分治算法的途径

前面已经给出了一些例子,分治算法比起通常的蛮力算法在效率上确实有了明显的改进.但分治策略也不是处处有效的.对有些问题,简单的分治算法对提高求解效率没用,原因主要是在于分治算法的递归调用.

首先是产生的子问题个数较多.考虑上面关于时间复杂度的函数.在许多情况下采用二分法,通常 $b=2$,只要一次调用产生 3 个以上的子问题,往往有 $T(n)=O(n^{\log_b a})$.在这个解中,a 代表子问题个数,a 越大,函数的阶就越高,从而时间复杂度就越高,因此,减少子问题个数是降低时间复杂度的有效途径.怎样减少子问题个数?一种可行的办法是寻找子问题之间的依赖关系,如果一个子问题的解可以用其他子问题的解通过简单的运算得到,那么在用到这个子问题的解时,不必重新递归计算,而是通过组合其他子问题的解来得到.这样就可以有效减少子问题的个数,从而提高算法效率.

其次,递归过程内的工作量过多也是影响算法效率的一个重要因素.如果在算法设计时,尽量把某些工作提到递归过程之外,作为预处理,从而有效减少递归内部的调用工作量,也是提高算法效率的一个有效途径.

下面通过几个例子说明这些设计思想.

2.3.1　通过代数变换减少子问题个数

考虑下面的整数乘法问题.

例 2.3　设 X 和 Y 是两个 n 位二进制数,$n=2^k$,求 XY.

以每位乘 1 次作为 1 次基本运算,按照通常的乘法,X 的每一位都要和 Y 的 n 个位相乘,

需要乘 n 次. 由于 X 有 n 位, 总共需要 n^2 次位乘, 因此普通乘法的时间复杂度是 $O(n^2)$.

下面考虑分治算法. 将 X 和 Y 都分成相等的两段, 每段 $n/2$ 位. X 的上半段（高位部分）记作 A, 下半段（低位部分）记作 B; 类似地, Y 的上半段和下半段分别记作 C 和 D, 那么有

$$X = A2^{n/2} + B$$
$$Y = C2^{n/2} + D$$
$$XY = AC\,2^n + (AD + BC)2^{n/2} + BD$$

根据这个公式, 为了计算 XY, 可以分别计算 AC, AD, BC, BD, 然后把 AC 乘以 2^n, 相当于向高位移 n 位的操作, $AD + BC$ 乘以 $2^{n/2}$, 即向高位移 $n/2$ 位, 然后把这两个结果与 BD 相加. 计算 AC, AD, BC, BD, 其中每个乘法都是两个 $n/2$ 位的整数相乘, 相当于规模为 $n/2$ 的 4 个子问题; 附加的移位和相加的操作是从子问题的解综合得到原问题的解的额外工作, 这部分工作随 n 增加成线性增长, 可以记为 cn, 其中 c 是某个常数. 于是得到时间复杂度的递推方程是:

$$\begin{cases} W(n) = 4W\left(\dfrac{n}{2}\right) + cn \\ W(1) = 1 \end{cases}$$

根据前面的结果得 $W(n) = O(n^{\log 4}) = O(n^2)$.

这个分治算法与常规乘法的时间复杂度一样. 做了这么多工作, 算法居然没有丝毫的改善. 观察时间复杂度函数的表示, $n^{\log 4}$ 中的 4 代表子问题个数, 如果能把子问题减少为 3 个, 那么算法的时间复杂度就会降低到 $O(n^{\log 3})$, 大约是 $O(n^{1.59})$, 这就比 $O(n^2)$ 有明显的改进.

根据代数知识, 不难找到这些子问题之间的依赖关系:

$$AD + BC = (A - B)(D - C) + AC + BD$$

假设 AC 和 BD 已经得到. 由这个公式可以看出, 为得到 $AD + BC$, 并不需要计算 AD 和 BC 两个子问题. 实际上只需要计算一个新的子问题, 即 $(A - B)(D - C)$, 而 AC 与 BD 可以直接调用原来的结果, 额外的加法和减法都只增加 $O(n)$ 的时间, 于是把子问题减少到 3 个, 额外的工作仍旧是 $O(n)$. 只不过 cn 中的常数 c 大了一点. 于是有递推方程:

$$\begin{cases} W(n) = 3W\left(\dfrac{n}{2}\right) + cn \\ W(1) = 1 \end{cases}$$

解得 $W(n) = O(n^{\log 3}) = O(n^{1.59})$.

这个例子说明, 有时简单使用分治策略不一定能得到预期的效果, 在设计中需要认真考虑如何减少子问题个数才能得到好的分治算法. 下面的例子是关于矩阵乘法的著名的 Strassen 算法.

例 2.4 设 A 和 B 是两个 n 阶矩阵, $n = 2^k$, 计算 $C = AB$.

以元素的 1 次乘法作为 1 次基本运算, 考虑通常的矩阵乘法算法. A 和 B 都是 n 阶矩阵, 它们的积 $C = AB$ 也是 n 阶矩阵. 因为 C 中含有 n^2 个元素, 每个元素 c_{ij} $(1 \leqslant i, j \leqslant n)$ 的计算公式是:

$$c_{ij} = a_{i1}b_{1j} + a_{i2}b_{2j} + \cdots + a_{in}b_{nj}$$

其中, $a_{i1}, a_{i2}, \cdots, a_{in}$ 是 A 的第 i 行元素; $b_{1j}, b_{2j}, \cdots, b_{nj}$ 是 B 的第 j 列元素. 于是每个 c_{ij} 需要 n 次

乘法,为得到 C 的 n^2 个元素,总计需要 n^3 次乘法. 于是算法的时间复杂度是 $W(n)=O(n^3)$.

下面考虑分治算法. 将 A,B,C 每个矩阵划分成 4 块相等的小矩阵,得到

$$A=\begin{bmatrix} A_{11} & A_{12} \\ A_{21} & A_{22} \end{bmatrix}, \quad B=\begin{bmatrix} B_{11} & B_{12} \\ B_{21} & B_{22} \end{bmatrix}, \quad C=\begin{bmatrix} C_{11} & C_{12} \\ C_{21} & C_{22} \end{bmatrix}$$

由于

$$\begin{bmatrix} A_{11} & A_{12} \\ A_{21} & A_{22} \end{bmatrix}\begin{bmatrix} B_{11} & B_{12} \\ B_{21} & B_{22} \end{bmatrix}=\begin{bmatrix} C_{11} & C_{12} \\ C_{21} & C_{22} \end{bmatrix}$$

根据矩阵运算的性质可以知道:

$$C_{11}=A_{11}B_{11}+A_{12}B_{21}, \quad C_{12}=A_{11}B_{12}+A_{12}B_{22}$$
$$C_{21}=A_{21}B_{11}+A_{22}B_{21}, \quad C_{22}=A_{21}B_{12}+A_{22}B_{22}$$

这说明为得到 C 需要分别计算 8 个子问题:$A_{11}B_{11},A_{12}B_{21},A_{11}B_{12},A_{12}B_{22},A_{21}B_{11},A_{22}B_{21},A_{21}B_{12},A_{22}B_{22}$,每个子问题都是 $n/2$ 阶的两个矩阵相乘. 此外在综合解的过程中需要矩阵加法,每两个矩阵相加需要做 n^2 个元素相加,即 $O(n^2)$ 的额外工作量. 于是有递推方程:

$$\begin{cases} W(n)=8W\left(\dfrac{n}{2}\right)+cn^2 \\ W(1)=1 \end{cases}$$

该方程的解 $W(n)=O(n^{\log 8})=O(n^3)$. 这个分治算法与普通乘法的时间复杂度一样.

能不能通过子问题之间的依赖关系设法减少计算子问题的个数呢? Strassen 算法通过代数变换把子问题减少到 7 个. 具体的方法是:设定 $M_1,M_2,\cdots,M_7$ 等中间结果矩阵,每个矩阵的计算对应一个 $n/2$ 规模的子问题,即

$$M_1=A_{11}(B_{12}-B_{22})$$
$$M_2=(A_{11}+A_{12})B_{22}$$
$$M_3=(A_{21}+A_{22})B_{11}$$
$$M_4=A_{22}(B_{21}-B_{11})$$
$$M_5=(A_{11}+A_{22})(B_{11}+B_{22})$$
$$M_6=(A_{12}-A_{22})(B_{21}+B_{22})$$
$$M_7=(A_{11}-A_{21})(B_{11}+B_{12})$$

然后把 $C_{11},C_{12},C_{21},C_{22}$ 用这些中间结果矩阵的加法和减法表示出来,即

$$C_{11}=M_5+M_4-M_2+M_6$$
$$C_{12}=M_1+M_2$$
$$C_{21}=M_3+M_4$$
$$C_{22}=M_5+M_1-M_3-M_7$$

上述矩阵加法和减法共 18 次,每次矩阵加法或减法的额外工作量都是 $(n/2)^2$ 次元素的加法或减法. 一般来说,元素的加、减法比元素乘法运行得更快,因此总的额外工作量不超过 $18(n/2)^2$,于是得到下面的递推方程:

$$\begin{cases} W(n)=7W\left(\dfrac{n}{2}\right)+18\left(\dfrac{n}{2}\right)^2 \\ W(1)=1 \end{cases}$$

由主定理得

$$W(n) = O(n^{\log_2 7}) = O(n^{2.8075})$$

这个分治算法比起普通乘法在效率上有明显的改进.

2.3.2 利用预处理减少递归内部的计算量

先看一个求平面上最邻近点对的例子. 这是一个计算几何中的问题,其背景可能来自于机场的航空调度问题. 设空间有 n 架飞机,为了安全调度,需要了解其中距离最近的两架飞机是什么飞机,它们的距离是多少. 为了简单起见,我们考虑一个平面上的简单模型.

例 2.5 设平面上有 n 个点 $P_1, P_2, \cdots, P_n, n > 1$, P_i 的直角坐标是 $(x_i, y_i), i = 1, 2, \cdots, n$. 求距离最近的两个点及它们之间的距离. 这里的距离指的是通常的距离,即点 P_i 和 P_j 的距离是:

$$d(P_i, P_j) = \sqrt{(x_i - x_j)^2 + (y_i - y_j)^2}$$

蛮力算法需要计算每对点之间的距离,从中比较出最小距离. 有 $n(n-1)/2$ 个点对,假设每对点的距离计算需要常数时间,那么蛮力算法将需要 $O(n^2)$ 的时间.

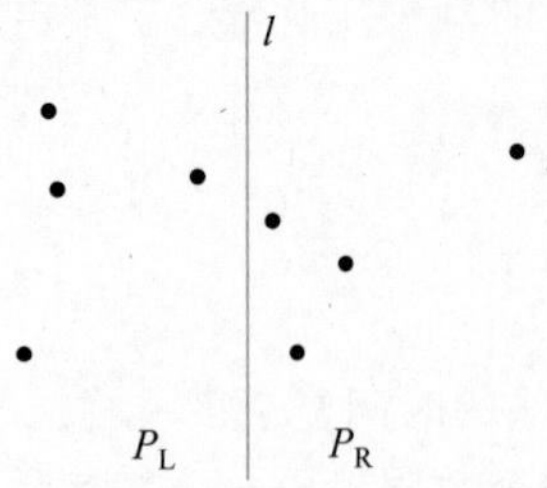

图 2.1 将平面划分成左、右两半

下面考虑分治算法. 初步的想法是: 如图 2.1 所示,用一条垂直线 l 将整个平面点集 P 划分成左半平面 P_L 和右半平面 P_R 两部分,使得 P_L 和 P_R 的点数近似相等,即

$$|P_L| = \left\lceil \frac{|P|}{2} \right\rceil \qquad |P_R| = \left\lfloor \frac{|P|}{2} \right\rfloor$$

这里 $|P|$, $|P_L|$, $|P_R|$ 分别表示各个点集所含的点数.

P 中的最邻近点对可能有三种情况: ①两个点都在 P_L 中; ②两个点都在 P_R 中; ③一个点在 P_L 中,另一个点在 P_R 中. 算法分别考虑这三种情况. 对于前两种情况,可以分别计算 P_L 和 P_R 中的最邻近点对,这是两个 $n/2$ 规模的子问题. 对于第三种情况,算法需要找到由一个 P_L 中的点和一个 P_R 中的点所构成的最邻近点对. 假设 P_L 和 P_R 中的最邻近点对的距离分别是 δ_L 和 δ_R, 令 $\delta = \min\{\delta_L, \delta_R\}$, 那么无论在 P_L 中的任两点,还是在 P_R 中的任两点之间的距离都不小于 δ. 这就是说,如果出现了第三种情况,即由 P_L 和与 P_R 中各取一个点构成了 P 中的最邻近点对,那么这一对点的距离应该不超过 δ. 于是,为找到这样的两个点,只需要检查在直线 l 两边距 l 不超过 δ 的窄缝内的点即可.

根据这个设计思想,可以给出算法的伪码描述如下:

算法 2.4 MinDistance(P, X, Y)
输入: n 个点的集合 P, X 和 Y 分别给出 P 中点的横坐标和纵坐标
输出: 最近的两个点及距离
1. 如果 P 中点数小于或等于 3, 则直接计算其中的最小距离
2. 排序 X, Y
3. 做垂直线 l 将 P 近似划分为大小相等的点集 P_L 和 P_R, P_L 的点在 l 左边, P_R 的点在 l 右边
4. MinDistance(P_L, X_L, Y_L); $\delta_L = P_L$ 中的最小距离　　　　//递归计算左半平面最邻近点对
5. MinDistance(P_R, X_R, Y_R); $\delta_R = P_R$ 中的最小距离　　　　//递归计算右半平面最邻近点对
6. $\delta \leftarrow \min(\delta_L, \delta_R)$
7. 对于在线 l 左边距 δ 范围内的每个点,检查 l 右边是否有点与它的距离小于 δ, 如果存在则将 δ 修改为新值

从算法 MinDistance 的伪码描述可以看出,第 4 行和第 5 行是递归调用,每个对应于 $n/2$ 规模的子问题,第 2 行的排序需要 $O(n\log n)$ 时间,第 3 行的划分不需要额外的工作量,第 6 行需要的时间是常数. 我们只要估计出第 7 行的计算所需要的时间,就可以列出该算法时间复杂度的递推方程.

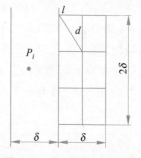

图 2.2 跨边界区域的处理

下面分析第 7 行的运算. 如图 2.2 所示,设 P_i 是在线 l 左边的任一点,坐标为 (x_i, y_i). 在右边窄缝内距 P_i 小于 δ 的点其纵坐标一定在 $y_i+\delta$ 与 $y_i-\delta$ 之间. 换句话说,这些点只能位于右边高度不超过 2δ、宽度不超过 δ 的矩形区域内. 在这个范围内可能有多少个点呢? 如图 2.2 所示,将这个矩形分成 6 个相等的小矩形,每个小矩形的宽是 $\delta/2$,高是 $2\delta/3$. 根据勾股定理,小矩形的对角线的长度 d 为

$$d = \sqrt{\left(\frac{\delta}{2}\right)^2 + \left(\frac{2\delta}{3}\right)^2} = \delta\sqrt{\frac{1}{4} + \frac{4}{9}} = \frac{5\delta}{6}$$

这说明在任何小矩形内至多只能有 1 个点. 因此,右边与 P_i 的距离小于 δ 的点数至多可能有 6 个. 对每个点来说,检查另一边是否有点与它的距离小于 δ,只需要考查常数个点. 假设所有距线 l 不超过 δ 的窄缝中的点构成集合 S. 只要 S 中点的纵坐标已经排好序(通过顺序扫描 Y,检查每个点的横坐标,看看它是否距 l 小于 δ. 如果是,就把它放到 S 中. 这需要额外的 $O(n)$ 时间,不超过第 2 行的 $O(n\log n)$ 排序时间),我们可以按照 S 中点的纵坐标顺序考查,比如从具有最大纵坐标的点开始,顺序检查每个点. 如果这个点的纵坐标是 y,那么只需要检查那些纵坐标不小于 $y-\delta$ 的点,看看其中是否存在分布在另一侧,且与该点的距离小于 δ 的点. 上面已经证明在另一侧相关区域内的点不超过 6 个,而同侧区域的点也不会超过 6 个,因此,这个检查至多需要考查 12 个纵坐标(如果高度是 δ,准确地说是不超过 8 个),这仅需要常数时间. 由于 S 的点数不超过 n,因而对窄缝中所有点的检查需要 $O(n)$ 时间. 而这个时间也不超过第 2 行的排序时间. 于是,除了递归调用外,额外的工作时间是 $O(n\log n)$.

基于上面的分析,不难写出该算法时间复杂度的递推方程:

$$\begin{cases} T(n) = 2T\left(\dfrac{n}{2}\right) + O(n\log n) \\ T(n) = O(1) \qquad\qquad\quad n \leqslant 3 \end{cases}$$

考查这个方程,$a=2$,$b=2$,$n^{\log_b a}=n$,尽管函数 $n\log n$ 的阶比 n 高,但是找不到 $\varepsilon>0$,使得

$$n\log n = \Omega(n^{1+\varepsilon})$$

因此,该方程不能使用主定理求解,只能使用递归树的方法,求解过程请见第 1 章的例 1.19. 于是分治算法 MinDistance 的时间复杂度是 $T(n)=O(n\log^2 n)$,比起蛮力算法的 $O(n^2)$ 已经有了明显的改进.

这个算法还能不能改进得更好一些? 考查上述关于时间复杂度函数的递推方程,不难发现,在每次递归调用时主要的消耗在排序上,它需要 $O(n\log n)$ 时间. 如果能够把排序工作移到递归调用之外,就有可能减少递归调用的工作量,从而提高算法的效率. 但是,在检查左边和右边各一个点的距离时需要当前输入中的点是按坐标排好序的点. 如何满足这个需求? 能不能在子问题递归调用时,通过对原来已排序的数组 X 和 Y 的简单分拆操作,得

到每个子问题的排序数组 X_L, Y_L, X_R, Y_R？对于横坐标数组 X_L 和 X_R 没有问题，因为划分的过程就是把 X 从中间截断．但是对按纵坐标排序的数组 Y，哪个数应该分到 Y_L？哪个数应该分到 Y_R？与它们在 Y 中的位置没有直接关联，没有任何规律可循．回想二分归并排序算法，其中有一个归并的子过程，它把两个 $n/2$ 规模的排好序的数组合并成一个规模为 n 的数组．能不能把这个过程反过来，即从头到尾扫描 Y 数组，如果这个点的横坐标属于 X_L，就把它的纵坐标放到 Y_L；如果这个点的横坐标属于 X_R，就把它的纵坐标放到 Y_R．

例如，P 中含有 4 个点 P_1, P_2, P_3, P_4．初始输入的 X 与 Y 数组如表 2.2 所示．

表 2.2　初始输入

P	X	Y	P	X	Y
1	0.5	2	3	-2	4
2	2	3	4	1	-1

排序后的 X 与 Y 如表 2.3 所示．括号中的数表示在初始输入数组中的下标．例如，排在 X 数组第二位的 0.5(1) 表示 0.5 是 P_1 的横坐标．进入递归调用以后，将 X 划分为 X_L 和 X_R，每组两个数；Y 划分为 Y_L 和 Y_R，每组两个数．当扫描 Y 数组时，首先检查 -1，下标是 4，横坐标应该处在 X_R，因此 -1 应该放到 Y_R 中；接着是 2，下标是 1，横坐标应该处在 X_L，因此 2 应该分到 Y_L 中．照此处理，最后的结果如表 2.4 所示．

表 2.3　对 X 与 Y 排序后的输入

X	Y	X	Y
-2(3)	-1(4)	1(4)	3(2)
0.5(1)	2(1)	2(2)	4(3)

表 2.4　划分左右两半后两个子问题的输入

X_L	Y_L	X_R	Y_R
-2(3)	2(1)	1(4)	-1(4)
0.5(1)	4(3)	2(2)	3(2)

选择合适的数据结构，在这轮拆分处理中，Y 中的每个数只需要常数工作量，因此拆分 Y 的总工作量是 $O(n)$．综上所述，改进的途径就是将算法分成两步：①对 X 与 Y 进行排序的预处理；②算法进入递归计算．递归计算的过程与 MinDistance 基本上相同，只是把第 2 行对 X 和 Y 的排序过程改为拆分过程就是了（第一次进入时不必拆分）．假设算法的时间复杂度函数是 $T(n)$，预处理的时间是 $T_1(n)$，递归计算的时间是 $T_2(n)$，那么有

$$T(n) = T_1(n) + T_2(n)$$

$$T_1(n) = O(n\log n)$$

$$\begin{cases} T_2(n) = 2T_2\left(\dfrac{n}{2}\right) + O(n) \\ T_2(n) = O(1) \qquad\qquad n \leqslant 3 \end{cases}$$

使用前边的分析结果，$T_2(n) = O(n\log n)$，于是得到

$$T(n) = O(n\log n) + O(n\log n) = O(n\log n)$$

在原来分治算法的基础上,这个算法又有了新的改进,降低了一个 $\log n$ 的因子.

2.4 典型实例

分治算法有很多典型的应用. 例如,快速排序算法 Quicksort、选择算法 Select、多项式求值算法等. 这些算法可能在数据结构课程中接触过,下面从分治策略的角度对这些算法的效率进行分析.

2.4.1 快速排序算法

快速排序算法由于它的方便和高效在实践中得到了广泛的应用. 设被排序的数组是 A,快速排序算法的基本思想是:用数组的首元素作为标准将 A 划分成前、后两部分,比首元素小的元素构成数组的前部分,比首元素大的元素构成数组的后部分. 这两部分构成两个新的子问题,算法接着分别对这两部分递归地进行排序. 算法的关键在于怎样划分数组 A 而将其归约成两个子问题. 算法的伪码描述如下,主程序直接调用 Quicksort$(A, 1, n)$ 即可.

算法 2.5　Quicksort(A, p, r)　　　　　//p 和 r 分别为数组 A 的首元素和尾元素的下标
输入:数组 $A[p..r]$,$1 \leq p \leq r \leq n$
输出:从 $A[p]$ 到 $A[r]$ 按照递增顺序排好序的数组 A
1. if $p < r$
2. then $q \leftarrow$ Partition(A, p, r)　　　　　//划分数组,找到首元素 $A[p]$ 在排好序后的位置 q
3. 　　　$A[p] \leftrightarrow A[q]$
4. 　　　Quicksort$(A, p, q-1)$
5. 　　　Quicksort$(A, q+1, r)$

算法 Quicksort 第 2 行的 Partition 是划分过程,它以 $A[p..r]$ 的首元素 $A[p]$ 作为标准,q 表示 $A[p]$ 应该处在的正确位置,即排好序后 $A[p]$ 应该放在数组下标为 q 的位置.

Partition 过程是这样进行的:先从后向前扫描数组 A,找到第一个不大于 $A[p]$ 的元素 $A[j]$,然后从前向后扫描 A 找到第一个大于 $A[p]$ 的元素 $A[i]$,当 $i < j$ 时,交换 $A[i]$ 与 $A[j]$. 这时 $A[j]$ 后面的元素都大于 $A[p]$,$A[i]$ 前面的元素都小于或等于 $A[p]$. 接着对数组 A 从 i 到 j 之间的部分继续上面的扫描过程,直到 i 和 j 相遇. 当 $i > j$ 时,j 就代表了 $A[p]$ 在排好序的数组中的正确位置 q. 此刻在 q 位置之前的元素都不大于 $A[p]$,在 q 位置后面的元素都大于 $A[p]$.

在 Partition 过程结束后,将数组元素 $A[q]$ 与 $A[p]$ 交换,这样 $A[p]$ 就处于排好序后的正确位置,此刻在它前面的元素都不大于 $A[p]$,在它后面的元素都大于 $A[p]$. 从而原问题就以 q 为边界划分成两个需要分别排序的子问题了.

下面给出划分过程 Partition 的伪码描述. 第 5 行到第 6 行是从后向前找 $A[j]$ 的过程,而第 7 行到第 8 行是从前到后找 $A[i]$ 的过程,第 10 行是将 $A[i]$ 与 $A[j]$ 交换.

算法 2.6　Partition(A, p, r)
输入:数组 $A[p, r]$

输出：j，A 的首元素在排好序的数组中的位置

1. $x \leftarrow A[p]$
2. $i \leftarrow p$
3. $j \leftarrow r+1$
4. while true do
5.   repeat $j \leftarrow j-1$
6.   until $A[j] \leqslant x$
7.   repeat $i \leftarrow i+1$
8.   until $A[i] > x$
9.   if $i < j$
10.   then $A[i] \leftrightarrow A[j]$
11.   else return j

为了说明这个划分过程，图 2.3 给出一个 13 个元素快速排序的小例子，里面描述了 4 次交换元素的过程. 初始数组 $A[0..12]$，其元素是：27,99,0,8,13,64,86,16,7,10,88, 25,90. 以 27 作为划分标准，从后向前找到第一个小于 27 的数是 25，$j=11$，从前向后扫描找到第一个比 27 大的数是 99，$i=1$，99 与 25 进行第一次交换. 接着继续扫描，找第二对需要交换的元素，它们是 64 和 10. 接着找到第三对需要交换的元素 86 和 7. 下面的扫描，找到 $j=7$，但是 $i=8$，这时划分过程结束.

第1次交换	27	99	0	8	13	64	86	16	7	10	88	25	90
		i										j	
第2次交换	27	25	0	8	13	64	86	16	7	10	88	99	90
						i				j			
第3次交换	27	25	0	8	13	10	86	16	7	64	88	99	90
							i		j				
第4次交换	27	25	0	8	13	10	7	16	86	64	88	99	90
								j	i				
划分	16	25	0	8	13	10	7	27	86	64	88	99	90
	p							q					

图 2.3　划分过程

下面对这个算法进行时间复杂度分析. 首先说明划分过程的工作量是 $O(n)$，因为每个元素都需要和首元素进行 1 次比较(也许在 i 和 j 相遇的位置，有的元素可能要比较两次). 除了这个工作量外，就是两个子问题递归调用的工作量. 因为对于不同的输入，划分后的两个子问题规模可能很不一样，什么是快速排序算法的最坏情况？先看几个特殊的例子.

如果每次划分得到的子问题大小都相等，即每个子问题的规模都等于 $n/2$，那么在这个实例下时间复杂度函数的递推方程是：

$$\begin{cases} T(n) = 2T\left(\dfrac{n}{2}\right) + O(n) \\ T(1) = 0 \end{cases}$$

根据主定理，该方程的解是 $T(n) = O(n\log n)$. 这是一种比较好的情况.

即使子问题规模不一样，但是两个子问题的规模遵从一定的比例，如 1:9，那么时间复杂度函数的递推方程是：

$$\begin{cases} T(n) = T\left(\dfrac{n}{10}\right) + T\left(\dfrac{9n}{10}\right) + O(n) \\ T(1) = 0 \end{cases}$$

图 2.4 中的递归树给出了这个方程的解,其中 c 是某个常数. 这棵树不是一棵均衡的树,从树根到它最左边树叶的路径最短. 在这条路径上,每一层的子结点的值是父结点值的 $1/10$,假设树根是第 0 层,当值达到 1 时树叶的层数是第 k 层,那么 k 和 n 满足下述关系:

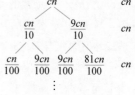

图 2.4　递归树

$$\left(\frac{1}{10}\right)^k n = 1 \Rightarrow k = \log_{10} n$$

这说明最左边的路径长度是 $\log_{10} n$. 但是最右边的路径,每层子结点的值是其父结点值的 $9/10$,根据和上面类似的分析,该路径比起最左边的路径要长得多,是 $\log_{10/9} n$. 为了表示时间的渐近的上界,不妨取最长的路径作为树的层次. 因此,所有结点的数值之和为

$$T(n) = c n \log_{10/9} n = O(n \log n)$$

这说明,即使子问题规模不均衡,但在比例不变的情况下,快速排序算法的时间复杂度仍旧是 $O(n \log n)$.

考虑一种极端不均衡的情况,即划分后两个子问题的规模一个是 0,另一个是 $n-1$ 的情况. 当输入是从小到大正序排列,或者是从大到小逆序排列时,就会呈现这种划分. 这时关于时间复杂度的递推方程是:

$$\begin{cases} T(n) = T(n-1) + O(n) \\ T(1) = 0 \end{cases}$$

根据迭代归纳,得到它的解是 $T(n) = O(n^2)$,这对应了快速排序算法的最坏情况,即 $W(n) = O(n^2)$.

快速排序算法在最坏情况下的效率不高,起码二分归并排序算法在最坏情况下可以达到 $O(n \log n)$. 但是使得快速排序算法达到最坏情况下的输入出现的概率很低,它的平均性能还是不错的. 下面给出平均情况下的时间复杂度分析.

假设数组 A 的首元素在排好序后处在 n 个位置中的任何位置是等可能的,即它处在任何位置的概率都是 $1/n$. 如果它处在位置 $i (i = 1, 2, \cdots, n)$,那么划分后的两个子问题规模分别是 $i-1$ 和 $n-i$. 考虑到 $T(0) = 0$,因此可以得到

$$\begin{aligned} T(n) &= \frac{1}{n}\{[T(0) + T(n-1)] + [T(1) + T(n-2)] + \cdots \\ &\quad + [T(n-1) + T(0)]\} + O(n) \\ &= \frac{2}{n} \sum_{i=0}^{n-1} T(i) + O(n) \\ &= \frac{2}{n} \sum_{i=1}^{n-1} T(i) + O(n) \end{aligned}$$

$$T(1) = 0$$

当把 $O(n)$ 看作 $n-1$ 时,在第 1 章的例 1.14 给出了这个方程的解,它是 $T(n) = O(n \log n)$. 在 8.5.3 节将进一步证明,对于排序问题,平均情况下效率最高的算法就是时间复杂度为 $O(n \log n)$ 的算法. 在这个意义下,快速排序算法是平均情况下效率最高的算法之一.

2.4.2 选 择 问 题

选择问题经常出现在实际应用中，最常见的是选最大、选最小、选中位数、选第二大等问题，这些问题可以给出统一的描述.

设 L 是 n 个元素的集合，从 L 中选出第 k 小的元素，其中 $1 \leqslant k \leqslant n$. 这里的第 k 小元素是指：当 L 中元素按照从小到大排好序之后，排在第 k 个位置的元素. 当 $k=1$ 时，选出的就是最小元素；当 $k=n$ 时选出的就是最大元素；当 $k=n-1$ 时选出的就是第二大元素；当 $k=\lceil n/2 \rceil$ 时就是中位数.

下面考虑选择算法.

首先看看选最大. 最容易想到的就是顺序比较算法. 从前到后顺序比较 n 个元素，比较时用 max 保留到当前为止的最大元素. 算法的伪码描述如下：

算法 2.7　Findmax
输入：n 个数的数组 L
输出：max,k

1. max←$L[1]$; k←1
2. for i←2 to n do
3. 　　　if max<$L[i]$
4. 　　　then max←$L[i]$
5. 　　　　　k←i
6. return max,k

该算法以元素之间的比较作为基本运算，第 2 行的 for 循环执行 $n-1$ 次，因此，算法的时间复杂度是 $W(n)=n-1$. 后面将进一步证明，这个算法是求解选最大问题在时间上最优的算法. 不难看出，对于选最小问题，只要将这个算法稍加改动就可以得到顺序比较的 Findmin 算法，请读者给出相关的伪码描述.

接着考虑同时选最大和最小的算法. 利用刚才的 Findmax 和 Findmin 算法可以得到选最大和最小的算法. 设计思想是：先选最大，然后把这个最大从 L 中删除，接着选最小. 算法的伪码描述如下：

算法 2.8
输入：n 个数的数组 L
输出：max,min

1. if $n=1$ then return $L[1]$ 作为 max 和 min
2. else Findmax
3. 　　从 L 中删除 max
4. 　　Findmin　　　　　　　//找最小算法与 Findmax 类似，只是比较时保留较小的值即可

算法 2.8 执行的比较次数是

$$W(n)=n-1+n-2=2n-3$$

下面考虑分组比赛的方法. 该算法的基本思想是：首先将 L 中的元素两两一组，分成 $\lfloor n/2 \rfloor$ 组（当 n 是奇数时有一个元素轮空）. 每组中的两个数通过 1 次比较确定本组的"较大"和"较小". 把至多 $\lfloor n/2 \rfloor+1$（当 n 为奇数时，需要把被轮空的元素加进来）个小组"较大"

放到一起,运行 Findmax 算法找出其中的最大元素,它就是 L 中的最大元素. 类似地,再把至多 $\lfloor n/2 \rfloor + 1$(当 n 为奇数时,需要把被轮空的元素加进来)个小组"较小"放到一起,运行 Findmin 算法找出其中的最小元素,它就是 L 中的最小元素. 该算法的伪码描述如下:

算法 2.9　FindMaxMin
输入:n 个数的数组 L
输出:max,min
1. 将 n 个元素两两一组分成 $\lfloor n/2 \rfloor$ 组
2. 每组比较,得到 $\lfloor n/2 \rfloor$ 个较小元素和 $\lfloor n/2 \rfloor$ 个较大元素
3. 在 $\lceil n/2 \rceil$ 个(n 为奇数,是 $\lfloor n/2 \rfloor + 1$)较小中找最小元素 min
4. 在 $\lceil n/2 \rceil$ 个(n 为奇数,是 $\lfloor n/2 \rfloor + 1$)较大中找最大元素 max

下面看看算法 2.9 是否比算法 2.8 更好. 从伪码中看出,第 2 行的比较进行 $\lfloor n/2 \rfloor$ 次,第 3 行和第 4 行的比较都执行 $\lceil n/2 \rceil - 1$ 次,于是算法 2 执行的总比较次数是:

$$W(n) = \lfloor n/2 \rfloor + 2\lceil n/2 \rceil - 2 = n + \lceil n/2 \rceil - 2 = \lceil 3n/2 \rceil - 2$$

显然算法 2.9 比算法 2.8 效率更高. 后面将进一步证明算法 2.9 是所有同时找最大和最小算法中时间复杂度最低的算法.

下面考虑找第二大元素的算法. 显然两次调用 Findmax 算法可以得到第二大元素. 先用 Findmax 算法找出最大元素,然后从 L 中删除 max,再调用 Findmax 找出剩下元素的最大元素. 就是输入 L 的第二大元素 Second. 不难看出该算法的时间复杂度是:

$$W(n) = n - 1 + n - 2 = 2n - 3$$

下面尝试锦标赛算法. 该算法的基本思想是:将 L 中的元素两两一组,分成 $\lfloor n/2 \rfloor$ 组(如果 n 是奇数时可能有 1 个元素轮空). 每组内进行比较,将较小的元素淘汰,每组中较大的元素和轮空的元素(如果存在的话)进入下一轮. 进入下一轮的元素应该有 $\lceil n/2 \rceil$ 个. 在下一轮中,继续进行同样的分组淘汰,胜者再进入下一轮,直到产生"冠军",即最大元素为止. 到此算法总计淘汰了 $n-1$ 个元素,每次比较恰好淘汰 1 个元素,因此算法已经做了 $n-1$ 次比较. 但是,我们的任务还没有完成,怎样找第二大元素 Second 呢? 如果还是再次调用找最大算法,那么算法还需要 $n-2$ 次比较. 这就和刚才的两次调用 Findmax 的算法在时间上一样了. 我们的想法是:利用第一阶段竞争冠军时比较运算的结果信息,以减少第二阶段的比较次数. 这是可能的. 首先观察到,第二大元素只能在与最大元素 max 直接比较所淘汰的元素中产生. 如果一个元素被其他元素淘汰,而那个元素本身不是冠军,那么该元素至多只能排在第三名之后. 这样,我们在找第二大元素时只需关心那些被 max 淘汰的元素即可. 需要考虑的是在第一阶段中,被 max 淘汰的元素有多少,又是哪些元素. 在 max 没产生之前,算法并不知道谁是最后的冠军,我们必须要求每个元素把被自己淘汰掉的元素全部记录下来. 为此,在比赛之前为每个元素设定一个指针,指向一个链表. 如果该元素在比较中把其他元素淘汰了,就把那个元素记录在自己的链表里. 到 max 产生时,我们只需要检查 max 的链表,在上面调用 Findmax 算法就可以找到第二大元素了. 算法的伪码描述如下:

算法 2.10　FindSecond
输入:n 个数的数组 L
输出:Second
1. $k \leftarrow n$

2. 将 k 个元素两两一组,分成 $\lfloor k/2 \rfloor$ 组

3. 每组的两个数比较,找到较大的数

4. 将被淘汰的较小的数在淘汰它的数所指向的链表中做记录

5. if k 为奇数 then $k \leftarrow \lfloor k/2 \rfloor + 1$

6.　　　　else $k \leftarrow \lfloor k/2 \rfloor$

7. if $k > 1$ then goto 2

8. max←剩下的一个数

9. Second←max 的链表中的最大

这个算法的时间复杂度是多少? 算法所做的比较次数分成两部分,第一部分是找最大元素 max 过程中的比较次数,第二部分是在产生 max 后在其链表中找最大所需要的比较次数. 在第一部分,每次比较正好淘汰 1 个元素,淘汰 $n-1$ 个元素的比较次数就等于 $n-1$. 在第二部分,比较次数恰好等于 max 链表中的元素个数减 1,只要估计出 max 所淘汰掉的元素个数就可以得到这部分的工作量. 我们有下面的命题.

命题 2.2　max 在第一阶段的分组比较中总计进行了 $\lceil \log n \rceil$ 次比较.

证　设本轮参与比较的有 t 个元素,经过分组淘汰后进入下一轮的元素数至多是 $\lceil t/2 \rceil$. 假设 k 轮淘汰后只剩下一个元素 max,利用

$$\lceil \lceil t/2 \rceil / 2 \rceil = \lceil t/2^2 \rceil$$

的结果并对轮数 k 归纳,可得到 $\lceil n/2^k \rceil = 1$. 若 $n = 2^d$,那么有 $k = d = \log n = \lceil \log n \rceil$;如果 $2^d < n < 2^{d+1}$,那么 $k = d + 1 = \lceil \log n \rceil$.

根据上面的命题,该算法的时间复杂度是:

$$W(n) = n - 1 + \lceil \log n \rceil - 1 = n + \lceil \log n \rceil - 2$$

在第 8 章将证明,对于找第二大的问题,算法 FindSecond 是时间复杂度最低的算法.

到此为止,我们只是讨论了选择问题的一些特例情况. 对于这些特殊情况,基本上使用顺序比较或者分组比较的方法,没有看到明确的分治算法的特征. 下面考虑一般性的选第 k 小问题的算法,这里需要用到分治策略. 选第 k 小问题可以描述如下.

问题:选第 k 小.

输入:数组 S,S 的长度 n,正整数 k,$1 \leq k \leq n$.

输出:第 k 小的数.

可以使用排序算法,那就是先对 S 按照从小到大的顺序排序,然后输出第 k 小的元素. 即使选择最高效的排序算法,该算法的时间复杂度也是 $O(n \log n)$.

下面考虑时间性能更好的分治算法,就是 $O(n)$ 时间的算法. 为了叙述方便,不妨假设 S 中的元素彼此不等. 我们的主要思想是:以 S 中的某个元素 m^* 作为标准将 S 划分成两个子数组 S_1 和 S_2,其中 S_1 中的元素比 m^* 小,S_2 中的元素比 m^* 大. 设 S_1 中的元素数是 $|S_1|$,如果 $k \leq |S_1|$,那么原问题就归约为在 S_1 中找第 k 小的子问题. 如果 $k = |S_1| + 1$,那么 m^* 就是所要找的第 k 小元素. 如果 $k > |S_1| + 1$,那么原问题就归约为在 S_2 中找第 k' 小的子问题,其中 $k' = k - |S_1| - 1$. 算法的关键是如何确定这个划分 S 的标准元素 m^*. 它需要具有下述特征:

(1) 寻找 m^* 的时间代价不能太高,如果时间已经达到 $O(n \log n)$,那就不如直接使用排序算法了. 因此,如果直接寻找 m^*,时间应该是 $O(n)$. 设选择算法的时间复杂度为 $T(n)$,递归调用这个算法在 S 的一个真子集 M 上寻找 m^*,应该使用 $T(cn)$ 时间,这里的 c 是一

个小于 1 的常数，它反映了 M 的规模与 S 相比缩小了多少.

（2）通过 m^* 划分的两个子问题的大小分别记作 $|S_1|$ 和 $|S_2|$，考虑算法在最坏情况下的性能，不妨假设每次递归调用时算法都进入规模较大的一个，即子问题规模为 $\max\{|S_1|,$ $|S_2|\}$. 每次递归调用时，子问题规模与原问题规模 n 的比都不超过一个常数 d，那么 $d<1$，调用时间为 $T(dn)$. 特别地，在采用递归算法寻找 m^* 时，还应该保证 $c+d<1$. 否则方程

$$T(n)=T(cn)+T(dn)+O(n)$$

的解不会达到 $O(n)$.

下面的分治算法是采用递归调用的方法来寻找 m^* 的. 先将 S 分组，5 个元素一组，共分成 $\lceil n/5 \rceil$ 个组. 在每组中寻找一个本组的中位数，然后把这 $\lceil n/5 \rceil$ 个中位数放到集合 M 中. 最后在 M 中调用选择算法选出一个 M 的中位数，它就是我们要找的 m^*. 这次递归调用的子问题规模是原问题规模的 $1/5$，这个参数 $1/5$ 就是上面特征（1）中提到的常数 c. 算法的伪码描述如下：

算法 2.11 Select(S,k)
输入：n 个数的数组 S，正整数 k
输出：S 中的第 k 小元素
1. 将 S 划分成 5 个一组，共 $\lceil n/5 \rceil$ 个组
2. 每组找一个中位数，把这些中位数放到集合 M 中
3. $m^* \leftarrow$ Select$(M, \lceil |M|/2 \rceil)$ //选 M 的中位数 m^*，将 S 中的数划分成 A,B,C,D 4 个集合
4. 把 A 和 D 中的每个元素与 m^* 比较，小的构成 S_1，大的构成 S_2
5. $S_1 \leftarrow S_1 \cup C$；$S_2 \leftarrow S_2 \cup B$
6. if $k=|S_1|+1$ then 输出 m^*
7. else if $k \leqslant |S_1|$
8.   then Select(S_1, k)
9.   else Select$(S_2, k-|S_1|-1)$

算法 Select 的第 3 行中的 A,B,C,D 是 4 个互不相交的集合. 图 2.5 给出了相关的说明. 为了简单起见，假设 S 中的元素数是 5 的倍数，因此图中的 5 元素组恰好有 $n/5$ 个. 每列 5 个点，代表 5 个元素，恰好构成一个组. 每组的元素从上到下按照从大到小的次序排列，那么第 3 行的元素恰好是 M 中的全体元素，它的中位数就是 m^*（图中最中心的点）. 假设在第 3 行中，比 m^* 小的元素都分布在 m^* 的左边（但是它们之间不一定按照大小次序排列），比 m^* 大的元素都分布在 m^* 的右边（同样地，它们之间也不一定按照大小次序排列）. 不难看出，左下方的集合 C 中的元素全部小于 m^*，而右上方的集合 B 中的元素全部大于 m^*. 但是，对于 A 与 D 中的元素，我们不能确定它们是否大于或小于 m^*. 于是在算法的第

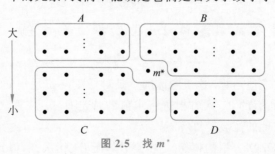

图 2.5　找 m^*

4 行把这两个集合的元素都和 m^* 加以比较，然后将小于 m^* 的元素放到 S_1 中，大于 m^* 的元素放到 S_2 中. 之后算法在第 5 行再将 C 和 B 中的元素分别归入 S_1 和 S_2. 划分过程就彻底完成了.

这样找的 m^* 是否能够满足前面提到的划分元素所需要的两个特征? 下面通过算法时间复杂度的分析给出回答. 为了使得分析更简单易懂，我们忽略一些细节. 如图 2.5 所示，不妨假设 n 是 5 的倍数，且 $n/5$ 是奇数，即 $n/5 = 2r+1$. 于是得到

$$|A| = |D| = 2r, \quad |B| = |C| = 3r+2, \quad n = 10r+5$$

如果 A 和 D 的元素都小于 m^*，那么它们的元素都加入到 S_1 中，且下一步算法又在这个大的子问题上进行递归调用，这对应了归约后子问题规模的上界. 正好是算法时间复杂度分析的最坏情况. 类似地，如果 A 和 D 的元素都大于 m^*，也会出现类似的情况. 以前者为例. 这时子问题的大小是:

$$|A| + |D| + |C| = 7r+2 = \frac{7(n-5)}{10} + 2 = \frac{7n}{10} - 1.5 < \frac{7n}{10}$$

上式表明子问题规模不超过原问题规模的 7/10. 这个参数 7/10 就是前面的特征（2）提到的常数 d. 根据这个关系不难列出最坏情况下时间复杂度的递推式:

$$W(n) \leqslant W\left(\frac{n}{5}\right) + W\left(\frac{7n}{10}\right) + tn$$

方程右边的第一项是算法 Select 在第 3 行递归调用找 m^* 的时间，这时子问题的规模是 $n/5$，第二项是第 8 行或第 9 行递归求解子问题的代价，而子问题的规模最大不超过 $7n/10$，剩下的 tn 是算法在第 2 行构造 M 和在第 4 行通过与 m^* 的比较处理 A 和 D 的时间，这里的 t 是某个常数. 图 2.6 给出了求解该方程的递归树. 于是得到

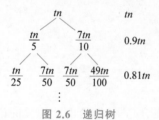

图 2.6 递归树

$$W(n) \leqslant tn + 0.9tn + 0.9^2 tn + \cdots$$
$$= tn(1 + 0.9 + 0.9^2 + \cdots) = O(n)$$

从上面的分析可以看出，这样找的 m^* 完全满足算法要求，两次递归调用的参数分别是 $c = 0.2, d = 0.7$，而 $c + d = 0.9 < 1$，这使得 Select 算法可以把时间复杂度降低到线性时间.

为什么分组时选 5 个元素? 选 3 个或 7 个元素行不行? 这是一个有趣的问题. 元素数的改变可能会改变 m^* 的特征，从而使得针对某些分组方法得到的 $c + d$ 的值不再小于 1，这就会增加算法的运行时间，有兴趣的读者不妨尝试一下不同的分组方法. 到此为止，我们已经看到一般性的选择问题都可以在 $O(n)$ 时间内求解. 在第 8 章我们将进一步证明，求解选择问题的时间复杂度最低的算法就是 $O(n)$ 时间的算法.

2.4.3 $n-1$ 次多项式在全体 $2n$ 次方根上的求值

设 $A(x) = a_0 + a_1 x + a_2 x^2 + \cdots + a_{n-1} x^{n-1}$ 是一个 $n-1$ 次多项式，对给定的 x，计算 $A(x)$ 的值称作多项式求值运算. 这里考虑的不是对任意 x 都适用的通用多项式求值算法，而是对 1 在复数域中所有的 $2n$ 次方根进行求值的特定算法. 该算法已经在实践中得到广泛的应用，例如信号处理的滤波运算等.

先回顾一下 1 的 $2n$ 次方根的概念. 1 在复数域上开 $2n$ 次方，得到 $2n$ 个复数根，这些根

在复平面上构成单位圆上等距离分布的 $2n$ 个点. 一般地可以表示为

$$\omega_j = \mathrm{e}^{\frac{2\pi j}{2n}\mathrm{i}} = \mathrm{e}^{\frac{\pi j}{n}\mathrm{i}} = \cos\frac{\pi j}{n} + \mathrm{i}\sin\frac{\pi j}{n} \quad j=0,1,\cdots,2n-1$$

其中, $\mathrm{i}=\sqrt{-1}$ 是虚数单位. 例如 $n=4$, 1 的 8 次方根是:

$$\omega_0 = 1, \qquad\qquad \omega_1 = \mathrm{e}^{\frac{\pi}{4}\mathrm{i}} = \frac{\sqrt{2}}{2} + \frac{\sqrt{2}}{2}\mathrm{i},$$

$$\omega_2 = \mathrm{e}^{\frac{\pi}{2}\mathrm{i}} = \mathrm{i}, \qquad \omega_3 = \mathrm{e}^{\frac{3\pi}{4}\mathrm{i}} = -\frac{\sqrt{2}}{2} + \frac{\sqrt{2}}{2}\mathrm{i},$$

$$\omega_4 = \mathrm{e}^{\pi\mathrm{i}} = -1, \quad \omega_5 = \mathrm{e}^{\frac{5\pi}{4}\mathrm{i}} = -\frac{\sqrt{2}}{2} - \frac{\sqrt{2}}{2}\mathrm{i},$$

$$\omega_6 = \mathrm{e}^{\frac{3\pi}{2}\mathrm{i}} = -\mathrm{i}, \quad \omega_7 = \mathrm{e}^{\frac{7\pi}{4}\mathrm{i}} = \frac{\sqrt{2}}{2} - \frac{\sqrt{2}}{2}\mathrm{i}.$$

这 8 个根的分布如图 2.7 所示.

给定多项式

$$A(x) = a_0 + a_1 x + a_2 x^2 + \cdots + a_{n-1} x^{n-1}$$

我们的问题是对上述定义的所有 1 的 $2n$ 次方根 ω_j, $j=0,1$, $2,\cdots,2n-1$, 计算 $A(\omega_j)$ 的值.

考虑下面的算法. 首先想到的是根据定义进行计算. 该算法的伪码描述如下:

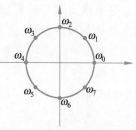

图 2.7　1 的 8 次方根

算法 2.12

输入: $n-1$ 次多项式 A 的系数 $a_0, a_1, \cdots, a_{n-1}$

输出: $A(\omega_0), A(\omega_1), \cdots, A(\omega_{2n-1})$

1. 计算 $\omega_0, \omega_1, \cdots, \omega_{2n-1}$
2. for $j \leftarrow 0$ to $2n-1$ do
3. $v \leftarrow a_0$
4.   for $i \leftarrow 1$ to $n-1$ do
5. $t \leftarrow a_i \cdot \omega_j{}^i$ //计算 $A(x)$ 的 i 次项在 ω_j 的值
6. $v \leftarrow v+t$
7.   return v

算法 2.12 在第 5 行做 i 次乘法, 因此, 在第 4 行的 for 循环中总计做

$$1+2+\cdots+(n-1) = n(n-1)/2$$

次乘法. 这只是对 1 的一个 $2n$ 次方根求值的代价, 考虑所有的 $2n$ 次方根, 该算法的时间复杂度是 $O(n^3)$.

算法 2.12 实质上属于蛮力算法, 它没有利用前面计算过程得到的任何有用信息, 比如在第 4 行计算 $a_i\omega_j{}^i$ 时, 需要做 i 次乘法, 其实 $\omega_j{}^{i-1}$ 已经在前一项 $a_{i-1}\omega_j{}^{i-1}$ 的计算过程中算过了. 如果能够利用前面 $\omega_j{}^{i-1}$ 的值, 计算 $a_i\omega_j{}^i$ 只需要做 2 次乘法就行了. 为了利用前面计算的有用信息, 先要搞清楚多项式的项之间的关系. 考虑下面的系列多项式:

$$A_1(x) = a_{n-1}$$
$$A_2(x) = a_{n-2} + x A_1(x)$$

$$A_3(x) = a_{n-3} + x A_2(x)$$
$$\vdots$$
$$A_n(x) = a_0 + x A_{n-1}(x)$$

从上面的关系可以得到

$$A_2(x) = a_{n-2} + x A_1(x) = a_{n-2} + a_{n-1}x$$
$$A_3(x) = a_{n-3} + x A_2(x) = a_{n-3} + a_{n-2}x + a_{n-1}x^2$$
$$\vdots$$
$$A_n(x) = a_0 + x A_{n-1}(x) = a_0 + a_1 x + a_2 x^2 + \cdots + a_{n-1}x^{n-1} = A(x)$$

如果顺序求值多项式 $A_1(x), A_2(x), \cdots, A_n(x)$，最后得到的就是 $A(x)$. 在这个过程中，计算 $A_i(x)$ 需要用到 $A_{i-1}(x)$ 的值，而且只需要 1 次乘法和 1 次加法，这是常数时间. 于是计算整个多项式序列仅需要 $O(n)$ 时间. 但这是计算一个方根的代价，考虑到所有 $2n$ 个根，总的时间达到 $O(n^2)$. 不难看出，这个算法的时间复杂度相比算法 2.12 有明显的改善.

还有没有更好的算法？利用分治策略可以得到 $O(n\log n)$ 时间的更好的算法. 为了说清楚算法的设计思想，先看一个简单的例子.

假设 $n=8$，多项式是：

$$A(x) = a_0 + a_1 x + a_2 x^2 + \cdots + a_7 x^7$$

我们需要计算 $A(x)$ 在 1 的 16 次方根 $\omega_0, \omega_1, \cdots, \omega_{15}$ 时的值. 考虑下面两个多项式：

$$A_0(x) = a_0 + a_2 x + a_4 x^2 + a_6 x^3$$
$$A_1(x) = a_1 + a_3 x + a_5 x^2 + a_7 x^3$$

其中，$A_0(x)$ 是由 $A(x)$ 中下标是偶数的系数构成，$A_1(x)$ 是由 $A(x)$ 中下标是奇数的系数构成. 由这两个多项式可以得到

$$A_0(x^2) + x A_1(x^2) = (a_0 + a_2 x^2 + a_4 x^4 + a_6 x^6) + x(a_1 + a_3 x^2 + a_5 x^4 + a_7 x^6)$$
$$= a_0 + a_1 x + a_2 x^2 + \cdots + a_7 x^7 = A(x)$$

根据这个关系，可以考虑采取下面步骤进行计算：

(1) 对所有的 ω_j 计算 $A_0(\omega_j^2), j = 0, 1, \cdots, 15$；

(2) 对所有的 ω_j 计算 $A_1(\omega_j^2), j = 0, 1, \cdots, 15$；

(3) 对所有的 ω_j 计算 $A_0(\omega_j^2) + \omega_j \cdot A_1(\omega_j^2), j = 0, 1, \cdots, 15$.

在上述计算完成后就得到所有的 $A(\omega_j)$，其中 $j = 0, 1, \cdots, 15$.

剩下的问题是：在前两步计算中需要 ω_j^2，这些值怎么找？这不难做到，因为 ω_j 是 1 的 16 次方根，ω_j^2 恰好是 1 的 8 次方根. 换句话说，它们满足下面的关系：

$$\omega_0^2 = \omega_0, \quad \omega_1^2 = \omega_2, \quad \omega_2^2 = \omega_4, \quad \omega_3^2 = \omega_6,$$
$$\omega_4^2 = \omega_8, \quad \omega_5^2 = \omega_{10}, \quad \omega_6^2 = \omega_{12}, \quad \omega_7^2 = \omega_{14},$$
$$\omega_8^2 = \omega_0, \quad \omega_9^2 = \omega_2, \quad \omega_{10}^2 = \omega_4, \quad \omega_{11}^2 = \omega_6,$$
$$\omega_{12}^2 = \omega_8, \quad \omega_{13}^2 = \omega_{10}, \quad \omega_{14}^2 = \omega_{12}, \quad \omega_{15}^2 = \omega_{14}$$

正好占 16 次方根中的一半，从 ω_0 开始，隔 1 个取 1 个，得到 $\omega_0, \omega_2, \omega_4, \omega_6, \omega_8, \omega_{10}, \omega_{12}, \omega_{14}$，正是求值两个子问题需要的 8 个方根.

有了这个基础，可以得到一个分治算法. (1) 和 (2) 的计算恰好对应了两个子问题，输入规模是原输入规模的一半. (3) 利用前面的计算结果，只需要做 16 次乘法和 16 次加法即可

（恰好每个 ω_j 做 1 次乘法和 1 次加法）.

把上述设计思想推广到一般情况. 不妨设 n 为偶数, 设要求值的多项式是:

$$A(x) = a_0 + a_1 x + a_2 x^2 + \cdots + a_{n-1} x^{n-1}$$

令

$$A_0(x) = a_0 + a_2 x + a_4 x^2 + \cdots + a_{n-2} x^{\frac{n-2}{2}}$$

$$A_1(x) = a_1 + a_3 x + a_5 x^2 + \cdots + a_{n-1} x^{\frac{n-2}{2}}$$

那么

$$A(x) = A_0(x^2) + x A_1(x^2)$$

根据上面的分析, 不难给出算法的伪码表示, 这里不再赘述. 为了在算法分析过程中表达得更简单和清晰, 我们忽略一些实现细节, 不妨假设 $n = 2^k$, 那么关于该算法时间复杂度的递推方程是:

$$T(n) = T_1(n) + f(n)$$

$$T_1(n) = 2T_1\left(\frac{n}{2}\right) + g(n)$$

$$T_1(1) = O(1)$$

其中, $f(n)$ 是初始计算所有的 $2n$ 次方根的时间, 这个时间与 n 成正比, 于是 $f(n) = O(n)$. $g(n)$ 是算法对所有的 j, 通过 $A_0(\omega_j^2)$ 和 $A_1(\omega_j^2)$ 的值计算 $A(\omega_j)$ 的时间. 对于给定的 j, 需要常数时间, 所有的 j 共需要 $g(n) = O(n)$ 时间. 于是, 根据主定理得到

$$T_1(n) = 2T_1\left(\frac{n}{2}\right) + O(n) \Rightarrow T_1(n) = O(n\log n)$$

$$T(n) = T_1(n) + O(n) = O(n\log n) + O(n) = O(n\log n)$$

这真是分治策略的一个成功的范例, 在所有的 $2n$ 次方根上进行 $n-1$ 次多项式的求值, 居然只用了 $O(n\log n)$ 时间.

通过这么多的例子, 我们已经对分治策略有了较多的认识, 这是一种常见的算法设计技术, 在许多问题上都得到广泛应用. 最简单的分治法就是通常的二分法, 当然也可以设计三分法或者更复杂的划分方法. 对输入集合的划分一般采用均衡的原则, 但分治算法归约成的子问题不一定是对输入集合进行简单划分的结果, 比如前面看到的 Select 算法和多项式求值算法. 它们的设计中都用到了更多的技巧. 不管采用什么方法归约, 所得到的子问题必须与原问题的类型是一样的, 而且子问题之间是互相独立的. 分治算法的分析技术通常是转化为求解时间复杂度函数的递推方程, 主定理、迭代法、递归树等是常用的求解方法. 提高算法效率的有效途径是减少子问题个数和增加预处理以减少递归计算, 在设计算法的伪码时需要注意子问题的边界.

习 题 2

对于本章与算法设计有关的习题, 解题要求如下: 先用一段简短的文字说明算法的主要设计思想, 其中所引入的符号要给出必要的说明, 是否给出伪码根据题目要求确定. 可以调用书上的算法作为子过程, 最后对所设计的算法需要给出最坏情况下时间复杂度的分析.

2.1 设输入是 n 个数的数组 $A[1..n]$, 下述排序算法是插入排序.

算法 InsertSort(A)
1. for $i \leftarrow 2$ to n do
2. $x \leftarrow A[i]$;
3. $j \leftarrow i-1$;
4.   while $j > 0$ and $A[j] > x$ do
5. $A[j+1] \leftarrow A[j]$
6. $j \leftarrow j-1$
7. $A[j+1] \leftarrow x$

改进上述算法,在插入元素 $A[i]$ 时用二分查找代替顺序查找,将这个算法记作 ModInsertSort,给出该算法的伪码,并估计算法在最坏情况下的时间复杂度.

2.2 设 A 是由 n 个非 0 实数构成的数组,设计一个算法重新排列数组的数,使得负数都排在正数的前面. 要求算法使用 $O(n)$ 的时间和 $O(1)$ 的空间.

2.3 双 Hanoi 塔问题是 Hanoi 塔问题的一种推广,与 Hanoi 塔问题的不同点在于:$2n$ 个圆盘,分成大小不同的 n 对,每对圆盘完全相同. 初始,这些圆盘按照从大到小的次序从下到上放在 A 柱上,最终要把它们全部移到 C 柱,移动的规则与 Hanoi 塔问题相同.
(1) 设计一个移动的算法并给出伪码描述.
(2) 计算你的算法所需要的移动次数.

2.4 给定含有 n 个不同的数的数组 $L = <x_1, x_2, \cdots, x_n>$. 如果 L 中存在 x_i,使得 $x_1 < x_2 < \cdots < x_{i-1} < x_i > x_{i+1} > \cdots > x_n$,则称 L 是单峰的,并称 x_i 是 L 的"峰顶". 假设 L 是单峰的,设计一个算法找到 L 的峰顶.

2.5 设 A 是 n 个不同的数排好序的数组,给定数 L 和 U,$L < U$,设计一个算法找到 A 中满足 $L < x < U$ 的所有的数 x.

2.6 设 M 是一个 n 行 n 列的 0-1 矩阵,每行的 1 都排在 0 的前面.
(1) 设计一个最坏情况下 $O(n \log n)$ 时间的算法找到 M 中含有 1 最多的行,说明算法的设计思想,估计最坏情况下的时间复杂度.
(2) 对上述问题,能否找到一个最坏情况下 $O(n)$ 时间的算法?

2.7 设 A 是含有 n 个元素的数组,如果元素 x 在 A 出现的次数大于 $n/2$,则称 x 是 A 的主元素.
(1) 如果 A 中元素是可以排序的,设计一个 $O(n \log n)$ 时间的算法,判断 A 中是否存在主元素.
(2) 对于(1)中可排序的数组,能否设计一个 $O(n)$ 时间的算法?
(3) 如果 A 中元素只能进行"是否相等"的测试,但是不能排序,设计一个算法判断 A 中是否存在主元素.

2.8 设 A 和 B 都是从小到大已经排好序的 n 个不等的整数构成的数组,如果把 A 与 B 合并后的数组记作 C,设计一个算法找出 C 的中位数.

2.9 在 $n(n \geqslant 3)$ 枚硬币中有一枚重量不合格的硬币(重量过轻或者过重),如果只有一架天平可以用来称重且称重的硬币数没有限制,设计一个算法找出这枚不合格的硬币,使得称重的次数最少? 给出算法的伪码描述. 如果每称 1 次就作为 1 次基本运算,分析算法的最坏情况下的时间复杂度.

2.10 考虑下述 n 阶矩阵乘法的分治算法:将 $n \times n$ 矩阵顺序划分成 $n/3 \times n/3$ 块,每块为

3×3 的小矩阵. 假设两个 3×3 的小矩阵相乘可以用 k 次数的乘法运算完成(k 为固定正整数),原来规模为 n 的问题就可以归结为规模为 $n/3$ 的子问题. 设上述算法的时间复杂性函数为 $T(n)$.

(1) 列出关于 $T(n)$ 的递推方程,并估计 $T(n)$ 的阶.

(2) k 最大取什么值能够使得 $T(n) = o(n^{\log 7})$?

2.11 设 $P(x) = a_0 + a_1 x + a_2 x^2 + \cdots + a_{n-1} x^{n-1} + x^n$ 是最高次项系数为 1 的 n 次多项式,使得 $P(x) = 0$ 的数 x 称为该多项式的根. 假设存在算法 A 和 B,其中 A 可以在 $O(k)$ 时间内计算一个 k 次多项式与一个 1 次多项式的乘积;B 可以在 $O(i \log i)$ 时间内计算两个 i 次多项式的乘积. 利用算法 A 和 B 设计一个分治算法,确定以给定整数 $d_1, d_2, \cdots, d_n$ 为根的 n 次多项式 $P(x)$.

2.12 设 $A = \{a_1, a_2, \cdots, a_n\}$, $B = \{b_1, b_2, \cdots, b_m\}$ 是整数集合,其中 $m = O(\log n)$. 设计一个算法找出集合 $C = A \bigcap B$. 要求给出伪码描述.

2.13 考虑算法 2.11 的 Select 算法.

(1) 如果初始的元素分组采用 3 个一组,算法的时间复杂度将是多少?

(2) 如果初始的元素分组采用 7 个一组,算法的时间复杂度将是多少?

2.14 设 S 是 n 个不等的正整数的集合,n 为偶数. 给出一个算法将 S 划分成子集 S_1 和 S_2,使得 $|S_1| = |S_2| = n/2$,且

$$\left| \sum_{x \in S_1} x - \sum_{x \in S_2} x \right|$$

达到最大,即使得两个子集元素之和的差达到最大.

2.15 给定 n 个不同数的数组 S 和正整数 i, $i \leqslant n^{1/2}$,求 S 中最大的 i 个数,并且按照从大到小的次序输出. 有下述算法.

算法 A:调用 i 次找最大算法 Findmax,每次从 S 中删除一个最大的数.

算法 B:对 S 排序,并输出 S 中最大的 i 个数.

(1) 分析 A 和 B 两个算法在最坏情况下的时间复杂度.

(2) 试设计一个最坏情况下时间复杂度的阶更低的算法,要求给出伪码.

2.16 设 S 为 n 个不同数的集合.

(1) 设计算法找出 S 中的数 x 和 y,使得 $\forall u, v \in S$, $|x - y| \geqslant |u - v|$.

(2) 设计算法找出 S 中的数 x 和 y,使得 $\forall u, v \in S$, $|x - y| \leqslant |u - v|$.

2.17 给定 n 个不等的整数构成的集合 L 和整数 s,设计一个算法判断在 L 中是否存在两个整数 x 和 y($x < y$),满足 $x + y = s$. 以加法运算作为基本运算分析你的算法在最坏情况下的时间复杂度.

2.18 设平面直角坐标系中有 n 个点 $(x_1, y_1), (x_2, y_2), \cdots, (x_n, y_n)$,每个点到原点 $(0, 0)$ 的距离彼此不等. 设计一个算法找到距离原点 $(0, 0)$ 最近的 $\lfloor \sqrt{n} \rfloor$ 个点,并按照距原点从远到近的顺序输出点的标号. 要求给出伪码描述.

2.19 设 A 是 n 个不等的整数数组,$n = 2^k$,设计一个分治算法找出 A 中的最大数 max 和最小数 min. 要求给出伪码描述.

2.20 有 n 个人,其中某些人是诚实的,其他人可能会说谎. 现在需要进行一项调查,该调查

由一系列测试构成. 每次测试如下进行：选两个人，然后提问：对方是否诚实？每个人的回答只能是"是"或"否". 假定在这些人中，所有诚实的人回答都是正确的，而其他人的回答则不能肯定是否正确. 如果诚实的人数 $>n/2$，试设计一个调查算法，以最小的测试次数从其中找出一个诚实的人.

2.21 多选问题：设 S 是 n 个不等的数的集合，对于给定的整数 r，$1 \leqslant r \leqslant n$，$K = \{k_1, k_2, \cdots, k_r\}$ 是 r 个正整数的集合，其中 $1 \leqslant k_1 < k_2 < \cdots < k_r \leqslant n$. 请设计算法在 S 中找出第 k_1 小，第 k_2 小，$\cdots$，第 k_r 小的 r 个元素. 例如，$r = 3$，$K = \{2, 4, 7\}$，则输出 S 的第 2 小，第 4 小，第 7 小的元素. 不难看出，当 $r = 1$ 时，该问题就是一般的选择问题，当 $r = n$ 时，该问题就变成了排序问题.

(1) 设计一个最坏情况下时间复杂度为 $O(nr)$ 的算法.

(2) 若 $r > 1$，设计一个最坏情况下时间复杂度为 $O(n \log r)$ 的算法.

2.22 设 $A = \{a_1, a_2, \cdots, a_n\}$，$B = \{b_1, b_2, \cdots, b_m\}$ 是整数集合，其中 $m = O(\log n)$. 设计算法计算集合 $C = (A - B) \bigcup (B - A)$，说明算法的主要步骤，并以比较作基本运算分析算法最坏情况下的时间复杂度.

2.23 设 A 是 n 个数的序列，如果 A 中的元素 x 满足以下条件：小于 x 的数的个数 $\geqslant n/4$，且大于 x 的数的个数 $\geqslant n/4$，则称 x 为 A 的近似中值. 设计算法求出 A 的一个近似中值. 说明算法的设计思想和最坏情况下的时间复杂度.

2.24 设 A 是 n 个数构成的数组，其中出现次数最多的数称为众数，设计一个算法求 A 的众数，给出伪码和最坏情况下的时间复杂度.

2.25 一个实验可得出 n 个不同的值，分别用数 $x_1, x_2, \cdots, x_n$ 表示. 已知 x_i 出现的概率是 p_i，$i = 1, 2, \cdots, n$，且所有概率之和等于 1. 试设计一个算法找到值 x_k，使得所有小于 x_k 的值出现的概率之和不超过 $1/2$，且所有大于 x_k 的值出现的概率之和也不超过 $1/2$. 例如，实验结果为：$x_1 = 2$，$x_2 = 1$，$x_3 = 4$，$x_4 = 3$，$x_5 = 5$，出现的概率依次为 $p_1 = 0.2$，$p_2 = 0.4$，$p_3 = 0.1$，$p_4 = 0.1$，$p_5 = 0.2$，那么 x_1 就是所求的值. 比 x_1 小的数只有 x_2，它的概率是 0.4；比 x_1 大的数有 x_3, x_4, x_5，它们的概率之和是 0.4. 说明算法的设计思想，估计算法最坏情况下的时间复杂度.

2.26 某石油公司计划建造一条由东向西的输油管道，该管道要穿过一个有 n 口油井的油田. 从每口油井都要有一条输油管道沿最短路径（南北方向）与主管道相连. 如果给定 n 口油井的位置，即它们的 x 坐标和 y 坐标. 设计一个算法来确定主管道的位置，使得每口油井到主管道之间的输油管道长度之和达到最小.

2.27 如图 2.8 所示，城市街道都是水平或垂直分布，有 $m+1$ 条，不妨设任何两个相邻位置之间的距离都是 1. 在街道的十字路口有 n 个商店，图中的 $n = 3$，$m = 8$，三个商店的坐标位置（图中的圆点）分别是 $(2, 4)$，$(5, 3)$，$(6, 6)$. 现在需要在某个路口位置建一个合用的仓库. 若仓库选择 $(3, 5)$ 位置，那么这三个商店到仓库的路程（只能沿街道行进）总长至少是 10. 设计一个算法找到仓库的最佳位置，使得所有商店到仓库路程的总长达到最短.

2.28 在 Internet 上的搜索引擎经常需要对信息进行比较，比如可以通过某个人对一些事物的排名来估计他对各种不同信息的兴趣，从而实现个性化的服务. 对于不同的排名结果可以用逆序来评价它们之间的差异. 考虑 $1, 2, \cdots, n$ 的排列 $i_1 i_2 \cdots i_n$，如果其中

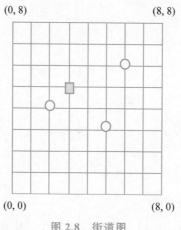

(0, 8)　　　　　　　　　(8, 8)

(0, 0)　　　　　　　　　(8, 0)

图 2.8　街道图

存在 i_j, i_k, 使得 $j < k$ 但是 $i_j > i_k$, 那么就称 (i_j, i_k) 是这个排列的一个逆序. 一个排列含有逆序的个数称为这个排列的逆序数. 例如, 排列 2 6 3 4 5 1 含有 8 个逆序 $(2,1), (6,3), (6,4), (6,5), (6,1), (3,1), (4,1), (5,1)$, 它的逆序数就是 8. 显然, 由 $1, 2, \cdots, n$ 构成的所有 $n!$ 个排列中, 最小的逆序数是 0, 对应的排列就是 $12 \cdots n$; 最大的逆序数是 $n(n-1)/2$, 对应的排列就是 $n(n-1) \cdots 21$. 逆序数越大的排列与原始排列的差异度就越大.

利用二分归并排序算法设计一个计数给定排列逆序的分治算法, 并对算法进行时间复杂度的分析.

2.29 每个螺母需要和 1 个螺栓配套使用. 现在有 n 种不同尺寸的螺母与螺栓, 恰好可以配成 n 套. 设计一个平均复杂度最低的算法, 尽快为每个螺母找到与之配套的螺栓. 该算法的 1 次基本运算是: 把 1 个螺母尝试与 1 个螺栓匹配, 看看它们是否合适. 尝试结果只能是以下三种之一: 螺母大于螺栓, 螺母小于螺栓, 螺母和螺栓恰好配套. 注意, 该算法不能比较两个螺栓的大小, 也不能比较两个螺母的大小.

(1) 用文字说明算法的设计思想.

(2) 分别给出算法在最坏和平均情况下的时间复杂度 $W(n)$ 和 $A(n)$.

2.30 对玻璃瓶做强度测试, 设地面高度为 0, 从 0 向上有 n 个高度, 记为 $1, 2, \cdots, n$, 其中任何两个高度之间的距离都相等. 如果一个玻璃瓶从高度 i 落到地上没有摔破, 但从高度 $i+1$ 落到地上摔破了, 那么就将玻璃瓶的强度记为 i.

(1) 假设每种玻璃瓶只有 1 个测试样品, 设计算法来测出每种玻璃瓶的强度. 以测试次数作为算法最坏情况下的时间复杂度量度, 对算法最坏时间复杂度做出估计.

(2) 假设每种玻璃瓶有足够多的相同的测试样品, 设计算法使用最少的测试次数来完成测试. 该算法最坏情况下的时间复杂度是多少?

(3) 假设每种玻璃瓶只有 2 个相同的测试样品 ($k=2$), 设计次数尽可能少的算法完成测试. 你的算法最坏情况下的时间复杂度是多少?

(4) 尝试将 (3) 中的方法推广到其他任意给定的 $k (k > 2)$ 的情况, 其中 k 代表测试样品的个数.

第 3 章

动态规划

动态规划(Dynamic Programming)技术已经广泛应用于许多组合优化问题的算法设计中. 例如,图的多起点与多终点的最短路径问题、矩阵链的乘法问题、最大效益投资问题、背包问题、最长公共子序列问题、图像压缩问题、最大子段和问题、最优二分检索树问题、RNA的最优二级结构问题等.

一般的组合优化问题都有对应的目标函数和约束条件. 例如,第 1 章提到的货郎问题. 设 $C=\{c_1,c_2,\cdots,c_m\}$ 是城市集合,距离 $d(c_i,c_j)=d(c_j,c_i)\in \mathbf{Z}^+, 1\leqslant i<j\leqslant m$. 求 1, $2,\cdots,m$ 的排列 $k_1,k_2,\cdots,k_m$ 使得旅行路线最短,即

$$\min\left\{\sum_{i=1}^{m-1}d(c_{k_i},c_{k_{i+1}})+d(c_{k_m},c_{k_1})\right\}$$

其中, $\sum_{i=1}^{m-1}d(c_{k_i},c_{k_{i+1}})+d(c_{k_m},c_{k_1})$ 称为目标函数,约束条件是 $k_1,k_2,\cdots,k_m$ 必须构成 $1,2,\cdots,m$ 的排列. 组合优化问题的解分布在搜索空间中,其中满足约束条件的解称为可行解,而在可行解中使得目标函数达到最小(或最大)值的解称为最优解. 例如,货郎问题需要找到最短的旅行路线,是极小化问题;而背包问题需要找到一组能够放入背包并且使背包价值达到最大的物品,是极大化问题. 所谓求解组合优化问题就是找到该问题的最优解.

实践中的组合优化问题的搜索空间往往比较大,由于中间有许多重复计算,很多都是指数量级的. 蛮力算法对于规模较大的问题实际上是不可能运行的. 动态规划技术把求解过程变成一个多步判断的过程,每一步都对应于某个子问题. 算法细心地划分子问题的边界,从小的子问题开始,逐层向上求解. 通过子问题之间的依赖关系,有效利用前面已经得到的结果,最大限度减少重复工作,以提高算法效率. 对于许多蛮力算法是指数时间的问题,动态规划技术都取得了突破进展,将时间复杂度降到 $O(n^2)$ 或 $O(n^3)$ 等多项式级别. 但是,任何一种算法设计技术都有一定的适用范围,动态规划技术需要较大的存储空间来存储子问题计算的中间结果,以备后面使用. 对于输入规模很大的情况,这个代价可能比时间的消耗更难于承受.

3.1 动态规划的设计思想

为了理解动态规划的基本思想,先看一个简单的例子.

3.1.1 多起点、多终点的最短路径问题

例 3.1 在实际中经常会遇到路径选择问题. 如图 3.1 所示,有 5 个起点 $S_1, S_2, \cdots,$ S_5, 5 个终点 $T_1, T_2, \cdots, T_5$, 其余结点是途经结点. 结点之间用边连接,边上的整数表示长度. 从起点 S_i 可以通过 4 条从左到右的边 $S_i \to A_j \to B_k \to C_l \to T_m$ 而到达终点 T_m, 这就是一条从起点 S_i 到终点 T_m 的路径,路径的长度就是这 4 条边的长度之和. 我们的问题是: 给定道路图,在所有起点到终点的路径中找一条长度最短的路径.

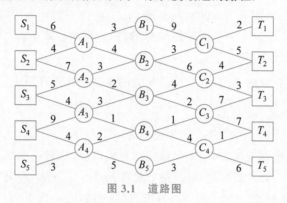

图 3.1 道路图

求解这个问题的蛮力算法就是穷举每一个起点到每一个终点的所有可能的路径,然后计算每条路径的长度,从中找出最短路径. 每条路径由 4 条边构成,除了最上边和最下边的某些结点外,处于中间的结点都有 2 条边可选,于是,从起点出发的路径大致达到 $O(m2^n)$ 量级,其中 m 为起点个数,n 为每条路径的长度,也就是路网的层数.

下面用动态规划方法求解这个问题. 从终点向起点回推,把求解过程分成 4 步,每一步对应的子问题的终点不变,但起点逐步前移,使得前步已经求解的问题恰好是后面新问题的子问题,到最后一步求解的最大的子问题正好是原始问题. 具体来说,所有子问题的终点都是 $T_m(m=1,2,3,4,5)$, 但起点不同. 第一步对应子问题的起点是 $C_l(l=1,2,3,4)$, 第二步对应子问题的起点是 $B_k(k=1,2,3,4,5)$, 第三步对应子问题的起点是 $A_j(j=1,2,3,4)$, 第四步对应子问题的起点是 $S_i(i=1,2,3,4,5)$. 这实际上就是原始问题. 在每一步需要求解的是: 从当前起点到终点的最短路径及其长度.

第一步要确定从任何 C_l 到终点的最短路径. 先看 C_1, 到终点只有两条路,向上走到 T_1 或向下走到 T_2, 令 $F(C_1)$ 表示从 C_1 到终点的最短路径长度,于是

$$F(C_1) = \min\{C_1T_1, C_1T_2\} = \min\{2, 5\} = 2$$

把这个结果标记在 C_1 的上方,记作"$u, 2$", 其中 u 表示到终点的最短路应该"向上", 2 表示这条最短路的长度. 接着考虑 C_2. 与在 C_1 所做的判断类似,可以在 C_2 标记为"$d, 3$", 其中"d"表示到终点的最短路应该"向下". 同样地可以把 C_3 和 C_4 依次标记为"$u, 7$"(或"$d, 7$", 因为向下与向上的路径一样长)和"$u, 1$". 至此第一步的判断全部完成. 在这一步判断中使用的只是从 C_l 到 T_m 所有可能的边长. 如果以 $F(C_l)$ 表示从 C_l 到终点的最短路径的长度,那么判断公式是:

$$F(C_l) = \min_m\{C_lT_m\}$$

第二步要确定从任何 B_k 到终点的最短路径. 先看 B_1, 从 B_1 只能向下到 C_1, 接着从

C_1 走最短路到终点. 于是

$$F(B_1)=B_1C_1+F(C_1)=9+2=11$$

把这个结果标记在 B_1 的上方,记作"$d,11$". 接着考虑 B_2. 与在 B_1 所做的不同,从 B_2 既可以到 C_1,后接从 C_1 到终点的最短路;也可以先到 C_2,后接从 C_2 到终点的最短路. 这两条中哪条更短,就应该选哪条. 于是,从 B_2 出发到终点的最短路长度应该是:

$$F(B_2)=\min\{B_2C_1+F(C_1),B_2C_2+F(C_2)\}=\min\{3+2,6+3\}=5$$

这是选择先向上走的结果,因此在 B_2 标记为"$u,5$". 同样地可以把 B_3,B_4 和 B_5 依次标记为"$u,7$""$d,5$""$u,4$". 至此第二步的判断全部完成. 在这一步判断中使用的信息是:从 B_k 到 C_l 所有可能的边长以及上一步所做的标记. 递推的判断公式是:

$$F(B_k)=\min_l\{B_kC_l+F(C_l)\}$$

类似地可以完成后面两步的判断过程,相关的递推公式给在下面:

$$F(A_j)=\min_k\{A_jB_k+F(B_k)\}$$

$$F(S_i)=\min_j\{S_iA_j+F(A_j)\}$$

各步判断所做的标记给在图 3.2 中. 到全部判断完成以后,从起点到终点的最短路径已经找到了. 观察在 $S_1,S_2,\cdots,S_5$ 的标记,最短路的长度是 10,一条从 S_3 开始,追寻标记 d 向下到 A_3,接着按 A_3 处的标记 d 向下到 B_4,再按 B_4 处的标记 d 向下到 C_4,最后按 C_4 处的标记 u 向上到 T_4. 还有另一条是:S_5,A_4,B_4,C_4,T_4. 两条最短路径都用粗线在图 3.2 中标出.

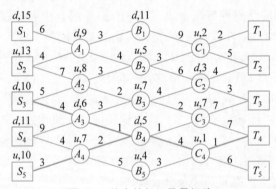

图 3.2　结点的标记及最短路

与蛮力算法相比,这种算法的好处是:在判断时只考虑由前面子问题的最优解(是当前子问题最优解的组成部分)可能的延伸结果,从而把许多不可能成为最优解的部分路径尽早从搜索中删除,因此能够提高效率. 根据上面的递推公式,除终点外,对每个结点只需要做 2 次加法(对 C_l 层结点不做加法)和 1 次比较,因此算法的时间复杂度可以降到 $O(mn)$,其中 m 代表每层的结点个数,n 是层数.

3.1.2　使用动态规划技术的必要条件

先把上面的最短路径问题的动态规划算法简单总结一下,其主要特征是:求解的问题是多阶段决策(优化)问题;求解过程是多步判断,从小到大依次求解每个子问题,最后求解的子问题就是原始问题. 子问题目标函数的最小值之间存在依赖关系,将子问题的解记录下来,以备后面求解时使用.其中关于子问题目标函数的最小值之间的依赖关系是最关键的.这一条称为**优化原则**或**最优子结构性质**.更清晰的表述如下.

优化原则:一个最优决策序列的任何子序列本身一定是相对于子序列的初始和结束状态的最优的决策序列.

正是由于优化原则,在考虑后面较大子问题的最优解时,只需考虑它的子问题的最优解所延伸的结果.需要注意的是:在实践中并不是所有的组合优化问题都适用于优化原则,有时对某个子问题的解不一定达到最优,但是当把它延伸成整个问题的解时反而成了最优解.如果对这样的问题使用动态规划技术,就可能出错.下面是一个简单的例子.

例 3.2 求总长模 10 的最短路径.

如图 3.3 所示,S 是起点,T 是终点,边上的数字代表道路的长度.与例 3.1 类似,我们需要找出从 S 到 T 的模 10 意义下的最短路径.这里的模 10 指的是除以 10 得到的余数.

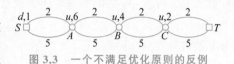

图 3.3 一个不满足优化原则的反例

采用和例 3.1 一样的动态规划算法.首先计算从 C 到 T 的模 10 最短路径:
$$F(C) = \min\{2 \bmod 10, 5 \bmod 10\} = \min\{2, 5\} = 2$$
在 C 的上方标注"$u,2$".第二步计算从 B 到 T 的模 10 最短路径:
$$F(B) = \min\{(2+F(C)) \bmod 10, (5+F(C)) \bmod 10\} = \min\{4,7\} = 4$$
在 B 的上方标注"$u,4$".第三步计算从 A 到 T 的模 10 最短路径:
$$F(A) = \min\{(2+F(B)) \bmod 10, (5+F(B)) \bmod 10\} = \min\{6,9\} = 6$$
在 A 的上方标注"$u,6$".最后计算从 S 到 T 的模 10 最短路径:
$$F(S) = \min\{(2+F(A)) \bmod 10, (5+F(A)) \bmod 10\} = \min\{8,1\} = 1$$
于是得到 S 上方的标记"$d,1$".从而找到该实例的一个解,即沿"下、上、上、上"的方向从 S 走到 T,路径模 10 的长度为 1.简单地观察就可以发现,这不是最优解.如果选择方向为"下、下、下、下"的路径,模 10 以后的路径长度为$(5+5+5+5) \bmod 10 = 0$.

动态规划算法不适于这样的问题,原因在于这个问题不满足优化原则.方向为"下、下、下、下"的路径是一条从 S 到 T 的最优路径,但是它的某些子路径,比如从 C 向下到 T 的路径并不是从 C 到 T 的最优路径.

这说明在使用动态规划设计技术之前,首先要搞清楚所求解的问题是不是满足优化原则,这是使用动态规划技术的必要条件.

3.2 动态规划算法的设计要素

这里用一个矩阵链的乘法问题为例来说明动态规划算法的设计要素.

例 3.3 设 $A_1, A_2, \cdots, A_n$ 为 n 个矩阵的序列,其中 A_i 为 $P_{i-1} \times P_i$ 阶矩阵,$i=1, 2, \cdots, n$.这个矩阵链的输入用向量 $P = \langle P_0, P_1, \cdots, P_n \rangle$ 给出,其中 P_0 是矩阵 A_1 的行数,$P_i(i=1,2,\cdots,n-1)$ 既是矩阵 A_i 的列数也是矩阵 A_{i+1} 的行数,最后的 P_n 是矩阵 A_n 的列数.计算这个矩阵链需要做 $n-1$ 次两个矩阵的相乘运算,可以用 $n-1$ 对括号表示运算的顺序.因为矩阵乘法满足结合律,无论采用哪种顺序,最后的结果都是一样的 但是,采用不同的顺序计算的工作量却不一样.怎样定义两个矩阵相乘的工作量呢?假设矩阵 A_1 与

A_2 相乘,其中 A_1 是 i 行 j 列的矩阵,A_2 是 j 行 k 列的矩阵,那么它们的乘积 $A_1 A_2$ 是 i 行 k 列矩阵,含有 ik 个元素. 以元素相乘作为基本运算,乘积中每个元素的计算都需要做 j 次乘法,于是计算 $A_1 A_2$ 总共需要 ijk 次乘法. 请看下面的具体实例:

假设输入的是 $P = <10,100,5,50>$,这说明有 3 个矩阵相乘,其中

$$A_1: 10 \times 100, \quad A_2: 100 \times 5, \quad A_3: 5 \times 50$$

有两种乘法次序,即 $(A_1 A_2)A_3$ 和 $A_1(A_2 A_3)$. 如果采用第一种次序,执行的基本运算次数是:

$$10 \times 100 \times 5 + 10 \times 5 \times 50 = 7500$$

而采用第二种次序,执行的基本运算次数是:

$$10 \times 100 \times 50 + 100 \times 5 \times 50 = 75\,000$$

工作量相差达到 10 倍之多.

我们的问题是:给定向量 P,确定一种乘法次序,使得基本运算的总次数达到最少.

一般的蛮力算法就是枚举所有可能的乘法次序,针对每种次序计算基本运算的次数,从中找出具有最小运算次数的乘法次序. 每一种乘法次序对应了一种在 n 个项中加 $n-1$ 对括号的方法. 根据组合数学的知识不难知道,加 n 对括号的方法数是一个 Catalan 数,它的值是 $\dfrac{1}{n+1}\dbinom{2n}{n}$. 根据 Stirling 公式,即使对每种次序的计算工作量为常数,对规模为 $n+1$ 的输入使用蛮力算法的时间将是:

$$W(n) = \Omega\left(\frac{1}{n+1} \frac{(2n)!}{n!\ n!}\right) = \Omega\left(\frac{1}{n+1} \frac{\sqrt{2\pi 2n}\left(\frac{2n}{e}\right)^{2n}}{\sqrt{2\pi n}\left(\frac{n}{e}\right)^{n} \sqrt{2\pi n}\left(\frac{n}{e}\right)^{n}}\right)$$

$$= \Omega\left(\frac{1}{n+1} \frac{n^{\frac{1}{2}} 2^{2n} n^{2n} e^{n} e^{n}}{e^{2n} n^{\frac{1}{2}} n^{n} n^{\frac{1}{2}} n^{n}}\right) = \Omega\left(2^{2n}/n^{\frac{3}{2}}\right)$$

这是一个指数时间的算法. 下面尝试动态规划的算法. 我们将从子问题的划分、递推方程的确定、递归和迭代的实现方法、复杂度分析等方面介绍动态规划算法的设计特征.

3.2.1 子问题的划分和递推方程

我们的优化目标是基本运算次数的最小化. 如何界定子问题的边界?令 $A_{1..n}$ 表示输入的矩阵链. 如果从前向后划分,所产生的子问题只有后边界,是 $A_{1..i}$ 的形式,$i = 1, 2, \cdots, n$. 但是在计算子问题 $A_{1..j}$,$j > i$ 时,我们不仅需要子问题 $A_{1..i}$ 的信息,也需要子问题 $A_{(i+1)..j}$ 的信息. 这说明子问题的划分需要前后两个边界. 用 $A_{i..j}$ 定义矩阵链 $A_i A_{i+1} \cdots A_j$ 相乘的子问题,$m[i,j]$ 表示得到乘积 $A_{i..j}$ 所用的最少基本运算次数. 假定其最后一次相乘发生在矩阵链 $A_{i..k}$ 和 $A_{k+1..j}$ 之间,即

$$A_i A_{i+1} \cdots A_j = (A_i A_{i+1} \cdots A_k)(A_{k+1} A_{k+2} \cdots A_j) \quad k = i, i+1, \cdots, j-1$$

那么子问题 $A_{i..j}$ 的计算依赖于子问题 $A_{i..k}$ 和 $A_{k+1..j}$ 的计算结果. 换句话说,$m[i,j]$ 的值依赖于 $m[i,k]$ 和 $m[k+1,j]$ 的值,具体的依赖关系可以表示为

$$m[i,j] = \begin{cases} 0 & i = j \\ \min_{i \leqslant k < j}\{m[i,k] + m[k+1,j] + P_{i-1} P_k P_j\} & i < j \end{cases}$$

上式中的 k 代表子问题的划分位置,应该考虑所有可能的划分,即 $i \leqslant k < j$,从中比较出最小的值; $P_{i-1}P_kP_j$ 是最后把两个子矩阵链 $A_{i..k}$ 和 $A_{k+1..j}$ 的结果矩阵相乘所需要的基本运算次数. 当 $i=j$ 时,矩阵链只有一个矩阵 A_i,这时乘法次数是 0,对应了递推式的初值.

不难看到,这个问题是满足优化原则的. 这意味着当 $m[i,j]$ 达到最小值时,子问题的优化函数值 $m[i,k]$ 和 $m[k+1,j]$ 也是最小的. 因为如果对于子问题存在更好的优化函数值,比如存在更小的 $m'[i,k]$,那么用这个更小的值替换原来的 $m[i,k]$,就可以得到更小的 $m'[i,j]$,这将与 $m[i,j]$ 的最优性矛盾.

3.2.2 动态规划算法的递归实现

下面考虑算法的实现. 为了确定每一次相乘时加括号的位置,需要设计表 $s[i,j]$ 来记录 $m[i,j]$ 达到最小值时 k 的划分位置. 根据上面的递推公式,可以有两种实现方法:递归实现和迭代实现.

先考虑递归实现方法.

算法 3.1　RecurMatrixChain(P,i,j)

输入:矩阵链 $A_{i..j}$ 的输入为向量 $P=<P_{i-1},P_i,\cdots,P_j>$,其中 $1 \leqslant i \leqslant j \leqslant n$

输出:计算 $A_{i..j}$ 的所需最小乘法运算次数 $m[i,j]$ 和最后一次运算的位置 $s[i,j]$

1. if $i=j$
2. then $m[i,j] \leftarrow 0$; $s[i,j] \leftarrow i$; return $m[i,j]$
3. $m[i,j] \leftarrow \infty$
4. $s[i,j] \leftarrow i$
5. for $k \leftarrow i$ to $j-1$ do　　　　//考虑所有可能的划分位置
6. 　　$q \leftarrow$ RecurMatrixChain(P,i,k)$+$RecurMatrixChain($P,k+1,j$)$+P_{i-1}P_kP_j$
7. 　　if $q < m[i,j]$
8. 　　then $m[i,j] \leftarrow q$　　　　//用找到的更好优化函数值替换原值,并记录划分位置
9. 　　　　$s[i,j] \leftarrow k$
10. return $m[i,j]$

n 个矩阵相乘,只需令 $i=1,j=n$,调用算法 3.1 即可. 下面分析这个递归算法的效率. 考虑输入规模为 n 的矩阵链相乘,即 $i=1,j=n$ 的情况. 算法在第 5 行执行 for 循环,k 从 1 到 $n-1$. 每次进入循环体都在第 6 行进行两个子问题的递归求解,其中一个规模为 k,另一个为 $n-k$. 其余工作都是常数时间. 因此该算法的时间复杂度函数满足递推关系:

$$T(n) \geqslant \begin{cases} 0 & n=1 \\ \sum_{k=1}^{n-1}(T(k)+T(n-k)+O(1)) & n>1 \end{cases}$$

经过化简得

$$T(n) \geqslant \Theta(n) + \sum_{k=1}^{n-1}T(k) + \sum_{k=1}^{n-1}T(n-k) = \Theta(n) + 2\sum_{k=1}^{n-1}T(k)$$

定理 3.1　当 $n>1$ 时,$T(n)=\Omega(2^{n-1})$.

证　$n=2,T(2) \geqslant c = c_1 2^{2-1}$,$c_1 = c/2$ 为某个正数.

假设对于任何小于 n 大于或等于 2 的 k,$T(k) \geqslant c_1 2^{k-1}$,则存在某个常数 c',使得

$$T(n) \geqslant c'n + 2\sum_{k=1}^{n-1} T(k) \geqslant c'n + 2\sum_{k=2}^{n-1} c_1 2^{k-1}$$
$$= c'n + c_1(2^n - 4) \geqslant c_1 2^{n-1}$$

可以看到,通过使用动态规划的设计思想,该算法的时间复杂度比蛮力算法有所改进,但是并没有得到多项式时间的高效算法.时间复杂度高的原因在于:在递归调用中同一个子问题被多次重复计算.以矩阵链 $\boldsymbol{A}_{1..5}$ 的计算为例.图 3.4 用一棵横放的树给出了递归计算的过程.每个问题对应一个结点,树根是原始问题,记作"1..5".第 1 层的结点对应于原问题在 $k = 1, 2, 3, 4$ 的不同位置进行划分所得到的 8 个子问题,每个子问题表示成原问题的儿子.第 2 层对应这 8 个子问题进一步递归求解得到的新的子问题,有 24 个.类似地,第 3 层有 32 个新的子问题,第 4 层有 16 个新的子问题.在整个递归计算中总计产生了

$$1 + 8 + 24 + 32 + 16 = 81$$

个子问题.但是,根据边界考查不同的子问题个数:规模为 1 的子问题有 5 个,规模为 2 的有 4 个,规模为 3 的有 3 个,规模为 4 的有 2 个,规模为 5 的有 1 个,总计

$$5 + 4 + 3 + 2 + 1 = 15$$

个不同的子问题.这说明算法计算的 81 个子问题中有许多是重复的,这就是递归实现动态规划算法时间复杂度高的原因.

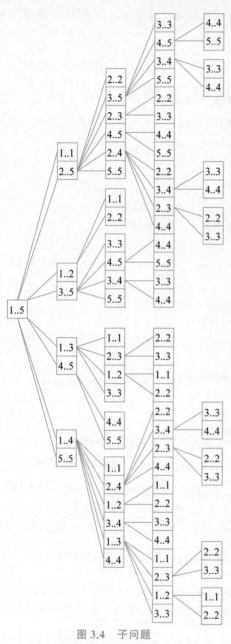

图 3.4　子问题

3.2.3　动态规划算法的迭代实现

如果在计算中对每个子问题只计算一次,并且把结果保存起来.等到后面计算其他子问题需要这个值时,直接把它代入,这样就能够改善算法的时间复杂度.这就是迭代实现动态规划算法的思想.为了实现这个想法,需要解决以下两个问题:

(1) 开辟一个存储空间,用表格的方式来存储子问题的优化函数值和划分边界,通常把这些表格称为"备忘录".这说明提高效率需要付出空间的代价.对于规模大的实例,过大的空间需求往往成为不能使用动态规划算法的主要因素.

(2) 子问题的计算需要从底向上进行.每个子问题只计算一次.这就是说,从最小规模的子问题开始,比如规模为 1 的所有子问题,然后是规模为 2 的所有子问题,接着是规模为

3 的所有子问题……直到规模为 n 的子问题(原始问题)为止. 这样才能在前面的计算中准备好后面计算要查找的数据.

下面的伪码给出了矩阵链问题动态规划算法的迭代实现方法.

算法 3.2　MatrixChain$(\boldsymbol{P}, n)$

输入: 矩阵链 $\boldsymbol{A}_{1..n}$ 的输入为向量 $\boldsymbol{P} = <P_0, P_1, \cdots, P_n>$

输出: 计算 $\boldsymbol{A}_{i,j}$ 的所需最小乘法运算次数 $m[i,j]$ 和最后一次运算的位置 $s[i,j], 1 \leqslant i \leqslant j \leqslant n$

```
1. 令所有的 m[i,i] 初值为 0, s[i,j] 初值为 i, 1≤i≤j≤n
2. for r←2 to n do                          //r 为当前计算的链长(子问题规模)
3.   for i←1 to n−r+1 do                    //n−r+1 为最后一个 r 链的前边界
4.     j←i+r−1                              //计算前边界为 i, 长为 r 链的后边界 j
5.     m[i,j]←m[i+1,j]+P_{i-1}*P_i*P_j      //划分为 A_i(A_{i+1}…A_j), * 为普通乘法
6.     s[i,j]←i                             //记录分割位置
7.     for k←i+1 to j−1 do
8.         t←m[i,k]+m[k+1,j]+P_{i-1}*P_k*P_j  //划分位置是 (A_i…A_k)(A_{k+1}…A_j)
9.         if t<m[i,j]                       //用更好的值替换
10.        then m[i,j]←t
11.             s[i,j]←k
```

下面分析这个算法的时间复杂度. 在算法的第 2 行、第 3 行和第 7 行的规模都不超过 $O(n)$, 总计嵌套循环执行 $O(n^3)$ 次, 循环体内的计算为 2 次加法, 2 次乘法, 是常数时间, 因此, 算法的时间复杂度是 $W(n) = O(n^3)$, 比起递归实现的指数时间确实有了明显的改进.

3.2.4　一个简单实例的计算过程

下面给出一个计算实例, 进一步说明备忘录的结构.

设输入是 $\boldsymbol{P} = <30, 35, 15, 5, 10, 20>, n = 5$, 相应的矩阵链是: $\boldsymbol{A}_1, \boldsymbol{A}_2, \boldsymbol{A}_3, \boldsymbol{A}_4, \boldsymbol{A}_5$, 其中,

$\boldsymbol{A}_1: 30 \times 35, \quad \boldsymbol{A}_2: 35 \times 15, \quad \boldsymbol{A}_3: 15 \times 5, \quad \boldsymbol{A}_4: 5 \times 10, \quad \boldsymbol{A}_5: 10 \times 20$

计算开始, 当子问题规模 $r = 1$ 时, 所有的 $m[1,1], m[2,2], \cdots, m[5,5]$ 都等于 0. 然后 $r = 2$, 有 4 个子问题, 计算结果是:

$$m[1,2] = 30 \times 35 \times 15 = 15\,750$$
$$m[2,3] = 35 \times 15 \times 5 = 2625$$
$$m[3,4] = 15 \times 5 \times 10 = 750$$
$$m[4,5] = 5 \times 10 \times 20 = 1000$$

接着, $r = 3$, 有 3 个子问题, 计算结果是:

$m[1,3] = \min\{m[1,2] + 30 \times 15 \times 5, m[2,3] + 30 \times 35 \times 5\} = 7875, \quad s[1,3] = 1$

$m[2,4] = \min\{m[2,3] + 35 \times 5 \times 10, m[3,4] + 35 \times 15 \times 10\} = 4375, \quad s[2,4] = 3$

$m[3,5] = \min\{m[3,4] + 15 \times 10 \times 20, m[4,5] + 15 \times 5 \times 20\} = 2500, \quad s[3,5] = 3$

接着, $r = 4$, 有 2 个子问题, 计算结果是:

$m[1,4] = \min\{m[2,4] + 30 \times 35 \times 10, m[1,2] + m[3,4] + 30 \times 15 \times 10,$
$\qquad\qquad m[1,3] + 30 \times 5 \times 10\} = 9375$

$m[2,5] = \min\{m[3,5] + 35 \times 15 \times 20, m[2,3] + m[4,5] + 35 \times 5 \times 20,$

$$m[2,4]+35\times 10\times 20\}=7125$$

对应的划分位置分别是 $s[1,4]=3$ 和 $s[2,5]=3$. 最后，$r=5$，就是原始问题，计算结果是：

$$m[1,5]=\min\{m[2,5]+30\times 35\times 20, m[1,2]+m[3,5]+30\times 15\times 20,$$
$$m[1,3]+m[4,5]+30\times 5\times 20, m[1,4]+30\times 10\times 20\}=11\ 875$$

$$s[1,5]=3$$

存储上述计算结果的备忘录和标记函数分别如表 3.1 和表 3.2 所示.

表 3.1　优化函数值的备忘录

$r=1$	$m[1,1]=0$	$m[2,2]=0$	$m[3,3]=0$	$m[4,4]=0$	$m[5,5]=0$
$r=2$	$m[1,2]=15\ 750$	$m[2,3]=2625$	$m[3,4]=750$	$m[4,5]=1000$	
$r=3$	$m[1,3]=7875$	$m[2,4]=4375$	$m[3,5]=2500$		
$r=4$	$m[1,4]=9375$	$m[2,5]=7125$			
$r=5$	$m[1,5]=11\ 875$				

表 3.2　标记函数

$r=2$	$s[1,2]=1$	$s[2,3]=2$	$s[3,4]=3$	$s[4,5]=4$
$r=3$	$s[1,3]=1$	$s[2,4]=3$	$s[3,5]=3$	
$r=4$	$s[1,4]=3$	$s[2,5]=3$		
$r=5$	$s[1,5]=3$			

根据备忘录可以知道最少运算次数是 11 875，根据 $s[1,5]=3$ 知道最后一次划分在第三个矩阵的后面，于是得到 $\boldsymbol{A}_{1..5}=\boldsymbol{A}_{1..3}\boldsymbol{A}_{4..5}$. 接着查找 $s[1,3]=1$，于是得到 $\boldsymbol{A}_{1..3}=\boldsymbol{A}_{1..1}\boldsymbol{A}_{2..3}$，从而得到最佳的运算次序是：

$$\boldsymbol{A}_1\boldsymbol{A}_2\boldsymbol{A}_3\boldsymbol{A}_4\boldsymbol{A}_5=(\boldsymbol{A}_1(\boldsymbol{A}_2\boldsymbol{A}_3))(\boldsymbol{A}_4\boldsymbol{A}_5)$$

通过矩阵链相乘的例子，我们可以总结动态规划算法的设计要素：

（1）划分子问题，用参数表达子问题的边界，将问题求解转变成多步判断的过程.

（2）确定优化函数，以该函数的极大（或极小）值作为判断的依据，确定是否满足优化原则.

（3）列出关于优化函数的递推方程（或不等式）和边界条件.

（4）考虑是否需要设立标记函数，以记录划分位置.

（5）自底向上计算，以备忘录方法（表格）存储中间结果.

（6）根据备忘录（和标记函数）通过追溯给出最优解.

3.3　动态规划算法的典型应用

本节介绍动态规划算法的一些典型应用.

3.3.1　投资问题

例 3.4　设有 m 元，n 项投资，函数 $f_i(x)$ 表示将 x 元投入第 i 项项目所产生的效益，

$i=1,2,\cdots,n$. 问:如何分配这 m 元,使得投资的总效益最高?

假设钱数的分配都是非负整数,分配给第 i 个项目的钱数是 x_i,那么该问题可以描述为

目标函数　$\max\{f_1(x_1)+f_2(x_2)+\cdots+f_n(x_n)\}$

约束条件　$x_1+x_2+\cdots+x_n=m,\quad x_i\in\mathbf{N}$

一个简单的实例是:有 5 万元,4 个项目,效益函数(以万元为单位)如表 3.3 所示.

表 3.3　效益函数

x	$f_1(x)$	$f_2(x)$	$f_3(x)$	$f_4(x)$	x	$f_1(x)$	$f_2(x)$	$f_3(x)$	$f_4(x)$
0	0	0	0	0	3	13	10	30	22
1	11	0	2	20	4	14	15	32	23
2	12	5	10	21	5	15	20	40	24

使用动态规划算法首先需要界定子问题的边界. 可以是按项目划分成 n 个阶段,比如先考虑对第 1 个项目的分配,接着考虑对前 2 个项目的分配,……,直到考虑对 n 个项目的分配. 每阶段的问题都构成后面阶段的子问题. 与前面的最短路径和矩阵链乘法的不同点在于:这里每个阶段的子问题还存在另一个参数:投资的钱数. 于是每个阶段的子问题还可以按照钱数进行更细的划分. 这里使用的是具有两个不同参数的优化函数. 设 $F_k(x)$ 表示 x 万元投给前 k 个项目的最大效益,其中 $k=1,2,\cdots,n;x=1,2,\cdots,m$. 在第 k 步,钱数为 x 万元时需要做的是:假设知道 p 万元($p\leqslant x$)投给前 $k-1$ 个项目的最大效益,如何对前 k 个项目分配 x 元以取得最大的效益. 首先从 x 万元中分配 $x_k(0\leqslant x_k\leqslant x)$ 万元给第 k 个项目,那么剩下的 $x-x_k$ 万元将分配给前 $k-1$ 个项目,最佳分配方案已经在第 $k-1$ 步计算过. 于是得到如下递推方程和边界条件:

$$F_k(x)=\max_{0\leqslant x_k\leqslant x}\{f_k(x_k)+F_{k-1}(x-x_k)\},\quad k=2,3,\cdots,n$$

$$F_1(x)=f_1(x),\quad F_k(0)=0,\quad k=1,2,\cdots,n$$

这里需要设立标记函数 $x_k(x)$,它表示当 $F_k(x)$ 取得最大值时应该分配给第 k 个项目的钱数.

不难验证这个问题满足优化原则. 算法的伪码描述请读者自己给出. 下面以上述实例看看算法的运行过程.

首先,计算 $F_1(x)$. x 万元仅分配给第一个项目,这对应于递推关系的初值,可以直接从效益函数表中查到,于是有

$F_1(1)=f_1(1)=11,\quad F_1(2)=f_1(2)=12,\quad F_1(3)=f_1(3)=13,$

$F_1(4)=f_1(4)=14,\quad F_1(5)=f_1(5)=15,\quad x_1(x)=x,\quad x=1,2,3,4,5$

这些值存在备忘录的第一列,见表 3.4. 下面计算 $F_2(x)$. 首先计算 $F_2(1)$,总钱数 1 万元,分配给第二个项目可能有两种结果:0 万元或 1 万元. 于是递推关系是:

$F_2(1)=\max\{f_2(0)+F_1(1),\quad f_2(1)+F_1(0)\}=\max\{0+11,0+0\}=11,$

$x_2(1)=0$

其中,$x_2(1)=0$ 表示取得最大效益 11 万元时分配给第二个项目的钱数是 0. 类似地可以计算 $F_2(2),F_2(3),F_2(4),F_2(5)$:

$$F_2(2) = \max\{f_2(0)+F_1(2), f_2(1)+F_1(1), f_2(2)+F_1(0)\} = 12, \quad x_2(2) = 0$$

$$F_2(3) = \max\{f_2(0)+F_1(3), f_2(1)+F_1(2), f_2(2)+F_1(1),$$
$$f_2(3)+F_1(0)\} = 16, \quad x_2(3) = 2$$

$$F_2(4) = \max\{f_2(0)+F_1(4), f_2(1)+F_1(3), f_2(2)+F_1(2), f_2(3)+F_1(1),$$
$$f_2(4)+F_1(0)\} = 21, \quad x_2(4) = 3$$

$$F_2(5) = \max\{f_2(0)+F_1(5), f_2(1)+F_1(4), f_2(2)+F_1(3), f_2(3)+F_1(2),$$
$$f_2(4)+F_1(1), f_2(5)+F_1(0)\} = 26, \quad x_2(5) = 4$$

这些值和相应的标记函数 $x_2(x)$ 存在备忘录的第 2 列. 照此下去,继续计算 $F_3(x)$ 和 $F_4(x)$, $x=1,2,3,4,5$. 从而完成整个备忘录. 从表中 $F_4(5)=61$ 可知,投资 5 万元可以产生的最大效益是 61 万元. 那么能够达到这个效益的分配方案是什么呢? 这需要从表上的标记函数从后向前追溯. 首先查到 $x_4(5)=1$ 知道 1 万元分配给第 4 个项目. 于是分配给前三个项目的钱数为 $5-1=4$ 万元. 再查 $x_3(4)=3$, 从而知道在 4 万元中又有 3 万元分配给第三个项目. 那么还剩下 $4-3=1$ 万元分配给前两个项目. 最后查 $x_2(1)=0$, 说明在这 1 万元中分配给第二个项目的钱数是 0, 只能全部分配给第一个项目. 经过这样的追溯, 可以得到问题的解, 即

分配方案是: $x_1=1, x_2=0, x_3=3, x_4=1$

最大效益是: $F_4(5)=61$

对于解的追溯过程可以在表 3.4 的灰色方格中看到.

表 3.4　解的追溯

x	$F_1(x)$	$x_1(x)$	$F_2(x)$	$x_2(x)$	$F_3(x)$	$x_3(x)$	$F_4(x)$	$x_4(x)$
1	11	1	11	0	11	0	20	1
2	12	2	12	0	13	1	31	1
3	13	3	16	2	30	3	33	1
4	14	4	21	3	41	3	50	1
5	15	5	26	4	43	4	61	1

最后,让我们看看这个算法的效率. 假设给定的输入实例含有 n 个项目,钱数为 m,那么备忘录中有 m 行 n 列,共计 mn 项. 根据递推关系

$$F_k(x) = \max_{0 \le x_k \le x}\{f_k(x_k) + F_{k-1}(x-x_k)\}$$

$$F_1(x) = f_1(x)$$

除了 $k=1$ 的初值以外,对项 $F_k(x)(2 \le k \le n, 1 \le x \le m)$ 的计算需要 $x+1$ 次加法和 x 次比较. 对 k 求和,于是算法执行的加法次数满足:

$$\sum_{k=2}^{n}\sum_{x=1}^{m}(x+1) = \frac{1}{2}(n-1)m(m+3)$$

比较次数满足:

$$\sum_{k=2}^{n}\sum_{x=1}^{m}x = \frac{1}{2}(n-1)m(m+1)$$

于是该算法的时间复杂度是 $W(n,m) = O(nm^2)$.

3.3.2 背包问题

背包问题(Knapsack Problem)是一个著名的 NP 难问题.

例 3.5 一个旅行者准备随身携带一个背包. 可以放入背包的物品有 n 种, 物品 j 的重量和价值分别为 w_j 和 v_j, $j = 1, 2, \cdots, n$. 如果背包的最大重量限制是 b, 怎样选择放入背包的物品以使得背包的价值最大?

这是一个组合优化问题, 设 x_j 表示装入背包的第 j 种物品的数量, 那么目标函数和约束条件是:

$$\text{目标函数} \quad \max \sum_{j=1}^{n} v_j x_j$$

$$\text{约束条件} \quad \begin{cases} \sum_{j=1}^{n} w_j x_j \leqslant b \\ x_j \in \mathbf{N} \end{cases}$$

如果组合优化问题的目标函数和约束条件都是线性函数, 称为线性规划问题, 如果线性规划问题的变量 x_j 都是非负整数, 则称为整数规划问题. 背包问题就是整数规划问题. 限制所有的 $x_j = 0$ 或 $x_j = 1$ 时的背包问题称为 0-1 背包问题.

不难验证背包问题也满足优化原则, 可以使用动态规划设计技术. 与投资问题类似, 背包问题也有两个参数, 物品种类和背包重量的限制. 可以根据物品种类和背包的重量限制进行子问题划分. 设 $F_k(y)$ 表示只允许装前 k 种物品, 背包总重不超过 y 时背包的最大价值, 分两种情况考虑: 不装第 k 种物品或者至少装 1 件第 k 种物品. 如果不装第 k 种物品, 那么只能用前 $k-1$ 种物品装入背包, 而背包的重量限制仍旧是 y, 在这种情况下, 背包最大价值是 $F_{k-1}(y)$. 如果第 k 种物品装了一件, 那么背包的价值是 v_k, 且重量是 w_k, 剩下的物品仍旧需要在前 k 种物品中选择(因为最优的装法可能包含多个第 k 种物品). 于是问题归约为在背包重量限制为 $y - w_k$ 的情况下如何用前 k 种物品装入背包以取得最大价值 $F_k(y - w_k)$. 我们需要从这两种情况中取价值较大的作为最优选择. 于是, 得到递推关系与边界条件:

$$F_k(y) = \max\{F_{k-1}(y), F_k(y - w_k) + v_k\}$$
$$F_0(y) = 0 \qquad 0 \leqslant y \leqslant b$$
$$F_k(0) = 0 \qquad 0 \leqslant k \leqslant n$$
$$F_1(y) = \left\lfloor \frac{y}{w_1} \right\rfloor v_1$$
$$F_k(y) = -\infty \qquad y < 0$$

上面公式的初值比较多, $F_0(y)$ 是背包不装物品的价值, 显然等于 0; $F_k(0)$ 是背包重量限制为 0 时的最大价值, 当然也等于 0; $F_1(y)$ 是只能用第一种物品背包重量限制为 y 时的最大价值, 为了保证背包不超重, 第一种物品至多能装 $\lfloor y/w_1 \rfloor$ 个, 因此背包价值是 $\lfloor y/w_1 \rfloor v_1$. 为什么还需要设定当 $y < 0$ 时的初值呢? 因为在递推式中有 $F_k(y - w_k)$, 在递推过程中, 某些 $y - w_k$ 可能得到负值, 这意味着背包此刻能够承受的重量已经小于第 k 种物品的重量, 实际上是不能装的. 通过令 $F_k(y) = -\infty$(可以选机器中的最小数), 使得这个值在与另一个优化函数值比较时被淘汰, 从而使得这种装法被排除.

与投资问题相比较，背包问题的递推关系也可以使用与投资问题类似的表述，请读者给出相关的表达式和初值.

考虑下面的实例，其中

$$v_1 = 1, \quad v_2 = 3, \quad v_3 = 5, \quad v_4 = 9$$
$$w_1 = 2, \quad w_2 = 3, \quad w_3 = 4, \quad w_4 = 7$$
$$b = 10$$

则 $F_k(y)$ 的计算表如表 3.5 所示，其中省略了所有 $F_k(0)$ 的值.

表 3.5　优化函数 $F_k(y)$

k	y									
	1	2	3	4	5	6	7	8	9	10
1	0	1	1	2	2	3	3	4	4	5
2	0	1	3	3	4	6	6	7	9	9
3	0	1	3	5	5	6	8	10	10	11
4	0	1	3	5	5	6	9	10	10	12

表 3.5 只是计算了各个子问题的优化函数值，最后一项 $F_4(10) = 12$，这就是背包的最大价值. 怎样选择物品可以得到这个价值呢？可以像投资问题一样设立标记函数，记录得到这个值时所装入的最大标号物品的个数. 这里采用另一种标记方法. 令 $i_k(y)$ 表示在计算优化函数值 $F_k(y)$ 时所用到物品的最大标号. 在计算 $F_k(y)$ 时，如果 $F_{k-1}(y)$ 比 $F_k(y-w_k)+v_k$ 大，那么此刻装入背包物品的最大标号与计算 $F_{k-1}(y)$ 所用物品的最大标号一致；反之，选择标号为 k 的物品装入背包才能使得背包价值达到最大，即 $i_k(y) = k$. 于是 $i_k(y)$ 满足下述递推关系：

$$i_k(y) = \begin{cases} i_{k-1}(y) & F_{k-1}(y) > F_k(y-w_k)+v_k \\ k & F_{k-1}(y) \leqslant F_k(y-w_k)+v_k \end{cases}$$

不难看出，标记函数 $i_k(y)$ 不需要额外的计算，只需计算 $F_k(y)$ 时把相关的 $i_k(y)$ 值填入一个标记表就行了. 标记表的格式如表 3.6 所示，其中省略了所有 $i_k(0) = 0$ 的初值.

表 3.6　标记函数 $i_k(y)$

k	y									
	1	2	3	4	5	6	7	8	9	10
1	0	1	1	1	1	1	1	1	1	1
2	0	1	2	2	2	2	2	2	2	2
3	0	1	2	3	3	3	3	3	3	3
4	0	1	2	3	3	3	4	4	4	4

根据表 3.6 可以向前追踪，找到问题的解. 具体追踪过程是：由 $i_4(10) = 4$ 可知 4 号物品至少用 1 个，占用背包重量 $w_4 = 7$，背包剩余重量是 $10 - 7 = 3$，于是继续检查 $i_4(3)$. 由于 $i_4(3) = 2$，即剩余物品的最大标号是 2，这说明 2 号物品至少装 1 个，而不再装入第 2 个 4 号

物品和 3 号物品. 装入这个 2 号物品后, 背包重量又增加了 $w_2=3$, 剩余背包重量是 0, 于是不能装任何物品了. 用公式表示追踪解的过程是:

$$i_4(10)=4 \Rightarrow x_4 \geqslant 1$$
$$i_4(10-w_4)=i_4(3)=2 \Rightarrow x_2 \geqslant 1, x_4=1, x_3=0$$
$$i_2(3-w_2)=i_2(0)=0 \Rightarrow x_2=1, x_1=0$$

最终得到该实例的解是: $x_1=0, x_2=1, x_3=0, x_4=1$. 上述追踪过程也可以用伪码描述.

算法 3.3　TrackSolution

输入: $i_k(y)$ 表, 其中 $k=1,2,\cdots,n; y=1,2,\cdots,b$

输出: $x_1, x_2, \cdots, x_n$, n 种物品的装入量

1. for $j \leftarrow 1$ to n do
2. 　　$x_j \leftarrow 0$
3. $y \leftarrow b, j \leftarrow n$
4. $j \leftarrow i_j(y)$
5. $x_j \leftarrow 1$
6. $y \leftarrow y - w_j$
7. while $i_j(y)=j$ do
8. 　　$y \leftarrow y - w_j$
9. 　　$x_j \leftarrow x_j + 1$
10. if $i_j(y) \neq 0$ then goto 4

最后考虑算法的时间复杂度. 与投资问题类似, 该算法的时间复杂度为 $O(nb)$. 表面上看, 这是一个 n 和 b 为变量的多项式, 但这个算法并不是多项式时间的算法. 因为正整数 b 的输入规模是 b 在机器中占用的存储空间大小, 因此问题的输入规模实际上是 n 和 $\log b$ ($\log b$ 是 b 的二进制表示的位数). 显然 $O(nb)$ 不是 n 和 $\log b$ 的多项式函数, 我们把这样的算法称为伪多项式时间的算法. 关于这个问题将在 9.3 节进一步讨论.

背包问题具有广泛的应用背景. 许多任务调度、资源分配、轮船装载等问题都可以用背包问题建模. 背包问题也有许多变种, 比如在原有背包问题的基础上增加体积约束条件, 即物品 i 不但有重量 w_i、价值 v_i, 还有体积 d_i, 背包本身也有体积 D 的限制. 作为典型的 NP 难问题, 许多人对背包问题进行了深入的研究, 特别对 0-1 背包问题已经得到了有效的近似算法. 这些将在第 10 章介绍.

3.3.3　最长公共子序列 LCS

在实际问题中经常需要对两个对象进行类比分析, 找出它们之间的公共部分. 最长公共子序列问题就是这类问题的一种简单的抽象模型.

定义 3.1　设 X 和 Z 是两个序列, 其中

$$X = <x_1, x_2, \cdots, x_m>$$
$$Z = <z_1, z_2, \cdots, z_k>$$

如果存在 X 的元素构成的按下标严格递增序列 $<x_{i_1}, x_{i_2}, \cdots, x_{i_k}>$, 使得 $x_{i_j}=z_j, j=1, 2, \cdots, k$, 那么称 Z 是 X 的子序列. Z 含有的元素个数, 称为子序列的长度.

定义 3.2　设 X 和 Y 是两个序列, 如果 Z 既是 X 的子序列, 也是 Y 的子序列, 则称

Z 是 X 与 Y 的公共子序列.

例 3.6 最长公共子序列问题.

给定序列

$$X = <x_1, x_2, \cdots, x_m>, \quad Y = <y_1, y_2, \cdots, y_n>$$

求 X 和 Y 的最长公共子序列.

例如, $X = <A, B, C, B, D, A, B>$, $Y = <B, D, C, A, B, A>$, 它们的一个最长的公共子序列是 $<B, C, B, A>$, 长度是 4. 当然还有另一个最长公共子序列, 即 $<B, C, A, B>$. 我们的要求是求出一个最长的公共子序列. 当最长公共子序列不唯一时, 不同的算法的求解结果可能不一样, 但是它们的长度都相等.

假设 $m \leqslant n$. 蛮力算法可以这样做: 找出 X 的每个子序列 X', 并且把 X' 和 Y 进行比较, 看看 X' 是否也是 Y 的子序列. 如果是, 那么 X' 就是 X 与 Y 的公共子序列. 当所有的比较完成后就找到了 X 与 Y 的最长公共子序列. 在选择 X' 时, 每个 X 的元素有两种可能的选择: 属于 X' 还是不属于 X', 于是 X 有 2^m 个子序列. 如果检查 X' 与 Y 需要 $O(n)$ 时间, 那么整个算法需要 $O(n2^m)$ 时间, 这是一个指数时间的算法.

考虑动态规划算法, 首先需要思考如何界定子问题的边界. 假设子问题的 X 和 Y 的起始位置都从第一个元素开始, X 的终止位置是第 i 个元素, Y 的终止位置是第 j 个元素, 那么

$$X_i = <x_1, x_2, \cdots, x_i>, \quad Y_j = <y_1, y_2, \cdots, y_j>$$

就代表了由 i 和 j 共同界定的子问题的输入.

下面分析子问题之间的依赖性质, 这是设计递推关系的基础. 设

$$X_i = <x_1, x_2, \cdots, x_i>, \quad Y_j = <y_1, y_2, \cdots, y_j>, \quad Z_k = <z_1, z_2, \cdots, z_k>$$

如果 Z_k 为 X_i 和 Y_j 的最长公共子序列, 那么

(1) 若 $x_i = y_j$, 则 $z_k = x_i = y_j$, 且 Z_{k-1} 是 X_{i-1} 与 Y_{j-1} 的最长公共子序列. 如若不然, 一定存在 X_{i-1} 和 Y_{j-1} 的最长公共子序列 Z', $|Z'| > |Z_{k-1}|$. 在 Z' 后面加上 z_k 就得到一个 X_i 与 Y_j 的公共子序列, 且它的长度为 $|Z'| + 1 > |Z_{k-1}| + 1 = |Z_k|$, 与 Z_k 是 X_i 与 Y_j 的最长公共子序列矛盾.

如果 x_i 与 y_j 不等, 或 x_i 不是 z_k, 或 y_j 不是 z_k. 下面的(2)和(3)分别对应于这两种情况.

(2) 若 $x_i \neq y_j$, $z_k \neq x_i$, 则 Z_k 是 X_{i-1} 与 Y_j 的最长公共子序列.

(3) 若 $x_i \neq y_j$, $z_k \neq y_j$, 则 Z_k 是 X_i 与 Y_{j-1} 的最长公共子序列.

设 $C[i, j]$ 表示 X_i 与 Y_j 的最长公共子序列的长度. 根据上述分析, 得到优化函数的递推关系如下:

$$C[i,j] = \begin{cases} C[i-1, j-1] + 1 & \text{如果 } i, j > 0, x_i = y_j \\ \max\{C[i, j-1], C[i-1, j]\} & \text{如果 } i, j > 0, x_i \neq y_j \end{cases}$$
$$C[0, j] = C[i, 0] = 0 \quad \text{如果 } 1 \leqslant i \leqslant m, 1 \leqslant j \leqslant n$$

上述的递推公式恰好反映了前面的三种情况. $C[i, j] = C[i-1, j-1] + 1$ 对应于情况(1); $C[i-1, j]$ 与 $C[i, j-1]$ 则分别对应于情况(2)和(3). 当 $i = 0$ 或者 $j = 0$ 时, 两个序列中的一个序列是空序列, 那么公共子序列只能是空序列, 因此 $C[0, j] = C[i, 0] = 0$, 这是递推关系的初值.

根据这个递推关系和初值, 不难给出算法迭代实现的伪码描述.

算法 3.4   LCS(X,Y,m,n)

输入：序列 X,Y，其中 $X[1..m],Y[1..n]$

输出：最长公共子序列长度 $C[i,j]$，标记 $B[i,j],1 \leqslant i \leqslant m,1 \leqslant j \leqslant n$

```
1. for i←1 to m do                        //第1~4行处理初值
2.     C[i,0]←0
3. for i←1 to n do
4.     C[0,i]←0
5. for i←1 to m do
6.     for j←1 to n do
7.         if X[i]=Y[j]                    //X[i]与Y[j]被选入公共子序列
8.         then C[i,j]←C[i-1,j-1]+1
9.             B[i,j]←"↖"
10.        else if C[i-1,j]⩾C[i,j-1]
11.        then C[i,j]←C[i-1,j]
12.            B[i,j]←"↑"
13.        else C[i,j]←C[i,j-1]
14.            B[i,j]←"←"
```

上述算法计算了所有子问题的最长公共子序列的长度 $C[i,j]$. $B[i,j]$ 是标记函数，记录 X_i 与 Y_j 的最长公共子序列的元素是怎样选取的. 有三种标记：①用"↖"表示序列 X_i 与 Y_j 的最后项 $x_i=y_j$，已被选入最长公共子序列；②用"↑"表示在 X_i 与 Y_j 的最长公共子序列选择时不考虑 x_i，它们的最长公共子序列就是 X_{i-1} 与 Y_j 的最长公共子序列；③用"←"表示在 X_i 与 Y_j 的最长公共子序列选择时不考虑 y_j，它们的最长公共子序列就是 X_i 与 Y_{j-1} 的最长公共子序列. 设立这些标记是为了追踪解. 可以从后向前追踪这些标记，遇到"↖"标记时，就把 x_i 加入最长公共子序列中. 如果遇到其他两种标记，表示没有元素加入最大公共子序列，这时仅需按照标记的指示向前继续追踪. 追踪解的算法在下面给出.

算法 3.5   Structure Sequence(B,i,j)

输入：$B[i,j]$

输出：X 与 Y 的最长公共子序列

```
1. if i=0 or j=0 then return                //一个序列为空
2. if B[i,j]="↖"
3. then 输出 X[i]
4.     Structure Sequence(B,i-1,j-1)
5. else if B[i,j]="↑" then Structure Sequence(B,i-1,j)
6.     else Structure Sequence (B,i,j-1)
```

回顾这个问题开始时所给出的实例：
$$X=<A,B,C,B,D,A,B>, \quad Y=<B,D,C,A,B,A>$$
其中，$m=7,n=6$. 算法 LCS 计算的 $C[i,j]$ 和 $B[i,j]$ 分别如表 3.7 和表 3.8 所示. 在表 3.8 中用连续的灰色表格表示追踪过程：
$$B[7,6] \rightarrow B[6,6] \rightarrow B[5,5] \rightarrow B[4,5] \rightarrow B[3,4] \rightarrow$$
$$B[3,3] \rightarrow B[2,2] \rightarrow B[2,1] \rightarrow j=0$$
其中，$B[6,6]=B[4,5]=B[3,3]=B[2,1]=$"↖"，这就得到解 $Z=<x_2,x_3,x_4,x_6>=$

$<B,C,B,A>$.

最后我们分析这个算法的时间复杂度. 算法 LCS 的第 1 行和第 2 行是 $O(m)$ 时间,第 3 行和第 4 行是 $O(n)$ 时间,第 5 行和第 6 行的循环执行 $O(mn)$ 次,循环内部的运算是 $O(1)$ 时间,于是算法的总时间是 $O(mn)$. 此外,追踪解的 Structure Sequence 算法从 $i=m,j=n$ 开始,每找到一个标记 $B[i,j]$,算法执行常数操作,然后或者 i 和 j 同时减 1,或者 i 减 1,或者 j 减 1,总之 $i+j$ 至少减 1. 由于初始 $i+j=m+n$,因此至多 $m+n$ 次在标记上的操作,算法将结束,于是算法的时间是 $O(m+n)$. 我们看到这个算法把蛮力算法的 $O(n2^m)$ 时间降低到 $O(mn)$ 时间.

表 3.7 优化函数 $C[i,j]$

	0	1	2	3	4	5	6
0	$C[0,0]=0$	$C[0,1]=0$	$C[0,2]=0$	$C[0,3]=0$	$C[0,4]=0$	$C[0,5]=0$	$C[0,6]=0$
1	$C[1,0]=0$	$C[1,1]=0$	$C[1,2]=0$	$C[1,3]=0$	$C[1,4]=1$	$C[1,5]=1$	$C[1,6]=1$
2	$C[2,0]=0$	$C[2,1]=1$	$C[2,2]=1$	$C[2,3]=1$	$C[2,4]=1$	$C[2,5]=2$	$C[2,6]=2$
3	$C[3,0]=0$	$C[3,1]=1$	$C[3,2]=1$	$C[3,3]=2$	$C[3,4]=2$	$C[3,5]=2$	$C[3,6]=2$
4	$C[4,0]=0$	$C[4,1]=1$	$C[4,2]=1$	$C[4,3]=2$	$C[4,4]=2$	$C[4,5]=3$	$C[4,6]=3$
5	$C[5,0]=0$	$C[5,1]=1$	$C[5,2]=2$	$C[5,3]=2$	$C[5,4]=2$	$C[5,5]=3$	$C[5,6]=3$
6	$C[6,0]=0$	$C[6,1]=1$	$C[6,2]=2$	$C[6,3]=2$	$C[6,4]=3$	$C[6,5]=3$	$C[6,6]=4$
7	$C[7,0]=0$	$C[7,1]=1$	$C[7,2]=2$	$C[7,3]=2$	$C[7,4]=3$	$C[7,5]=4$	$C[7,6]=4$

表 3.8 标记函数 $B[i,j]$

	1	2	3	4	5	6
1	$B[1,1]=\uparrow$	$B[1,2]=\uparrow$	$B[1,3]=\uparrow$	$B[1,4]=\nwarrow$	$B[1,5]=\leftarrow$	$B[1,6]=\nwarrow$
2	$B[2,1]=\nwarrow$	$B[2,2]=\leftarrow$	$B[2,3]=\leftarrow$	$B[2,4]=\uparrow$	$B[2,5]=\nwarrow$	$B[2,6]=\leftarrow$
3	$B[3,1]=\uparrow$	$B[3,2]=\uparrow$	$B[3,3]=\nwarrow$	$B[3,4]=\leftarrow$	$B[3,5]=\uparrow$	$B[3,6]=\uparrow$
4	$B[4,1]=\nwarrow$	$B[4,2]=\uparrow$	$B[4,3]=\uparrow$	$B[4,4]=\uparrow$	$B[4,5]=\nwarrow$	$B[4,6]=\leftarrow$
5	$B[5,1]=\uparrow$	$B[5,2]=\nwarrow$	$B[5,3]=\uparrow$	$B[5,4]=\uparrow$	$B[5,5]=\nwarrow$	$B[5,6]=\uparrow$
6	$B[6,1]=\uparrow$	$B[6,2]=\uparrow$	$B[6,3]=\uparrow$	$B[6,4]=\nwarrow$	$B[6,5]=\nwarrow$	$B[6,6]=\nwarrow$
7	$B[7,1]=\nwarrow$	$B[7,2]=\uparrow$	$B[7,3]=\uparrow$	$B[7,4]=\nwarrow$	$B[7,5]=\nwarrow$	$B[7,6]=\uparrow$

3.3.4 图像压缩

计算机中的图像由一系列像点构成,每个像点称为一个像素,图像分辨率越高,使用的像素就越多. 例如,Windows 桌面的图片经常使用的像素设置是 1024×768,大概达到 10^6 量级. 图像传输和视频处理有时在 1 秒内要处理几十帧图片,这些图片的像素就很可观了,因此,图像处理常常需要大量的存储空间和高的处理速度,图像压缩问题就成了计算机科学技术中的重要研究课题之一.

以黑白图像的处理来说明图像压缩中的问题. 每幅黑白图像由像点构成,每个像点具有灰度值,用 0~255 的整数表示. 如果每个整数都用相同的二进制位来表示,那么需要用 8 个二进制位. 假设一幅图像有 n 个像素,那么这 n 个像素的灰度值构成一个整数序列

$$P = <\ p_1, p_2, \cdots, p_n\ >$$

其中,p_i 表示第 i 个像素的灰度. 存储这幅图片时,可以像数组一样连续把这些整数存起来,共需要 $8n$ 个二进制位.

下面考虑一种图像压缩方法. 一般来说,在一幅图片中许多连续区域中像点的灰度值是接近的. 例如,有些交通标志图片,大片的区域是白的,可能少量区域有颜色,而且是比较单调的颜色. 对这样的图片是否可以采用分段存储的方法:对灰度值较小的段的像素采用比较少的位数,如 2 位;对灰度值较大的段的像素采用较多的位数,如 8 位,这样就可能减少空间的占用. 这就是变位压缩技术的基本想法. 这种技术节省了空间,但在读取图像时带来了新的问题. 在每个像素 8 位的存储方法中,读取图像时每 8 位就是一个像素的灰度值,不会出错. 但是对于分段压缩的图像,看起来就是一个长长的 0-1 序列. 当读取这个序列时,怎么知道每段的划分位置及每段像素占用的二进制位数呢? 这里需要对段的划分和段中像素使用的二进制位数(要求同一段内不同像素用的存储位数都一样)给出明确的信息. 为此,我们对每个段给出两个整数值,一个表示该段含有的像素个数,一个表示每个像素所占用的二进制位数. 比如第 i 段,有 l_i 个像素,每个像素用 b_i 位. 由于某些技术要求,规定每段像素总数不超过 256,即 $l_i \leqslant 256$. 于是,可以用 8 位来表示 l_i(8 位二进制数恰好有 256 个值). 此外,由于每个灰度值为 0~255,表达每个灰度值所用二进制数的位数 b_i 不超过 8,于是记录 b_i 还需要三个二进制位. 对每段来说,这额外的 11 位作为段头信息. 分段越多,每段内部像素所占用的位数会减少,但过多的段头会消耗较多的二进制位;相反,分段越少,段内像素的空间消耗会增加,但是段头消耗少.

请看下面的例子. 设输入的灰度值序列是:

$$P = <\ 10, 12, 15, 255, 1, 2, 1, 1, 2, 2, 1, 1\ >$$

考虑下面三种分段方法:

分法 1　$S_1 = <\ 10, 12, 15\ >$,　$S_2 = <\ 255\ >$,　$S_3 = <\ 1, 2, 1, 1, 2, 2, 1, 1\ >$

分法 2　$S_1 = <\ 10, 12, 15, 255, 1, 2, 1, 1, 2, 2, 1, 1\ >$

分法 3　$S_1 = <\ 10\ >$,　$S_2 = <\ 12\ >$,　$S_3 = <\ 15\ >$,　$S_4 = <\ 255\ >$,　$S_5 = <\ 1\ >$,
　　　　$S_6 = <\ 2\ >$,　$S_7 = <\ 1\ >$,　$S_8 = <\ 1\ >$,　$S_9 = <\ 2\ >$,　$S_{10} = <\ 2\ >$,
　　　　$S_{11} = <\ 1\ >$,　$S_{12} = <\ 1\ >$

分法 1 有 3 段,第 1 段 3 个像素,每个像素用 4 位;第 2 段 1 个像素,每个像素用 8 位;第 3 段 8 个像素,每个像素用 2 位;加上 3 个段头,每个段头 11 位,总计位数是:

$$4 \times 3 + 8 \times 1 + 2 \times 8 + 3 \times 11 = 69$$

分法 2 有 1 段,12 个像素,每个像素用 8 位,段头 11 位,总计位数是:

$$8 \times 12 + 11 = 107$$

分法 3 有 12 段,前 3 段的像素用 4 位,第 4 段像素用 8 位,后面有 5 段像素用 1 位,3 段像素用 2 位,还有 12 个段头,每个 11 位,总计位数是:

$$4 \times 3 + 8 \times 1 + 1 \times 5 + 2 \times 3 + 11 \times 12 = 163$$

看起来分法 1 占用的位数最少. 我们的问题是寻找存储位数最少的分段方法.

例 3.7 图像压缩问题.

给定非负整数序列 $P = <p_1, p_2, \cdots, p_n>$,其中 p_i 为第 i 个像素的灰度值,采用变位压缩存储格式,如何对 P 进行分段,以使得存储 P 占用的二进制位数达到最少?

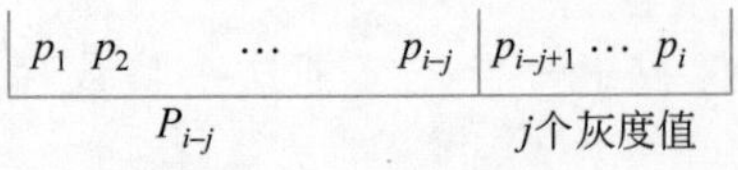

图 3.5 子问题的归约

使用动态规划算法. 先考虑子问题的划分边界. 这个问题比较简单,每个子问题的输入都从 p_1 开始,第 i 个子问题的输入 P_i 到第 i 个像素值 p_i 结束,即 $P_i = <p_1, p_2, \cdots, p_i>$. 如图 3.5 所示,如果最后一段的灰度值有 j 个,其中 $1 \leqslant j \leqslant \min\{256, i\}$,那么剩余部分将归约为输入是 $P_{i-j} = <p_1, p_2, \cdots, p_{i-j}>$ 的子问题.

下面考虑子问题之间的依赖关系. 设 $S[i]$ 表示输入为 P_i 时按最优分段存储所使用的二进制位数. 假设最后一段是第 m 段,记作 S_m,且 S_m 含有 j 个灰度值,即 $S_m = <p_{i-j+1}, \cdots, p_i>$. 存储 S_m 的每个灰度值需要的二进制位数记作 $b[i-j+1, i]$,它应该是用二进制表示 S_m 中的最大灰度值所占用的位数,即

$$b[i-j+1, i] = \left\lceil \log(\max_{p_k \in S_m} p_k + 1) \right\rceil \leqslant 8$$

由于 S_m 含有 j 个灰度值,于是需要 $j \times b[i-j+1, i]$ 个二进制位. 剩下就是考虑前 $i-j$ 个灰度值的最优分段所占用的位数,这恰好是子问题 P_{i-j} 的最优解 $S[i-j]$. 于是在最后一段为 j 个灰度值时的最少的位数是:

$$S[i-j] + j \times b[i-j+1, i] + 11$$

其中 11 是该段段头的空间消耗. 最后分段的灰度值个数 j 可以选择 $1, 2, \cdots, \min\{256, i\}$ 中的每一个值,我们必须对所有可能的 j 值进行上述计算,并从中选出最小的位数值,这个最小值就是 $S[i]$. 根据上述分析,不难得到关于优化函数 $S[i]$ 的递推关系:

$$S[i] = \min_{1 \leqslant j \leqslant \min\{i, 256\}} \{S[i-j] + j \times b[i-j+1, i] + 11\}$$

$$S[0] = 0$$

算法实现采用迭代方法,子问题的输入从 $P_1, P_2, \cdots$,最后达到 P_n. 对给定的输入 P_i,算法从最后分段开始考虑,依次处理像素数为 $1, 2, \cdots$,直到 $\min\{256, i\}$ 的分段结果. 用 $S[i]$ 保留对应于最优分段的最小位数,并用了 $l[i]$ 记录达到最少位数时最后一段的灰度值个数. 如果随着分段像素灰度值个数的增加,得到了比当前的位数更少的位数,那么就用新的位数替换原来的位数,同时更新最后段的像素个数 $l[i]$. 算法的伪码描述如下:

算法 3.6 Compress(P, n)

输入:数组 $P[1..n]$

输出:最小位数 $S[n], l[1..n]$

```
1. Lmax←256; header←11; S[0]←0         //Lmax 为最大段长,header 为每个段头占用空间
2. for i←1 to n do
3.     b[i]←length(P[i])                 //表示第 i 个像素灰度的二进制位数
4.     bmax←b[i]                         //第 3~6 行分法的最后一段只有 P[i] 一个像素
5.     S[i]←S[i-1]+bmax
6.     l[i]←1
7.     for j←2 to min{i, Lmax} do        //最后段含 j 个像素,j=2,…,min{i,256}
8.         if bmax<b[i-j+1]              //第 8~9 行统一段内表示像素的二进制位数
```

9.   then bmax←$b[i-j+1]$

10.   if $S[i]>S[i-j]+j*$ bmax   //找到更少的位数

11.   then $S[i]←S[i-j]+j*$ bmax

12. $l[i]←j$

13. $S[i]←S[i]+$ header

下面给出一个运行实例. 设输入 $P=<10,12,15,255,1,2>$. 假设 $S[1],S[2],\cdots,$ $S[5]$ 已经计算完成,且

$$S[1]=15,\quad S[2]=19,\quad S[3]=23,\quad S[4]=42,\quad S[5]=50,$$
$$l[1]=1,\quad l[2]=2,\quad l[3]=3,\quad l[4]=1,\quad l[5]=2.$$

算法迭代计算的最后一个子问题,即对 $i=6$ 的计算过程说明如下:

初始分段,最后段含有 1 个像素灰度(算法 3.6 的第 3 行到第 6 行),即 $j=1$,这时该像素灰度值是 2,占用位数bmax$=b[6,6]=2$,加上段头 11 位[1],于是得到

$$S[6]=S[5]+1×2+11=50+13=63,\quad l[6]=1$$

接着 $j=2$,最后段含有两个像素灰度值,这时 bmax$=b[5,6]=2$,于是最后一段占用位数等于 $2×2=4$ 位,这个位数计算出是 57,即

$$S[6]=S[4]+2×2+11=42+15=57,\quad l[6]=2$$

57 比 63 小,于是更新了 $S[6]$ 和 $l[6]$.下一步 $j=3$,最后段含有 3 个像素灰度值,这时 bmax$=b[4,6]=8$,于是最后一段占用位数等于 $3×8=24$ 位,计算结果是:

$$S[3]+3×8+11=23+35=58$$

由于这个数比 57 大,于是不再更新 $S[6]$. 后面几步计算和这个过程类似,得到的最小位数分别是 $62,66,59$,它们都大于 57,因此最终保留的 $S[6]=57,l[6]=2$. 图 3.6 给出了整个计算步骤,灰色区域表示最后一段的范围.

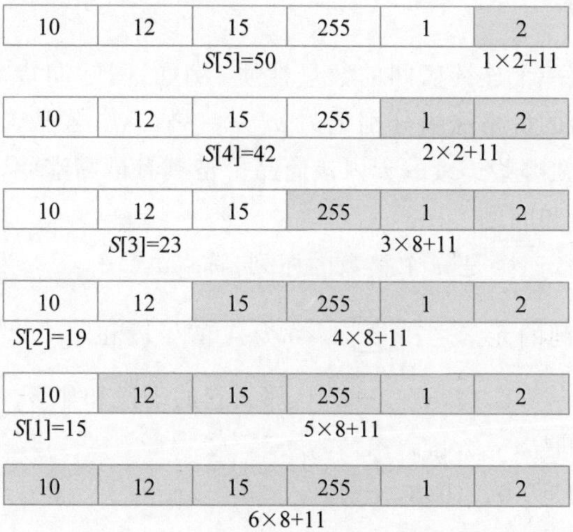

10	12	15	255	1	2

$S[5]=50$ $1×2+11$

10	12	15	255	1	2

$S[4]=42$ $2×2+11$

10	12	15	255	1	2

$S[3]=23$ $3×8+11$

10	12	15	255	1	2

$S[2]=19$ $4×8+11$

10	12	15	255	1	2

$S[1]=15$ $5×8+11$

10	12	15	255	1	2

$6×8+11$

图 3.6 一个实例

---

[1] 把段头所占用的 11 位加上,是为了与图 3.6 中不同划分占用的位数一致. 在算法 3.6 的伪码中,不是每次划分后都做 1 次加法,而是找到最优划分、确定了最后分段的位置之后才加段头的 11 位. 两种方法的最优划分和占用位数是一样的,但这个过程比算法做的加法次数更多.

在上述计算完成以后,可以根据 $l[6], l[5], \cdots, l[1]$ 的值向前追踪问题的解. 开始 $l[6]=2$,于是知道在最优分段中的最后段长度是 2,即含有两个像素灰度值. 那么剩下的是 $6-l[6]=4$ 个像素灰度序列的子问题. 再查 $l[4]$,看到 $l[4]=1$,这说明最优分段中的下一段的长度是 1,只含有 1 个像素灰度值. 接着需要检查规模等于 $4-l[4]=3$ 的子问题. 由于 $l[3]=3$,这说明剩下的 3 个像素灰度值都在同一段里. 于是得到对应于最小位数的最优分段是:

$$<10,12,15>, \quad <255>, \quad <1,2>$$

这个追踪解的过程可以用算法实现. 相关的伪码如下:

算法 3.7 Traceback(n, l)

输入:数组 l

输出:数组 C //$C[j]$ 是从后向前追踪的第 j 段的长度

1. $j \leftarrow 1$ //j 为正在追踪的段数
2. while $n \neq 0$ do
3. $C[j] \leftarrow l[n]$
4. $n \leftarrow n - l[n]$
5. $j \leftarrow j + 1$

最后考虑算法的时间复杂度. 算法 Compress 在第 2 行执行 $O(n)$ 次,第 3~6 行是常数工作量,第 7 行虽然是 for 循环,但是它至多执行 256 次,不随 n 而增加,也是常数次,第 8~12 行的运算也是常数工作量,因此在第 2 行的 for 循环内部工作量总计是 $O(1)$,于是该算法的时间复杂度是 $O(n)$. 再考虑追踪解的代价,不难看出,算法 Traceback 的 while 循环执行 $O(n)$ 次,循环内部都是常数次操作,于是压缩算法的时间复杂度是 $O(n)$.

3.3.5 最大子段和

许多实际问题涉及一个连续区间的数量性质. 例如,国际期货市场内某种商品在某个月的第 $1, 2, \cdots, 31$ 天内的价格涨幅分别记为 $a_1, a_2, \cdots, a_{31}$. 若某天价格下降,这天的涨幅就是负值. 我们想知道在哪些连续的天内该商品价格具有最高涨幅,究竟涨了多少. 这个问题可以抽象为下述子段和问题.

设 $A = <a_1, a_2, \cdots, a_n>$ 是 n 个整数的序列,称 $<a_i, \cdots, a_j>$ 为该序列的连续子序列,其中 $1 \leq i \leq j \leq n$. 子序列的元素之和 $\sum_{k=i}^{j} a_k$ 称为 A 的子段和.

例如,$A = <-2, 11, -4, 13, -5, -2>$,那么它的子段和如下.

长度是 1 的子段和是:$-2, 11, -4, 13, -5, -2$.

长度为 2 的子段和是:$9, 7, 9, 8, -7$.

长度为 3 的子段和是:$5, 20, 4, 6$.

长度为 4 的子段和是:$18, 15, 2$.

长度为 5 的子段和是:$13, 13$.

长度为 6 的子段和是:11.

其中,最大子段和是 $11-4+13=20$.

例 **3.8** 最大子段和问题：

给定 n 个整数的序列 $A=<a_1,a_2,\cdots,a_n>$，求：

$$\max\left\{0,\max_{1\leqslant i\leqslant j\leqslant n}\sum_{k=i}^{j}a_k\right\}$$

求解子段和的蛮力算法是枚举 A 的所有连续子序列并且求和，通过比较找出具有最大和的子序列。下面是这个算法的伪码。

算法 **3.8** Enumerate
输入：数组 $A[1..n]$
输出：sum，first，last　　　　　　　//sum 为最大子段和，first 与 last 分别是和的首末位置
1. sum←0
2. for i←1 to n do　　　　　　　//i 为当前和的首位置
3. 　for j←i to n do　　　　　　//j 为当前和的末位置
4. 　　thissum←0　　　　　　　　//thissum 为 $A[i]$ 到 $A[j]$ 之和
5. 　　for k←i to j do
6. 　　　thissum←thissum+$A[k]$
7. 　　if thissum>sum
8. 　　then sum←thissum
9. 　　　first←i　　　　　　　　//记录最大和的首位置
10. 　　　last←j　　　　　　　　//记录最大和的末位置

算法 Enumerate 的第 2 行、第 3 行、第 5 行是三个 for 循环，每个执行 $O(n)$ 次，循环体内部是常数操作，于是该算法的时间复杂度是 $O(n^3)$。

下面尝试使用分治策略。和最邻近点对的算法类似，我们可以在 $\lfloor n/2\rfloor$ 的位置将 A 划分成 A_1 和 A_2 前后两半，于是 A 的最大子段和可能是三种情况：出现在 A_1 部分，出现在 A_2 部分，出现在横跨两边的中间部分。前两种情况恰好对应于两个规模减半的子问题，第三种情况需要特殊处理一下。假设原问题的输入是 $A[1..n]$，中间分点 $k=\lfloor n/2\rfloor$，那么前半部分子问题的输入是 $A[1..k]$，后半部分子问题的输入是 $A[k+1,n]$。在第三种情况下，设这个最大和是 $A[p..q]$，那么 $p\leqslant k$，$q\geqslant k+1$，从 $A[p]$ 到 $A[k]$ 的元素都在 A_1 中，从 $A[k+1]$ 到 $A[q]$ 的元素都在 A_2 中。我们只需要从 $A[k]$ 和 $A[k+1]$ 分别向前和向后求和即可。以 $A[p..k]$ 的计算为例，依次计算 $A[k..k]$，$A[k-1,k]$，$\cdots$，$A[1..k]$，记下其中最大的和 S_1，即 $A[p..k]$。对右半部可以同样处理，只不过扫描方向相反，得到的 S_2 就是 $A[k+1..q]$ 的元素之和。当两个方向的扫描都完成之后，S_1+S_2 就是横跨中心的最大和，其边界从 p 到 q。这三种情况都计算完成以后，通过比较就可以确定 A 的最大子段和。图 3.7 说明了这种分治处理的思想，算法的伪码描述如下：

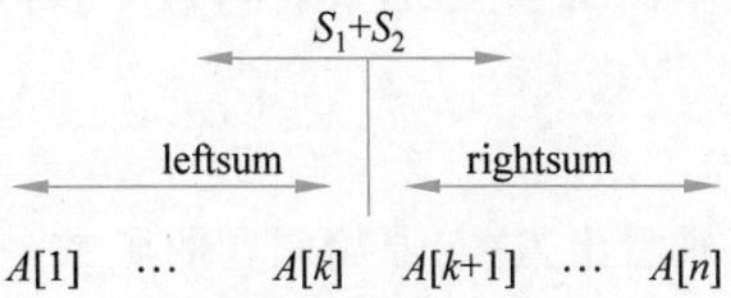

图 3.7　分治算法

算法 **3.9** MaxSubSum(A, left, right)
输入：数组 A，left，right 分别是 A 的左、右边界，$1\leqslant$ left$\leqslant$ right
输出：A 的最大子段和 sum 及其子段的前后边界
1. if left=right then return max$\{A[\text{left}],0\}$
2. center←$\lfloor(\text{left}+\text{right})/2\rfloor$
3. leftsum←MaxSubSum(A, left, center)　　　　　　//子问题 A_1

4. righsum←MaxSubSum(A,center+1,right)　　　//子问题 A_2

5. S_1←A_1[center]　　　　　　　　　　　　//从 center 向左的最大和

6. S_2←A_2[center+1]　　　　　　　　　　//从 center+1 向右的最大和

7. sum←S_1+S_2

8. if leftsum>sum then sum←leftsum

9. if rightsum>sum then sum←rightsum

算法计算出子问题的最大子段和的同时也可以记录下这个和的前后边界以便最终输出时使用. 下面分析这个分治算法的运行时间. 设算法对规模为 n 的输入运行时间是 $T(n)$, 第3行和第4行是递归调用, 每个子问题是原来问题规模的一半, 因此需要 $2T(n/2)$ 时间. 第5行和第6行的处理需要扫描 A 的每个元素, 总计需要 $O(n)$ 时间, 于是得到递推方程:

$$T(n)=2T(n/2)+O(n), \quad T(1)=0$$

该方程的解是 $T(n)=O(n\log n)$.

下面尝试动态规划算法, 先考虑子问题划分. 一般情况下, 如果能用一个参数来表示子问题的边界, 则尽量采用一个参数. 先考虑所有子问题都从 $A[1]$ 开始, 对于给定的 i, 子问题的输入是数组 $A[1..i]$, 其中 $1 \leqslant i \leqslant n$. 如果子问题的优化函数值 $C[i]$ 表示 $A[1..i]$ 的最大子段和, 那么对优化函数 $C[j]$ ($j>i$) 来说, 它与 $C[i]$ 之间依赖关系的确定比较困难. 因为使得 $A[1..i]$ 达到最大和的子段的最后一个元素不一定是 $A[i]$ 本身, 当以这个子段为基础来构造子问题 $A[1..j]$ 的解时, 不得不考虑它后面其他元素的影响. 于是需要更多的额外计算, 这些计算也许要用到 $O(n)$ 时间, 这将降低算法的性能. 例如:

$$A=<2,-5,8,11,-3,4,6>$$

$A[1..5]$ 的输入是子序列 $<2,-5,8,11,-3>$, 最大子段和 $C[5]=8+11=19$. 在计算后面的子问题 $A[1..6]$ 时, 不能直接把对应于 $A[1..5]$ 最优解的子段 $<8,11>$ 组合进来, 因为在11后面还有 -3, 它对和也有着影响. 很可能会破坏优化原则. 为了得到效率更高的算法, 我们需要在子问题之间建立一个简单的递推关系, 为此需要改变优化函数的含义.

定义 $C[i]$ 是输入 $A[1..i]$ 中必须包含元素 $A[i]$ 的最大子段和, 即

$$C[i]=\max_{1 \leqslant k \leqslant i}\left\{\sum_{j=k}^{i}A[j]\right\}$$

在上面 $A=<2,-5,8,11,-3,4,6>$ 的例子中, 这样的优化函数值是:

$$C[1]=2, \quad C[2]=-3, \quad C[3]=8, \quad C[4]=19,$$
$$C[5]=16, \quad C[6]=20, \quad C[7]=26$$

不难看出, 这与原始问题的函数是不一样的. 在原始问题中对应于同样子问题的最大子段和(也是原始问题的优化函数值)分别是: 2,2,8,19,19,20,26.

针对这种优化函数的新定义, $C[i]$ 和 $C[i+1]$ 是什么关系呢? $C[i+1]$ 可以通过 $C[i]$ 直接得到. 因为如果 $A[1..i+1]$ 的子段 $A[k..i+1]$ 是使得 $C[i+1]$ 达到最大和的子段, 那么 $A[k..i]$ 一定是使得 $C[i]$ 达到最大和的子段. 如若不然, 存在一个使得 $C[i]$ 达到更大和的子段 $A[t..i]$, 那么在 $A[t..i]$ 后面加上 $A[i+1]$ 所得到的子段 $A[t..i+1]$ 之和将大于 $C[i+1]$. 这与 $C[i+1]$ 是 $A[1..i+1]$ 以元素 $A[i+1]$ 作为最后元素的最大子段和矛盾. 这恰好验证了这样定义的优化函数满足优化原则. 于是, 我们在考虑怎样选择才能使得 $C[i+1]$ 达到最大值时, 只要考虑一个问题: 是否需要把 $C[i]$ 加到 $A[i+1]$ 上? 而这取决于 $C[i]$ 是

否大于 0. 这个递推关系如图 3.8 所示.

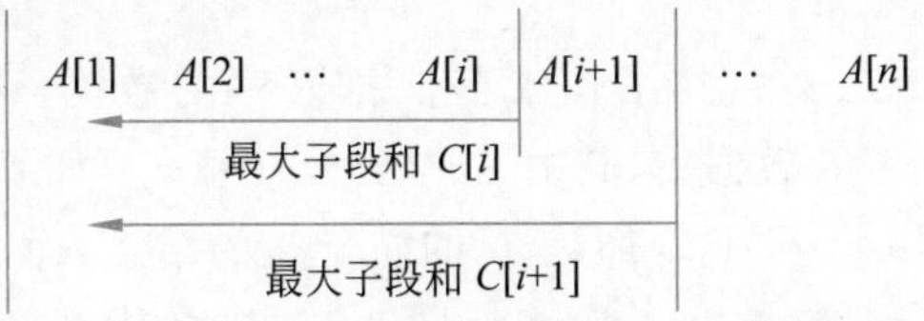

图 3.8 子问题归约

令 $C[i]$ 表示最后一项为 $A[i]$ 的序列所构成的最大的子段和,那么递推关系是:
$$C[i+1]=\max\{C[i]+A[i+1],A[i+1]\} \quad i=1,2,\cdots,n$$
$$C[1]=A[1] \quad 若 A[1]>0,否则 C[1]=0$$

这里还有一个问题需要解决. 刚才定义的最大子段和并不是原始问题要求的最大子段和. 怎样从这些结果中找到原始的解? 首先看到通过这一系列计算,得到了 $C[1],C[2],\cdots,$ $C[n]$,恰好枚举了以任何元素为最后元素的所有子段的最大和. 显然,我们要找的那个具有最大和的子段一定在里面. 只要对 n 个和进行比较,一定可以找到其中的最大和,这才是问题所要求的最大和. 在上面 $A=<2,-5,8,11,-3,4,6>$ 的例子中,所要求的最大和是 26, 根据上面设计的算法,我们会求出 $C[1]=2,C[2]=-3,C[3]=8,C[4]=19,C[5]=16,$ $C[6]=20,C[7]=26$,共 7 个值. 通过比较,找到其中的最大值 26,它正好是原问题的优化函数值. 于是有
$$\text{OPT}(A)=\max_{1\leqslant i\leqslant n}\{C[i]\}$$

这里的 $\text{OPT}(A)$ 表示原始问题的优化函数值. 至此已经得到了一个求解最大子段和的动态规划算法,算法的伪码如下:

算法 3.10 MaxSum(A,n)
输入:数组 A
输出:最大子段和 sum,子段的最后位置 c

1. sum←0
2. b←0   //b 是前一个最大子段和
3. for i←1 to n do
4.   if $b>0$
5.   then b←$b+A[i]$
6.   else b←$A[i]$
7.   if $b>$sum
8.   then sum←b
9. c←i //记录最大和的末项标号
10. return sum,c

还有一个问题需要说明. 算法的输出是最大子段和的值 sum 和子段的最后位置,子段的起始位置怎样确定呢? 这还需要一点额外的工作,时间不超过 $O(n)$,请读者考虑怎样做.

最后让我们看看这个算法是不是比分治算法更好. 算法 3.10 只有一个 for 循环,执行次数为 $O(n)$,循环体内部是常数次运算,因此算法 MaxSum 的时间复杂度是 $O(n)$. 此外,找子段和的起始位置的工作量也不会改变整个算法的时间复杂度. 当然,这个例子并不能说明对任何问题动态规划算法都分治算法具有更高的效率,但对这个具体问题是有效的.

3.3.6 最优二分检索树

在计算机中经常采用二叉树的结构来存储排好序的数据,称为二分检索树. 设 $S = <x_1, x_2, \cdots, x_n>$ 是被排序的数据集,其中 $x_1 < x_2 < \cdots < x_n$. 如果存储 S 的二叉树 T 以某个 x_i 作为树根,那么 $x_1, x_2, \cdots, x_{i-1}$ 都是 T 的左子树的结点,而 $x_{i+1}, x_{i+2}, \cdots, x_n$ 则是 T 的右子树的结点. 假设 $S = <1, 2, 3, 4, 5, 6>$,图 3.9 中的树就是一棵存储 S 的二叉树,其中圆结点代表数据结点,方结点 $L_0, L_1, \cdots, L_6$ 代表空隙结点,分别表示 7 个空隙: $(-\infty, 1)$, $(1, 2), (2, 3), (3, 4), (4, 5), (5, 6), (6, +\infty)$. 在这棵树里,所有的数据结点都是内结点,所有的空隙结点都是树叶. 设 x 是给定整数. 检索从 x 与树根的比较开始. 如果 x 等于 4,则检索停止;如果比 4 小,则进入左子树,与 4 的左儿子 2 进行比较;如果比 4 大,则进入右子树,与 4 的右儿子 6 进行比较. 如此递归进行下去. 如果 x 是 S 中的元素,那么算法将沿着从根到 x 的一条路径走到 x 结点停止. 如果 x 不是 S 中的元素,那么算法将在与 x 对应的空隙结点的父结点停止. 例如,$x = 5$,在图 3.9 的二叉搜索树中,算法将 x 与 4 比较,$x > 4$,于是进入右子树;下一步与 6 比较,$x < 6$,于是进入左子树;第三步把 x 与 5 比较,确认找到 x,算法停止. 5

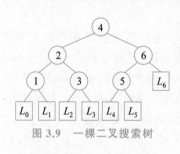

图 3.9 一棵二叉搜索树

在树中的深度(从根到 5 的路径长度)是 2,算法找到 5 的比较次数恰好是 $2+1=3$. 如果 x 不在 S 中,如 $x = 1.3$,算法首先把 x 与 4 比较,$x < 4$,于是进入左子树;第二步,x 与 2 比较,x 还是比 2 小,算法继续进入左子树;第三步,x 与 1 比较,$x > 1$. 算法应该进入右子树. 但是右子树只有空隙结点 L_1(空隙 $(1, 2)$),于是算法停止,确认 x 不在 S 中,算法执行的比较次数恰好是 L_1 的深度. 因此,如果 x 属于 S,算法执行的比较次数就是 x 在树中的深度加 1;如果 x 不属于 S,算法执行的比较次数就是 x 对应的空隙结点的深度.

通过上面的分析可以知道,算法的最坏情况对应了二分检索树 T 中从根出发的最长路径,因此树的深度代表了算法最坏情况下的时间复杂度. 例如,图 3.9 的二叉树,树深等于 3,最多的比较次数也是 3.

平均情况的比较次数应该对各种不同输入进行概率平均. 以图 3.9 的二叉搜索树为例. 假设被查找的 x 等于 1, 2, 3, 4, 5, 6 的概率分别是 0.1, 0.2, 0.2, 0.1, 0.1, 0.05;x 处于空隙 $L_0, L_1, \cdots, L_6$ 的概率分别是 0.04, 0.01, 0.05, 0.02, 0.02, 0.07, 0.04. 从树中可以知道,如果 $x = 1, 3, 5$,需要 3 次比较;如果 $x = 2, 6$,需要 2 次比较;如果 $x = 4$,只需要 1 次比较. 此外,x 有可能不在 S 里. x 处在空隙 L_0, $L_1, \cdots, L_5$,需要 3 次比较,处在空隙 L_6 需要 2 次比较. 于是平均比较次数是:

$$[3 \times (0.1 + 0.2 + 0.1) + 2 \times (0.2 + 0.05) + 1 \times 0.1] +$$
$$[3 \times (0.04 + 0.01 + 0.05 + 0.02 + 0.02 + 0.07) + 2 \times 0.04]$$
$$= 1.8 + 0.71 = 2.51$$

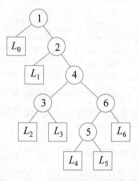

图 3.10 不同结构的搜索树

一般来说,给定一组概率分布,可以构造不同的检索树,它们的平均比较次数是不一样的. 以上面的概率分布为例,如果构造如图 3.10 所示的另一棵二分检索树,那么在同样的输入概率

分布下,平均比较次数是:

$$[(1 \times 0.1 + 2 \times 0.2 + 3 \times 0.1 + 4 \times (0.2 + 0.05) + 5 \times 0.1)] +$$
$$[(1 \times 0.04 + 2 \times 0.01 + 4 \times (0.05 + 0.02 + 0.04) +$$
$$5 \times (0.07 + 0.02)] = 2.3 + 0.95 = 3.25$$

所谓的最优二分检索树就是:在给定存取概率分布下平均比较次数最少的二分检索树.

最优二分检索树问题的一般性描述见例 3.9.

例 3.9　设 $S = <x_1, x_2, \cdots, x_n>$ 是数据集,称

$$(-\infty, x_1), (x_1, x_2), \cdots, (x_{n-1}, x_n), (x_n, +\infty)$$

为第 0,第 1,$\cdots$,第 n 个空隙,分别记作 $L_0, L_1, \cdots, L_n$. 假设 x 处在 x_i 的概率是 b_i($i = 1,$ $2, \cdots, n$),处在第 j($j = 0, 1, 2, \cdots, n$)个空隙的概率是 a_j. 那么与 S 相关的存取概率分布是:

$$P = <a_0, b_1, a_1, b_2, \cdots, a_i, b_{i+1}, \cdots, b_n, a_n>$$

T 是 S 的一棵二分检索树,结点 x_i 在 T 中的深度是 $d(x_i)$,$i = 1, 2, \cdots, n$,空隙 L_j 的深度为 $d(L_j)$,$j = 0, 1, \cdots, n$,则平均比较次数是:

$$t = \sum_{i=1}^{n} b_i(1 + d(x_i)) + \sum_{j=0}^{n} a_j d(L_j)$$

我们的目标是:给定数据集 S 和相关存取概率分布 P,求一棵最优的,即平均比较次数最少的二分检索树.

这个问题的蛮力算法需要枚举具有 n 个数据结点的所有二分检索树,然后从中找出最优的检索树. 利用组合数学的知识可以证明,与矩阵链相乘的问题一样,这样的二叉树的数目是 Catalan 数,即

$$\frac{1}{n+1}\binom{2n}{n} = \Omega\left(\frac{2^{2n}}{n^{3/2}}\right)$$

由于搜索空间太大,这样的算法没有实际意义.

考虑动态规划算法. 取定树根以后,原来的数据集 S 被划分成左、右两个子数据集,因此,子问题需要用两个位置来界定. 令 $S[i, j] = <x_i, x_{i+1}, \cdots, x_j>$ 表示 S 以 i 和 j 作为边界的子数据集,$P[i, j] = <a_{i-1}, b_i, a_i, b_{i+1}, \cdots, b_j, a_j>$ 是存取概率分布 P 对应于 $S[i, j]$ 的部分,其中含有 $j - i + 1$ 个数据结点概率,还有 $j - i + 2$ 个空隙结点的概率. 两种概率交错排列,头和尾的概率都是空隙结点的概率.

假设选定 x_k 作根,$k = i, i+1, \cdots, j$,原来的 $S[i, j]$ 被划分成 $S[i, k-1]$ 和 $S[k+1, j]$ 两个更小的子集. 如果 $T[i, j]$ 是一棵关于 $S[i, j]$ 和存取概率分布 $P[i, j]$ 的一棵最优二分检索树,那么 $T[i, j]$ 的左子树 $T[i, k-1]$ 是关于 $S[i, k-1]$ 和 $P[i, k-1]$ 的最优二分检索树. 同样,$T[i, j]$ 的右子树 $T[k+1, j]$ 也是相对于 $S[k+1, j]$ 和 $P[k+1, j]$ 的最优二分检索树. 如若不然,假设对 $S[i, k-1]$ 和 $P[i, k-1]$ 存在一棵更优的二分检索树 $T'[i, k-1]$,那么用它替换 $T[i, j]$ 的左子树 $T[i, k-1]$,就会得到一棵更优的 $T'[i, j]$ 树,这与 $T[i, j]$ 树的最优性矛盾. 对于右子树也可以同样论证. 这正好说明该问题满足优化原则. 注意,在 $k = i$ 的情况下,子问题 $S[i, i-1]$ 不含有数据,相对应的概率分布只含有 1 个空隙概率 a_{i-1}. 这意味着所构造的子树只含有 1 个空隙结点. 如果查找的 x 恰好处于这个空隙,那么它将在与其父结点 x_i 的比较中被确认,在这棵子树内不需要做进一步比较,于是对应于该

子树的平均检索次数应该等于 0. 同样地, 对于 $k=j$ 的情况也有类似的结果. 这两种情况都对应于空数据集的最小子问题, 相应的优化函数的递推关系在这里取得初值, 即当问题规模为 0(含 0 个数据结点的子问题)时, 比较次数等于 0.

下面考虑如何建立子问题之间的递推关系. 设 $m[i,j]$ 是相对于输入 $S[i,j]$ 和 $P[i,j]$ 的最优二分检索树的平均比较次数, 令

$$w[i,j] = \sum_{p=i-1}^{j} a_p + \sum_{q=i}^{j} b_q$$

是 $P[i,j]$ 中的所有概率(包括数据元素与空隙的)之和. 考虑以 x_k 为根的最优二分检索树, 其中 $k=i, i+1, \cdots, j$, 它的左子树 $T[i,k-1]$ 和右子树 $T[k+1,j]$ 的最优平均比较次数分别是 $m[i,k-1]$ 和 $m[k+1,j]$. 当把这两棵子树的根分别作为 x_k 的左、右儿子组合成一棵二叉树 $T[i,j]$ 时, 原来子树中每个结点的深度在 $T[i,j]$ 中都加 1, 于是每棵子树的平均比较次数将增加 1. 但是相对于原始问题, 即树 $T[1,n]$ 来说, 对总平均比较次数的增加值应该等于 1 乘以该子树的概率, 即该子树的概率. 于是, 在树 $T[i,j]$ 中, 左子树和右子树对平均比较次数的贡献分别是:

$$m[i,k-1] + w[i,k-1] \qquad m[k+1,j] + w[k+1,j]$$

而根 x_k 在第 0 层, 比较次数是 1, 它的存取概率是 b_k, 把所有这些都加起来就是树 $T[i,j]$ 的平均比较次数. 令 $m[i,j]_k$ 表示根为 x_k 时的二分检索树平均比较次数的最小值, 那么有如下公式:

$$
\begin{aligned}
m[i,j]_k &= (m[i,k-1] + w[i,k-1]) + (m[k+1,j] + w[k+1,j]) + 1 \times b_k \\
&= (m[i,k-1] + m[k+1,j]) + (w[i,k-1] + b_k + w[k+1,j]) \\
&= (m[i,k-1] + m[k+1,j]) + \left(\sum_{p=i-1}^{k-1} a_p + \sum_{q=i}^{k-1} b_q\right) + b_k + \left(\sum_{p=k}^{j} a_p + \sum_{q=k+1}^{j} b_q\right) \\
&= (m[i,k-1] + m[k+1,j]) + \sum_{p=i-1}^{j} a_p + \sum_{q=i}^{j} b_q \\
&= m[i,k-1] + m[k+1,j] + w[i,j]
\end{aligned}
$$

上述公式是根在 x_k 情况下的最小值. 问题的解所要求的最少平均比较次数需要考虑在所有 k 的情况下 $m[i,j]_k$ 的最小值, 即

$$m[i,j] = \min\{m[i,j]_k \mid i \leqslant k \leqslant j\}$$

在找到最小值 $m[i,j]$ 的同时, 需要标记得到这个最小值的 k 是什么, 以便追踪问题的解.

下面考虑 $m[i,j]$ 的初值. 根据前面对于子问题边界的界定, 每个子问题含有的空隙结点概率恰好比数据结点的概率多 1 个, 而且边界处的概率都是对应于空隙结点的概率. 最小的子问题是只含 1 个空隙结点的子问题, 这种情况对应于 $k=i$ 时的左子树和 $k=j$ 时的右子树. 根据上面的分析, 有递推关系如下:

$$m[i,j] = \min_{i \leqslant k \leqslant j}\{m[i,k-1] + m[k+1,j] + w[i,j]\}, \quad 1 \leqslant i \leqslant j \leqslant n$$

$$m[i,i-1] = 0, \quad i = 1, 2, \cdots, n$$

其中, $m[i,i-1]$ 恰好对应不含数据结点、平均比较次数等于 0 的子问题.

这个问题的伪码描述与矩阵链相乘类似, 实现方法采用迭代方法, 限于篇幅此处不再赘述. 算法的时间是 $O(n^3)$, 因为问题边界 i, j 的取值都是 $O(n)$, 所有子问题的个数是 $O(n^2)$, 而对每个子问题需要对树根位置 k 进行选择, 这也是 $O(n)$.

最后用一个小例子来说明算法的计算过程. 给定输入
$$S=<A,B,C,D,E>$$
$$P=<0.04,\underline{0.1},0.02,\underline{0.3},0.02,\underline{0.1},0.05,\underline{0.2},0.06,\underline{0.1},0.01>$$
其中,带下画线的是数据结点 A,B,C,D,E 的存取概率,不带下画线的是空隙结点的存取概率.

算法第一步计算规模为 1,即含有一个数据结点的子问题. 计算结果是:
$$m[1,1]=0.16,\quad m[2,2]=0.34,\quad m[3,3]=0.17,$$
$$m[4,4]=0.31,\quad m[5,5]=0.17$$

第二步计算规模为 2 的子问题.
$$m[1,2]=\min\{m[2,2],m[1,1]\}+0.48=0.64\quad k=2$$
$$m[2,3]=\min\{m[3,3],m[2,2]\}+0.49=0.66\quad k=2$$
$$m[3,4]=\min\{m[4,4],m[3,3]\}+0.43=0.60\quad k=4$$
$$m[4,5]=\min\{m[5,5],m[4,4]\}+0.42=0.59\quad k=4$$

第三步计算规模为 3 的子问题.
$$m[1,3]=\min\{m[2,3],m[1,1]+m[3,3],m[1,2]\}+0.63=0.96\quad k=2$$
$$m[2,4]=\min\{m[3,4],m[2,2]+m[4,4],m[2,3]\}+0.75=1.35\quad k=2$$
$$m[3,5]=\min\{m[4,5],m[3,3]+m[5,5],m[3,4]\}+0.54=0.88\quad k=4$$

第四步计算规模为 4 的子问题.
$$m[1,4]=\min\{m[2,4],m[1,1]+m[3,4],m[1,2]+m[4,4],m[1,3]\}+0.89=1.65$$
$$k=2$$
$$m[2,5]=\min\{m[3,5],m[2,2]+m[4,5],m[2,3]+m[5,5],m[2,4]\}+0.86=1.69$$
$$k=4$$

最后一步,计算规模为 5 的问题,也是原始问题.
$$m[1,5]=\min\{m[2,5],m[1,1]+m[3,5],m[1,2]+m[4,5],$$
$$m[1,3]+m[5,5],m[1,4]\}+1=2.04\quad k=2$$
于是得到最优二叉搜索树的平均比较次数是 2.04.

从后向前追踪解,最后一次计算的 $k=2$,说明树根是 B,那么左子树只能是 A,右子树对应于输入 $S[3,5]=<C,D,E>$,看到计算 $m[3,5]$ 时 $k=4$,于是 D 是右子树的根,C 和 E 分别是 D 的左和右儿子. 这棵树的结构如图 3.11 所示. 在这个图中,可以按照定义计算平均比较次数. 令结点 i 的深度是 $d(i)$,那么将得到

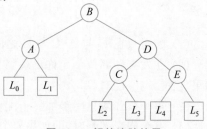

图 3.11 解的追踪结果

$$t=\sum_{i=1}^{5}b_i(d(x_i)+1)+\sum_{j=0}^{5}a_jd[L_j]$$
$$=[0.1\times2+0.3\times1+0.1\times3+0.2\times2+0.1\times3]+$$
$$[0.04\times2+0.02\times2+0.02\times3+0.05\times3+0.06\times3+0.01\times3]$$
$$=1.5+0.54=2.04$$

不难看出,这个结果与动态规划算法的结果是完全一样的.

3.3.7　生物信息学中的动态规划算法

动态规划算法在生物信息学中也有许多应用. 例如,序列比对、RNA 二级结构预测等. 下面简单介绍 RNA 二级结构预测问题.

RNA 分子的一级结构可以看作由核苷酸顺序排列构成的一条链. 由于含有的碱基不同,这些核苷酸分别标记为字母 A,C,G,U. 由于相互作用,碱基可以互补配对构成平面结构. 图 3.12 就是一个 $4s$ RNA 分子的二级结构(个别位置出现核苷酸变异,用 T 表示). 其中,连续配对的区域称为"臂",只与一个臂连接的环称为"发夹环",与多个臂连接的环称为"内环". 图 3.12 中的二级结构中含有 4 个发夹环、1 个内环和 5 个臂. 如果把核苷酸的位置依次记作 $1,2,\cdots,n$,那么构成二级结构时要遵循以下规则:

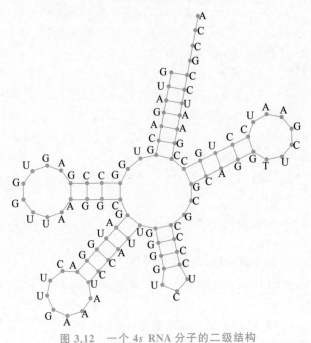

图 3.12　一个 $4s$ RNA 分子的二级结构

(1) 配对只在 U 与 A、C 与 G 之间进行.

(2) 在发夹环部位不允许出现"尖角",至少含有三个不参与匹配的核苷酸. 换句话说,如果位置 i 与 j 配对,那么 $i \leqslant j-4$.

(3) 每个核苷酸只能参加一个配对.

(4) 不允许交叉配对,即如果 4 个碱基位置 i_1,i_2,j_1,j_2 满足 $i_1 < i_2 < j_1 < j_2$,那么不允许 i_1-j_1 与 i_2-j_2 配对. 但可以允许 i_1-j_2 与 i_2-j_1 配对.

给定 RNA 一级结构,按照上述原则可能得到多个不同的二级结构,具有最小自由能的结构是稳定结构. 把这个问题简化,只考虑配对的对数,那么可以如下建模为组合优化问题.

例 3.10　给定由字符 A,C,G,U 构成的长为 n 的链,在满足上述配对规则的前提下,求具有最大匹配数目的配对方案.

考虑动态规划算法. 首先设定子问题的边界. 子问题应该由 i 和 j 来界定,其中 $i \leqslant j$. 令 $S[1..n]$ 表示输入序列,那么 $S[i..j]$ 是子序列,对应一个规模为 $j-i+1$ 的子问题. 如

图 3.13 所示,如果 j 参与配对,比如 j 与 k 配对(根据没有尖角的原则,$1 \leqslant k \leqslant j-4$),根据不交叉原则,剩下的问题归约为 $S[i..k-1]$ 和 $S[k+1..j-1]$ 两个子序列的配对问题.如果 j 不参与配对,那么剩下的是 $S[i..j-1]$ 的子问题.

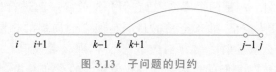

图 3.13　子问题的归约

不难看到,这个问题满足优化原则.设 $C[i,j]$ 是序列 $S[i..j]$ 的最大配对数目,递推关系如下:

$$C[i,j] = \max\{C[i,j-1], \max_{i \leqslant k \leqslant j-4}\{1+C[i,k-1]+C[k+1,j-1]\}\}, \quad j-i \geqslant 4$$

$$C[i,j] = 0, \quad j-i < 4$$

这里不再给出算法的伪码.因为不同的子问题个数是 i 与 j 的组合数,应该是 $O(n^2)$ 个.对于每个子问题的计算,依赖于 k 的选择,应该是 $O(n)$ 个,于是算法时间复杂度是 $O(n^3)$.

在生物信息学中经常需要对序列进行比较,看看它们究竟有多相似.下面考虑两个序列的编辑距离.

例 3.11　给定两个序列 S_1 和 S_2,通过一系列字符编辑(插入、删除、替换)操作,将 S_1 转变成 S_2.完成这种转换所需要的最少的编辑操作个数称为 S_1 和 S_2 的编辑距离.

例如,把 vintner 转变成 writers,可以通过以下编辑操作完成:

删除 v: -intner
插入 w: wintner
插入 r: wrintner
删除 n: wri-tner
删除 n: writ-er
插入 s: writers

因此,编辑距离小于或等于 6.

使用动态规划算法求解这个问题.先考虑子问题划分.与求序列最长公共子序列类似,设 $S_1[1..i]$ 和 $S_2[1..j]$ 表示两个子序列,$C[i,j]$ 表示 $S_1[1..i]$ 和 $S_2[1..j]$ 的编辑距离.考虑最后一对字符 $S_1[i]$ 与 $S_2[j]$,如果 $S_1[i]$ 被删除,那么编辑距离是 $S_1[1..i-1]$ 和 $S_2[1..j]$ 的编辑距离加 1;如果在 $S_1[i]$ 后面插入 $S_2[j]$,那么编辑距离是 $S_1[1..i]$ 和 $S_2[1..j-1]$ 的编辑距离加 1;如果 $S_1[i]$ 被替换成 $S_2[j]$,那么编辑距离是 $S_1[1..i-1]$ 与 $S_2[1..j-1]$ 的编辑距离加 1;如果 $S_1[i]=S_2[j]$,那么编辑距离是 $S_1[1..i-1]$ 与 $S_2[1..j-1]$ 的编辑距离.递推关系如下:

$$C[i,j] = \min\{C[i-1,j]+1, C[i,j-1]+1, C[i-1,j-1]+t[i,j]\}$$

$$t[i,j] = \begin{cases} 0 & S_1[i]=S_2[j] \\ 1 & S_1[i] \neq S_2[j] \end{cases} \quad i=1,2,\cdots,n, \quad j=1,2,\cdots,m$$

$$C[0,j] = j, \quad j=1,2,\cdots,m$$

$$C[i,0] = i, \quad i=1,2,\cdots,n$$

算法的时间复杂度是 $O(nm)$,其中 n 和 m 分别是序列 S_1 和 S_2 的长度.

更复杂的编辑距离问题是带权的编辑距离问题,可以对每个编辑操作赋予不同的权值,问题的目标是求具有最小权的转换操作序列.

例 3.12 序列比对.

设 $S_1[1..n]$ 和 $S_2[1..m]$ 是两个序列,把它们并排放到一起进行比较,在比较时可以在某个序列的字符之间插入空格,插入空格的目的是使它们局部的相同区域能够对应. 如果两个对应字符相等,那么赋权值 2;如果对应字符不等,那么赋权值 -2;如果一个是字符,一个是空格,那么赋权值 -1. 我们的目标是寻找权值最大的对准方式. 例如,序列是 axabcdes 和 axbacfes,那么下面就是两个比对:

$$
\begin{array}{ll}
\text{a x a b - c d e s} & \text{a x - a b c d e s} \\
\text{a x - b a c f e s} & \text{a x b a - c f e s}
\end{array}
$$

其中,对准的字符个数都是 6,字符不等的是 d 和 f,还有两个空格. 于是,这两个比对的权是:

$$6 \times 2 + (-2) + 2 \times (-1) = 8$$

假设 $C[i,j]$ 表示序列 $S_1[1..i]$ 与 $S_2[1..j]$ 比对的最大权值. 如果在比对中把 $S_1[i]$ 与 $S_2[j]$ 对准,那么当 $S_1[i]=S_2[j]$ 时,问题归约为 $S_1[1..i-1]$ 与 $S_2[1..j-1]$ 的比对,其权值等于 $C[i-1,j-1]+2$;当 $S_1[i] \neq S_2[j]$ 时,问题仍旧归约为 $S_1[1..i-1]$ 与 $S_2[1..j-1]$ 的比对,其权值等于 $C[i-1,j-1]-2$.如果 $S_1[i]$ 与 $S_2[j]$ 没对准,其中需要增加一个空格,那么问题将归结为 $S_1[1..i-1]$ 与 $S_2[1..j]$ 的比对或者 $S_1[1..i]$ 与 $S_2[1..j-1]$ 的比对,其权值应该等于子问题的权 -1. 于是得到递推方程:

$$C[i,j]=\max\{0,C[i-1,j-1]+t(S_1[i],S_2[j]),C[i-1,j]-1,C[i,j-1]-1\}$$

其中

$$
t(S_1[i],S_2[j])=\begin{cases}2 & S_1[i]=S_2[j] \\ -2 & S_1[i] \neq S_2[j]\end{cases} \quad i=1,2,\cdots,n, \quad j=1,2,\cdots,m
$$

$$C[0,j]=0 \quad j=1,2,\cdots,m$$

$$C[i,0]=0 \quad i=1,2,\cdots,n$$

与编辑距离类似,算法的时间复杂度是 $O(nm)$.

本章介绍了动态规划算法,这是求解多阶段决策(优化)问题的一种通用算法设计技术. 动态规划算法的正确性基础是优化问题的最优子结构性质,也就是优化原则,即一个最优决策序列的任何子序列本身一定是相对于子序列的初始和结束状态的最优的决策序列. 利用这个性质可以在计算中充分利用较小的最优子结构来组合较大的最优子结构,从底向上逐步求解,直到得出原始问题的解为止.

动态规划算法的设计要素是:

(1) 引入参数来界定子问题的边界. 如果只有一种类型的变量,最简单的可以采用下述方法:所有的子问题都从同一个起始位置,如从 1 开始,然后用 i 标定子问题的结束位置,$i=1,2,\cdots,n$. 稍微复杂一些的需要前后两个边界:起始位置 i 和结束位置 j,如矩阵链相乘问题. 有的问题涉及两种类型的变量,如允许背包使用的最大物品标号和背包重量限制,这就涉及具有两类参数的子问题.

(2) 判断该优化问题是否满足优化原则.

(3) 注意子问题的重叠程度. 如果子问题的重叠程度较低,使用动态规划算法很难比蛮力算法在时间复杂度上得到实质改进.

（4）分析子问题之间依赖关系. 给出带边界参数的优化函数定义,尽可能简化优化函数值从较大子问题到较小子问题归约的递推关系,同时考虑标记函数. 找到递推关系的边界条件,即最小子问题的优化函数值.

（5）采用自底向上的实现技术,从最小的子问题开始迭代计算,直到原始问题规模为止. 计算中用备忘录保留优化函数和标记函数的值.

（6）利用备忘录和标记函数通过追溯得到最优解.

（7）动态规划算法的时间复杂度与子问题个数以及每个子问题计算的工作量相关. 估计工作量的基本方法就是对所有子问题的计算工作量求和.

（8）由于需要备忘录来存放中间结果,动态规划算法一般使用较多的存储空间,对于某些规模较大的问题,这往往成为限制动态规划算法使用的瓶颈因素.

习 题 3

对于本章与算法设计有关的习题,解题要求如下：必须对优化函数和标记函数的含义给出说明,列出子问题计算中所使用关于优化函数及标记函数的递推关系和初值. 根据题目要求给出迭代实现的伪码,并估计算法的复杂度. 如果题目给出具体的输入实例,应该根据给定实例进行计算,并给出相关的备忘录表和最后的解.

3.1 用动态规划算法求解下面的组合优化问题：

$$\max g_1(x_1) + g_2(x_2) + g_3(x_3)$$
$$x_1^2 + x_2^2 + x_3^2 \leqslant 10$$
$$x_1, x_2, x_3 \text{ 为非负整数}$$

其中,函数 $g_1(x), g_2(x), g_3(x)$ 的值在表 3.9 中给出.

表 3.9 函数值

x	$g_1(x)$	$g_2(x)$	$g_3(x)$	x	$g_1(x)$	$g_2(x)$	$g_3(x)$
0	2	5	8	2	7	16	17
1	4	10	12	3	11	20	22

3.2 设 $A = <x_1, x_2, \cdots, x_n>$ 是 n 个不等的整数构成的序列,A 的一个单调递增子序列是序列 $<x_{i_1}, x_{i_2}, \cdots, x_{i_k}>$,使得 $i_1 < i_2 < \cdots < i_k$,且 $x_{i_1} < x_{i_2} < \cdots < x_{i_k}$. 子序列 $<x_{i_1}, x_{i_2}, \cdots, x_{i_k}>$ 的长度是含有的整数个数 k. 例如,$A = <1, 5, 3, 8, 10, 6, 4, 9>$,它的长为 4 的递增子序列是：$<1, 5, 8, 10>, <1, 5, 8, 9>, \cdots$. 设计一个算法求 A 的一个最长的单调递增子序列,分析算法的时间复杂度. 设算法的输入实例是 $A = <2, 8, 4, -4, 5, 9, 11>$,给出算法的计算过程和最后的解.

3.3 有 n 个底面为长方形的货柜需要租用库房存放. 如果每个货柜都必须放在地面上,且所有货柜的底面宽度都等于库房的宽度,那么第 i 个货柜占用库房面积大小只需要用它的底面长度 l_i 来表示,$i = 1, 2, \cdots, n$. 设库房总长度是 $D\left(l_i \leqslant D \text{ 且 } \sum_{i=1}^{n} l_i > D\right)$. 设

第 i 号货柜的仓储收益是 v_i,若要求库房出租的收益达到最大,问如何选择放入库房的货柜? 若 $l_1, l_2, \cdots, l_n, D$ 都是正整数,设计一个算法求解这个问题,给出算法的伪码描述,并估计算法最坏情况下的时间复杂度.

3.4 设有 n 项任务,加工时间分别表示为正整数 $t_1, t_2, \cdots, t_n$. 现有 2 台同样的机器,从 0 时刻可以安排对这些任务的加工. 规定只要有待加工的任务,任何机器就不得闲置. 如果直到时刻 T 所有任务都完成了,总的加工时间就等于 T. 设计一个算法找到使得总加工时间 T 达到最小的调度方案. 设给定实例如下:

$$t_1 = 1, \quad t_2 = 5, \quad t_3 = 2, \quad t_4 = 10, \quad t_5 = 3$$

试给出一个加工时间最少的调度方案. 给出计算过程和问题的解.

3.5 设有 n 种不同面值的硬币,第 i 种硬币的币值是 v_k(其中 $v_1 = 1$),重量是 w_i, $i = 1$, $2, \cdots, n$,且现在购买总价值为 y 的某些商品,需要用这些硬币付款,如果每种钱币使用的个数不限,问如何选择付款的方法使得付出钱币的总重量最轻? 设计一个求解该问题的算法,给出算法的伪码描述,并分析算法的时间复杂度. 假设问题的输入实例是:

$$v_1 = 1, \quad v_2 = 4, \quad v_3 = 6, \quad v_4 = 8$$
$$w_1 = 1, \quad w_2 = 2, \quad w_3 = 4, \quad w_4 = 6$$
$$y = 12$$

给出算法在该实例上计算的备忘录表和标记函数表,并说明付钱的方法.

3.6 n 种币值 $x_1, x_2, \cdots, x_n$ 和总钱数 M 都是正整数. 如果每种币值的钱币至多使用 1 次,问对于 M 是否可以有一种找零钱的方法? 设计一个算法求解上述问题. 说明算法的设计思想,分析算法最坏情况下的时间复杂度.

3.7 在一条呈直线的公路两旁有 n 个位置 $x_1, x_2, \cdots, x_n$ 可以开商店,在位置 x_i 开商店的预期收益是 p_i, $i = 1, 2, \cdots, n$. 如果任何两个商店之间的距离必须至少为 d 千米,那么如何选择开设商店的位置使得总收益达到最大?

(1) 用组合最优化方法对该问题建模,写出目标函数与约束条件.

(2) 设计一个算法求解该问题,说明算法设计思想,分析算法最坏情况下的时间复杂度.

3.8 设 $A = \{a_1, a_2, \cdots, a_n\}$ 是正整数的集合,且 $\sum_{l=1}^{n} a_i = N$,设计一个算法判断是否能够把 A 划分成两个子集 A_1 和 A_2,使得 A_1 中的数之和与 A_2 中的数之和相等. 说明算法的设计思想,估计算法最坏情况下的时间复杂度.

3.9 有 n 项作业的集合 $J = \{1, 2, \cdots, n\}$,每项作业 i 有加工时间 $t(i) \in \mathbf{Z}^+$, $t(1) \leqslant t(2) \leqslant \cdots \leqslant t(n)$,效益值 $v(i)$,任务的结束时间 $D \in \mathbf{Z}^+$,其中 $\mathbf{Z}^+$ 表示正整数集合. 一个可行调度是对 J 的子集 A 中任务的一种安排,对于 $i \in A$, $f(i)$ 是开始时间,且满足下述条件:

$$f(i) + t(i) \leqslant f(j) \quad \text{或者} \quad f(j) + t(j) \leqslant f(i), \quad j \neq i \quad i, j \in A$$
$$\sum_{k \in A} t(k) \leqslant D$$

设机器从 0 时刻开动,只要有作业就不闲置,求具有最大总效益的调度. 给出算法的伪码,分析算法的时间复杂度.

3.10 把 0-1 背包问题加以推广. 设有 n 种物品,第 i 种物品的价值是 v_i,重量是 w_i,体积是 c_i,且装入背包的重量限制是 W,体积是 V. 问如何选择装入背包的物品使得其总重不超过 W,总体积不超过 V 且价值达到最大? 设计一个动态规划算法求解这个问题,说明算法的时间复杂度.

3.11 有 n 个分别排好序的整数数组 $A_0,A_1,\cdots,A_{n-1}$,其中 A_i 含有 x_i 个整数,$i=0,1,\cdots,$ $n-1$. 已知这些数组顺序存放在一个圆环上,现在要将这些数组合并成一个排好序的大数组,且每次只能把两个在圆环上处于相邻位置的数组合并. 问如何选择这 $n-1$ 次合并的次序以使得合并时总的比较次数达到最少? 设计一个动态规划算法求解这个问题,说明算法的时间复杂度.

3.12 设 A 是顶点为 $1,2,\cdots,n$ 的凸多边形,可以用不在内部相交的 $n-3$ 条对角线将 A 划分成三角形,图 3.14 就是 5 边形的所有的划分方案. 假设凸 n 边形的边及对角线的长度 d_{ij} 都是给定的正整数,$1 \leqslant i < j \leqslant n$. 划分后三角形 ijk 的权值等于其周长,求具有最小权值的划分方案. 设计一个动态规划算法求解这个问题,说明算法的时间复杂度.

图 3.14 5 边形的划分方案

3.13 图的连通性问题是图论研究的重要问题之一,在实际中有着广泛的应用. 例如,通信网络的连通问题、运输路线的规划问题,等等. 一个著名的检查图的连通性的算法就是 Warshall 算法. 假设 $D = <V,E>$ 是顶点集为 $V = \{x_1,x_2,\cdots,x_n\}$,边集为 E 的有向图. $n \times n$ 的 0-1 矩阵 $\boldsymbol{M} = (r_{ij})$ 是 D 的矩阵表示. 考虑 $n+1$ 个矩阵构成的序列 $\boldsymbol{M}_0,\boldsymbol{M}_1,\cdots,\boldsymbol{M}_n$,将矩阵 $\boldsymbol{M}_k$ 的 i 行 j 列的元素记作 $M_k[i,j]$. 对于 $k=0,1,\cdots,n$,$M_k[i,j]=1$ 当且仅当在图中存在一条从 x_i 到 x_j 的路径,并且这条路径除端点外中间只经过 $\{x_1,x_2,\cdots,x_k\}$ 中的顶点. 不难看出,$\boldsymbol{M}_0$ 就是 $\boldsymbol{M}$,而在 $\boldsymbol{M}_n$ 中如果 $M_n[i,j]=1$,则说明 D 中 x_i 与 x_j 是连通的. Warshall 算法从 $\boldsymbol{M}_0$ 开始,顺序计算 $\boldsymbol{M}_1,\boldsymbol{M}_2,\cdots,$ 直到 $\boldsymbol{M}_n$ 为止. 利用动态规划的迭代实现方法来实现 Warshall 算法,给出算法的伪码表示,并分析算法的时间复杂度. 假设某有向网络的结点是 a,b,c,d,已知网络的矩阵表示是:

$$\boldsymbol{M} = \begin{pmatrix} 0 & 1 & 1 & 0 \\ 0 & 0 & 1 & 0 \\ 0 & 0 & 0 & 1 \\ 0 & 0 & 1 & 0 \end{pmatrix}$$

给出算法在这个实例的计算过程和结果.

3.14 考虑 3.3.7 节中提到的带权编辑距离问题. 设 $S_1[1..n]$ 和 $S_2[1..m]$ 表示两个序列,假设插入和删除操作的权是 d,替换操作的权是 r. 令 $C[i,j]$ 表示序列 $S_1[1..i]$ 和 $S_2[1..j]$ 的最小权编辑距离,设计一个算法求解该问题,给出关于 $C[i,j]$ 的递推关系,并分析算法的时间复杂度.

3.15 某机器每天接受大量加工任务,第 i 天需要加工的任务数是 x_i. 随着机器连续运行时间的增加,处理能力越来越低,需要花 1 天时间对机器进行检修,以提高处理能力. 检修当天必须停工,重启后的第 i 天能够加工的任务数是 s_i,且满足

$$s_1 > s_2 > \cdots > s_n > 0$$

我们的问题是:给定 $x_1,x_2,\cdots,x_n$ 和 $s_1,s_2,\cdots,s_n$,如何安排机器的检修时间,以使得在 n 天内加工的任务数达到最大? 设计一个算法求解该问题.

3.16 设 P 是一台 Internet 上的 Web 服务器. $T=\{1,2,\cdots,n\}$ 是 n 个下载请求的集合,$\forall i \in T, a_i \in \mathbf{Z}^+$ 表示下载请求 i 所申请的带宽. 已知服务器的最大带宽是正整数 K. 我们的目标是使带宽得到最大限度的利用,即确定 T 的一个子集 S,使得 $\sum\limits_{i \in S} a_i \leqslant K$,且 $K - \sum\limits_{i \in S} a_i$ 的值达到最小. 设计一个算法求解服务器下载问题,用文字说明算法的主要设计思想和步骤,并给出最坏情况下的时间复杂度.

3.17 有正实数构成的数字三角形排列形式如图 3.15 所示. 第一行的数为 a_{11};第二行的数从左到右依次为 a_{21},a_{22};以此类推,第 n 行的数为 $a_{n1},a_{n2},\cdots$,a_{nn}. 从 a_{11} 开始,每一行的数 a_{ij} 只有两条边可以分别通向下一行的两个数 $a_{(i+1)j}$ 和 $a_{(i+1)(j+1)}$. 请设计一个算法,计算出从 a_{11} 通到 $a_{n1},a_{n2},\cdots,a_{nn}$ 中某个数的一条路径,并且使得该路径上的数之和达到最小.

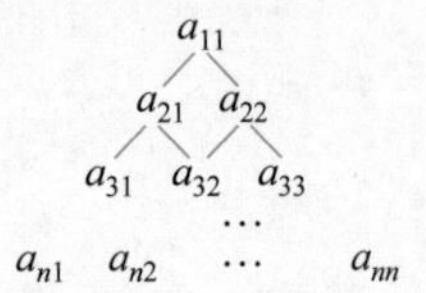

$$
\begin{array}{ccccccc}
& & & a_{11} & & & \\
& & a_{21} & & a_{22} & & \\
& a_{31} & & a_{32} & & a_{33} & \\
& & & \cdots & & & \\
a_{n1} & & a_{n2} & & \cdots & & a_{nn}
\end{array}
$$

图 3.15 数字三角形

3.18 设集合 $A=\{a,b,c\}$,A 中元素的运算满足 $aa=ab=bb=b$,$ac=bc=ca=a$,$ba=cb=cc=c$. 给定 n 个 A 中字符组成的串 $x_1x_2\cdots x_n$,设计一个算法,检查是否存在一种运算顺序使得这个串的运算结果等于 a. 如果存在,则回答 1,否则回答 0. 例如,串 $x=bbbba$,因为存在下述运算顺序,使得

$$(b(bb))(ba) = (bb)(ba) = b(ba) = bc = a$$

因此回答 1. 而对串 bca,由于 $(bc)a=aa=b$,$b(ca)=ba=c$,因此回答 0. 说明算法的设计思想,并给出最坏情况下的时间复杂度.

第 **4** 章

贪心法

贪心法(Greedy Approach)是一种通用的算法设计技术,在许多最优化问题求解中得到了广泛应用. 例如,著名的图的最小生成树的 Prim 算法和 Kruskal 算法、单源最短路径的 Dijkstra 算法、数据压缩的 Huffman 算法等. 特别是对于许多 NP 难的组合优化问题,目前仍旧没有找到有效的算法,于是采用比较好的近似算法就成了一种可行的途径,而贪心法常常用于这些近似算法的设计. 贪心法与第 3 章的动态规划算法不一样. 动态规划算法在某一步决定优化函数的最大值或最小值时,需要考虑到它的所有子问题的优化函数值,然后从中选出最优的结果. 贪心法的求解过程也是多步判断,每步判断时不考虑子问题的计算结果,而是根据当时情况采取某种"只顾眼前"的贪心策略来决定取舍. 显然这种决策的计算工作量比起动态规划要少得多,这也是贪心法具有更高效率的原因. 但是,这也为算法的正确性带来新的问题. 对于动态规划算法来说,只要满足优化原则,子问题的递推关系正确,所设计的动态规划算法就是正确的. 然而对贪心法来说,那种"短视的"贪心策略有时只能导致局部最优,而不是全局最优. 例如,求最短哈密顿回路的问题,如果每步都选从当前顶点出发的最短边,最终得到的整个回路未必最短. 因此,怎样选择合适的贪心策略并证明该策略的正确性就成了算法设计的关键. 我们首先通过一个例子简要阐述贪心法的设计思想,然后介绍证明贪心策略正确性的方法,最后给出一些典型的应用实例.

4.1 贪心法的设计思想

先看一个简单的例子.

例 4.1 有 n 项活动申请使用同一个礼堂,每项活动有一个开始时间和一个截止时间. 如果任何两个活动不能同时举行,问如何选择这些活动,从而使得被安排的活动数量达到最多?

这个问题可以建模如下:设 $S=\{1,2,\cdots,n\}$ 为活动的集合,s_i 和 f_i 分为活动 i 的开始和截止时间,$i=1,2,\cdots,n$. 定义

$$活动\ i\ 与\ j\ 相容 \Leftrightarrow s_i \geqslant f_j \quad 或 \quad s_j \geqslant f_i, \quad i \neq j$$

求 S 的最大的两两相容的活动子集 A.

这是一个活动选择问题. 求解过程就是多步判断,每步选择一项活动. 所谓的贪心策略就是规定选择的依据. 下面尝试三种策略.

策略 1：把活动按照开始时间从小到大排序，使得 $s_1 \leqslant s_2 \leqslant \cdots \leqslant s_n$，然后从前向后挑选，只要与前面选的活动相容，就可以把这项活动选入 A.

策略 2：计算每个活动的占用时间，即 $f_i - s_i$，然后按照占用时间从小到大对活动排序，使得 $f_1 - s_1 \leqslant f_2 - s_2 \leqslant \cdots \leqslant f_n - s_n$，然后从前向后挑选，只要与前面选的活动相容，就可以把这项活动选入 A.

策略 3：把活动按照截止时间从小到大排序，使得 $f_1 \leqslant f_2 \leqslant \cdots \leqslant f_n$，然后从前向后挑选，只要与前面选的活动相容，就可以把这项活动选入 A.

上面这些策略基本上是基于人的直觉. 策略 1 是为了更早地开始占用，也许能安排得更多一些；策略 2 是时间占用少的先安排，这样似乎可以腾出更多的时间给其他活动；策略 3 是早完成的先安排，以便多给后面的活动留下时间. 初看似乎都有一点道理. 但是，这些策略并不是都能得到最优解的.

策略 1 是不正确的. 反例如下：$S = \{1, 2, 3\}$，$s_1 = 0$，$f_1 = 20$，$s_2 = 2$，$f_2 = 5$，$s_3 = 8$，$f_3 = 15$. 如果先选开始时间早的活动，那么必选活动 1. 但是，由于与后面两项活动都不相容，于是得到 $A = \{1\}$. 显然选择 $A' = \{2, 3\}$ 是更好的解.

策略 2 也是不成功的. 反例如下：$S = \{1, 2, 3\}$，$s_1 = 0$，$f_1 = 8$，$s_2 = 7$，$f_2 = 9$，$s_3 = 8$，$f_3 = 15$. 如果按活动占用时间排序，那么 $f_2 - s_2 \leqslant f_3 - s_3 \leqslant f_1 - s_1$. 但是，由于活动 2 与其他两项活动都不相容，于是得到解 $A = \{2\}$，而另一个解 $A' = \{1, 3\}$ 显然更好.

这两个反例在图 4.1 中给出.

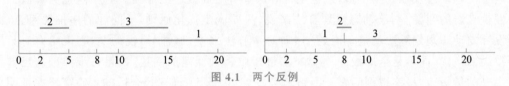

图 4.1　两个反例

策略 3 是一个正确的算法. 我们先给出伪码，然后用数学归纳法证明它的正确性.

算法 4.1　GreedySelect

输入：活动集 $S = \{1, 2, \cdots, n\}$，活动 i 的开始时间 s_i 和截止时间 f_i，$i = 1, 2, \cdots, n$，且 $f_1 \leqslant \cdots \leqslant f_n$

输出：$A \subseteq S$，选中的活动子集

1. $A \leftarrow \{1\}$
2. $j \leftarrow 1$ //已选入的最后一个活动的标号
3. for $i \leftarrow 2$ to n do
4.   if $s_i \geqslant f_j$ //判断相容性
5.   then $A \leftarrow A \cup \{i\}$
6. $j \leftarrow i$
7. return A

算法 4.1 的解就是集合 A 的全体活动，这些活动的最终结束时间是最后一个活动的截止时间，即 $t = \max\{f_k \mid k \in A\}$.

例如，输入集合 $S = \{1, 2, \cdots, 10\}$，每项活动的开始时间和截止时间如表 4.1 所示.

表 4.1　活动的开始时间 s_i 和截止时间 f_i

i	1	2	3	4	5	6	7	8	9	10
s_i	1	3	2	5	4	5	6	8	8	2
f_i	4	5	6	7	9	9	10	11	12	13

　　算法将首先选择活动 1,它的截止时间是 4,活动 2 和 3 的开始时间都小于 4,因此与活动 1 不相容. 接着后面活动 4 的开始时间是 5,可以选活动 4. 活动 4 的截止时间是 7,活动 5、活动 6 和活动 7 都在时刻 7 之前开始,不相容;接着考查活动 8,与活动 4 相容,可以选入. 活动 8 的截止时间是 11,后面的活动 9 和活动 10 都不能再选了. 最后得到活动集 $A=\{1, 4, 8\}$,最终完成时间是 $t=11$.

　　从伪码不难看出,算法 4.1 只有一个 for 循环,它的时间复杂度是 $O(n)$.

　　下面用数学归纳法给出一个简单的证明. 我们对算法所做的选择步数进行归纳,证明对任意正整数 k,算法的前 k 步选择都能导致一个最优解.

定理 4.1　算法 Greedy Select 执行到第 k 步,选择 k 项活动 $i_1=1,i_2,\cdots,i_k$,那么存在最优解 A 包含 $i_1=1,i_2,\cdots,i_k$.

　　证　将 S 中的活动按照截止时间递增顺序排列.

　　归纳基础:$k=1$ 时,算法选择了活动 1. 仅需要证明:存在一个最优解包含了活动 1. 设 $A=\{i_1,i_2,\cdots,i_j\}$ 是一个最优解,如果 $i_1\neq 1$,那么用 1 替换 i_1,得到 A',即

$$A'=(A-\{i_1\})\bigcup\{1\}$$

那么 A' 和 A 的活动个数相等. 且活动 1 比 i_1 结束得更早,因此和 $i_2,i_3,\cdots,i_j$ 等活动都相容. 于是,A' 也是问题的一个最优解.

　　归纳步骤:假设对于任意正整数 k,命题正确. 令 $i_1=1,i_2,\cdots,i_k$ 是算法前 k 步顺序选择的活动,那么存在一个最优解

$$A=\{i_1=1,i_2,\cdots,i_k\}\bigcup B$$

如果令 S' 是 S 中剩下的与 $i_1,i_2,\cdots,i_k$ 相容的活动构成的集合,即

$$S'=\{j\mid s_j\geqslant f_{i_k},j\in S\}$$

那么 B 是 S' 的一个最优解. 如若不然,假如 S' 有解 B',$|B'|>|B|$,那么用 B' 替换 B 以后得到的解 $\{i_1=1,i_2,\cdots,i_k\}\bigcup B'$ 将比 A 的活动更多,与 A 是最优解矛盾.

　　根据对归纳基础的证明,算法第一步选择结束时间最早的活动总是导致一个最优解,故对子问题 S' 存在一个最优解 $B^*=\{i_{k+1},\cdots\}$. 由于 B^* 与 B 都是 S' 的最优解,因此 $|B^*|=|B|$. 于是

$$A'=\{i_1=1,i_2,\cdots,i_k\}\bigcup B^*=\{i_1=1,i_2,\cdots,i_k,i_{k+1}\}\bigcup(B^*-\{i_{k+1}\})$$

与 A 的活动数目一样多,也是一个最优解,而且恰好包含了算法前 $k+1$ 步选择的活动. 根据归纳法命题得证.

　　定理 4.1 告诉我们,算法前 k 步的选择都将导致最优解,其中 $k=1,2,\cdots$. 因为至多有 n 项活动,被选择的活动个数不会超过 n,因此,算法至多在 n 步内结束,结束时得到的就是问题的最优解.

　　如果我们把例 4.1 加以推广,比如对每项活动赋予一个收益值 v_i,我们的目标不再是寻

找具有最多活动数目的安排,而是具有最大收益的安排(例 4.1 则对应于每项活动的效益都相等的特殊情况),那么贪心算法不再有效. 请读者举出反例,并针对这个推广的活动选择问题设计有效的算法.

通过这个例子可以对贪心法做一点分析. 在算法运行过程中,较大子问题的解恰好包含了较小子问题的解作为子集. 在证明中则通过较小子问题解的最优性推导出较大子问题解的最优性. 这与动态规划的算法设计中的优化原则本质上是一样的. 从这个例子可以看出使用贪心法设计技术的要素是:

(1) 贪心法适用于组合优化问题,该问题满足优化原则.

(2) 求解过程是多步判断过程,最终的判断序列对应于问题的最优解.

(3) 判断依据某种"短视的"贪心选择性质,性质的好坏决定了算法的成败.

(4) 贪心法必须进行正确性证明.

4.2　关于贪心法的正确性证明

在上面关于活动选择的例子中已经看到:可以通过对算法步数的归纳来证明贪心法的正确性. 此外,也可以通过对问题规模的归纳来证明贪心法的正确性. 下面通过装载问题来说明这种证明方法.

例 4.2　有集装箱 $1,2,\cdots,n$ 准备装上轮船. 其中集装箱 i 的重量是 $w_i, i=1,2,\cdots,n$. 已知轮船最多装载量是 C,每个集装箱的重量 $w_i \leqslant C$,且对集装箱无体积限制. 问如何选择能使得装上船的集装箱个数最多?

设 $x_i = 1$ 表示第 i 个集装箱可以装上船,否则 $x_i = 0$,则这个问题可以描述为

$$\max \sum_{i=1}^{n} x_i$$

$$\sum_{i=1}^{n} w_i x_i \leqslant C$$

$$x_i = 0, 1, \quad i = 1, 2, \cdots, n$$

这是一个整数规划问题,也是 0-1 背包问题的特殊情况. 对于 0-1 背包问题可以使用动态规划算法求解. 但是,对这个问题有更好的算法——贪心法. 贪心选择策略非常简单,就是"轻者先装",直到再装任何集装箱将使轮船载重量超过 C 时停止.

算法 4.2　Loading

输入:集装箱集合 $N = \{1, 2, \cdots, n\}$,集装箱 i 的重量 $w_i, i = 1, 2, \cdots, n$

输出:$I \subseteq N$,准备装入船的集装箱集合

1. 对集装箱重量排序,使得 $w_1 \leqslant w_2 \leqslant \cdots \leqslant w_n$

2. $I \leftarrow \{1\}$

3. $W \leftarrow w_1$

4. for $j \leftarrow 2$ to n do

5.　　if $W + w_j \leqslant C$

6.　　　then $W \leftarrow W + w_j$

7.　　　　　$I \leftarrow I \cup \{j\}$

8.　　else return I, W

算法 4.2 的时间主要是第 1 行的排序时间 $O(n\log n)$,第 4 行的 for 循环总计执行时间 $O(n)$,于是算法的时间复杂度是 $O(n\log n)$.

为了使用对实例规模的归纳来证明算法的正确性,需要先叙述一个可以归纳证明的命题.

定理 4.2 对于任何正整数 k,算法 4.2 都对 k 个集装箱的实例得到最优解.

证 $k=1$,只有 1 个集装箱,其重量 $w_1\leqslant C$,任何算法都只有一种装法,就是将这只集装箱装上船. 算法 4.2 得到最优解.

假设算法对于规模为 k 的输入都能得到最优解,考虑规模为 $k+1$ 的输入 $N=\{1,2,\cdots,k+1\}$,$W=\{w_1,w_2,\cdots,w_{k+1}\}$ 是集装箱重量,其中 $w_1\leqslant w_2\leqslant\cdots\leqslant w_{k+1}$. 从 N 中拿掉最轻的集装箱,于是得到

$$N'=N-\{1\}=\{2,3,\cdots,k+1\}$$
$$W'=W-\{w_1\}$$
$$C'=C-w_1$$

根据归纳假设,对于 N',W' 和 C',算法 4.2 得到最优解 I'. 令

$$I=I'\bigcup\{1\}$$

那么 I 是 N 的最优解. 这也恰好是算法对于 N,W,C 的解.

如若不然,存在包含 1 的关于 N 的最优解 I^*(如果 I^* 中没有 1,用 1 替换 I^* 中的第一个集装箱标号得到的解也是最优解),且 $|I^*|>|I|$;那么 $I^*-\{1\}$ 是关于 N',W' 和 C' 的解,且

$$|I^*-\{1\}|>|I-\{1\}|=|I'|$$

与 I' 的最优性矛盾.

从上述例子可以看出,用数学归纳法可以证明贪心法的正确性. 在使用归纳法之前需要叙述一个相关的命题. 如果对算法步数归纳,命题的主要内容是:对于任何正整数 k,贪心法的前 k 步都导致最优解. 如果对问题规模归纳,命题的主要内容是:对于任何正整数 k,贪心法对于规模为 k 的实例都得到最优解.

除了数学归纳法外,也可以使用交换论证的方法来证明贪心法的正确性. 所谓交换论证的思想就是:从任意一个最优解出发,经过不断用新的成分替换解中的原有成分来改变这个解. 在替换时需要注意:

(1) 替换的目的是将它逐步改变成贪心法的解.

(2) 在替换中保证解的优化函数值不变坏.

(3) 替换的步骤是有限的.

通过有限步替换,把这个最优解改变成贪心法的解. 由于替换中保证了贪心解的优化函数值至少和这个最优解的优化函数值一样好,从而证明了贪心法的解也是最优解.

下面给出一个调度问题的例子.

例 4.3 给定等待服务的客户集合 $A=\{1,2,\cdots,n\}$,预计对客户 i 的服务时间是 t_i,该客户希望的完成时间是 d_i,即 $T=<t_1,t_2,\cdots,t_n>$,$D=<d_1,d_2,\cdots,d_n>$. 如果对客户 i 的服务在 d_i 之前结束,那么对客户 i 的服务没有延迟;如果在 d_i 之后结束,那么这个服务就被延迟了,延迟的时间等于该服务结束时间减去 d_i. 假设 t_i,d_i 都是正整数,一个调度是函数 $f:A\to\mathbf{N}$,其中 $f(i)$ 是对客户 i 的服务开始的时间,要求所有区间 $(f(i),f(i)+t_i)$ 互不重叠. 一个调度 f 的最大延迟是所有客户延迟时间的最大值. 例如:

$$A = \{1,2,3,4,5\}$$
$$T = <5,8,4,10,3>$$
$$D = <10,12,15,11,20>$$

那么对于调度

$$f_1: \{1,2,3,4,5\} \to \mathbf{N}$$

$$f_1(1) = 0, \quad f_1(2) = 5, \quad f_1(3) = 13, \quad f_1(4) = 17, \quad f_1(5) = 27$$

客户 1,2,3,4,5 的延迟分别是 0,1,2,16,10;最大延迟是:

$$\max\{0,1,2,16,10\} = 16$$

不同调度的最大延迟是不一样的,例如,对同一个实例的另一个调度:

$$f_2: \{1,2,3,4,5\} \to \mathbf{N}$$

$$f_2(1) = 0, \quad f_2(2) = 15, \quad f_2(3) = 23, \quad f_2(4) = 5, \quad f_2(5) = 27$$

客户 1,2,3,4,5 的延迟分别是 0,11,12,4,10;最大延迟是:

$$\max\{0,11,12,4,10\} = 12$$

这两个调度的安排如图 4.2 所示.

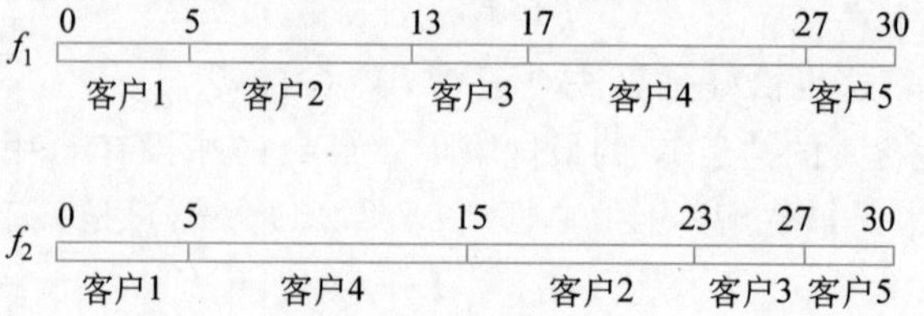

图 4.2 两个调度

我们的问题是:给定 $A = \{1,2,\cdots,n\}$,$T = <t_1,t_2,\cdots,t_n>$,$D = <d_1,d_2,\cdots,d_n>$,求具有最小延迟的调度 f.

服务调度问题可以如下进行建模:给定集合 $A = \{1,2,\cdots,n\}$,$T = <t_1,t_2,\cdots,t_n>$,$D = <d_1,d_2,\cdots,d_n>$,求函数 $f: A \to \mathbf{N}$,使得

$$\min_f \{\max_{i \in A} \{f(i) + t_i - d_i\}\}$$

$$\forall i,j \in A, i \neq j, f(i) + t_i \leqslant f(j) \quad \text{或者} \quad f(j) + t_j \leqslant f(i)$$

考虑下面的贪心算法:按照截止时间 d_i 从小到大选择任务,在安排时不留空闲时间.

算法 4.3 Schedule

输入:A,T,D

输出:f

1. 排序 A 使得 $d_1 \leqslant d_2 \leqslant \cdots \leqslant d_n$

2. $f(1) \leftarrow 0$

3. $i \leftarrow 2$

4. while $i \leqslant n$ do

5. $f(i) \leftarrow f(i-1) + t_{i-1}$ //任务 $i-1$ 的结束时刻就是任务 i 的开始时刻

6. $i \leftarrow i+1$

不难看出,算法 4.3 的时间复杂度是 $O(n\log n)$.

下面使用交换论证的方法来证明这个算法是正确的. 我们需要分析算法得到的解与其

他最优解的区别.

首先可以看出算法的解 f 没有空闲时间. 其次,考虑调度 f,如果 $d_i < d_j$,但是 $f(i) > f(j)$,换句话说,完成时间较早的任务 i 反而被安排在完成时间较晚的任务 j 的后面,就称 $<i, j>$ 是 f 的一个逆序. 一般最优解可能存在逆序,但是算法的解没有逆序. 这是算法得到的解与一般最优解的区别:没有空闲时间,没有逆序.

如果一个最优解有空闲时间 t,我们可以将安排在空闲时间后面客户的服务都前移 t 个时间单位,得到的仍旧是最优解. 于是我们的转换从一个没有空闲时间的最优解开始.

引理 4.1 所有没有逆序、没有空闲时间的调度具有相同的最大延迟.

证 假设 f 是没有逆序、没有空闲时间的调度,于是在 f 中具有相同完成时间的客户必须被连续安排. 例如,$i_1, i_2, \cdots, i_k$ 是从时刻 t_0 开始的 k 个连续安排的客户,其完成时间都是 d,其中最大延迟的客户是最后一个客户 i_k,被延迟的时间是:

$$t_0 + \sum_{j=1}^{k} t_{i_j} - d$$

这与 $i_1, i_2, \cdots, i_k$ 的排列顺序无关.

根据上述引理,只要得到一个没有空闲时间,没有逆序的解,就和算法得到的解的最大延迟是相等的. 我们的证明思想是:从一个没有空闲时间的最优解出发,在不改变最优性的条件下,转变成没有逆序的解.

注意,如果一个最优调度存在逆序,那么存在相邻位置的客户构成的逆序. 这两个客户的次序交换,只影响他们之间的逆序,其他逆序都不会改变,于是所得到的解比原来解的逆序数减少 1. 因为任何排列的逆序总数不超过 $n(n-1)/2$,至多经过 $n(n-1)/2$ 次相邻客户的交换,就可以得到没有逆序的调度. 剩下的问题就是:这样交换以后能不能保证解的最优性不变. 请看下面的定理.

定理 4.3 在一个没有空闲时间的最优解中,最大延迟是 r,如果仅对具有相邻逆序的客户进行交换,得到的解的最大延迟不会超过 r.

证 假设这个没有空闲时间的最优解是 f,最大延迟是 r. 如图 4.3 所示,具有相邻逆序的客户是 i 和 j,$f(i) < f(j)$,$d_i > d_j$. 设交换客户 i 和 j 之后得到的调度为 f',在 f' 中由于对客户 j 的服务时间提前了,因此它的延迟时间不会增加. 其他客户的延迟不变,只有 i 的延迟有可能增加. 下面证明 i 增加后的延迟不超过 r.

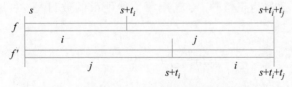

图 4.3 交换 i 和 j 不增加调度的最大延迟

设在 f 调度下,对客户 i 服务开始时间是 s,即 $f(i) = s$. 那么对 i 的服务在 $s + t_i$ 时间结束,此刻就是对 j 开始服务的时间 $f(j)$. 对 j 的服务在 $f(j) + t_j$ 时间结束. 此刻恰好是:

$$f(j) + t_j = f(i) + t_i + t_j = s + t_i + t_j$$

于是,在 f 调度下对 j 的延迟是:

$$\text{delay}(f, j) = s + t_i + t_j - d_j$$

显然这个延迟不超过 f 的最大延迟，即

$$\text{delay}(f, j) \leqslant r$$

在交换客户 i 和 j 之后，对 i 服务的结束时间就是在 f 调度下对 j 服务的结束时间 $s + t_i + t_j$。于是，在 f' 调度下对 i 的延迟是：

$$\text{delay}(f', i) = s + t_j + t_i - d_i = s + t_i + t_j - d_i$$

因为 $d_i > d_j$，于是

$$\text{delay}(f', i) < \text{delay}(f, j)$$

从而得到

$$\text{delay}(f', i) < \text{delay}(f, j) \leqslant r$$

许多贪心算法的证明中都利用了交换论证的思想，数学归纳法和交换论证是证明贪心算法正确性的最重要的两种方法。除此之外，还有一些其他方法，在后面的问题中还会给予介绍。

4.3　对贪心法得不到最优解情况的处理

有些组合优化问题的贪心算法效率很高，对于该问题的某些实例可以得到最优解，对另外一些实例却不能得到正确的解。但是，由于问题本身的难度，目前能够对所有的实例都得到最优解的算法的时间常常是指数量级的。类似这样的问题在实践当中是很多的，比如著名的背包问题就是其中的一个。针对这种情况就需要做出某种权衡，也许贪心法在处理实际问题时还可以用。对这种问题主要的处理方法有两个：一是对输入做出分析，指出输入在满足哪些条件下贪心法是正确的，而且判定这些条件的时间比较少，至多不超过算法本身的运行时间；二是分析贪心法的误差，确定它对所有的输入实例得到的解（近似解）与最优解的误差至多有多大。

下面以找零钱问题为例，简要说明关于输入分析方面的工作，至于基于贪心策略的近似算法的性能将在专门介绍近似算法的第 10 章加以阐述。

例 4.4　设有 n 种硬币，其重量分别为 $w_1, w_2, \cdots, w_n$，币值分别为 $v_1 = 1, v_2, \cdots, v_n$，且 $v_1 < v_2 < , \cdots, v_n$。现在需要用这些硬币付款的总钱数是 Y，问如何选择这些硬币而使得付钱的硬币总重最轻？

不妨设币值和钱数都为正整数。令选用第 i 种硬币的数目是 x_i，那么这个问题可以建模如下：

$$\min\left\{ \sum_{i=1}^{n} w_i x_i \right\}$$

$$\sum_{i=1}^{n} v_i x_i = Y$$

$$x_i \in \mathbf{N}, \quad i = 1, 2, \cdots, n$$

这个问题可以用动态规划算法求解。设 $F_k(y)$ 表示用前 k 种硬币，总钱数为 y 的最小重量，那么递推方程是：

$$F_{k+1}(y) = \min_{0 \leqslant x_{k+1} \leqslant \left\lfloor \frac{y}{v_{k+1}} \right\rfloor} \left\{ F_k(y - v_{k+1} x_{k+1}) + w_{k+1} x_{k+1} \right\} \quad k = 1, 2, \cdots n-1, \quad y = 0, 1, \cdots, Y$$

$$F_1(y) = w_1 \left\lfloor \frac{y}{v_1} \right\rfloor = w_1 y \qquad y = 0, 1, \cdots, Y$$

不难看出,上述动态规划算法的时间复杂度是 $O(nY^2)$. 这是一个伪多项式时间的算法.

下面使用贪心法求解. 基于一般生活经验,硬币单位价值的重量越小,在付款时可能使用的硬币重量越小. 因此,采用的贪心策略就是先选"单位价值重量最小"的硬币. 在一般的币值系统中,不妨假设

$$\frac{w_1}{v_1} \geqslant \frac{w_2}{v_2} \geqslant \cdots \geqslant \frac{w_n}{v_n}$$

于是根据贪心法进行选择时,应该尽可能使用标号大的硬币.

设允许使用前 k 种零钱,总钱数为 y 时贪心法得到的总重为 $G_k(y)$,则有如下递推公式:

$$G_k(y) = w_k \left\lfloor \frac{y}{v_k} \right\rfloor + G_{k-1}(y \bmod v_k) \qquad k = 2, 3, \cdots, n, \qquad y = 0, 1, \cdots, Y$$

$$G_1(y) = w_1 \left\lfloor \frac{y}{v_1} \right\rfloor = w_1 y \qquad y = 0, 1, \cdots, Y$$

上述递推公式的含义是:在可选硬币是标号为 $1, 2, \cdots, k$ 的硬币时,第 k 种硬币的个数至多可以用 $\lfloor y/v_k \rfloor$ 个. 按照上面的贪心策略,要尽量使用第 k 种硬币,因此 $x_k = \lfloor y/v_k \rfloor$. 这些硬币的重量是 $w_k \lfloor y/v_k \rfloor$. 剩下的钱数是 $y - v_k \lfloor y/v_k \rfloor$,这是在尽量使用标号为 k 的硬币付款后所剩的不足 v_k 的余款,即 $y \bmod v_k$. 这部分钱只能用更小币值的零钱付款,也就是说只能使用标号为 $1, 2, \cdots, k-1$ 的硬币,于是得到一个子问题. 使用贪心法继续求解这个子问题,得到的总重量是 $G_{k-1}(y \bmod v_k)$. 把这个重量与标号为 k 的硬币重量加起来就是最终的总重量. 由于 1 号硬币的价值是 1,而要付款的钱数是 y,于是需要 y 枚硬币,因此硬币总重量是 $w_1 y$,这就是递推关系的初值 $G_1(y)$.

使用上述递推公式,可以从最大的硬币币值开始,找到第一个小于或等于 y 的 v_k,计算 $x_k = \lfloor y/v_k \rfloor$. 剩下的钱数 $y_1 = y - v_k \lfloor y/v_k \rfloor$. 与上一步类似,继续用贪心法对 y_1 进行类似处理……直到剩余钱数 y_t 小于 v_2 或 $y_t = 0$ 为止. 令 $x_1 = y_t$. 算法结束.

上述贪心法的运行时间是多项式时间. 但贪心法的问题是:不能保证对所有的输入都得到最优解. 考虑下面的反例. 设 $v_1 = 1, v_2 = 5, v_3 = 14, v_4 = 18, w_i = 1, i = 1, 2, 3, 4, Y = 28$. 按照贪心法,该实例的解是 $x_4 = 1, x_2 = 2$,总重量是 3,即用 1 枚币值 18 的硬币和 2 枚币值 5 的硬币. 简单地观察就可以发现,使用 2 枚币值 14 的硬币是更好的解.

看到这里,可能会产生这样的问题:对什么输入这个贪心法能得到最优解呢? 下面的定理回答了这个问题.

定理 4.4 对于任意正整数 y,当 $k = 1$ 和 2 时,都有 $G_k(y) = F_k(y)$.

证 当 $k = 1$ 时,显然有 $G_1(y) = F_1(y) = w_1 y$.

当 $k = 2$ 时,得到最优解的递推公式是:

$$F_2(y) = \min_{0 \leqslant x_2 \leqslant \lfloor y/v_2 \rfloor} \{ F_1(y - v_2 x_2) + w_2 x_2 \}$$

令

$$f(x_2, y) = F_1(y - v_2 x_2) + w_2 x_2$$

$$F_2(y) = \min_{0 \leqslant x_2 \leqslant \lfloor y/v_2 \rfloor} \{ f(x_2, y) \}$$

那么，为证明 $F_2(y) = G_2(y)$，可以观察 $f(x_2, y)$ 随 x_2 增长而变化的情况. 如果 $f(x_2, y)$ 随 x_2 的增加单调减少，那么当 x_2 取得最大值时，$f(x_2, y)$ 反而取得最小值，即 $F_2(y)$ 达到最优. 下面计算 $f(x_2, y) - f(x_2 + \delta, y)$：

$$f(x_2, y) - f(x_2 + \delta, y)$$
$$= [F_1(y - v_2 x_2) + w_2 x_2] - [F_1(y - v_2(x_2 + \delta)) + w_2(x_2 + \delta)]$$

其中 $\delta > 0$ 表示 x_2 的增量.

由于 $F_1(y) = w_1 y$，于是

$$f(x_2, y) - f(x_2 + \delta, y)$$
$$= [w_1(y - v_2 x_2) + w_2 x_2] - [w_1(y - v_2(x_2 + \delta)) + w_2(x_2 + \delta)]$$
$$= [w_1 y - w_1 v_2 x_2 + w_2 x_2] - [w_1 y - w_1 v_2 x_2 - w_1 v_2 \delta + w_2 x_2 + w_2 \delta]$$
$$= (w_1 v_2 - w_2)\delta \geqslant 0$$

上面公式推导的最后一步是由于

$$\frac{w_1}{v_1} \geqslant \frac{w_2}{v_2} \Rightarrow w_1 v_2 \geqslant w_2 v_1 = w_2$$

综上所述，当 x_2 取得最大值（也就是贪心法的 x_2 值）时 $F_2(y)$ 达到最优. 于是 $G_2(y) = F_2(y)$.

下面考虑对 $k > 2$ 的输入会有什么结果.

定理 4.5 对每个正整数 k，假设对所有的非负整数 y 有 $G_k(y) = F_k(y)$，那么

$$G_{k+1}(y) \leqslant G_k(y) \Leftrightarrow F_{k+1}(y) = G_{k+1}(y)$$

证 充分性. 如果 $F_{k+1}(y) = G_{k+1}(y)$，由于 $F_{k+1}(y) \leqslant F_k(y)$，于是有

$$G_{k+1}(y) = F_{k+1}(y) \leqslant F_k(y) = G_k(y)$$

必要性. 设 $G_{k+1}(y) \leqslant G_k(y)$，由于 $F_{k+1}(y)$ 是最优解，因此有

$$F_{k+1}(y) \leqslant G_{k+1}(y) \leqslant G_k(y)$$

如果 $F_{k+1}(y)$ 中的 $x_{k+1} = 0$，那么 $F_k(y) = F_{k+1}(y)$，从而有

$$G_k(y) = F_k(y) = F_{k+1}(y) \leqslant G_{k+1}(y) \leqslant G_k(y)$$

如果 $F_{k+1}(y)$ 中的 $x_{k+1} \neq 0$，令 $y' = y - v_{k+1} x_{k+1}$，那么

$$F_{k+1}(y') = F_k(y') \tag{4.1}$$

由此得到

$$G_k(y') = F_k(y') = F_{k+1}(y') \leqslant G_{k+1}(y') \leqslant G_k(y') \Rightarrow F_{k+1}(y') = G_{k+1}(y') \tag{4.2}$$

将这个结果和 $y = y' + v_{k+1} x_{k+1}$ 代入得

$$G_{k+1}(y) = G_{k+1}(y' + v_{k+1} x_{k+1}) = w_{k+1} x_{k+1} + G_{k+1}(y')$$
$$= w_{k+1} x_{k+1} + F_{k+1}(y') \qquad (\text{利用式}(4.2))$$
$$= w_{k+1} x_{k+1} + F_k(y') \qquad (\text{利用式}(4.1))$$
$$= F_{k+1}(y' + v_{k+1} x_{k+1}) = F_{k+1}(y)$$

定理 4.5 说明，如果对前 k 种硬币贪心法都能得到最优解，那么对 $k+1$ 种硬币贪心法也得到最优解的充分必要条件是 $G_{k+1}(y) \leqslant G_k(y)$. 但是，完成这个条件的验证需要对所有的 y 计算 $G_{k+1}(y)$ 和 $G_k(y)$，而 y 可以是任意正整数，验证算法的复杂度高. 我们需要更实用的验证方法. 下面的定理给出了一个可以实际验证的条件.

定理 4.6 对每个正整数 k，假设对所有的非负整数 y 有 $G_k(y) = F_k(y)$ 且存在 p 和 δ

满足

$$v_{k+1} = p v_k - \delta$$

其中，$0 \leqslant \delta < v_k$，p 为正整数，则下面的命题等价：

(1) $G_{k+1}(y) = F_{k+1}(y)$，对一切正整数 y.

(2) $G_{k+1}(pv_k) = F_{k+1}(pv_k)$.

(3) $w_{k+1} + G_k(\delta) \leqslant pw_k$.

证 (1)⇒(2). 令 $y = pv_k$ 即可.

(2)⇒(3). 由于使用 $k+1$ 种硬币的重量至少不比使用 k 种硬币的重量更重，于是有 $F_{k+1}(y) \leqslant F_k(y)$，而 $F_k(y) = G_k(y)$，因此

$$F_{k+1}(y) \leqslant G_k(y) \tag{4.3}$$

令 $y = pv_k$，代入条件(2)和式(4.3)，有

$$G_{k+1}(pv_k) = F_{k+1}(pv_k) \leqslant G_k(pv_k) = pw_k \tag{4.4}$$

根据贪心法定义和 $v_{k+1} = pv_k - \delta$ 有

$$G_{k+1}(pv_k) = G_{k+1}(v_{k+1} + \delta) = w_{k+1} + G_{k+1}(\delta) = w_{k+1} + G_k(\delta) \tag{4.5}$$

将式(4.5)代入式(4.4)得条件(3)，即

$$w_{k+1} + G_k(\delta) \leqslant pw_k$$

(3)⇒(1). 根据定理 4.5，$G_{k+1}(y) \leqslant G_k(y) \Leftrightarrow F_{k+1}(y) = G_{k+1}(y)$. 使用反证法，我们只需证明：如果 $G_{k+1}(y) > G_k(y)$，那么一定有 $w_{k+1} + G_k(\delta) > pw_k$ 即可.

假设 y^* 是使得 $G_{k+1}(y) \leqslant G_k(y)$ 不成立的最小正整数，显然 $y^* \geqslant v_{k+1}$，那么有

$$G_k(y^*) < G_{k+1}(y^*) = w_{k+1} + G_{k+1}(y^* - v_{k+1})$$

上式两边加上 $G_k(\delta)$ 得到

$$G_k(\delta) + G_k(y^*) < w_{k+1} + G_k(\delta) + G_{k+1}(y^* - v_{k+1}) \tag{4.6}$$

因为已知贪心法对 k 种硬币得到最优解，于是

$$G_k(y^* + \delta) \leqslant G_k(\delta) + G_k(y^*) \tag{4.7}$$

而

$$y^* + \delta = (v_{k+1} + \delta) + (y^* - v_{k+1}) = pv_k + (y^* - v_{k+1})$$

所以

$$G_k(y^* + \delta) = G_k[pv_k + (y^* - v_{k+1})] = pw_k + G_k(y^* - v_{k+1}) \tag{4.8}$$

将式(4.7)和式(4.6)代入式(4.8)得

$$pw_k + G_k(y^* - v_{k+1}) = G_k(y^* + \delta) \leqslant G_k(\delta) + G_k(y^*)$$
$$< w_{k+1} + G_k(\delta) + G_{k+1}(y^* - v_{k+1})$$

于是

$$pw_k + G_k(y^* - v_{k+1}) - G_{k+1}(y^* - v_{k+1}) < w_{k+1} + G_k(\delta)$$

因为 y^* 是使 $G_{k+1}(y) \leqslant G_k(y)$ 不成立的最小正整数，于是 $G_{k+1}(y^* - v_{k+1}) \leqslant G_k(y^* - v_{k+1})$，从而得到

$$pw_k < w_{k+1} + G_k(\delta)$$

定理 4.6 的条件(3)也是一个判定对于 $k+1$ 种硬币贪心法能否得到最优解的充分必要条件. 但是，与定理 4.5 的条件不同，这个条件与 y 的大小无关，进行实际验证是可行的. 对于给定的 k，由 $v_{k+1} = pv_k - \delta$ 计算 p 和 δ 需要常数时间，然后代入 $w_{k+1} + G_k(\delta) \leqslant pw_k$ 验

证不等式是否成立. 计算 $G_k(\delta)$ 仅需 $O(k)$ 时间. 考虑对所有的 $k=3,4,\cdots,n$, 逐项做上述验证, 至多需要 $O(n)$ 次. 于是, 总的验证时间为 $O(kn)=O(n^2)$, 这在实践中是可行的. 因此, 定理 4.6 的条件(3)是一个可以对给定输入进行有效验证的充分必要条件.

那么条件(2)有什么用呢? 如果通过验证条件(3), 发现(3)不满足, 于是可以断定贪心法对于 $k+1$ 种硬币的输入不能保证得到最优解. 那么根据两个条件等价的性质, 条件(2)必然被破坏, 这就是说 $G_{k+1}(pv_k)>F_{k+1}(pv_k)$. 不难看出, pv_k 就是使得贪心法不能得到正确解的一个 y 值, 是一个"出错点". 因此, 这个定理也称为"一点定理". 在贪心法不能正确工作时, 条件(2)可以帮助我们找到一个简单的反例.

下面验证前面提到的例子.

例 4.5   设 $v_1=1, v_2=5, v_3=14, v_4=18, w_i=1, i=1,2,3,4$, 对这个硬币系统, 贪心法能不能对所有的 y 正确工作?

解   根据定理 4.4, 有 $F_1(y)=G_1(y), F_2(y)=G_2(y)$.

下面验证 $G_3(y)=F_3(y)$. 首先根据

$$v_{k+1}=pv_k-\delta, \quad 0\leqslant\delta<v_k, \quad p\in\mathbf{Z}^+$$

得 $14=v_3=3v_2-1$, 即 $p=3, \delta=1$. 于是

$$w_3+G_2(\delta)=1+G_2(1)=1+1=2$$
$$pw_2=3\times1=3$$

满足 $w_3+G_2(\delta)\leqslant pw_2$, 根据定理 4.6 有 $G_3(y)=F_3(y)$.

接着考查是否有 $G_4(y)=F_4(y)$.

同样计算得 $18=v_4=2v_3-10$, 即 $p=2, \delta=10$. 于是

$$w_4+G_3(\delta)=1+G_3(10)=1+2=3$$
$$pw_3=2\times1=2$$

于是 $w_4+G_3(\delta)>pw_3$, $G_4(y)$ 不是最优解. 根据定理 4.6 可知有 $G_4(pv_3)>F_4(pv_3)$. 不妨验证这个反例对不对.

$$G_4(28)=\lfloor28/18\rfloor+\lfloor10/5\rfloor=1+2=3$$
$$F_4(28)=28/14=2$$

我们看到, 贪心法的解需要 3 枚硬币, 可是最优解仅需 2 枚硬币.

4.4 贪心法的典型应用

贪心法在计算机算法设计中有许多重要的应用, 下面简单介绍最优前缀码、最小生成树和单源最短路径等问题.

4.4.1 最优前缀码

在计算机中需要用 0-1 字符串作为代码来表示信息, 为了正确解码必须要求任何字符的代码不能作为其他字符代码的前缀. 这样的码称为二元前缀码. 例如, 代码 $Q=\{001,00,010,01\}$ 就不是二元前缀码, 其中码字表示的信息分别是字符 a,b,c 和 d, 即

$$a:001, \quad b:00, \quad c:010, \quad d:01$$

如果接收到序列 0100001, 那么可能有两种译码方法:

$$分解为 01,00,001, \quad 译作 d,b,a$$
$$分解为 010,00,01, \quad 译作 c,b,d$$

由于译码的歧义,这种码是不能用的.而二元前缀码就没有这个问题了.从第一个字符开始依次读入每个字符(0 或者 1),如果发现读到的子串与某个码字相等,就将这个子串译作对应的码字(这里不会出错,因为这个子串不是任何其他码字的前缀);然后从下一个字符开始继续这个过程,直到读完输入的字符串为止.

二元前缀码的存储通常采用二叉树结构,令每个字符作为树叶,对应这个字符的前缀码看作根到这片树叶的一条路径.如图 4.4 所示,规定每个结点通向左儿子的边记作 0,通向右儿子的边记作 1,那么这棵二叉树对应的前缀码是:

$$\{00000,00001,0001,001,01,100,101,11\}$$

不同字符在信息中出现的频率不同.设 $C=\{x_1,x_2,\cdots,x_n\}$ 是 n 个字符的集合,x_i 的频率是 $f(x_i),i=1,2,\cdots,n$,那么存储一个字符所使用的二进制位数的平均值是:

$$B = \sum_{i=1}^{n} f(x_i)d(x_i)$$

其中 $d(x_i)$ 是表示字符 x_i 的二进制位数,也就是 x_i 的码长.由于一个二元前缀码对应了一棵二叉树,码字就是这棵树的树叶,表示码字的二进制位数就是从根到这片树叶的路径长度,即树叶的深度.那么存储一个字符的平均二进制位数恰好就是这棵树在给定频率下的平均深度,也称为这棵树的权.图 4.4 中每个码字的频率分别是:

$$00000:5\%, \quad 00001:5\%, \quad 0001:10\%, \quad 001:15\%,$$
$$01:25\%, \quad 100:10\%, \quad 101:10\%, \quad 11:20\%$$

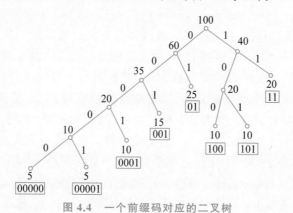

图 4.4　一个前缀码对应的二叉树

存储这个码的一个字符平均需要的二进制位数是:

$$B = [(5+5)\times 5 + 10\times 4 + (15+10+10)\times 3 + (25+20)\times 2] \div 100$$
$$= 0.5 + 0.4 + 1.05 + 0.9 = 2.85$$

不难看出,对应于同一组频率可以构造出不同的二叉树,这些二叉树所对应的前缀码的平均字符占用的位数也不一样.占用位数越少的压缩效率越高.压缩效率最高,即每个码字平均使用二进制位数最少的前缀码,称为最优二元前缀码.根据上面的分析不难看出,在给定频率下,对应于最优二元前缀码的二叉树是平均深度最小即权最小的二叉树.如果叶片数 n 恰好是 2^k,且每个码字的频率都是 $1/n$,那么这棵树应该是一棵均衡的二叉树,每片树

叶都分布在第 k 层上. 但是,对于任意给定的 n 个频率 $f(x_1), f(x_2), \cdots, f(x_n)$,如何构造一棵对应于最优二元前缀码的二叉树? 这就是我们需要解决的问题.

例 4.6 最优前缀码问题.

给定字符集 $C = \{x_1, x_2, \cdots, x_n\}$ 和每个字符的频率 $f(x_i), i = 1, 2, \cdots, n$,求关于 C 的一个最优前缀码.

一个著名的构造最优前缀码的贪心算法就是哈夫曼(Huffman)算法. 先给出它的伪码.

算法 4.4 Huffman(C)
输入: $C = \{x_1, x_2, \cdots, x_n\}$ 是字符集,每个字符频率 $f(x_i), i = 1, 2, \cdots, n$
输出: Q //队列
1. $n \leftarrow |C|$
2. $Q \leftarrow C$ //按频率递增构成队列 Q
3. for $i \leftarrow 1$ to $n-1$ do
4. $z \leftarrow$ Allocate$-$Node()   //生成结点 z
5. z.left$\leftarrow Q$ 中最小元   //取出 Q 中最小元作为 z 的左儿子
6. z.right$\leftarrow Q$ 中最小元   //取出 Q 中最小元作为 z 的右儿子
7. $f(z) \leftarrow f(x) + f(y)$
8.   Insert(Q, z)   //将 z 插入 Q
9. return Q

以八进制字符集 $C = \{0, 1, 2, 3, 4, 5, 6, 7\}$ 为例,其中字符的频率 $\times 100$ 分别是:
$$f(0) = f(1) = 5, \quad f(2) = 10, \quad f(3) = 15,$$
$$f(4) = 25, \quad f(5) = f(6) = 10, \quad f(7) = 20$$

初始队列 $Q = \{5, 5, 10, 10, 10, 15, 20, 25\}$,根据算法先找到频率最小的字符 0 和 1 做兄弟,其父结点频率是 $5 + 5 = 10$,于是队列 $Q = \{10, 10, 10, 10, 15, 20, 25\}$. 第二步找频率为 10 和 10 的两个结点做兄弟,其父结点的频率是 20,于是队列 $Q = \{10, 10, 15, 20, 20, 25\}$. 第三步还是找频率 10 和 10 的两个结点做兄弟,其父结点的频率是 20,于是队列 $Q = \{15, 20, 20, 20, 25\}$. 第四步找频率为 15 和 20 的结点做兄弟,父结点频率是 35,于是队列 $Q = \{20, 20, 25, 35\}$. 第五步找到的结点频率是 20 和 20,父结点频率是 40,于是队列 $Q = \{25, 35, 40\}$. 第六步找到的结点频率是 25 和 35,父结点频率是 60,于是队列 $Q = \{40, 60\}$. 最后一步把剩下的两个结点做兄弟得到树根,队列 $Q = \{100\}$,算法结束,从而得到图 4.4 所示的二叉树(注意: 如果频率相同的项不止一个,所构造的树与算法的实现有关,那么可能解不是唯一的,但是权值相等). 有了这棵树,根据树根到叶片的路径,就可以得到对应的二元前缀码.

该算法在第 2 行需要 $O(n\log n)$ 的时间对频率排序,第 3 行的 for 循环执行 $O(n)$ 次,循环体内第 8 行的插入操作需要 $O(\log n)$ 时间,于是算法时间复杂度是 $O(n\log n)$.

下面证明 Huffman 算法的正确性.

引理 4.2 设 C 是字符集,$\forall c \in C, f(c)$ 为频率,$x, y \in C, f(x)$ 和 $f(y)$ 频率最小,那么存在最优二元前缀码使得 x 和 y 的码字等长,且仅在最后一位不同.

证 假设 T 是一棵最优二元前缀码对应的二叉树,且 x 和 y 不是最深层的兄弟,那么存在最深层的 2 片树叶 a 和 b,使得 $d_T(x) \leqslant d_T(a), f(x) \leqslant f(a), d_T(y) \leqslant d_T(b), f(y) \leqslant f(b)$. 如图 4.5 所示,把 x 与 a 交换,y 与 b 交换,得到树 T',那么两棵树的权值之差是:

$$B(T) - B(T') = \sum_{i \in C} f(i) d_T(i) - \sum_{i \in C} f(i) d_{T'}(i)$$

$$= [f(x)d_T(x) + f(y)d_T(y) + f(a)d_T(a) + f(b)d_T(b)] -$$
$$[f(x)d_{T'}(x) + f(y)d_{T'}(y) + f(a)d_{T'}(a) + f(b)d_{T'}(b)]$$

$$= [f(x)d_T(x) + f(y)d_T(y) + f(a)d_T(a) + f(b)d_T(b)] -$$
$$[f(x)d_T(a) + f(y)d_T(b) + f(a)d_T(x) + f(b)d_T(y)]$$

$$= [f(x) - f(a)][d_T(x) - d_T(a)] + [f(y) - f(b)][d_T(y) - d_T(b)]$$

$$\geqslant 0$$

于是 T' 也是一棵最优二元前缀码的二叉树.

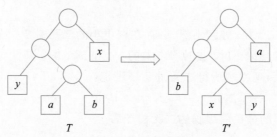

图 4.5　把最小频率的树叶交换到最底层

引理 4.3　设 T 是二元前缀码 C 所对应的二叉树, $\forall x, y \in T, x$ 与 y 是树叶兄弟, z 是 x 与 y 的父亲, 令 $T' = T - \{x, y\}$, $f(z) = f(x) + f(y)$, T' 是对应于二元前缀码

$$C' = (C - \{x, y\}) \bigcup \{z\}$$

的二叉树, 那么

$$B(T) = B(T') + f(x) + f(y)$$

证　$\forall c \in C - \{x, y\}$, 有

$$d_T(c) = d_{T'}(c) \Rightarrow f(c)d_T(c) = f(c)d_{T'}(c)$$

由于 z 是 x 与 y 的父亲, 因此有

$$d_T(x) = d_T(y) = d_{T'}(z) + 1$$

于是, 将上式代入得

$$f(x)d_T(x) + f(y)d_T(y) = (f(x) + f(y))(d_{T'}(z) + 1)$$
$$= f(z)d_{T'}(z) + (f(x) + f(y))$$

从而有

$$B(T) = \sum_{i \in T} f(i)d_T(i) = \sum_{i \in T, i \neq x, y} f(i)d_T(i) + f(x)d_T(x) + f(y)d_T(y)$$
$$= \sum_{i \in T', i \neq z} f(i)d_{T'}(i) + f(z)d_{T'}(z) + (f(x) + f(y))$$
$$= B(T') + f(x) + f(y)$$

下面通过对实例规模的归纳来证明 Huffman 算法的正确性. 因为对于一个字符, 不存在代码压缩问题, 这里的实例规模至少是 2.

定理 4.7　Huffman 算法对任意规模为 $n(n \geqslant 2)$ 的字符集 C 都得到关于 C 的最优前缀码的二叉树.

证 $n=2$，字符集 $C=\{x_1,x_2\}$，不管 $f(x_1)$ 和 $f(x_2)$ 的值是什么，Huffman 算法得到的二叉树对应的代码都是 0 和 1，每个码字只用 1 位，所以是最优前缀码.

假设 Huffman 算法对于规模为 k 的字符集都能得到最优前缀码的二叉树. 考虑一个规模为 $k+1$ 的字符集 $C=\{x_1,x_2,\cdots,x_{k+1}\}$，其中 $x_1,x_2\in C$ 是频率最小的两个字符. 令
$$C'=(C-\{x_1,x_2\})\bigcup\{z\}$$
$$f(z)=f(x_1)+f(x_2)$$

那么 $C'=\{x_3,x_4,\cdots,x_{k+1},z\}$ 是规模为 k 的字符集，根据归纳假设，Huffman 算法得到一棵关于字符集 C'、频率 $f(z)$ 和 $f(x_i)(i=3,4,\cdots,k+1)$ 的最优前缀码的二叉树 T'. 如图 4.6 所示，把 x_1 和 x_2 作为 z 的儿子附加到 T' 上，得到树 T，那么 T 是关于字符集
$$C=(C'-\{z\})\bigcup\{x_1,x_2\}$$
的最优前缀码的一棵二叉树. 如若不然，必存在权更小的二叉树 T^*，且根据引理 4.2，x 和 y 可以是 T^* 的最深层的兄弟树叶. 去掉 T^* 中的 x_1 和 x_2，并令其父结点的权值为 $f(z)=f(x_1)+f(x_2)$. 根据引理 4.3，所得二叉树 $T^{*'}$ 满足：
$$B(T^{*'})=B(T^*)-[f(x_1)+f(x_2)]<B(T)-[f(x_1)+f(x_2)]=B(T')$$
这与 T' 是一棵关于 C' 的最优前缀码的二叉树矛盾.

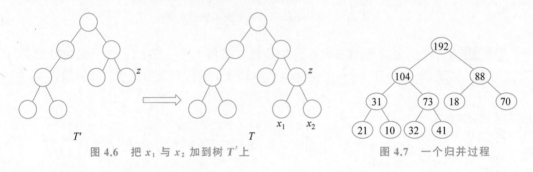

图 4.6　把 x_1 与 x_2 加到树 T' 上　　　　图 4.7　一个归并过程

Huffman 算法可以用于文件归并.

例 4.7　文件归并问题.

设 $S=\{f_1,f_2,\cdots,f_n\}$ 是一组不同长度的有序文件构成的集合，其中 f_i 表示第 i 个文件含有的记录个数. 现在使用二分归并方法将这些文件归并成一个有序文件. 归并过程可以看成一棵二叉树. n 个输入文件作为树叶，文件 i 和 j 归并，归并后的文件就作为 i 和 j 的父亲，经过 $n-1$ 次归并形成一棵树. 设 $S=\{21,10,32,41,18,70\}$ 是 6 个有序文件的集合，图 4.7 给出了一种归并次序：第一轮，文件 1 和 2 归并，文件 3 和 4 归并，文件 5 和 6 归并，分别得到含 31 个记录、73 个记录和 88 个记录的文件. 其中 $21+10=31,32+41=73,18+70=88$，归并后新文件所含记录数分别标记在相关的父结点上. 第二轮，取含 31 和 73 个记录的文件继续归并，得到 104 个记录的文件. 最后将 104 个记录的文件和 88 个记录的文件归并，得到含有 192 个记录的文件，归并过程结束.

归并过程中的主要操作是记录之间的比较. 文件 i 和 j 归并的比较次数至多等于 f_i+f_j-1. 不同的归并方法所做的比较次数是不一样的. 对于上面的归并方法，比较次数是：
$$(21+10-1)+(32+41-1)+(18+70-1)+(31+73-1)+(104+88-1)$$
$$=30+72+87+103+191=483$$

上述输入实例也可以采用下述归并次序：初始文件 $f=f_1$，然后陆续把 f_i 并入 f 中，$i=2,3,\cdots,6$. 那么归并的比较次数是：

$$(21+10-1)+(31+32-1)+(63+41-1)+(104+18-1)+(122+70-1)$$
$$=30+62+103+121+191=507$$

我们的目标是：对于给定的 S，找一个在最坏情况下比较次数最少的归并次序.

从上面的归并过程中可以看到，如果树叶 i 的深度是 $d(i)$，那么文件 i 的每个记录，从其父结点开始直到树根，在路径上的每个结点都要参与一次比较，总的比较次数恰好等于它的深度 $d(i)$. 考虑到归并树叶 f_i 和 f_j，比较次数等于 f_i+f_j-1，每个内结点都需要减 1，总计 $n-1$ 个内结点，因此，总的比较次数等于所有叶结点深度之和减去 $n-1$. 在上面的例子中，按照这种计算方法，图 4.7 中的归并次序所做的比较次数是：

$$(21+10+32+41)\times 3+(18+70)\times 2-5=312+176-5=483$$

正好与前面的结果一致. 一般来说，归并的比较次数可以按照下面的公式计算：

$$\sum_{i\in S}d(i)f_i-(n-1)$$

在上面关于优化函数的公式中，如果把文件记录数 f_i 看作字符频率，那么它与前缀码的平均位数公式只相差 $n-1$. 而这个差的大小与树的结构无关，仅依赖于输入规模，于是 Huffman 算法完全可以用到文件归并问题中.

以输入 $S=\{21,10,32,41,18,70\}$ 为例，按照 Huffman 算法得到的最好的归并次序如图 4.8 所示，所做的比较次数是：

$$(10+18)\times 4+21\times 3+(32+41+70)\times 2-5$$
$$=112+63+281=456$$

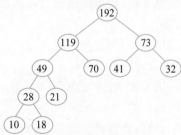

图 4.8　最好的归并过程

4.4.2　最小生成树

设无向连通带权图 $G=<V,E,W>$，其中 $w(e)\in W$ 是边 e 的权. G 的一棵生成树是包含了 G 的所有顶点的树，树中各边的权之和称为树的权，具有最小权的生成树称为 G 的最小生成树. 如果 G 表示计划中的道路网络，结点代表城市，边的权值表示建造路的费用，那么 G 的最小生成树表示能使这些城市之间连通的最小费用.

下面给出一些关于生成树的重要结果，有关的概念和证明可以在参考文献[1]中找到.

命题 4.1　设 G 是 n 阶连通图，T 是 G 的 n 阶连通子图，那么

（1）T 是 G 的生成树当且仅当 T 有 $n-1$ 条边.

（2）如果 T 是 G 的生成树，$e\notin T$，那么 $T\cup\{e\}$ 含有一个圈（回路）.

我们的问题是：给定连通带权图 G，求 G 的一棵最小生成树. 求最小生成树的算法有两个：Prim 算法与 Kruskal 算法. 先看 Prim 算法.

设 $G=<V,E,W>$，其中 $V=\{1,2,\cdots,n\}$. 这个算法的基本思想是将 V 划分成两个子集 S 与 $V-S$. 初始 $S=\{1\}$. 算法每一步从连通 S 与 $V-S$ 的边中挑选一条权最小的边，然后把这条边所关联的顶点加到 S 中，这条边也就成了生成树 T 的边. 至多经过 $n-1$ 步，就得到 G 的一棵最小生成树. 下面给出算法的伪码.

算法 4.5　Prim
输入：连通图 $G=<V,E,W>$
输出：G 的最小生成树 T
1. $S\leftarrow\{1\};T=\varnothing$
2. while $V-S\neq\varnothing$ do
3. 　从 $V-S$ 中选择 j 使得 j 到 S 中顶点的边 e 的权最小；$T\leftarrow T\cup\{e\}$
4. 　$S\leftarrow S\cup\{j\}$

图 4.9 给出了一个 Prim 算法的运行实例.

初始 $S=\{1\}$，$V-S=\{2,3,4,5,6,7,8\}$.

第 1 步，找与结点 1 关联的最短边，是 (1,2) 边，长度为 2，于是把结点 2 加到 S 中，$S=\{1,2\}$.

第 2 步，找连接集合 $\{1,2\}$ 和 $\{3,4,5,6,7,8\}$ 的最短边，是 (1,3) 边，边长是 3，于是 $S=\{1,2,3\}$.

第 3 步，找连接集合 $\{1,2,3\}$ 和 $\{4,5,6,7,8\}$ 的最短边，是 (2,7) 边，边长是 7，$S=\{1,2,3,7\}$.

第 4 步，找连接集合 $\{1,2,3,7\}$ 与 $\{4,5,6,8\}$ 的最短边，是 (7,8) 边，边长是 1，$S=\{1,2,3,7,8\}$.

第 5 步，找连接集合 $\{1,2,3,7,8\}$ 与 $\{4,5,6\}$ 的最短边，是 (2,4) 边，边长是 18，$S=\{1,2,3,7,8,4\}$.

第 6 步，找连接集合 $\{1,2,3,7,8,4\}$ 与 $\{5,6\}$ 的最短边，是 (4,6) 边，边长是 3，$S=\{1,2,3,7,8,4,6\}$.

最后，找连接集合 $\{1,2,3,7,8,4,6\}$ 与 $\{5\}$ 的最短边，是 (6,5) 边，边长是 4. $S=V$，算法停止，最终得到的最小生成树如图 4.9 所示. 它的权是 38.

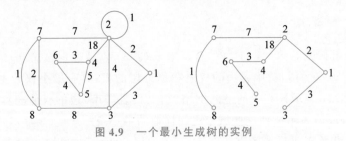

图 4.9　一个最小生成树的实例

下面通过对算法步数的归纳来证明 Prim 算法的正确性.

定理 4.8　对于任意正整数 $k<n$，存在一棵最小生成树包含算法前 k 步选择的边.

证　$k=1$，用反证法证明存在一棵最小生成树 T 包含边 $e=(1,i)$，其中 $(1,i)$ 是所有关联 1 的边中权最小的.

令 T 为一棵最小生成树，假如 T 不包含 $(1,i)$，那么根据命题 4.1，$T\cup\{(1,i)\}$ 含有一个圈. 设这个圈中关联 1 的另一条边是 $(1,j)$，令

$$T'=(T-\{(1,j)\})\bigcup\{(1,i)\}$$

则 T' 也是生成树，且 $W(T')\leqslant W(T)$.

假设算法进行了 $k-1$ 步，生成树的边为 $e_1,e_2,\cdots,e_{k-1}$，这些边的 k 个端点构成集合 S.

由归纳假设存在 G 的一棵最小生成树 T 包含这些边.

算法第 k 步选择了顶点 i_{k+1},则 i_{k+1} 到 S 中顶点的边的权值最小,设这条边为 $e_k=(i_{k+1},i_l)$. 假设 T 不含有边 e_k,根据命题 4.1,将 e_k 加到 T 中形成一条回路,这条回路一定有另外一条连接 S 与 $V-S$ 中顶点的边 e. 用 e_k 替换 e 得到树 T^*,即

$$T^* = (T-\{e\}) \bigcup \{e_k\}$$

所以 T^* 是 G 的一棵生成树,包含边 $e_1,e_2,\cdots,e_k$,由于 $w(e_k) \leqslant w(e)$,因此 $W(T^*) \leqslant W(T)$.

根据数学归纳法,命题得证.

下面考虑 Prim 算法的时间复杂度.

实现 Prim 算法需要两个数组 near[1..n] 和 d[1..n],对于 $i \in V-S$,near[i] 是 S 中距离 i 最近的顶点,换句话说就是它到 i 的边的权值最小. d[i] 是这个最近的结点到 i 的距离. 初始,对于结点 $i=2,3,\cdots,n$,令 near[i]=1,如果 $e=(i,1)$ 是 G 的边,则 d[i]=w(e);否则,d[i]=∞. 一旦结点 i 加到 S 中,令 d[i]=−1,以此来标记 $i \in S$. 当算法需要选择连通 S 与 $V-S$ 的最小边时,只需要检查每个 $i \in V-S$,找到最小的 d[i] 就可以确定这条最小边,比如 $e=(j,k),j \in S,k \in V-S$. 然后把 k 加到 S 中,令 d[k]=−1. 这个检查工作需要 $O(n)$ 的时间. 剩下的工作就是修改 $V-S$ 中所有结点 i 的 near[i] 和 d[i] 值. 因为 S 中除了 k 外的其他结点到 i 的最短边和长度已经分别记录在 near[i] 和 d[i] 中,因此只需要检查边 (k,i) 的权是否小于 d[i],如果 (k,i) 的权更小,则将 near[i] 更新为 k,且将 d[i] 的值更新为 $(k.i)$ 的权. 不难看出,所有 $V-S$ 中结点的更新工作需要 $O(n)$ 时间. 因此,算法每把 1 个新结点加到 S 中总计需要 $O(n)$ 时间. 由于需要加入 $n-1$ 个顶点,于是算法的时间复杂度是 $O(n^2)$.

下面考虑 Kruskal 算法. 先给出伪码.

算法 4.6 Kruskal

输入:连通图 $G=<V,E,W>$ //顶点数 n,边数 m

输出:G 的最小生成树

1. 按照权从小到大顺序排序 G 中的边,使得 $E=\{e_1,e_2,\cdots,e_m\}$

2. $T \leftarrow \varnothing$

3. repeat

4. $e \leftarrow E$ 中的最短边

5.   if e 的两端点不在同一个连通分支

6.   then $T \leftarrow T \bigcup \{e\}$ //把 e 加入树中,合并连通分支

7. $E \leftarrow E-\{e\}$

8. until T 包含了 $n-1$ 条边

需要说明的是:算法 4.6 的第一步对边排序时,不考虑环(过单一结点的边). 如果两个顶点之间有平行边,那么取其中最短的一条. 下面以图 4.9 为例来运行 Kruskal 算法.

排序后的边集 $E=\{e_1,e_2,e_3,e_4,e_5,e_6,e_7,e_8,e_9,e_{10}\}$,其中

$$e_1=(7,8), \quad e_2=(1,2), \quad e_3=(1,3), \quad e_4=(4,6), \quad e_5=(2,3),$$
$$e_6=(5,6), \quad e_7=(4,5), \quad e_8=(2,7), \quad e_9=(3,8), \quad e_{10}=(2,4)$$
$$w(e_1)=1, \quad w(e_2)=2, \quad w(e_3)=w(e_4)=3, \quad w(e_5)=w(e_6)=4,$$
$$w(e_7)=5, \quad w(e_8)=7, \quad w(e_9)=8, \quad w(e_{10})=18$$

初始 $T = \varnothing$.

第 1 步, $T = \{e_1\}$.

第 2 步,算法选择 e_2, $T = \{e_1, e_2\}$.

第 3 步,算法选择 e_3, $T = \{e_1, e_2, e_3\}$.

第 4 步,算法选择 e_4, $T = \{e_1, e_2, e_3, e_4\}$.

第 5 步,算法考虑 e_5,但是由于 e_5 与 e_2, e_3 构成回路,不能选,T 不变.

第 6 步,算法选择 e_6, $T = \{e_1, e_2, e_3, e_4, e_6\}$.

第 7 步,算法考虑 e_7,但是由于 e_7 与 e_4, e_6 构成回路,不能选,T 不变.

第 8 步,算法选择 e_8, $T = \{e_1, e_2, e_3, e_4, e_6, e_8\}$.

第 9 步,算法考虑 e_9,但是由于 e_9 与 e_1, e_8, e_2, e_3 构成回路,不能选,T 不变.

第 10 步,算法选择 e_{10}, $T = \{e_1, e_2, e_3, e_4, e_6, e_8, e_{10}\}$.

最后得到的生成树如图 4.9 所示,恰好与 Prim 算法的结果一样. 当然,如果图 G 存在多棵最小生成树时,两个算法得到的解有可能是不同的.

下面通过对实例规模 n 的归纳来证明 Kruskal 算法的正确性. 为此先说明图的"短接"操作. 设 $e = (i, j)$ 是 G 的一条边,所谓短接 i 和 j 就是:把顶点 i 和 j 合并成一个顶点 $i\text{-}j$;原来关联 i 的边 (i, k) 变成边 $(i\text{-}j, k)$;同样地,原来关联 j 的边 (j, l) 变成边 $(i\text{-}j, l)$. 图 4.10 给出一个短接边 e 的两个端点 i 和 j 的例子.

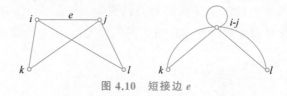

图 4.10 短接边 e

定理 4.9 对任意的 $n(n > 1)$ 阶带权图 G,Kruskal 算法都能得到 G 的一棵最小生成树.

证 当 $n = 2$ 时,图中只有顶点 1 和 2,Kruskal 算法选择最短边 $(1, 2)$,命题显然为真.

假设对于任意 n 阶图,Kruskal 算法都是正确的. 考虑 $n+1$ 阶图 G,设 G 中最小权的边 $e = (i, j)$. 从 G 中短接 i 和 j,得到图 G'. G' 有 n 个顶点,根据归纳假设,使用算法可以得到 G' 的一棵最小生成树 T'. 令 $T = T' \cup \{e\}$(把被短接的顶点恢复原状),则 T 是关于 G 的最小生成树.

如若不然,存在 G 的一棵最小生成树 T^*, $W(T^*) < W(T)$. 首先说明存在一棵这样的树 T^* 包含边 e. 因为如果 $e \notin T^*$,在 T^* 中加入边 e,根据命题 4.1 形成一条回路 C. 去掉 C 中任意一条其他的边,所得到的生成树的权不超过 $W(T^*)$,且包含 e. 下面在 T^* 中短接 i 和 j 就得到 G' 的生成树 $T^* - \{e\}$,且

$$W(T^* - \{e\}) = W(T^*) - w(e) < W(T) - w(e) = W(T')$$

从而与 T' 的最优性矛盾.

根据归纳法,命题对任何自然数 $n > 1$ 都成立.

下面分析 Kruskal 算法的时间复杂度. 算法的时间复杂度依赖于实现方案,主要是算法第 5 行的操作. 假设 $e = (i, j)$,怎样判断 i 和 j 是否在同一个连通分支中?这里需要给出标记顶点所在连通分支的方法. 不难看出,所有的连通分支构成对顶点集 V 的一个划分,每个

连通分支都是 V 的子集,每个顶点都在一个连通分支中,不同的连通分支彼此不相交. 我们可以用连通分支中某个顶点的标号作为连通分支的名字. 例如,G 的顶点集是 $V=\{1,2,3,4,5,6,7,8\}$,当前的连通分支是 $\{1,5,7,8\}$,$\{2,3,6\}$,$\{4\}$,那么这些连通分支可以依次标记为 $1,2,4$. 假设需要判断边 $e_1=(5,6)$,$e_2=(1,8)$ 的两个端点是否在同一连通分支中,可以利用数组 FIND,FIND$[i]$ 就是 i 的连通分支标记. 对于 $e_1=(5,6)$,因为 FIND$[5]=1$,FIND$[6]=2$,FIND$[5]\neq$FIND$[6]$,于是 5 与 6 不在同一连通分支. 对于 $e_2=(1,8)$,因为 FIND$[1]=$FIND$[8]=1$,因此 1 和 8 在同一连通分支. 下面说明如何从给定的图 G 建立和更新 FIND 数组.

初始,对 $i=1,2,\cdots$,令 FIND$[i]=i$. 设 i 和 j 所在的子集分别是 A 和 B,如果算法选择了边 (i,j),就要将 A 和 B 合并成一个子集,这就需要更改一部分顶点的 FIND 函数值. 为了减少更改标记的次数,在合并两个子集时取元素较多的子集名字作为合并后的子集名字. 在上面的例子中,如果需要合并子集 $\{2,3,6\}$ 和 $\{4\}$,我们只需要令 FIND$[4]=2$. FIND$[2]$,FIND$[3]$,FIND$[6]$ 的值不变. 下面证明:建立和更改连通分支标记的总时间至多是 $O(n\log n)$.

引理 4.4 设数组 FIND 保存图 G 中每个顶点的子集标记,两个子集合并时采用较大子集的标记作为合并后的子集标记,那么对于给定的 G,可以在 $O(n\log n)$ 时间建立和更新 FIND 数组,其中 n 是 G 中顶点个数.

证 初始建立 n 个子集 $\{i\}$,$i=1,2,\cdots,n$. 这相当于对数组 FIND 赋初值,使得 FIND$[i]=i$,不难看出这需要 $O(n)$ 时间. 下面考虑修改标记的操作次数. $\forall i\in V$,假设 i 在子集 A 中. 如果在 1 次 A 与 B 的合并中标记 FIND$[i]$ 被修改,根据约定,一定有 $|A|\leqslant|B|$. 于是有 $|A\bigcup B|\geqslant 2|A|$,这就意味着 i 所在的子集合并后规模至少加倍. 假定 i 在连通分支建立过程中经历了 k 次修改标记操作. 初始含有 i 的子集只有 1 个元素,到 k 次修改结束后,i 所在的子集至少有 2^k 个元素,由于 $2^k\leqslant n$,因此 $k\leqslant\log n$. 这就对于 i 的标记修改次数给出了一个上界. 考虑到 G 有 n 个结点,于是,所有标记的修改至多是 $O(n\log n)$ 次. 由于每个标记的修改仅需要 $O(1)$ 时间,于是建立和更改连通分支标记的总时间是 $O(n\log n)$.

设 G 有 n 个顶点,m 条边,下面考虑算法 4.6 的工作量. 第 1 行对边的排序需要 $O(m\log m)$ 时间. 根据引理 4.4,建立和更新连通分支总计需要 $O(n\log n)$ 时间,第 3 行循环 $O(m)$ 次,循环体内除去更新连通分支的时间是 $O(1)$,于是算法的时间复杂度是:

$$O(m\log m + n\log n + m)$$

因为简单的连通图的边数 m 满足

$$n(n-1)/2 \geqslant m \geqslant n-1$$

因此有

$$n\log n = O(m\log m) \quad \text{和} \quad m\log m = O(m\log n^2) = O(m\log n)$$

于是 Kruskal 算法的时间复杂度是 $O(m\log n)$.

回顾前面的 Prim 算法,时间复杂度是 $O(n^2)$. Kruskall 算法的时间复杂度是 $O(m\log n)$. 到底哪个算法效率更高一些呢？这依赖于图的稀疏程度. 如果图中含有较多的边,比如 $m=\Theta(n^2)$,使用 Kruskal 算法的运行时间是 $O(n^2\log n)$,这时 Prim 算法效率高一些. 但是,如果是稀疏图,$m=\Theta(n)$,那么使用 Kruskal 算法的运行时间是 $O(n\log n)$,比 Prim 算法效率更高.

最小生成树有很多应用,在网络路由和聚类分析中都会用到最小生成树. 聚类分析的目的是把一个集合的元素根据某些性质进行划分,使得在同一个划分块的元素性质上彼此更接近,而在不同划分块的元素差距要尽可能大. 根据不同需要可以为聚类问题建立多种数学模型. 其中,单链的 k 聚类是一种最简单的模型.

设集合 $S=\{1,2,\cdots,n\}$, $\forall i,j \in S, i \neq j, d(i,j) = d(j,i)$ 表示 i 与 j 的相似度,假设需要将 S 划分成 k 个子集 $C_1, C_2, \cdots, C_k$,聚类 $L=\{C_1, C_2, \cdots, C_k\}$ 的间隔定义为

$$D(L) = \min\{d(i,j) \mid i \in C_t, j \in C_s, 1 \leqslant t < s \leqslant k\}$$

给定 S 和 S 中元素之间的相似度,我们的目标是寻找使得 $D(L)$ 达到最大的 k 聚类 L.

可以采用 Kruskal 算法来求解这个问题. 令 S 是顶点集,对任意顶点 i 和 j,边 (i,j) 的权就是距离 $d(i,j)$,于是得到带权图 G. 算法的运行过程如下:初始 T 是空集,存在 n 个单元素的顶点子集. 每当 T 中增加一条边,就把 2 个子集合并,当 T 中恰好得到 k 个连通分支(k 个类)时,算法停止. 如果最终得到一棵生成树,也就是只剩下 1 个类时,需要加 $n-1$ 条边;要得到 k 个类,只需要加 $n-k$ 条边. 为什么这样做就可以得到一个具有最大间隔的 k 聚类呢?这个问题留给读者思考.

4.4.3 单源最短路径

在网络中经常会用到广播,从一个结点向所有的其他结点发送消息. 例如,在一个实际的分布式网络中,某些服务器结点可能由于硬件或者软件故障而失效,也可能自己从网络中主动退出. 为了传输的可靠性,需要经常对结点工作情况做检测. 例如结点 i 向其他 k 个结点发消息,然后等待回应,在某个时间间隔内根据回应情况判断网络的连通现状. 除此之外,在物流网络中经常需要从商品产地向经销商供货. 上面这些问题都涉及路径的规划. 可以如下建立相应数学模型:

在一个带权有向网络 $G=<V,E,W>$ 中,每条边 $e=<i,j>$ 的权 $w(e)$ 为非负实数,表示从 i 到 j 的距离. 网络中有源点 $s \in V$,求从 s 出发到达每个其他结点的最短路径.

求解这个问题的算法就是著名的 Dijkstra 算法. 它的设计思想是:将 V 划分成集合 S 与 $V-S$. 初始 $S=\{s\}$. 算法的每一步都把 1 个结点加入 S,直到 $S=V$ 为止. 根据什么条件来挑选加入 S 的结点呢?算法对每个结点 $i \in V-S$,计算从 s 出发中间只经过 S 中结点且最终到达 i 的最短路径,称为从 s 到 i 相对于 S 的最短路径,路径长度记为 $\text{dist}[i]$(注意,如果此刻 s 到 i 不可达,则令 $\text{dist}[i]=\infty$). 通过比较,从所有 $\text{dist}[i]$ ($i \in V-S$) 中选出最小值,比如 $\text{dist}[j]$ 最小,那么结点 j 就是在这一步加入 S 中的结点. 先给出算法的伪码描述如算法 4.7,其中 $w(i,j)$ 表示有向边 $<i,j>$ 的权.

算法 4.7 Dijkstra

输入:带权有向图 $G=<V,E,W>$,源点 $s \in V$

输出:数组 L,对所有 $j \in V-\{s\}$,$L[j]$ 表示 s 到 j 的最短路径上 j 前一个结点的标号

1. $S \leftarrow \{s\}$

2. $\text{dist}[s] \leftarrow 0$

3. for $i \in V-\{s\}$ do

4. $\text{dist}[i] \leftarrow w(s,i)$ //如果 s 到 i 没有边,$w(s,i)=\infty$

5. while $V-S \neq \varnothing$ do

6.   从 $V-S$ 中取出具有相对 S 的最短路径的结点 j,k 是该路径上连接 j 的结点

7. $S \leftarrow S \cup \{j\}; L[j] \leftarrow k$
8.   for $i \in V-S$ do
9.   if $\text{dist}[j]+w(j,i)<\text{dist}[i]$
10.   then $\text{dist}[i] \leftarrow \text{dist}[j]+w(j,i)$ //修改结点 i 相对 S 最短路径长度

下面给出一个算法的运行实例. 图 4.11 是一个带权有向图, 源点是 1.

第 1 步, $S=\{1\}$, 下面计算结点 2,3,4,5,6 相对于 S 的最短路径.
$$\text{dist}[2]=10, \quad \text{dist}[3]=\text{dist}[4]=\text{dist}[5]=\infty, \quad \text{dist}[6]=3$$
其中最短距离是 3, 于是结点 6 加入 S 中, 得 $L[6]=1$.

第 2 步, $S=\{1,6\}$, 修改距离 dist 如下:
$$\text{dist}[2]=\min\{3+2,10\}=5, \quad \text{dist}[5]=\min\{3+1,\infty\}=4,$$
$$\text{dist}[4]=\min\{3+6,\infty\}=9$$
其中最短距离是 4, 于是结点 5 加入 S 中, 得 $L[5]=6$.

第 3 步, $S=\{1,6,5\}$, 不用修改距离, 最短距离是 5, 于是结点 2 加入 S 中, 得 $L[2]=6$.

第 4 步, $S=\{1,6,5,2\}$, 修改距离 dist 如下:
$$\text{dist}[3]=\min\{5+7,\infty\}=12$$
其中最短距离是 9, 于是结点 4 加入 S 中, 得 $L[4]=6$.

第 5 步, $S=\{1,6,5,2,4\}$, 不用修改距离.

把最后一个结点 3 加入 S 中, $L[3]=2$, $S=\{1,6,5,2,4,3\}$, $S=V$, 算法结束. 得到
$$\text{dist}[1]=0, \quad \text{dist}[2]=5, \quad \text{dist}[3]=12,$$
$$\text{dist}[4]=9, \quad \text{dist}[5]=4, \quad \text{dist}[6]=3$$
最后的最短路径如图 4.11 粗线所示.

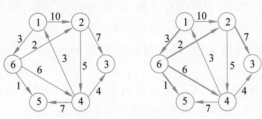

图 4.11　一个实例

为了证明 Dijkstra 算法的正确性, 我们需要证明当算法在第 7 行选择把结点 j 加到 S 中时, $\text{dist}[j]$ 就是从 s 到 j 的最短路径长度. 根据这个结果, 当 $S=V$ 时, 所有的结点都加入 S 中, 于是我们得到了从 s 到所有其他结点的最短路径. 请看下面的定理.

定理 4.10 设 $G=<V,E,W>$ 是有向带权图, $\forall e \in E$, 权 $w(e)$ 是非负实数. $s \in V$ 是源点, $\text{short}[i]$ 是从 s 到 i 的最短路径长度. 对于 $S \subseteq V$, $\text{dist}[i]$ 是从 s 到 i 相对于 S 的最短路径长度. 那么, 对于任何正整数 k, 当算法进行第 k 步时, $\forall i \in S$, 有 $\text{dist}[i]=\text{short}[i]$.

证 对 k 归纳.

$k=1, S=\{s\}$, 显然 $\text{dist}[s]=\text{short}[s]=0$.

假设对于 k, 命题为真, 即算法前 k 步选择的结点 i 都有 $\text{dist}[i]=\text{short}[i]$. 考虑算法在第 $k+1$ 步, 选择了结点 v (其关联边是 $<u,v>$, 其中 u 在 S 中). 如图 4.12 所示, 假若存在另一条从 s 到 v 的路径 L, 路径中第 1 次离开 S 的边是 $<x,y>$, 其中 $x \in S$,

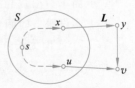

图 4.12　归纳证明

$y \in V - S$. 由于算法在这一步选择了结点 v, 没选结点 y, 那么一定有

$$\text{dist}[v] \leqslant \text{dist}[y]$$

而

$$\text{dist}[y] + d(y, v) = L$$

这里 $d(y, v)$ 表示 y 到 v 的距离. 于是

$$\text{dist}[v] \leqslant L$$

即算法对 v 选择的路径是 s 到 v 的最短路径. 从而证明了算法在第 $k+1$ 步选择 v, 有 $\text{dist}[v] = \text{short}[v]$.

根据归纳法, 命题得证.

考虑单源最短路径算法的时间复杂度. 算法每步在 S 中增加 1 个结点, 总计 $O(n)$ 步. 每增加 1 个结点, 需要修改 $V - S$ 中结点的 dist 的值. 每个值需要 $O(1)$ 时间, 因此每步要 $O(n)$ 时间. 由此可知算法的时间复杂度是 $T(n) = O(n^2)$.

本章介绍了贪心法, 给出了很多重要应用的例子, 最后我们把贪心法的设计思想概括如下:

（1）贪心法适用于求解优化问题. 其求解过程是多步判断过程. 每步判断的依据是某个局部最优的策略, 即选择"眼前"最好的决策, 而不必考虑前面一系列决策的结果.

（2）一系列局部最优的决策不一定导致全局的最优解, 贪心法的正确性必须要给出证明.

（3）算法的正确性证明方法包括数学归纳法和交换论证法. 使用数学归纳法主要通过对算法步数或者问题规模进行归纳. 如果要证明贪心策略是错误的, 只需举出反例.

（4）求解过程是自顶向下, 先做贪心选择, 然后规模较大的子问题将归约为规模更小的子问题.

（5）如果贪心法得不到最优解, 那么可以对问题的输入进行分析或者估计算法的近似比.

（6）通常对原始数据排序之后, 贪心法往往是一轮处理, 时间复杂度和空间复杂度低.

习 题 4

4.1　设有 n 个顾客同时等待一项服务, 顾客 i 需要的服务时间为 t_i, $i = 1, 2, \cdots, n$. 从时刻 0 开始计时. 若在时刻 t 开始对顾客 i 服务, 那么 i 的等待时间就是 t. 应该怎样安排 n 个顾客的服务次序, 使得总的等待时间（每个顾客等待时间的总和）最少?

（1）使用贪心法求解这个问题时的贪心选择策略是什么?

（2）简单写出贪心法的算法描述.

（3）假设服务时间分别为 {1, 3, 2, 15, 10, 6, 12}, 用贪心法给出这个问题的解.

4.2　有 n 个底面为长方形的物品需要租用库房存放. 如果每个物品都必须放在地面上, 且所有物品的底面宽度都等于库房的宽度, 那么第 i 个物品占用库房面积大小只需要用它的底面长度 l_i 来表示, $i = 1, 2, \cdots, n$. 设库房总长度是 L, 且 $\sum_{i=1}^{n} l_i > L$. 如果要求放

入库房的物品个数最多,那么应选用哪种算法设计技术? 简述算法的设计思想,证明算法的正确性,并估计算法最坏情况下的时间复杂度.

4.3 设有一条边远山区的道路 AB,沿着道路 AB 分布着 n 所房子. 这些房子到 A 的距离分别是 $d_1, d_2, \cdots, d_n (d_1 < d_2 < \cdots < d_n)$. 为了给所有房子的用户提供移动电话服务,需要在这条道路上设置一些基站. 为了保证通信质量,每所房子应该位于距离某个基站的 4km 范围之内. 设计一个算法找到基站的位置,并且使得基站总数达到最少. 用文字说明算法的主要设计思想,给出算法的伪码描述,证明算法的正确性,并给出算法最坏情况下的时间复杂度函数.

4.4 给定数轴 X 上 n 个不同点的集合 $\{x_1, x_2, \cdots, x_n\}$,其中 $x_1 < x_2 < \cdots < x_n$. 现在用若干长度为 1 的闭区间来覆盖这些点. 设计一个算法找到最少的闭区间个数和位置,证明算法的正确性,并估计算法的时间复杂度.

4.5 有 n 个文件需要存储在磁盘上,第 i 个文件需要 p_i 个字节的存储空间,$i = 1, 2, \cdots, n$. 磁盘的总容量是 C,且 $\sum\limits_{i=1}^{n} p_i > C$.

(1) 如果要求存入的文件个数达到最多,那么应选用哪种算法设计技术? 简述算法设计思想,证明算法的正确性,并估计算法最坏情况下的时间复杂度.

(2) 如果要求磁盘的剩余空间达到最小,那么应选用哪种算法设计技术? 简述算法设计思想,并估计算法最坏情况下的时间复杂度.

4.6 有 n 项作业的集合 $J = \{1, 2, \cdots, n\}$,每项作业 i 有加工时间 $t(i) \in \mathbf{Z}^+$. 有一台机器从时刻 0 开始工作,直到完成所有的任务. 一个可行调度 f 是对 J 中任务的一个安排,对于 $i \in J$,$f(i)$ 是任务 i 开始加工的时间,f 满足下述条件:

$$f(i) + t(i) \leqslant f(j) \quad \text{或} \quad f(j) + t(j) \leqslant f(i), \quad j \neq i, \quad i, j \in J$$

设作业 i 的完成时间 $w(i) = f(i) + t(i)$,求使得平均完成时间 $\dfrac{1}{n} \sum\limits_{i=1}^{n} w(i)$ 最少的调度.

4.7 假设零钱系统的币值是 $\{1, p, p^2, \cdots, p^n\}$,$p > 1$,且每个钱币的重量都等于 1. 设计一个最坏情况下时间复杂度最低的算法,使得对任何钱数 y,该算法得到的零钱个数最少. 说明算法的主要设计思想,证明它的正确性,并给出最坏情况下的时间复杂度.

4.8 有一个考察队到野外进行考察,在考察路线上有 n 个地点可以作为宿营地. 已知宿营地到出发点的距离依次为 $x_1, x_2, \cdots, x_n$,且满足 $x_1 < x_2 < \cdots < x_n$. 每天他们只能前进 30km,而任意两个相邻的宿营地之间的距离都不超过 30km. 在每个宿营地只住 1 天. 他们希望找到一个行动计划,使得总的宿营天数达到最少. 设计一个算法求解这个问题. 给出算法的主要步骤,证明算法是正确的,并估计算法的时间复杂度.

4.9 有 n 个进程 $p_1, p_2, \cdots, p_n$. 对于 $i = 1, 2, \cdots, n$,进程 p_i 的开始时间为 $s[i]$,截止时间为 $d[i]$. 可以通过监测程序 Test 来测试正在运行的进程. Test 每次测试的时间很短,可以忽略不计. 换句话说,如果 Test 在时刻 t 进行测试,那么它将对满足 $s[i] \leqslant t \leqslant d[i]$ 的所有进程 p_i 同时取得测试数据. 假设最早运行的进程的开始时刻是 0,问: 如何安排测试时刻,使得对每个进程至少测试一次,且 Test 测试的次数达到最少? 说明你的算法的主要设计思想,给出伪码,证明算法的正确性,并分析算法最坏情况下的时间复杂度

4.10 考虑习题 3 的 3.11 题关于圆环上 n 个排序数组的归并问题. 假设 n 个排序数组分别含有整数 $x_0, x_1, \cdots, x_{n-1}$ 个, 如下设计贪心法: 计算所有相邻两个数组的元素数之和, 从中选择元素数之和最小的两个数组进行归并. 这种贪心法是否能够对所有的实例得到最优解? 证明你的结果.

4.11 Dijkstra 算法要求有向图的边的权是非负实数. 请举出反例说明, 对于某些含有负数边权的有向图, Dijkstra 算法不能得到正确的解.

4.12 设字符集 S, 其中 8 个字符 A, B, C, D, E, F, G, H 的频率分别是 $f_1, f_2, \cdots, f_8$, 且 $100 \times f_i$ 是第 i 个 Fibonacci 数的值, $i = 1, 2, \cdots, 8$.

    (1) 给出这 8 个字符的 Huffman 树和编码.

    (2) 如果有 n 个字符, 其频率恰好对应前 n 个 Fibonacci 数, 那么对应的 Huffman 树是什么结构, 证明你的结论.

4.13 设有作业集合 $J = \{1, 2, \cdots, n\}$, 每项作业的加工时间都是 1. 所有作业的截止时间是 D. 若作业 i 在 D 之后完成, 则称为被延误的作业, 并需要赔偿罚款 $m(i)$. 这里的 D 和 $m(i)(i = 1, 2, \cdots, n)$ 都是正整数, 且 n 项 $m(i)$ 彼此不等. J 的一个调度是函数 $f: J \rightarrow \mathbf{N}$, 其中, $\mathbf{N}$ 为自然数集合, $f(i)$ 表示作业 i 开始加工的时间, $i = 1, 2, \cdots, n$. 设计一个算法求出使得总罚款最少的调度, 证明算法的正确性, 并给出最坏情况下的时间复杂度.

4.14 设有作业集合 $J = \{1, 2, \cdots, n\}$, 每项作业的加工时间都是 1. 作业 i 的截止时间是 $d(i)$, 在 $d(i)$ 之前完成则获得利润 $m(i)$. 这里的 $d(i)$ 和 $m(i)(i = 1, 2, \cdots, n)$ 都是正整数, 且所有的 $m(i)$ 彼此不等. J 的一个调度是函数 $f: J \rightarrow \mathbf{N}$, 其中, $\mathbf{N}$ 为自然数集合, $f(i)$ 表示作业 i 开始加工的时间, $i = 1, 2, \cdots, n$. 设计一个算法求出使得总利润最大的调度, 证明算法的正确性, 并给出最坏情况下的时间复杂度.

4.15 有 n 项任务的集合 $T = \{1, 2, \cdots, n\}$, 每项任务需要先放到机器 A 上进行预处理, 然后再放到机器 B 上加工. 第 $i(i = 1, 2, \cdots, n)$ 项任务的预处理和加工时间分别是 $a(i)$ 和 $b(i)$, 如果机器 A 只有 1 台, 机器 B 的数量不限, 问如何安排这些任务在机器 A 上的处理顺序使得总的加工时间最短? 总加工时间的含义是: 从 0 时刻机器 A 开始预处理, 到 t 时刻最后一台机器 B 停止工作, 总加工时间就是 t. 给出求解该问题的算法, 用文字说明算法的主要设计思想和最坏情况下的时间复杂度, 并证明算法的正确性.

4.16 设 $A = <a_1, a_2, \cdots, a_n>$, $B = <b_1, b_2, \cdots, b_m>$ 是两个序列, 其中 $m \leqslant n$. 设计一个 $O(n)$ 时间的算法, 判断 B 是否为 A 的子序列. 说明算法的设计思想, 给出伪码, 并证明算法的正确性.

4.17 设 $G = <V, E, W>$ 是一个通信网络, 其中结点集 V 是站点集合, 边集 E 是站点之间的链路集合, $\forall e \in E$, 权值 $w(e)$ 表示带宽, 并且假设每条边的权都不相等. 对于任意站点 $u, v \in V$, 一条 u-v 路径 P 的最大带宽是 $w(P) = \min_{e \in P}\{w(e)\}$, 即这条路径上的所有边的带宽的最小值. 而 u 与 v 之间的最佳带宽 $w(u, v) = \max\{w(P) \mid P$ 是一条 u-v 路径$\}$, 即所有 u-v 路径带宽的最大值. 这也是 u 与 v 之间通信的最佳带宽.

    (1) 证明存在一棵生成树, 使得在这棵树中, 连接每对结点 u, v 唯一路径的最大带宽等于 u 与 v 之间的最佳带宽.

（2）设计一个找这样一棵生成树的算法，并分析算法的时间复杂度.

4.18 设 $S = \{1, 2, \cdots, n\}$ 是 n 项广告的集合，广告 $i(i = 1, 2, \cdots, n)$ 有发布开始时间 $s(i)$、截止时间 $d(i)$、发布效益是 $v(i)$，其中 $s(i)$ 是非负整数，$d(i)$ 和 $v(i)$ 是正整数，且 $d(1) \leqslant d(2) \leqslant \cdots \leqslant d(n)$. 我们的问题是：如何在 S 中选择一组广告 A，使得 A 中任意两个广告都相容（时间段不重叠）且总效益最大？

（1）假设所有广告的效益都相等，试设计一个求解上述问题的算法，证明其正确性，并说明时间复杂度.

（2）如果效益 $v(i)$ 可以取任意正整数，设计一个算法求解这个问题，用文字说明算法的设计思想和主要步骤，分析算法最坏情况下的时间复杂度.

4.19 有 n 个文件存在磁带上，每个文件占用连续的空间. 已知第 i 个文件需要的存储空间为 s_i，被检索的概率是 $f_i, i = 1, 2, \cdots, n$，且 $f_1 + f_2 + \cdots + f_n = 1$. 检索每个文件需要从磁带的开始位置进行操作，比如文件 i 需要空间 $s_i = 310$，存储在磁带的 121 单元～430 单元，那么检索该文件需要的时间为 430. 问如何排列 n 个文件使得平均检索时间最少？设计算法求解这个问题，说明算法的设计思想，证明算法的正确性，并给出算法最坏情况下的时间复杂度.

4.20 一个公司需要购买 n 个密码软件的许可证，按照规定每个月至多可以得到一个软件的许可证. 假定每个许可证目前售价都是 1000 元. 但是第 i 个许可证的售价将按照 $r_i > 1$ 的指数因子增长，$i = 1, 2, \cdots, n$. 例如，第 i 个许可证在 1 个月后将是 $r_i \times 1000$ 元，2 个月后将是 $r_i^2 \times 1000$ 元，k 个月后将是 $r_i^k \times 1000$ 元. 给定输入 $r_1, r_2, \cdots, r_n$，给出一个购买许可证的顺序，以使得花费的总钱数最少. 设计一个算法求解这个问题，说明设计思想，证明其正确性，并分析算法最坏情况下的时间复杂度.

4.21 给定 n 个集合 $A_1, A_2, \cdots, A_n$，每个集合都由连续的正整数构成，即

$$A_i = \{x \mid a_i \leqslant x \leqslant b_i\}, \quad a_i, x, b_i \in \mathbf{Z}^+, \quad i = 1, 2, \cdots, n$$

设计一个算法求最小的集合 S，使得对每个 $i = 1, 2, \cdots, n$，$|S \cap A_i| \neq \varnothing$，即每个 A_i 至少含有 S 中的一个数.

第5章

5

回溯与分支限界

本章介绍算法设计的第四种方法：回溯算法. 先用例子说明回溯算法设计的基本思想和适用条件，然后给出主要设计步骤和效率分析方法，最后给出求解优化问题的一种改进回溯方法：分支限界.

5.1 回溯算法的基本思想和适用条件

有些问题，如搜索问题和优化问题，它们的解分布在一个解空间里，求解这些搜索问题的算法就是一种遍历搜索解空间的系统方法，所以解空间又称为搜索空间. 求解搜索问题就是在搜索空间中找到一个或全部解，求解组合优化问题就是找到该问题的一个最优解或所有的最优解.

回溯算法将搜索空间看作一定的结构，通常为树形结构，一个解对应于树中的一片树叶. 算法从树根（即初始状态）出发，尝试所有可达的结点. 当不能前行时，就后退一步或若干步，再从另一个结点继续搜索，直到所有的结点都试探过. 回溯算法遍历一棵树可以用深度优先、宽度优先或者宽度−深度结合等多种方法. 为加快搜索，人们又给出了分支限界等各种在树中剪枝的方法，以改善算法的运行时间. 简单来说，回溯（backtracking）是一种遵照某种规则（避免遗漏）、跳跃式（带裁剪）地搜索解空间的技术.

5.1.1 几个典型的例子

例 5.1 8皇后问题. 在有 8×8 个方格的棋盘中放置8个皇后，使得任何两个皇后之间不能互相攻击，即在同一行、同一列不能有两个及以上的皇后，在与主对角线、副对角线的平行线上也不能有两个及以上的皇后，试给出所有的放置方法.

解 首先找出所有可行解，即所有可能的放置方法. 由于每行不能有两个及以上皇后，而棋盘共有8行，要放置的皇后个数也恰有8个，所以在可行解中每行正好有一个皇后. 这样，每个可行解可以表示成一个8维向量 $<x_1, x_2, \cdots, x_8>$，其中 x_i 表示第 i 行放置皇后的位置（列号）. 例如 $<4,2,7,1,3,5,8,6>$，表示第一行中皇后放在第 4 列，$\cdots$，第 8 行中皇后放在第 6 列. 所以所有可行解为如下 8 维向量构成的集合 $\{<x_1, x_2, \cdots, x_8> \mid 1 \leqslant x_i \leqslant 8, 1 \leqslant i \leqslant 8\}$. 将这些可行解按一定的结构进行排列. 在本例中，我们将之排成完全 8 叉树，即搜索空间. 搜索树有 8 层，最下层有 8^8 个叶结点. 如图 5.1 所示.

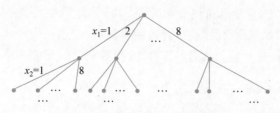

图 5.1　8 皇后问题的搜索空间

回溯算法用深度优先策略遍历整棵树,找出所有解. 算法从树根开始,经过结点 $<1>$,$<1,1>$,$<1,1,1>$,…,最后到结点 $<8,8,…,8>$ 为止,然后回溯到根,算法停止,恰好按深度优先顺序跳跃式搜索了所有的可行解向量. 在实际搜索过程中不是真正遍历所有的结点,如果发现向下搜索不可能达到解结点,那么就回头. 搜索过程是解向量不断生成的过程. 根结点为空向量,算法依次对 $x_1,x_2,…,x_n$ 进行赋值. 每进行一次赋值需要检查"互不攻击"的条件. 当不满足条件时,算法不再继续向下搜索,而是从这个结点回到父结点. 一旦对 $x_1,x_2,…,x_k$ 进行了赋值,算法就到达某个结点,将该结点标记为向量 $<x_1,x_2,…,x_k>$,称为部分向量. 从根结点到解结点的路径上的所有标记正是从空向量到可行解的生成过程. 例如,算法从根结点沿着边 $x_1=1$ 走到第一层最左边的那个结点,表示第 1 行的皇后放在第 1 列,该结点的标记是 $<1>$. 按深度优先策略算法沿 $x_2=1$ 走到第二层最左边的那个结点,表示第 2 行的皇后放在第 1 列,这违反了同一列不能有两个及以上的皇后的放置规则,不满足约束条件,算法回溯到父结点 $<1>$. 下一个选择是 $x_2=2$,走到第二层从左边数的第二个结点,表示第 2 行的皇后放在第 2 列,这违反了与主对角线平行的平行线上不能有两个及以上的皇后的放置原则,所以也不可能找到解. 于是,算法又回溯到父结点 $<1>$. 这相当于把这两个分支对应的子树从整棵树中裁剪掉了. 接着算法沿着 $x_2=3$ 走到第二层左边数的第三个结点,表示第 2 行的皇后放在第 3 列,这符合放置规则,该结点标记为 $<1,3>$. 再按照深度优先策略往下探查,显然沿 $x_3=1$,$x_3=2$,$x_3=3$,$x_3=4$ 的方向向下的搜索都违背了放置规则,只能回溯到 $<1,3>$. 下面可以选择 $x_3=5$,对应于该结点的部分向量记为 $<1,3,5>$. 照这样不断向下搜索,如果得到一个满足约束条件的 8 维向量,它就是 8 皇后问题的一个解. 如果从某个结点向下分支的所有方向都破坏了约束条件,部分向量不能继续扩张,则意味着以这个结点为根的子树中没有可行解存在. 算法从这个结点继续向上回溯到其父结点,接着探查父结点其他可能的向下分支. 如此下去,可以得到第一个解 $<1,5,8,6,3,7,2,4>$,按此策略再遍历其他结点,可得到其余解,共有 92 个解.

一般地,对于 n 皇后问题,搜索树有 $1+n+n^2+…+n^n$ 个结点,而

$$1+n+n^2+…+n^n = \frac{n^{n+1}-1}{n-1} \leqslant \frac{n^{n+1}}{\frac{n}{2}} = 2n^n \quad n \geqslant 2$$

在每个结点处,要判断此位置的皇后与已经放置的皇后是否相互攻击,最多要看 $3n$ 个位置(沿列方向、主与副对角线方向)是否已有皇后,故 n 皇后问题的该算法在最坏情形下的时间复杂度为 $O(3n \times 2n^n) = O(n^{n+1})$. 这是一个粗略的上界估计. 实际运行中由于搜索树的剪枝,时间要少得多.

例 5.2　0 1 背包问题. 一个旅行者准备随身携带一个背包. 可以放入背包的物品有

n 种,每种物品只有一个,重量和价值分别为 w_j 和 v_j,$1 \leqslant j \leqslant n$. 如果背包的最大重量限制是 B,问怎样选择放入背包的物品,使得背包的价值最大?

  解 一个可行解就是对每个物品的选择,选择其是放入背包还是不放,放入背包就标记为 1,不放入背包就标记为 0. 这样,所有可行解是满足 $\sum_{i=1}^{n} w_i x_i \leqslant B$ 的 n 维布尔向量 $<x_1, x_2, \cdots, x_n>$,其中 $x_i = 1$ 或 $x_i = 0$,$1 \leqslant i \leqslant n$.

  搜索空间的每片树叶对应了物品的一个子集,所有的树叶构成集合 $\{<x_1, x_2, \cdots, x_n> \mid x_i = 1$ 或 $0, 1 \leqslant i \leqslant n\}$,整个搜索空间可以排成一棵完全二叉树. 对于每个内结点来说,到达左子结点的边代表 1,到达右子结点的边代表 0. 这样的完全二叉树称为子集树,该树有 2^n 个树叶,代表了选入物品子集的特征序列.

  搜索策略还是深度优先方法. 下面以一个实例说明 0-1 背包问题的回溯算法的运行过程:设 $n=4$,价值向量为 $\boldsymbol{V} = \{12, 11, 9, 8\}$,重量向量为 $\boldsymbol{W} = \{8, 6, 4, 3\}$,背包承载量为 $B = 13$.

  按深度优先策略,从根结点开始,沿着边 $x_1 = 1$ 走到第一层最左边的那个结点,表示第一个物品被选中放入背包,此时背包中只有第一个物品,其重量是 8,不超过背包承载量 13,可以继续选择. 于是,搜索按深度优先策略向下层进行. 算法沿着 $x_2 = 1$ 走到第二层最左边的那个结点,表示第二个物品也被选中放入背包,此时背包中物品的重量达到 14,大于背包的承载量,破坏了约束条件,回溯到父结点. 接着按深度优先策略沿边 $x_2 = 0$ 向下搜索,表示第二个物品不放入背包,此时背包中物品重量是 8,还可以继续选择物品放入. 继续沿着左边的 $x_3 = 1$ 走到其左儿子,表示第三个物品被选中放入背包,此时背包中物品的重量是 12,小于承载量 13. 继续向下,沿着 $x_4 = 1$ 走到其左儿子,表示第四个物品被选中放入背包,此时背包中物品的重量将达到 15,大于承载量 13,破坏约束条件,回溯到父结点. 于是算法只能沿着右边的 $x_4 = 0$ 走到其右儿子,表示第四个物品不放入背包,此时背包中物品的重量是 12,小于承载量 13,从而得到第一个可行解 $<1, 0, 1, 0>$,即将第 1 个和第 3 个物品放入背包,第 2 个和第 4 个物品不放,此时放入背包物品的价值为 21,现在还不知道这个可行解是不是最优解. 如此下去,算法搜索到 $<0, 0, 0, 0>$ 结点以后,将沿着树中最右边的路径逐步回溯,直到树根,算法结束,如图 5.2 所示. 此时已经找到了所有的可行解,所有这些价值中的最大值即为最优值,对应的解即为最优解. 在这个实例中,$<0, 1, 1, 1>$ 是最优解,即将第 2 个、第 3 个和第 4 个物品放入背包,背包中物品总价值最大达到 28.

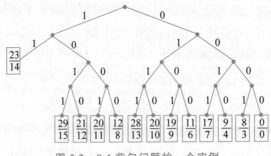

图 5.2 0-1 背包问题的一个实例

  该子集树有 $1 + 2 + 2^2 + \cdots + 2^n = 2^{n+1} - 1 \leqslant 2 \times 2^n = O(2^n)$ 个结点. 在每个结点处要计算放入背包物品的重量是否超过背包的承载量,父结点已经记录了在此结点之前已经放入背包物品的重量. 再加上当前新放入背包物品的重量,就可得到该结点处放入背包物品的重量. 在最坏的情况下,该算法只进行了 1 次加法和一次大小比较,即进行了 $O(1)$ 次运算,从而该算法在最坏的情况下的时间复杂性为 $O(2^n)$.

对于一般的背包问题,其可行解和 0-1 背包问题类似,也是 n 维向量 $<x_1, x_2, \cdots, x_n>$,只是其分量 x_i 是整数,不一定只是 0 或 1. 由于背包承载量是一个定值 B,所以第 i 种物品放入背包的最大个数 x_i 满足 $0 \leqslant x_i \leqslant \lfloor B/w_i \rfloor, 1 \leqslant i \leqslant n$. 在构造解空间结构时,根结点的分支个数为 $\lfloor B/w_1 \rfloor$,第一层结点的分支个数为 $\lfloor B/w_2 \rfloor$. 以此类推,可以构造完整的搜索树. 搜索策略仍然是深度优先方法,此处略.

例 5.3 货郎问题(TSP). 某售货员要到若干城市去推销商品,各城市之间的距离为已知. 他要选定一条从驻地出发经过所有城市最后回到驻地的周游路线,使得总的路程最短. 其数学模型是:已知一个带权完全图(结点代表城市,边代表城市之间的道路,权代表城市之间的距离,如两个城市之间无直接连接的道路,设其权为∞,所以权为正数或无穷),求权和最短的一条哈密顿回路.

货郎问题中,带权图又可分为有向图和无向图. 下面的算法对有向图和无向图都适用.

解 一个可行解是 n 个城市的一个排列,排列的第一个元素是售货员的驻地. 最后一个元素是其最后周游的城市,由此城市又回到驻地. 如果将城市编号为 $1, 2, \cdots, n$,且驻地为城市 1,则一个可行解即为首元素是 1 的一个 n 元排列.

这些排列可以安排成如下的搜索树:从根到叶结点的一条路径对应了 $\{1, 2, \cdots, n\}$ 的排列,根结点只有一个子结点,其余各结点分支数不同. 第一层结点有 $n-1$ 个分支,第二层结点有 $n-2$ 个分支,$\cdots$,第 $n-1$ 层有 1 个分支,这样的树称为排列树.

搜索策略依然是深度优先.

图 5.3 的右边给出货郎问题的一个实例,其对应的搜索树为左边的排列树. 按深度优先策略,可求出最优解为 $<1, 2, 4, 3>$,对应于巡回路线:$1 \rightarrow 2 \rightarrow 4 \rightarrow 3 \rightarrow 1$,巡回路径的长度为 $5+2+7+9=23$.

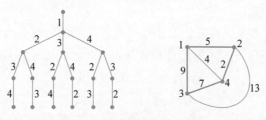

图 5.3 货郎问题的一个实例

该排列树有 $K_n = 1 + 1 + (n-1) + (n-1)(n-2) + \cdots + ((n-1)(n-2) \cdots 2) + (n-1)!$ 个结点. 而

$$K_n = 1 + (n-1)! \times \left(\frac{1}{(n-1)!} + \frac{1}{(n-2)!} + \frac{1}{(n-3)!} + \cdots \frac{1}{1!} + 1 \right)$$

$$\leqslant 1 + (n-1)! \times \left(\frac{1}{2^{n-2}} + \frac{1}{2^{n-3}} + \cdots + \frac{1}{2} + 1 + 1 \right)$$

$$\leqslant 1+(n-1)! \times \left(\frac{1}{1-\frac{1}{2}}+1\right)$$

$$=1+3(n-1)!=O((n-1)!)$$

而在每个结点处要计算已得到的路径长度,这只要将父结点得到的路径长度加上父结点到本结点的距离即可;在叶结点处还要计算得到的回路长度,并判断得到的回路是否为当前的最短回路,所以算法在每个结点处最多进行两次加法和一次大小比较,故该算法最坏情形的时间复杂性为 $O((n-1)!) \times O(1)=O((n-1)!)$.

由这些例子可以看出回溯算法的共同特征:

(1) 可求解搜索问题和优化问题,搜索问题可定义如下:

一个搜索问题 π 有实例集 $D\pi$,对于 π 中的任何实例 I,有一个有穷的解集合 $S_\pi[I]$.

如果存在算法 A,对于任何实例 $I \in D\pi$,A 都停止,并且如果 $S_\pi[I]=\varnothing$,则回答无解,否则给出 $S_\pi[I]$ 中的一个解,那么称 A 解搜索问题 π.

(2) 搜索空间是一棵树,每个结点对应了部分向量,满足约束条件的树叶对应了可行解,在优化问题中不一定是最优解.

(3) 搜索过程一般采用深度优先、宽度优先、函数优先或宽深结合等策略隐含遍历搜索树.所谓隐含遍历是指:不是真正访问到每个结点,需要从搜索树中进行裁剪.

(4) 判定条件(分支与回溯条件):满足约束条件则分支扩张解向量;不满足约束条件,回溯到该结点的父结点.

5.1.2 回溯算法的适用条件

要使回溯算法得到正确应用,必须满足如下的多米诺性质:

假设 $P(x_1,x_2,\cdots,x_i)$ 是关于向量 $<x_1,x_2,\cdots,x_i>$ 的某个性质(如例 5.1 中的前 i 个皇后放置在彼此不能攻击的位置),那么 $P(x_1,x_2,\cdots,x_{i+1})$ 是真蕴涵 $P(x_1,x_2,\cdots,x_i)$ 为真,即

$$P(x_1,x_2,\cdots,x_{k+1}) \rightarrow P(x_1,x_2,\cdots,x_k), \quad 0<k<n$$

其中 n 代表解向量的维数.

下面是一个不满足多米诺性质因而使用回溯算法不能得到正确解的反例.

例 5.4 求满足下列不等式的所有整数解:

$$5x_1+4x_2-x_3 \leqslant 10$$

$$1 \leqslant x_i \leqslant 3, \quad i=1,2,3$$

$P(x_1,x_2,\cdots,x_k)$ 表示将 $x_1,x_2,\cdots,x_k$ 代入原不等式的相应部分使得左边小于或等于 10,如 $P(x_1,x_2,x_3)$ 表示 $5x_1+4x_2-x_3 \leqslant 10$. 存在 $<x_1,x_2,x_3>=<1,2,3>$,使得 $P(x_1,x_2,x_3)$ 为真,但是 $P(x_1,x_2)$ 表示 $5x_1+4x_2 \leqslant 10$,显然为假,因而 P 不满足多米诺性质,不能使用回溯算法. 如果使用回溯算法,其执行过程是:

搜索空间是 $\{<x_1,x_2,x_3>|1 \leqslant x_i \leqslant 3,i=1,2,3\}$,是一棵完全 3 叉树,如图 5.4 所示. 搜索策略还是深度优先.

回溯算法很容易求出 $<1,1,1>$,$<1,1,2>$,$<1,1,3>$ 是其解,但当算法搜索到结点 A 时,$x_1=1$,$x_2=2$,此时 $5x_1+4x_2=13>10$,不满足条件,算法将回溯到其父结点,进而搜

索结点 B，从而丢掉 $<1,2,3>$ 这个解．如果令 $x'_3=4-x_3$，那么不等式将改为

$$5x_1+4x_2+x'_3\leqslant 14$$
$$1\leqslant x_i,\quad x'_3\leqslant 3,\quad i=1,2$$

则该不等式满足多米诺性质，可以使用回溯算法．对所得到的解 x_1，x_2,x'_3 很容易地转换成原来不等式的解 x_1,x_2,x_3．

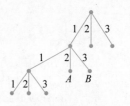

图 5.4　不等式求解
的搜索树

回溯算法中，结点状态随算法的进行会改变，结点一般有三种状态：白结点（尚未访问）、灰结点（正在访问以该结点为根的树中结点）、黑结点（该结点为根的子树遍历完成）．

5.2　回溯算法的设计步骤

回溯算法设计的主要步骤如下：
（1）定义搜索问题的解向量和每个分量的取值范围．
（2）确定子结点的排列规则．
（3）判断是否满足多米诺性质．
（4）确定搜索策略：深度优先、宽度优先、宽深结合等．
（5）确定每个结点能够分支的约束条件．
（6）确定存储搜索路径的数据结构．

回溯算法一般可以如下描述：设解向量为 $<x_1,x_2,\cdots,x_n>$，x_i 的可能取值的集合为 $X_i,i=1,2,\cdots,n$．设当 $x_1,x_2,\cdots,x_{k-1}$ 确定以后 x_k 的取值集合为 S_k，显然 $S_k\subseteq X_k$．回溯算法的实现可以有两种方法：递归回溯和迭代递归．下面给出算法的伪码．

5.2.1　回溯算法的递归实现和迭代实现

算法 5.1　ReBack(k)

1. if $k>n$ then $<x_1,x_2,\cdots,x_n>$ 是解
2. else while $S_k\neq\varnothing$ do
3. 　　$x_k\leftarrow S_k$ 中最小值
4. 　　$S_k\leftarrow S_k-\{x_k\}$
5. 　　计算 S_{k+1}
6. 　　ReBack($k+1$)

算法 5.2　递归回溯 ReBacktrack(n)

输入：n
输出：所有的解

1. for $i\leftarrow 1$ to n do 计算 X_k
2. $S_1\leftarrow X_1$
3. ReBack(1)

算法 5.3　迭代回溯 Backtrack(n)

输入：n
输出：所有的解

1. 对于 $i=1,2,\cdots,n$,确定 X_i

2. $k \leftarrow 1$

3. 计算 S_k

4. while $S_k \neq \varnothing$ do

5. $x_k \leftarrow S_k$ 中最小值;$S_k \leftarrow S_k - \{x_k\}$

6.   if $k < n$ then

7. $k \leftarrow k+1$;计算 S_k

8.   else $<x_1, x_2, \cdots, x_n>$是解

9. if $k > 1$ then $k \leftarrow k-1$;goto 4

以 4 皇后问题为例,上述算法执行的部分过程如下:

初始:$X_1 = X_2 = X_3 = X_4 = \{1,2,3,4\}$.
$k=1$,$S_1 = \{1,2,3,4\}$,取 $x_1 = 1$,修改 $S_1 = \{2,3,4\}$.
$k=2$,$S_2 = \{3,4\}$,取 $x_2 = 3$,修改 $S_2 = \{4\}$.
$k=3$,$S_3 = \varnothing$,回溯.
$k=2$,$S_2 = \{4\}$,取 $x_2 = 4$,修改 $S_2 = \varnothing$.
$k=3$,$S_3 = \{2\}$,取 $x_3 = 2$,修改 $S_3 = \varnothing$.
$k=4$,$S_4 = \varnothing$,回溯.
$k=3$,$S_3 = \varnothing$,回溯.
$k=2$,$S_2 = \varnothing$,回溯.
$k=1$,$S_1 = \{2,3,4\}$,取 $x_1 = 2$,修改 $S_1 = \{3,4\}$.
$k=2$,$S_2 = \{4\}$,取 $x_2 = 4$,修改 $S_2 = \varnothing$.
$k=3$,$S_3 = \{1\}$,取 $x_3 = 1$,修改 $S_3 = \varnothing$.
$k=4$,$S_4 = \{3\}$,取 $x_4 = 3$,修改 $S_4 = \varnothing$,得到解 $<2,4,1,3>$.
$k=3$,$S_3 = \varnothing$,回溯.
$k=2$,$S_2 = \varnothing$,回溯.
$k=1$,$S_1 = \{3,4\}$,取 $x_1 = 3$,修改 $S_1 = \{4\}$.
$\vdots$

上面描述了算法在左子树中的执行情况,后面右子树的过程与前面类似,不再重复. 下面给出几个典型的回溯算法例子.

5.2.2　几个典型的例子

例 5.5　装载问题. n 个集装箱装上两艘载重分别为 c_1 和 c_2 的轮船,w_i 为集装箱 i 的重量,且

$$\sum_{i=1}^{n} w_i \leqslant c_1 + c_2$$

问是否存在一种合理的装载方案,将 n 个集装箱装上轮船? 如果有,给出一种方案.

解　可以证明:如果装载问题有解,则存在一个使得第一条船装载量与 c_1 的差达到最小的解. 从而有如下解题思路:

(1) 用回溯算法确定使第一条船装载量 W_1 与 c_1 的差达到最小的装载方案 $<x_1,x_2,\cdots,x_n>$,即使得第一条船装载量达到最大值 W_1 的装载方案;

(2) 如果 $\sum_{i=1}^{n} w_i - W_1 \leqslant c_2$,则回答 Yes,否则回答 No.

算法设计步骤如下：

(1) 解向量是 $<x_1,x_2,\cdots,x_n>$，其中 $x_i \in \{1,0\}$，$1 \leqslant i \leqslant n$. 搜索空间是子集树.

(2) 在结点 $<x_1,x_2,\cdots,x_k>$ 的约束条件：

$$\sum_{i=1}^{k} w_i x_i \leqslant c_1$$

(3) 满足多米诺条件：令 $P(x_1,x_2,\cdots,x_k)$ 为 $\sum_{i=1}^{k} w_i x_i > c_1$，从而

$$\sum_{i=1}^{k} w_i x_i > c_1 \Rightarrow \sum_{i=1}^{k+1} w_i x_i > c_1$$

(4) 搜索策略：深度优先.

上述回溯算法的伪码如下. 其中 B 为目前空隙，best 为目前为止最优解的空隙.

算法 5.4　Loading(W,c_1)

输入：集装箱重量 $W=<w_1,w_2,\cdots,w_n>$，c_1 是第一条船的载重

输出：使得第一条船装载量最大的装载方案 $<x_1,x_2,\cdots,x_n>$，其中 $x_i=0,1$

1. $B \leftarrow c_1$；best $\leftarrow c_1$；$i \leftarrow 1$
2. while $i \leqslant n$ do
3. 　　if 装入 i 后重量不超过 c_1
4. 　　then $B \leftarrow B - w_i$；$x[i] \leftarrow 1$；$i \leftarrow i+1$
5. 　　else $x[i] \leftarrow 0$；$i \leftarrow i+1$
6. if $B <$ best then 记录解；best $\leftarrow B$；$i \leftarrow i-1$
7. Backtrack(i)
8. if $i=1$ then return 最优解
9. else goto 3

算法 5.5　Backtrack(i)

1. while $i > 1$ and $x[i]=0$ do
2. 　　$i \leftarrow i-1$ 　　　　　　　　　　　　　　//回溯到父结点
3. if $x[i]=1$ then $x[i] \leftarrow 0$；$B \leftarrow B + w_i$；$i \leftarrow i+1$ 　　//搜索右分支

下面以实例说明算法执行过程. 实例：$W=<90,80,40,30,20,12,10>$，$c_1=152$，$c_2=$ 130. 回溯算法使用深度优先搜索策略，搜索过程如图 5.5 所示. 虚线表示回溯. 算法首先给出第一个可行解 $<1,0,1,0,1,0,0>$，其装载量为 150，但其后给出第二个可行解 $<1,0,1,0,0,1,1>$，其装载量为 152，恰好为第一条船的承载量，因而也是最大的装载量. 第一条船装载后，货物剩下的重量为 $80+30+20=130$，正好可装入第二条船. 所以本实例的解为：第 1、第 3、第 6 和第 7 集装箱装入第一条船，第 2、第 4 和第 5 集装箱装入第二条船.

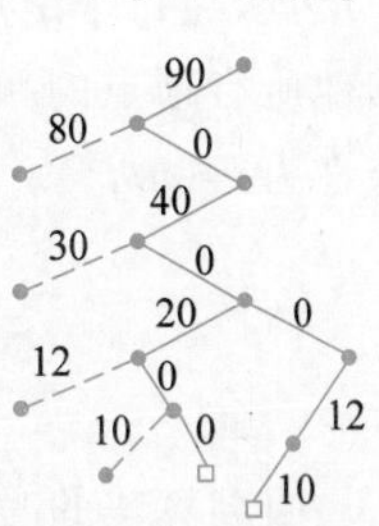

图 5.5　装载问题的实例

在最坏的情况下，算法要遍历图中几乎所有的点，叶结点有 2^n 个，结点总数为 $O(2^n)$ 个. 每个结点要计算装载量以判定是否回溯，达到叶结点的计算时间为 $O(1)$，所以算法的计算时间复杂度为 $O(2^n)$.

例 5.6　图的 m 着色问题. 给定无向连通图 G 和 m 种颜色，用这些颜色给图的顶点着色，每个顶点一种颜色. 如果要求 G 的每条边的两个顶点着不同颜色，给出所有可能的着色

方案;如果不存在着这样的方案,则回答 No.

解 设 G 有 n 个顶点,将顶点编号为 $1,2,\cdots,n$,则搜索空间为深度 n 的 m 叉完全树.将颜色编号为 $1,2,\cdots,m$,树的结点 $<x_1,x_2,\cdots,x_k>$($x_1,x_2,\cdots,x_k \in \{1,2,\cdots,m\},1\leqslant k\leqslant n$)表示顶点 1 着颜色 x_1,顶点 2 着颜色 x_2,$\cdots$,顶点 k 着颜色 x_k.

约束条件:该顶点邻接表中已着色的顶点与该顶点没有同色的.

搜索策略:深度优先.

图 5.6 给出了一个图着色的实例,其中顶点数 $n=7$,颜色数 $m=3$. 按照 $1,2,3,4,5,6,7$ 顺序构造搜索树. 按深度优先策略可以得到第一个着 3 色方案(图中粗线路径所示)是:顶点 1、顶点 3 和顶点 5 着色 1;顶点 2 和顶点 6 着色 2;顶点 4 和顶点 7 着色 3. 在 $<1,2>$ 的路径上只有这一个可行解. 在 $<1,3>$ 的路径上也只有一个可行解:顶点 1、顶点 3 和顶点 5 着色 1;顶点 4 和顶点 7 着色 2;顶点 2 和顶点 6 着色 3. 其实这个解只是将第一个解中的颜色 2 和颜色 3 交换而已. 根据对称性,在这棵树中只需搜索 1/3 的空间即可,搜索算法共可得到 6 个解.

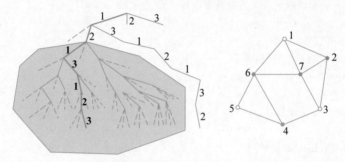

图 5.6 一个图着色问题的实例

该搜索树中有

$$1+m+m^2+\cdots+m^n=\frac{m^{n+1}-1}{m-1}\leqslant\frac{m^{n+1}}{\frac{m}{2}}=2m^n \quad (m\geqslant 2)$$

个结点,在每个结点处要判断当前顶点的着色与已着色的顶点是否颜色冲突,最坏情况下与其他所有顶点的颜色都要进行比较,即进行 $n-1$ 次比较,故该算法在最坏情况下的时间复杂性为 $O(nm^n)$.

5.3 回溯算法的效率估计和改进途径

回溯算法的时间复杂度一般取决于在搜索空间中真正遍历的结点个数以及在每个结点的工作量,而结点个数通常是指数量级. 在最坏的情况下,算法的裁剪策略几乎没有用处,往往需要遍历整个搜索空间,而平均情况下算法的复杂度比起蛮力算法会好一些. 为了估计算法运行的效率,可以用在搜索树中真正遍历的结点数作为度量标准,通常采用概率方法中的蒙特卡洛(Monte Carlo)方法来做出估计. 从根开始,算法在每个结点从所有可行的分支中随机选择一个分支. 当算法最终到达某片树叶,就得到一条随机选择的路径. 把其他的路径按照这条路径的形式进行复制,从而生成一棵对称的树,以这棵树的结点数作为本次遍历的结点数的估计. 图 5.7 给出了一个 4 皇后问题的估计. 假若算法某次抽样的路径是 $<1,4,2>$. 在根结点, $S_1=\{1,2,3,4\}$, 因此根有 4 个儿子, 这棵树第一层的 4 条路径与 $<1,4,2>$ 具有相同的结构. 当第二次随机选择时, $S_2=\{3,4\}$, 有两种选择, 因此第二层的每个结点都有 2 个分支. 当算法选择了 4 之后, 下一步进行第三次随机选择时, $S_3=\{2\}$, 这时算法只有一种选择, 这意味着该结点只有 1 个分支, 只能到达 $<1,4,2>$ 结点. 因此, 这棵树的第三层的每个结点都是 1 个分支. 到此为止, 最终形成的树就是在图 5.7 中标记为 $<1,4,2>$ 的树. 类似地, 如果随机选择的路径是 $<1,3>$ 和 $<2,4,1,3>$, 可以得到图中的另外两棵树. 而算法真正遍历的树就是搜索空间所表示的树. 在多次抽样中, 每次形成的树可能是 $<1,4,2>$, $<1,3>$ 和 $<2,4,1,3>$ 三种树之一. 对每次抽样得到的树的结点数取平均值, 就得到一个平均情况下算法真正遍历结点数的估计值.

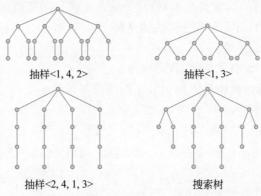

抽样 $<1, 4, 2>$ 抽样 $<1, 3>$

抽样 $<2, 4, 1, 3>$ 搜索树

图 5.7　4 皇后问题的 Monte Carlo 估计

设 t 为取样次数, sum 为 t 次取样遍历结点的平均数, m 为本次取样树中结点总数, k 为目前访问结点的层数, r_1 为在路径中的本层分支数, r_2 为路径中的上层分支数, n 为树的层数. 下面的伪码给出上述估计方法的算法.

算法 5.6　Monte Carlo
输入: n 和 t 为正整数, n 为皇后数, t 为抽样次数
输出: sum, 即 t 次抽样平均访问的结点数
1. sum←0
2. for i←1 to t do
3.　　m←Estimate(n)　　　　　　　//Estimate(n)是第 i 次抽样得到的树中的结点数
4.　　　sum←sum+m
5. sum←sum/t

算法 5.7　Estimate(n)
1. m←1; r_2←1; k←1
2. While $k \leqslant n$ do
3.　if $S_k=\varnothing$ then return m
4.　　r_1←$|S_k| * r_2$　　　　　　　　//计算第 k 层的结点数
5.　　m←$m+r_1$　　　　　　　　　//第 k 层以上各层的结点总数
6.　　x_k←随机选择 S_k 的元素
7.　　r_2←r_1
8.　　k←$k+1$

例 5.7 4 皇后问题的 Monte Carlo 估计. 抽样的路径有以下三种,其生成的树中结点数分别为

(1) $<1,4,2>$: $1+4+4\times2+4\times2=21$.

(2) $<2,4,1,3>$: $4\times3+1=17$.

(3) $<1,3>$: $1+4\times1+4\times2=13$.

如果 4 次抽样中,情况 1 出现 1 次,情况 2 出现 1 次,情况 3 出现两次,那么树中的平均结点数为

$$(13\times2+21+17)/4=16$$

而算法真正访问的结点数如图 5.7 中的搜索树所示,等于 17.

回溯算法在最坏情况下的时间复杂度函数为 $W(n)=O(p(n)\cdot f(n))$. 其中,$p(n)$ 为每个结点的计算时间,$f(n)$ 为结点个数,通常为输入规模 n 的指数函数. 这就为我们提供了分析影响回溯算法效率的因素和改进算法的途径.

影响回溯算法效率的因素:

(1) 搜索树的结构. 如分支情况、树的深度.

(2) 解的分布. 如解在树中是否均匀分布以及深度等.

(3) 约束条件的计算复杂性.

由此得出改进回溯算法的下述途径:

(1) 根据树的分支情况设计优先策略. 如结点少的分支优先搜索,解多的分支优先搜索等.

(2) 利用搜索树的对称性裁剪子树.

(3) 分解为子问题,先搜索子问题,然后组合子问题的解. 假设遍历整个搜索空间需要 $c2^n$ 时间,如果分解为 k 个子问题,每个子问题大小为 n/k,则求解时间为 $kc2^{n/k}+T$,其中 T 为组合子问题的时间. 如果 T 不超过 $O(2^{n/k})$,那么算法的时间复杂度就有了明显的改进.

5.4 分支限界

分支限界是回溯算法的变种,用于求解组合优化问题. 下面以优化问题中的极大化问题为例来说明分支限界的设计思想.

为加快裁剪(回溯)的速度,需要更多的约束条件. 约束条件越多,不满足约束条件的可能性就越大,回溯的机会就越多,裁剪的分支数就越多,从而算法更快. 为建立新的约束条件,我们定义两个新函数:代价函数和界函数.

代价函数的定义域是搜索树中所有结点构成的集合,函数值的直观含义是:当搜索进行到此结点时,以后无论怎么选择此结点的后代,目标函数所能达到的最大值不会超过代价函数的值. 严格地说,代价函数在某结点的函数值是以该结点为根的子树中,所有叶结点对应的可行解的目标函数值的一个上界. 因而对于极大化组合优化问题,代价函数在父结点的值大于或等于在子结点的值.

界函数的定义相对简单,其定义域也是搜索树中所有结点构成的集合,其函数值是搜索到此结点时已经得到的可行解的目标函数的最大值.

当回溯算法搜索到某结点时,如果代价函数的函数值小于界函数的函数值,则在搜索该结点的后代时,所找到的可行解的目标函数值不可能比界函数值更大,即不可能找到更优的解.

因而我们可以增加新的条件——代价函数值大于界函数值来加快回溯. 由此得到如下分支限界算法的基本思想:

(1) 设立代价函数,具有性质: 函数值是以该结点为根的搜索树中的所有可行解的目标函数值的上界;易见父结点的代价大于或等于子结点的代价.

(2) 设立界,其值是当时已经得到的可行解的目标函数的最大值.

(3) 搜索中停止分支的依据: 如果某个结点不满足约束条件或者其代价函数小于当时的界函数,则不再分支,向上回溯到父结点.

(4) 界的更新: 如果目标函数值为正数,初值可以设为 0. 在搜索中如得到一个可行解,计算可行解的目标函数值,如果这个值大于当时的界,就将这个值作为新的界.

对于极小化问题,将上述内容进行对偶即可,即在上述基本思想中将"上界"改为"下界","大于"改为"小于","最大值"改为"最小值".

5.4.1 背包问题

下面以背包问题为例说明分支限界算法的具体过程.

例 5.8 以下为背包问题的一个实例:

$$\max \{x_1 + 3x_2 + 5x_3 + 9x_4\}$$
$$2x_1 + 3x_2 + 4x_3 + 7x_4 \leqslant 10$$
$$x_i \in \mathbf{N}, \quad i = 1, 2, 3, 4$$

解 对变元 x_1, x_2, x_3, x_4 按 $\dfrac{v_i}{w_i} \geqslant \dfrac{v_{i+1}}{w_{i+1}}$ 重新排序,得到该问题的另一种描述:

$$\max 9x_1 + 5x_2 + 3x_3 + x_4$$
$$7x_1 + 4x_2 + 3x_3 + 2x_4 \leqslant 10$$
$$x_i \in \mathbf{N}, \quad i = 1, 2, 3, 4$$

搜索空间为 $\{< x_1, x_2, x_3, x_4 > \mid x_i \in \mathbf{N}, 0 \leqslant x_1 \leqslant 1, 0 \leqslant x_2 \leqslant 2, 0 \leqslant x_3 \leqslant 3, 0 \leqslant x_4 \leqslant 5\}$. 搜索树如图 5.8 所示. 直观地说,结点 $< x_1, x_2, \cdots, x_k >$ 的代价函数值是: 在 $< x_1, x_2, \cdots, x_k, x_{k+1}, \cdots, x_n >$ 中,无论 $x_{k+1}, \cdots, x_n$ 取何值,都取 $\sum\limits_{i=1}^{n} v_i x_i$ 的一个上界. 具体地,可取此上界为

$$\begin{cases} \sum\limits_{i=1}^{k} v_i x_i + \left(b - \sum\limits_{i=1}^{k} w_i x_i\right) \dfrac{v_{k+1}}{w_{k+1}} & \text{若对某个 } j > k \text{ 有 } b - \sum\limits_{i=1}^{k} w_i x_i \geqslant w_j \\ \sum\limits_{i=1}^{k} v_i x_i & \text{否则} \end{cases}$$

其中,$\sum\limits_{i=1}^{k} v_i x_i$ 表示已放入背包中物品的价值;$b - \sum\limits_{i=1}^{k} w_i x_i$ 表示背包剩下的空隙重量. 如果这些空隙还能放下 $k+1$ 种物品或以后的某种物品,即存在某个 $j > k$ 使 $b - \sum\limits_{i=1}^{k} w_i x_i \geqslant w_j$,

则这些空隙能达到的最大价值为 $\left(b - \sum\limits_{i=1}^{k} w_i x_i\right) \dfrac{v_{k+1}}{w_{k+1}}$，因为在剩下物品中，单位重量价值最大的是第 $k+1$ 种物品. 如果这些空隙放不下 $k+1$ 种物品或以后的任何物品，则这些空隙能达到的最大价值为 $\sum\limits_{i=1}^{k} v_i x_i$。

界函数在结点 $<x_1, x_2, \cdots, x_k>$ 处的函数值是在此结点之前已经找到的方案中，放入背包物品的最大总价值. 初始值为 0，随着搜索进行更新.

背包问题的搜索策略还是采用深度优先策略，分支限界过程如图 5.8 所示. 圆结点中的 v 代表代价函数的值，w 代表此时放入背包物品的总重量.

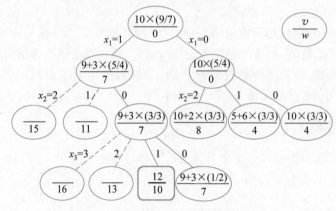

图 5.8　在背包问题使用分支限界技术

在根结点处，背包中无任何物品，所以背包中物品的总重量为 0. 此时代价函数值为 $10 \times (9/7)$，界函数的值为初始值 0，背包中物品的总重量小于承载量，代价函数值大于界函数值，所以按 x_1 的取值范围继续分支. 由于 $0 \leqslant x_1 \leqslant 1$，所以根结点有 2 个分支，左边为 $x_1 = 1$，右边为 $x_1 = 0$. 按深度优先策略，下一步搜索第一层的左结点.

在第一层左结点处，由于 $x_1 = 1$，表示背包中放入了 1 个 1 号物品，此时背包中物品的总重量为 7，代价函数值为 $9 + 3 \times (5/4)$，界函数值仍然为 0，没有违反任何条件，所以按 x_2 的取值范围继续分支. 由于 $0 \leqslant x_2 \leqslant 2$，故此结点有 3 个分支，分别为 $x_2 = 2$，$x_2 = 1$ 和 $x_2 = 0$. 按深度优先策略，下一步搜索第二层中最左边的结点.

在第二层最左边的结点，由于背包中放入了 1 个 1 号物品和 2 个 2 号物品，此时背包中物品的总重量为 15，违背了约束条件，于是回溯至父结点. 继续搜索，进入第二层左边第二个结点，此时背包中放入了 1 个 1 号物品和 1 个 2 号物品，背包中物品的总重量为 11，还是违背了约束条件，于是又回溯. 继续搜索进入第二层左边第三个结点，如此继续下去.

在图 5.8 中的黑方框结点处，背包中放入了 1 个 1 号物品和 1 个 3 号物品，此时背包中物品的总重量为 10，代价函数值为 $(9+3) + 0 \times (1/2) = 12$，界函数值仍然为 0，没有违反任何条件，所以按 x_4 的取值范围继续分支. 由于 $0 \leqslant x_4 \leqslant 5$，故此结点有 6 个分支，分别为 $x_4 = 5$，$x_4 = 4$，$x_4 = 3$，$x_4 = 2$，$x_4 = 1$，$x_4 = 0$. 按深度优先策略，下一步搜索第四层中最左边的结点. 由于此时背包中的空隙为 0，已不能放入任何物品. 所以，它的子结点中只有 $x_4 = 0$ 处是可行解，即在 $<1,0,1,0>$ 处是可行解.

在$<1,0,1,0>$处,得到了第一个可行解,此时背包中物品的总重量为10,代价函数值仍然为$(9+3)+0\times(1/2)=12$,但界函数值更新为背包中物品的价值,即12. 此时已到叶结点,于是回溯到父结点.

搜索继续进行,下一步进入结点$<1,0,0>$,在此处背包中物品的总重量为7(只放入了1个1号物品),代价函数值为$9+3\times(1/2)=10.5$,界函数值为12,代价函数值小于界函数值,于是回溯.

算法搜索的最后三个结点分别是第二层结点的右边三个,它们的代价函数值分别为12,11,10,界函数值都为12,不小于代价函数值,因而往下搜索也得不到更优的解. 于是遍历完成,算法结束,得到一个最优解$<1,0,1,0>$,最优值为12.

5.4.2 最大团问题

例5.9 最大团问题. 给定无向图$G=<V,E>$,G的一个完全子图就称为G的一个团. 求G中的一个最大团,即G的顶点个数最多的团.

解 搜索树为子集树. 解$<x_1,x_2,\cdots,x_n>$,其中$x_i=0$或$1,1\leqslant i\leqslant n$. 结点$<x_1,x_2,\cdots,x_k>$,表示检索过$k$个顶点,其中$x_i=1$表示对应的顶点在当前的团内.

约束条件:该分支结点对应的顶点与当前团内每个顶点都有边相连.

界:当前图中已检索到的极大团的顶点数.

代价函数F:以目前的团为基础扩张为极大团的顶点数的上界. 设c_n为目前形成的团的顶点数(初始为0),k为目前检索的子集树的结点的层数,即已经检索过的顶点数,剩下未检索的顶点数为$n-k$,在某结点处所能达到的极大团最多是将剩下的顶点全部加入已有的团中(条件是这样能形成团),这样的团的顶点数不会超过已有的团的顶点数与剩下顶点数的和,即

$$F=c_n+n-k$$

搜索策略仍然是深度优先. 下面以实例说明算法运行过程. 实例:$G=(V,E)$如图5.9所示.

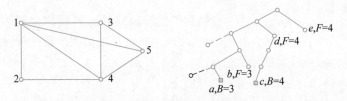

图5.9 一个最大团的实例

按照1,2,3,4,5的次序考虑扩张团中结点,则搜索树如图5.9中右图所示. 在下列结点处:

a:得到第一个极大团$\{1,2,4\}$,顶点数为3,因而界也为3,代价函数也为3.

b:代价函数值$F=3$,回溯.

c:得到第二个极大团$\{1,3,4,5\}$,顶点数为4,修改界为4.

d:不必搜索其他分支,因为代价函数值F都为4,不超过界.

e:$F=4$,不必搜索.

最大团为$\{1,3,4,5\}$,顶点数为4.

该子集树的结点个数为 $O(2^n)$，算法在每个结点处考查新加入的结点和以前结点是否构成团，并计算代价函数（叶结点除外），叶结点处还要计算团中元素个数是否最多，因而在最坏情况下，算法要进行 $O(n)$ 次计算。从而该算法在最坏情况下的时间复杂性为 $O(n2^n)$。

5.4.3 货郎问题

例 5.10 货郎问题。给定 n 个城市集合 $C=\{1,2,\cdots,n\}$，从一个城市到另一个城市的距离为正整数，求一条最短且每个城市恰好经过一次的巡回路线。

解 不妨设巡回路线从 1 开始，解向量为 $<i_0=1,i_1,i_2,\cdots,i_{n-1}>$，其中 $i_1,i_2,\cdots,i_{n-1}$ 为 $\{2,3,\cdots,n\}$ 的一个排列。搜索空间为排列树，如例 5.3 所示。下面在例 5.3 给出的回溯算法基础上，定义代价函数和界函数，以便加快回溯。

约束条件：在排列树中，结点 $<i_0=1,i_1,i_2,\cdots,i_k>$ 表示已得到 k 步巡回路线。令 $B=\{i_0,i_1,i_2,\cdots,i_k\}$ 是已经经过的城市集合，则 $i_{k+1}\in\{2,\cdots,n\}-B$。

界：当前得到的最短巡回路线长度。

代价函数 L：设 c_j 为已得到的巡回路线中第 j 段的长度，$1\leqslant j\leqslant k$；l_d 为由顶点 d 出发的最短边长度，则

$$L = \sum_{j=1}^{k} c_j + \left(l_{ik} + \sum_{ij\notin B} l_{ij}\right)$$

为目前部分巡回路线扩张成全程巡回路线的长度下界。其中 $\sum_{j=1}^{k} c_j$ 为已选定巡回路线的长度，$l_{ik} + \sum_{ij\notin B} l_{ij}$ 为经过剩余结点回到结点 1 的最短距离的一个下界。

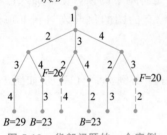

图 5.10 货郎问题的一个实例

搜索策略仍然是深度优先方法。下面以例 5.3 中的实例来说明分支限界策略的执行过程。其排列树中结点对应的代价函数和界函数如图 5.10 所示，其中代价函数值为 F，界函数值为 B，界函数的初始值为 ∞。

在结点 $<1,2,3,4>$ 处，界函数得到第一次更新，更新为 29。

在结点 $<1,2,4,3>$ 处，界函数得到第二次更新，更新为 23。$<1,2,4,3>$ 也是该实例的最优解，最优值为 23。

在结点 $<1,3,2>$ 处，代价函数值为 26，大于界函数值，故不在分支，回溯到父结点。

在结点 $<1,3,4,2>$ 处，得到另一个最优解。

在结点 $<1,4,2>$ 处，代价函数值为 15，算法继续向前搜索，到达 $<1,4,2,3>$，长度为 28，这个解不是最优解，舍去。

在结点 $<1,4,3>$ 处，代价函数值为 20，继续搜索，但没有更好解，算法回溯到树根终止。返回两个最优解：$<1,2,4,3>$ 和 $<1,3,4,2>$，返回最优值 23。即售货员沿着两条路线 1→2→4→3→1 和 1→3→4→2→1 都可达到最短巡游路径，最短巡游路径的长度为 23。

算法在最坏情况下的时间复杂度仍然为 $O((n-1)!)$，这是因为：该树的结点个数仍然是 $O((n-1)!)$；在每个结点处除了要计算已得到的路径的长度外，还要计算代价函数的值（叶结点除外），在叶结点处还要计算得到的回路的长度，并判断得到的回路是否为当前的最短回路；计算已得到的路径的长度最多需要 $O(1)$ 次计算；通过预处理方法可以给出从每个

结点出发到达其他城市间距离的最小值,从而在计算代价函数时可以在父结点的代价函数值中加上父结点到本结点的距离,并减去从父结点出发的最小距离,所以算法在每个结点处最多进行 3 次加法和 1 次大小比较,即算法在每个结点处至多进行 $O(1)$ 次运算,故算法在最坏情况下的时间复杂度为 $O((n-1)!)$.

5.4.4　圆排列问题

例 5.11　圆排列问题. 给定 n 个圆的半径序列,将它们放到矩形框中,各圆与矩形底边相切,图 5.11 给出了三个圆的具有两种不同长度的排列方式. 我们的问题是:求具有最小排列长度 l_n 的圆排列.

解　设各圆标号分别为 $1,2,\cdots,n$,则可行解为向量 $<i_1,i_2,\cdots,i_n>$,其中 $i_1,i_2,\cdots,i_n$ 为 $1,2,\cdots,n$ 的排列,表示第 1 到第 n 个位置所放置的圆分别是标号为 $i_1,i_2,\cdots,i_n$ 的圆. 解空间为排列树.

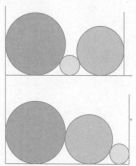

图 5.11　两个排列具有
不同长度

设标号为 $i_1,i_2,\cdots,i_n$ 的圆的半径分别为 $r_1,r_2,\cdots,r_n$,下面定义代价函数和界函数.

上述排列树中,结点可表示为向量 $<i_1,i_2,\cdots,i_k>$,其中 $i_1,i_2,\cdots,i_k$ 是 $\{1,2,\cdots,n\}$ 中 k 个元素的一个排列,表示前 k 个位置的圆已经排好,分别是标号为 $i_1,i_2,\cdots,i_k$ 的圆. 令 $B=\{i_1,i_2,\cdots,i_k\}$,若下一个位置选择标号为 i_{k+1} 的圆,则 $i_{k+1}\in\{1,2,\cdots,n\}-B$.

界函数在 $<i_1,i_2,\cdots,i_k>$ 处的值是当前已得到的最小圆排列长度,初值为无穷大. 为定义代价函数,先定义如下记号.

x_k:第 k 个位置所放的圆的圆心横坐标,$1\leqslant k\leqslant n$. 规定第一个圆的圆心为坐标原点,即 $x_1=0$.

d_k:第 k 个位置所放的圆的圆心横坐标与第 $k-1$ 个位置所放的圆的圆心横坐标的差,$1<k\leqslant n$.

l_k:前 k 个位置所放的圆的排列长度,$1\leqslant k\leqslant n$.

L_k:代价函数在 $<i_1,i_2,\cdots,i_k>$ 处的值,即放好第 1 到第 k 个位置的圆以后,对应结点的代价函数值,$L_k\leqslant l_n$,$1\leqslant k\leqslant n$.

参见图 5.12,不难找到这些参数之间的关系,它们满足如下公式:

$$x_k=x_{k-1}+d_k$$
$$d_k=\sqrt{(r_{k-1}+r_k)^2-(r_{k-1}-r_k)^2}=2\sqrt{r_k r_{k-1}}$$
$$l_k=x_k+r_1+r_k$$

按照定义,L_k 是放好第 1 到第 k 个位置的圆以后,剩下的圆无论以什么顺序排列,所能得到的所有 n 个圆的排列长度的下界. 若剩下的 $n-k$ 个圆的排列顺序是 $i_{k+1},i_{k+2},\cdots,i_n$,则所得到的排列长度为

$$x_k+d_{k+1}+\cdots+d_n+r_n+r_1$$
$$=x_k+2\sqrt{r_k r_{k+1}}+2\sqrt{r_{k+1}r_{k+2}}+\cdots+2\sqrt{r_{n-1}r_n}+r_n+r_1$$
$$\geqslant x_k+2(n-k)r+r+r_1=x_k+(2n-2k+1)r+r_1$$

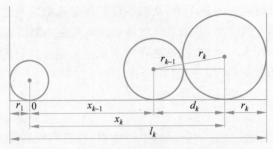

图 5.12　圆排列问题中各参数之间的关系

其中,$r=\min\{r_k,r_{k+1},\cdots,r_n\}$,即 r 为后面待选的 $n-k$ 个圆以及第 k 个圆中最小半径的值.
所以下界 L_k 可定义为 $x_k+(2n-2k+1)r+r_1$. 上述代价函数的设定可参见图 5.13.

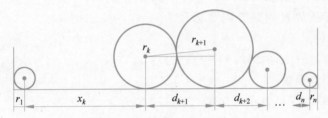

图 5.13　圆的排列长度

　　搜索策略仍然为深度优先. 下面的实例说明了该算法的执行过程. 设 $n=6$,6 个圆的半径分别为 1,1,2,2,3,5,标号分别为 $1,2,\cdots,6$. 其排列树中,同一层边的标号从小到大排列,则最左侧分支的各结点分别为根结点、$<1>$、$<1,2>$、$\cdots$、$<1,2,\cdots,6>$,其对应的各参数值如表 5.1 所示,计算过程参见图 5.14.

表 5.1　圆排列问题的各参数值

k	r_k	d_k	x_k	l_k	L_k
1	1	0	0	2	12
2	1	2	2	4	12
3	2	2.8	4.8	7.8	19.8
4	2	4	8.8	11.8	19.8
5	3	4.9	13.7	17.7	23.7
6	5	7.7	21.4	27.4	27.4

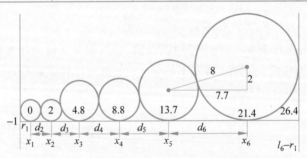

图 5.14　圆排列问题的一个实例及计算过程

在结点<1>处的代价函数值为 $x_1+(2\times6-2\times1+1)\times1+1=12$,界函数值为 ∞. 在结点<$1,2,\cdots,6$>处的代价函数值为 $x_6+(2\times6-2\times6+1)\times5+1=21.4+5+1=27.4$. 而<$1,2,\cdots,6$>也是算法得到的第一个可行解,得到圆排列长度 $l_6=27.4$,于是将界函数值更新为 27.4.

继续搜索该排列树,在结点<$1,3,5,6,4,2$>处得到最优解 26.5.

该搜索树含有 $n+n(n-1)+\cdots+(n(n-1)\cdots2)+n!=O(n!)$ 个结点,而在每个结点处要计算所得圆的排列长度,并计算代价函数的值(叶结点除外). 在计算代价函数时,要计算剩余圆的半径最小值,故需要 $O(n)$ 次计算,从而算法在最坏情况下的时间复杂度为 $O(nn!)=O((n+1)!)$

5.4.5 连续邮资问题

例 5.12 连续邮资问题. 设有 n 种不同面值的邮票,每个信封至多贴 m 张邮票,试给出邮票面值的最佳设计(面值为正整数值),使得到从 1 开始增量为 1 的连续邮资区间最大(本例中,所谓的区间 $[a,b]$ 指的是 a 与 b 间所有整数值,记为 $\{a,\cdots,b\}$).

例如,当 $n=5,m=4$ 时,如果面值 $X=<1,3,11,15,32>$ 则可得邮资连续区间为 $\{1,\cdots,70\}$;如果面值为 $X=<1,6,10,20,30>$,则邮资连续区间为 $\{1,\cdots,4\}$,因为 5 没有办法构成. 所以不同的面值序列得到不同的连续邮资区间.

解 可行解应该为一个 n 元序列<$x_1,x_2,\cdots,x_n$>,其中 $x_1=1$. 这样的序列可以排成一棵树,但既不是排列树,也不是子集树,因为每个分量的值的范围并没有直接给出,所以在初始构造搜索空间时并不知道每个结点的分支个数.

算法不仅要确定搜索的策略,还要边搜索边生成搜索树,也就是在每个结点处,不仅要确定是否分支和如何分支,还要确定分支的个数.

为获得更大的连续邮资区间,可行解<$x_1,x_2,\cdots,x_n$>的分量满足 $x_1<x_2<\cdots<x_n$. 设在结点<$x_1,x_2,\cdots x_i$>处,邮资最大连续区间为 $\{1,\cdots,r_i\}$,则 x_{i+1} 的取值范围为 $\{x_i+1,\cdots,r_i+1\}$. 因为 $x_{i+1}>x_i$,所以 x_{i+1} 的最小值为 x_i+1. 如果 $x_{i+1}>r_i+1$,则 r_i+1 的邮资没有办法使用 x_{i+1} 面值的邮票,只能使用 $x_1,x_2,\cdots,x_i$ 面值的邮票,这与结点<$x_1,x_2,\cdots,x_i$>的邮资最大连续区间为 $\{1,\cdots,r_i\}$ 矛盾. 从而给出了该结点的分支个数.

搜索策略:深度优先.

约束条件:在<$x_1,x_2,\cdots,x_i$>处,邮资最大连续区间为 $\{1,\cdots,r_i\}$,则 $x_{i+1}\in\{x_i+1,\cdots,r_i+1\}$.

max:用当前最优解对应的 m 张邮票可付的最大邮资. 初始 max$=0$,如果可行解的 $r_n>$max,则用 r_n 取代 max 作为新的 max 值.

选了 x_i 后得到的当前最大连续邮资区间的长度 r_i 可递归计算如下:

$y_i(j)$:用不超过 m 张面值为 $x_1,x_2,\cdots,x_i$ 的邮票贴 j 邮资时的最少邮票数,则

$$y_i(j)=\min_{1\leqslant t\leqslant m}\{t+y_{i-1}(j-tx_i)\}$$

$$r_i=\min\{j\mid y_i(j)\leqslant m,y_i(j+1)>m\}$$

实例:$n=4,m=3$,搜索树如图 5.15 所示.

在<1>处,用不超过三张面值为 1 的邮票能贴出的最大邮资区间是 $\{1,2,\cdots,r_1\}=\{1,$

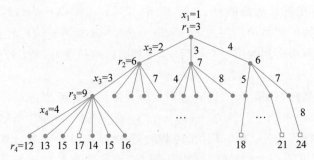

图 5.15　连续邮资问题的一个实例

$2,3\}$. 因而 x_2 的选择是 $\{2,3,4\}$. 在 $<1,2>$ 处, $r_2=6$, 故 x_2 的选择是 $\{3,4,\cdots,7\}$, 搜索所有结点后发现, $X=<1,4,7,8>$ 时, 达到最大连续邮资区间 $\{1,2,\cdots,24\}$.

习 题 5

要求: 对于回溯法, 要说明解向量、搜索树结构、搜索策略、代价函数(如果存在)等, 并给出最坏情况下的时间复杂度函数. 对于给定的数的输入实例, 求出所有的可行解(或一个最优解).

5.1　用回溯法求下列不等式的所有的整数解. 要求给出伪码和解.

$$3x_1+4x_2+2x_3\leqslant 12$$

$$x_1,x_2,x_3 \text{为非负整数}$$

5.2　最小重量机器设计问题. 某设备需要 4 种配件, 每种 1 件. 有三个供应商提供这些配件, 表 5.2 给出了相关配件的价格和每种配件的重量. 试从中选择这 4 种配件, 使得总价值不超过 120, 且总重量最轻.

表 5.2　产品和供应商信息表

配件编号	供应商 1		供应商 2		供应商 3	
	价格	重量	价格	重量	价格	重量
1	10	5	8	6	12	4
2	20	8	21	10	30	5
3	40	5	42	4	30	10
4	30	20	60	10	45	15

5.3　如图 5.16 所示, 一个 4 阶 Latin 方是一个 4×4 的方格, 在它的每个方格内填入 1,2,3 或 4, 并使得每个数字在每行、每列都恰好出现一次. 用回溯法求出所有第 1 行为 1,2,3,4 的 4 阶 Latin 方. 将每个解的第 2 行至第 4 行的数字从左到右写成一个序列. 例如, 图 5.16 中的 Latin 方对应于解 $<3,4,1,2,4,3,2,1,2,1,4,3>$. 给出所有可能的 4 阶 Latin 方.

1	2	3	4
3	4	1	2
4	3	2	1
2	1	4	3

图 5.16　Latin 方

5.4　应用回溯算法给出 $\{1,2,3,4\}$ 的所有置换.

5.5 给出 8 皇后问题的一个广度优先回溯算法,并分析该算法的时间复杂度.

5.6 子集和问题. 设 n 个不同的正数构成集合 S,求出使得和为某数 M 的 S 的所有子集.

5.7 分派问题. 给 n 个人分配 n 件工作,给第 i 个人分配第 j 件工作的成本是 $C(i,j)$. 试求成本最小的工作分配方案.

5.8 电路板排列问题. 设 $B=\{1,2,\cdots,n\}$ 是 n 块电路板的集合,$L=\{N_1,N_2,\cdots,N_m\}$ 是 m 块连接块的集合. 对 $j=1,2,\cdots,m$,连接块 $N_j \subseteq B$ 相当于一条导线,把属于 N_j 的所有电路板连起来. 如图 5.17 所示,$B=\{1,2,\cdots,8\}$,其中位置 $1,2,\cdots,8$ 是插槽,每个插槽可以插入一块电路板. 当电路板按照某种排列顺序全部插入

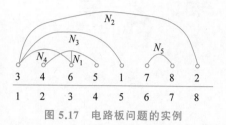

图 5.17 电路板问题的实例

后,一些连接块的导线有可能从一块电路板插槽跨到相邻的另一个插槽. 例如,图 5.17 中的 5 块连接块是:

$$N_1=\{4,5,6\}, \quad N_2=\{2,3\}, \quad N_3=\{1,3\}, \quad N_4=\{3,6\}, \quad N_5=\{7,8\}$$

如果电路板按照 $3,4,6,5,1,7,8,2$ 的顺序排列,那么横跨插槽 1 和插槽 2 的连线数是 3,即连接块 N_2,N_3 和 N_4;横跨插槽 2 和插槽 3 的连线数是 4,即连接块 N_1,N_2,N_3 和 N_4;$\cdots$;横跨插槽 7 和插槽 8 的连线数是 1,即连接块 N_2. 其中横跨两个相邻插槽的最大连线数是 4,称 4 是排列 $X=<3,4,6,5,1,7,8,2>$ 的排列密度,记作 density(X). 对于电路板的不同排列 X 和 X',其排列密度值可能是不一样的. 我们的问题是:给定集合 B 和 L,求排列密度最小的电路板排列.

(1) 对上述电路板问题的实例,求出该实例的最优解.

(2) 不遍历搜索树,用数学方法证明你的解是最优的.

5.9 设有 n 项任务由 k 个可并行操作的机器完成,完成任务 i 所需要的时间是 t_i,求一个最佳任务分配方案,使得完成时间(即从时刻 0 开始计时到最后一台机器停止的时间)达到最短.

5.10 在 5.9 题中,假设每个任务有个完成期限 B_i,以及超出期限的罚款数 f_i. 试求一个最佳任务分配方案,使得完成所有任务的总罚款最少.

5.11 卫兵布置问题. 一个博物馆由排成 $m \times n$ 个矩形阵列的陈列室组成,需要在陈列室中设立哨位,每个哨位上的哨兵除了可以监视自己所在陈列室外,还可以监视自己所在陈列室的上、下、左、右 4 个陈列室,试给出一个最佳哨位安排方法,使得所有陈列室都在监视之下,但使用的哨兵最少.

第 6 章

线性规划

前面 5 章介绍了常用的算法设计的通用技术,本章和第 7 章将介绍几个重要问题的算法. 一方面,这几个问题都是应用非常广泛的数学模型,在应用这些模型解决实际问题时当然离不开它们的算法;另一方面,通过学习这几个问题的算法可以加深对算法设计的理解. 一个好的算法通常不是简单地应用算法设计的通用技术就能得到的,必须对问题本身进行深入的研究. 在这两章中将会看到这样的研究和分析在算法设计中的作用.

1939 年苏联数学家、经济学家、1975 年诺贝尔经济学奖获得者 L. V. Kantorovich 在《组织和计划生产的数学方法》一文中最早提出了线性规划,1947 年 G. B. Dantzig 给出一般的线性规划模型和单纯形法. 线性规划模型有着极其广泛的应用,特别是在经济领域. 大型电子计算机的出现不但极大地推动了线性规划的应用,而且也推动了线性规划理论的发展. 1979 年苏联数学家 L. G. Khachian 给出线性规划的椭球算法. 这是一个多项式时间算法,从而证明线性规划是多项式时间可解的. 但椭球算法实际运行很慢. 1984 年印度数学家 N. Karmarkar 给出一个新的多项式时间算法——投影算法,在理论上和实际运行效果都优于椭球算法.

尽管单纯形法在最坏情况下是指数时间的,但通常它的计算速度是很快的,在实际应用中是有效的. 不但如此,它还能提供大量具有各种经济含义的数据,因此单纯形法仍然是最常用的线性规划算法.

6.1 线性规划模型

6.1.1 模型

先看几个例子.

例 6.1 生产计划问题.

甲公司用三种原料混合制成两种清洁剂. 每千克清洁剂 A 由 0.25 千克原料 1、0.5 千克原料 2 和 0.25 千克原料 3 混合而成,每千克清洁剂 B 由 0.5 千克原料 1 和 0.5 千克原料 2 混合而成. 每吨清洁剂 A 和 B 的售价分别是 12 万元和 15 万元. 公司现有 120 吨原料 1、150 吨原料 2 和 50 吨原料 3. 这两种清洁剂应各配制多少才能使得总价值最大?

设清洁剂 A 和 B 分别配制 x 和 y 吨,总共需要消耗 $0.25x+0.5y$ 吨原料 1,$0.5x+0.5y$ 吨原料 2,$0.25x$ 吨原料 3,总价值为 $z=12x+15y$ 万元. 根据要求,应在满足 $0.25x+0.5y\leqslant$

$120,0.5x+0.5y\leqslant150$ 和 $0.25x\leqslant50$ 的条件下,使得 $z=12x+15y$ 最大.当然,这里 x 和 y 都是非负数.于是,问题可表述为

$$\max \quad z=12x+15y$$
$$\text{s.t.} \quad 0.25x+0.50y\leqslant120$$
$$0.50x+0.50y\leqslant150$$
$$0.25x\leqslant50$$
$$x\geqslant0, \quad y\geqslant0$$

这里 s.t.表示"服从"或"满足"下述条件.其中 z 是目标函数,s.t.后面的不等式是约束条件.该问题要求在满足约束条件的前提下,使目标函数值最大.

例 6.2 投资组合问题.

某基金正在安排一项 10 亿元的投资.采用组合投资的方式,确定了 5 个投资项目,其中项目 1 和项目 2 是高新技术产业的企业债,项目 3 和项目 4 是基础工业的企业债,项目 5 是国债和地方政府债.预测它们的年收益率(%)分别为 8.1,10.5,6.4,7.5 和 5.0.基于风险的考虑,要求投资组合满足下述条件:

(1) 每个项目不超过 3 亿元.

(2) 高新技术产业的投资不超过总投资的一半,即 5 亿元,其中项目 2 又不超过高新技术产业投资的一半.

(3) 国债和地方政府债不少于基础工业项目投资的 40%.

试确定投资组合中各项目的投资额,使年收益率最大.

设项目 i 的投资额为 x_i 亿元,$i=1,2,3,4,5$.问题可表述为

$$\max z=8.1x_1+10.5x_2+6.4x_3+7.5x_4+5.0x_5$$
$$\text{s.t.} \quad x_1\leqslant3$$
$$x_2\leqslant3$$
$$x_3\leqslant3$$
$$x_4\leqslant3$$
$$x_5\leqslant3$$
$$x_1+x_2\leqslant5$$
$$x_2\leqslant0.5(x_1+x_2), \quad 即\ x_1-x_2\geqslant0$$
$$x_5\geqslant0.4(x_3+x_4), \quad 即\ 0.4x_3+0.4x_4-x_5\leqslant0$$
$$x_1+x_2+x_3+x_4+x_5=10$$
$$x_i\geqslant0, \quad i=1,2,3,4,5$$

例 6.3 运输问题.

某公司有两个工厂、三个分销中心.工厂 1 的年产量为 5000 吨,工厂 2 的年产量为 6000 吨.分销中心 1、2、3 的年需求量分别为 6000 吨、4000 吨和 1000 吨.工厂到分销中心的单位运费(元/吨)如表 6.1 所示.

这里总产量等于总需求量,即产销平衡.试制定各工厂供应各分销中心的数量,使总运费最小.

表 6.1　工厂到分销中心的单位运费

工　　厂	分销中心		
	分销中心 1/(元/吨)	分销中心 2/(元/吨)	分销中心 3/(元/吨)
工厂 1	3	2	7
工厂 2	7	5	2

设工厂 i 供应分销中心 j 的数量为 x_{ij}, $i=1,2$, 且 $j=1,2,3$. 问题可表述为

$$\min \quad z = 3x_{11} + 2x_{12} + 7x_{13} + 7x_{21} + 5x_{22} + 2x_{23}$$

$$\text{s.t.} \quad x_{11} + x_{12} + x_{13} = 5000$$

$$x_{21} + x_{22} + x_{23} = 6000$$

$$x_{11} + x_{21} = 6000$$

$$x_{12} + x_{22} = 4000$$

$$x_{13} + x_{23} = 1000$$

$$x_{ij} \geqslant 0, \quad i = 1,2, \quad j = 1,2,3$$

注意，这里前两个约束等式之和与后三个约束等式之和的左边相同，都是所有（6 个）x_{ij} 的和，它们的右边当然也应该相等，$5000 + 6000 = 6000 + 4000 + 1000$，这就是产销平衡.

例 6.4　饲料配方问题.

饲养场饲养动物需要考虑 m 种营养素，假设每头动物每天至少需要 b_i 个单位的营养素 i. 市场上有 n 种饲料可供选择，饲料 j 每千克含有 a_{ij} 个单位的营养素 i，售价 c_j 元. 要在保证动物有足够营养的前提下使饲料成本最低，饲料应如何配方？

设每头动物每天的饲料中含 x_j 千克饲料 j, $1 \leqslant j \leqslant n$. 问题可表述为

$$\min z = \sum_{j=1}^{n} c_j x_j$$

$$\text{s.t.} \quad \sum_{j=1}^{n} a_{ij} x_j \geqslant b_i \quad 1 \leqslant i \leqslant m$$

$$x_j \geqslant 0, \quad 1 \leqslant j \leqslant n$$

线性规划的一般形式为

$$\min(\max) z = \sum_{j=1}^{n} c_j x_j$$

$$\text{s.t.} \sum_{j=1}^{n} a_{ij} x_j \leqslant (=, \geqslant) b_i \quad i = 1, 2, \cdots, m \tag{6.1}$$

$$x_j \geqslant 0, \quad j \in J \subseteq \{1, 2, \cdots, n\}$$

$$x_j \text{ 任意}, \quad j \in \{1, 2, \cdots, n\} - J$$

$z = \sum_{j=1}^{n} c_j x_j$ 是目标函数，下面的不等式和等式是约束条件，这里目标函数和约束条件都是变量 x_j 的线性函数. $\min z$ 和 $\max z$ 分别表示要求目标函数最小和目标函数最大. 最小化和最大化可以相互转换，$\min z$ 等同于 $\max(-z)$，而 $\max z$ 等同于 $\min(-z)$. 每个约束条件可以是不等式（$\geqslant$ 或 $\leqslant$），也可以是等式. $x_j \geqslant 0, j \in J$ 也是一种约束条件，但通常只

把前 m 个不等式(或等式)称作约束条件,而把 $x_j \geqslant 0$ 称作非负条件. x_j 任意表示对 x_j 没有非负约束,可以取任意实数,称作自由变量.

满足约束条件和非负条件的变量 $x_1, x_2, \cdots, x_n$ 称作可行解,所有可行解组成的集合称作可行域. 对于最小化(最大化)问题,目标函数值取到最小值(最大值)的可行解称作最优解,对应的目标函数值称作最优值.

下面通过对最简单的情况——只有两个变量的线性规划——的讨论,直观地了解线性规划的基本性质.

6.1.2 二维线性规划的图解法

考虑例 6.1,它的可行域是由直线 $0.25x + 0.5y = 120, 0.5x + 0.5y = 150, 0.25x = 50$ 及 2 条坐标轴围成的平面区域 G,如图 6.1 所示. G 是一个凸多边形,有 5 个顶点:$O(0,0)$, $A(0,240)$,$B(120,180)$,$C(200,100)$,$D(200,0)$.

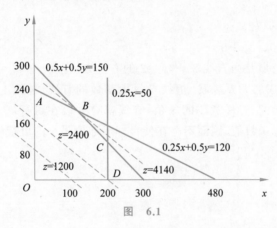

图　6.1

当 z 为常数时,$12x + 15y = z$ 是一条直线. 如果这条直线与 G 相交,那么直线上在 G 内的点 (x,y) 是目标函数值等于 z 的可行解. 图 6.1 中下方的两条虚线是目标函数值为 1200 和 2400 的直线. 取不同的 z 值,得到一组平行的直线,越往上 z 值越大. 当直线到达 B 点后,如果再往上就和 G 不相交了,从而直线上的点都不是可行解. 可见,B 是可行域 G 中使目标函数值取到最大值的点. 也就是说,B 点的坐标 $x = 120, y = 180$ 是最优解,最优值为 $12 \times 120 + 15 \times 180 = 4140$.

例 6.5 把例 6.1 中的目标函数改为 $z = 12x + 12y$,约束条件和非负条件不变. 此时,可行域不变,但表示目标函数直线的斜率改变了,如图 6.2 所示. 直线越往上,对应的目标函数值越大. 注意到,目标函数直线的斜率与 $0.5x + 0.5y = 150$ 的斜率相等,它们是平行的. 当目标函数直线与这条直线重合后不再能够继续向上,因为再向上移动与可行域就没有交点了. 因此,目标函数值在边界 BC 上的每一个点达到最大. BC 上的点的坐标是

$$x = 120t + 200(1-t) = 200 - 80t, \quad y = 180t + 100(1-t) = 100 + 80t, \quad 0 \leqslant t \leqslant 1$$

所以,有无穷多个最优解:$x = 200 - 80t, y = 100 + 80t, 0 \leqslant t \leqslant 1$,最优值为 3600. 此时最优解中包含两个顶点 B 和 C.

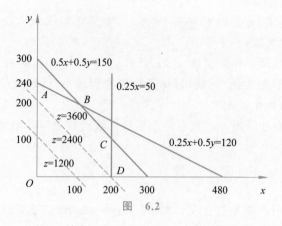

图 6.2

例 6.6 $\min z = x - 2y$

$$\text{s.t. } 2x + y \geqslant 2$$
$$x - y \leqslant 2$$
$$x \geqslant 0, \quad y \geqslant 0$$

解   见图 6.3，可行域是由直线 $2x + y = 2$ 的右上方、直线 $x - y = 2$ 的左上方以及 x 轴的上方、y 轴的右方构成的无界区域．虚线是目标函数的直线，越往上目标函数值越小．由于可行域的上方是无界的，对任意小的 z 值，直线都有一段在可行域内．也就是说，可行解可以取到任意小的目标函数值，因而不存在使目标函数值最小的可行解，所以无最优解．

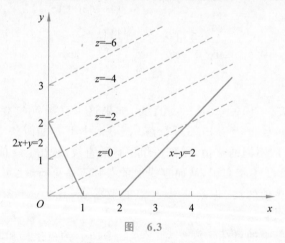

图 6.3

如果把约束条件中的第一个不等式 $2x + y \geqslant 2$ 改为 $2x + y \leqslant 2$，第二个不等式 $x - y \leqslant 2$ 改为 $x - y \geqslant 2$．此时要求可行域在直线 $2x + y = 2$ 的左下方和直线 $x - y = 2$ 的右下方．没有一个点能够既满足这两个条件又满足 $x \geqslant 0$ 和 $y \geqslant 0$，从而可行域是空集，即无可行解．

通过上面的例子，可以看到线性规划有下述性质．

（1）关于解有 4 种可能：

① 有唯一的最优解．

② 有无穷多个最优解．

③ 有可行解，但无最优解（目标函数值无界）．

④ 无可行解,更无最优解.

（2）可行域是一个凸多边形（可能无界,也可能是空集）. 如果有最优解,则一定可以在凸多边形的顶点取到.

对于一般的 n 维线性规划也是如此,解同样有上述 4 种可能. n 个变量的等式表示 n 维空间中的一个超平面, n 个变量的线性不等式表示以一个超平面为界的半个 n 维空间. 可行域是由若干超平面围成的超凸多面体（当有等式约束时,维数小于 n）. 如果有最优解,也一定可以在超凸多面体的顶点取到.

6.2 标 准 形

6.2.1 标准形的基本概念

式(6.1)是线性规划的一般形式,下述形式称作线性规划的标准形：

$$\min z = \sum_{j=1}^{n} c_j x_j$$

$$\text{s.t.} \ \sum_{j=1}^{n} a_{ij} x_j = b_i \quad i = 1, 2, \cdots, m \tag{6.2}$$

$$x_j \geqslant 0, \quad j = 1, 2, \cdots, n$$

其中 $b_i \geqslant 0, i = 1, 2, \cdots, m$. 在标准形中,取最小化,所有的约束都是等式,且右端的常数是非负的,所有的变量是非负的.

不难把线性规划的一般形式转化成标准形,做法如下：

（1）把 $\max z = \sum_{j=1}^{n} c_j x_j$ 替换成 $\min z' = \sum_{j=1}^{n} -c_j x_j$, 即取 $z' = -z, c_j' = -c_j (j = 1, 2, \cdots, n)$. 显然,二者是等价的.

（2）对所有 $b_i < 0$ 的等式和不等式,将两边同时变号,同时 $\leqslant$ 变成 $\geqslant$, $\geqslant$ 变成 $\leqslant$. 这样做不会改变约束条件.

（3）把每一个不等式 $\sum_{j=1}^{n} a_{ij} x_j \leqslant b_i$ 替换成 $\sum_{j=1}^{n} a_{ij} x_j + y_i = b_i$, 并添加非负约束 $y_i \geqslant 0$, 其中 y_i 是一个新变量,称作松弛变量. 这相当于引入变量 $y_i = b_i - \sum_{j=1}^{n} a_{ij} x_j \geqslant 0$.

（4）把每一个不等式 $\sum_{j=1}^{n} a_{ij} x_j \geqslant b_i$ 替换成 $\sum_{j=1}^{n} a_{ij} x_j - y_i = b_i$, 并添加非负约束 $y_i \geqslant 0$, 其中 y_i 是一个新变量,称作剩余变量. 这相当于引入变量 $y_i = \sum_{j=1}^{n} a_{ij} x_j - b_i \geqslant 0$.

（5）把每一个自由变量 x_j 替换成 $x_j' - x_j''$, 且添加两个非负条件 $x_j' \geqslant 0, x_j'' \geqslant 0$. 其中 x_j' 和 x_j'' 是两个新变量. 当 $x_j \geqslant 0$ 时, $x_j' \geqslant x_j''$; 当 $x_j < 0$ 时, $x_j' < x_j''$. 反之亦然.

例 6.7 写出下述线性规划的标准形.

$$\max z = 3x_1 - 2x_2 + x_3$$

$$\text{s.t.} \ x_1 + 3x_2 - 3x_3 \leqslant 10$$

$$4x_1 - x_2 - 5x_3 \leqslant -30$$

$$x_1 \geqslant 0, \quad x_2 \geqslant 0, \quad x_3 \ \text{任意}$$

解　首先把最大化改写成最小化，$\min z' = -3x_1 + 2x_2 - x_3$. 然后对第一个不等式引入松弛变量 x_4，并把它改写成 $x_1 + 3x_2 - 3x_3 + x_4 = 10$. 接下来把第二个不等式的两边变号，改写成 $-4x_1 + x_2 + 5x_3 \geqslant 30$. 引入剩余变量 x_5，并把这个不等式改写成 $-4x_1 + x_2 + 5x_3 - x_5 = 30$. 最后，把所有的 x_3 替换成 $x_3' - x_3''$. 所有新引入的变量 x_4, x_5, x_3', x_3'' 都有非负条件. 得到的标准形为

$$\min z' = -3x_1 + 2x_2 - x_3' + x_3''$$
$$\text{s.t.} \quad x_1 + 3x_2 - 3x_3' + 3x_3'' + x_4 = 10$$
$$-4x_1 + x_2 + 5x_3' - 5x_3'' - x_5 = 30$$
$$x_1, x_2, x_3', x_3'', x_4, x_5 \geqslant 0$$

记

$$\boldsymbol{A} = \begin{bmatrix} a_{11} & a_{12} & \cdots & a_{1n} \\ a_{21} & a_{22} & \cdots & a_{2n} \\ \vdots & \vdots & \ddots & \vdots \\ a_{m1} & a_{m2} & \cdots & a_{mn} \end{bmatrix}, \quad \boldsymbol{b} = \begin{bmatrix} b_1 \\ b_2 \\ \vdots \\ b_m \end{bmatrix}, \quad \boldsymbol{c} = \begin{bmatrix} c_1 \\ c_2 \\ \vdots \\ c_n \end{bmatrix}, \quad \boldsymbol{x} = \begin{bmatrix} x_1 \\ x_2 \\ \vdots \\ x_n \end{bmatrix}$$

标准形(6.2)可表示成下述矩阵形式：

$$\min z = \boldsymbol{c}^{\mathrm{T}} \boldsymbol{x}$$
$$\text{s.t.} \quad \boldsymbol{A}\boldsymbol{x} = \boldsymbol{b} \qquad (6.3)$$
$$\boldsymbol{x} \geqslant \boldsymbol{0}$$

这里 $\boldsymbol{c}^{\mathrm{T}}$ 表示 $\boldsymbol{c}$ 的转置，$\boldsymbol{x} \geqslant \boldsymbol{0}$ 表示向量的每一个分量都大于或等于 0.

又记 $\boldsymbol{A}$ 的第 j 列为 $\boldsymbol{P}_j$，即

$$\boldsymbol{P}_j = \begin{bmatrix} a_{1j} \\ a_{2j} \\ \vdots \\ a_{mj} \end{bmatrix}, \quad j = 1, 2, \cdots, n$$

标准形又可以表示成下述形式：

$$\min z = \sum_{j=1}^{n} c_j x_j$$
$$\text{s.t.} \quad \sum_{j=1}^{n} \boldsymbol{P}_j x_j = \boldsymbol{b} \qquad (6.4)$$
$$x_j \geqslant 0, \quad j = 1, 2, \cdots, n$$

6.2.2　标准形的可行解的性质

不妨设矩阵 $\boldsymbol{A}$ 的秩为 m；否则，或者 $\boldsymbol{A}\boldsymbol{x} = \boldsymbol{b}$ 无解（当 $\boldsymbol{A}$ 上添加 $\boldsymbol{b}$ 列后得到的矩阵 $[\boldsymbol{A}, \boldsymbol{b}]$ 的秩大于 $\boldsymbol{A}$ 的秩时），或者可以删去多余的等式.

定义 6.1　设 $\boldsymbol{A}$ 的秩为 m，A 的 m 个线性无关的列向量称作标准形的基. 给定基 $B = (\boldsymbol{P}_{i_1}, \boldsymbol{P}_{i_2}, \cdots, \boldsymbol{P}_{i_m})$，对应基中列向量的变量 $x_{i_1}, x_{i_2}, \cdots, x_{i_m}$ 称作基变量，其余的变量称作非基变量.

基变量构成的向量记作 $x_B = (x_{i_1}, x_{i_2}, \cdots, x_{i_m})^{\mathrm{T}}$，非基变量构成的向量记作 x_N. 令 $x_N = 0$，

等式约束变成

$$Bx_B = b$$

解得 $x_B = B^{-1}b$. 这个向量 x 满足约束 $Ax = b$ 且非基变量全为 0, 称作关于基 B 的基本解.

如果 x 是一个基本解且 $x \geqslant 0$, 则称 x 是一个基本可行解. 同时, 称对应的基 B 为可行基.

例 6.8   考虑

$$\min \quad z = -12x_1 - 15x_2$$
$$\text{s.t.} \quad 0.25x_1 + 0.50x_2 + x_3 \qquad\qquad = 120$$
$$0.50x_1 + 0.50x_2 \qquad + x_4 \qquad = 150$$
$$0.25x_1 \qquad\qquad\qquad + x_5 = 50$$
$$x_i \geqslant 0, \quad i = 1, 2, \cdots, 5$$

这是例 6.1 中线性规划的标准形, 这里把 max 改成 min, 把变量 x 和 y 改写成 x_1 和 x_2, 引入三个松弛变量及其非负条件.

$$A = \begin{bmatrix} 0.25 & 0.50 & 1 & 0 & 0 \\ 0.50 & 0.50 & 0 & 1 & 0 \\ 0.25 & 0 & 0 & 0 & 1 \end{bmatrix}$$

取基 $B_1 = (P_1, P_2, P_3)$. 对应地, x_1, x_2, x_3 是基变量, x_4, x_5 是非基变量. 令 $x_4 = x_5 = 0$, 由

$$0.25x_1 + 0.50x_2 + x_3 = 120$$
$$0.50x_1 + 0.50x_2 = 150$$
$$0.25x_1 = 50$$

解得 $x_1 = 200, x_2 = 100, x_3 = 20$. 它们都满足非负条件, $x^{(1)} = (200, 100, 20, 0, 0)^{\mathrm{T}}$ 是一个基本可行解, B_1 是可行基.

再取基 $B_2 = (P_1, P_2, P_4)$. 对应地, x_1, x_2, x_4 是基变量, x_3, x_5 是非基变量. 令 $x_3 = x_5 = 0$, 由

$$0.25x_1 + 0.50x_2 = 120$$
$$0.50x_1 + 0.50x_2 + x_4 = 150$$
$$0.25x_1 = 50$$

解得 $x_1 = 200, x_2 = 140, x_4 = -20$. x_4 不满足非负条件, $x^{(2)} = (200, 140, 0, -20, 0)^{\mathrm{T}}$ 是一个基本解, 但不是基本可行解. B_2 不是可行基.

$x^{(1)}$ 是图 6.1 中的顶点 C. 一般地, 基本可行解是可行域(凸多面体)的顶点. 根据前面的观察, 如果线性规划有最优解, 那么一定存在一个基本可行解是最优解. 下面证明这个事实.

引理 6.1   对于标准形, 方程组 $Ax = b$ 的一个解 α 是基本解的充分必要条件是 x 中的非零分量对应的列向量线性无关.

证   必要性: 根据基本解的定义, 这是显然的.

充分性: 设 α 的非零分量为 $\alpha_{j_1}, \alpha_{j_2}, \cdots, \alpha_{j_r}$ 对应的列向量 $P_{j_1}, P_{j_2}, \cdots, P_{j_r}$ 线性无关. 由于 A 的秩为 m, 必存在 $P_{j_{r+1}}, P_{j_{r+2}}, \cdots, P_{j_m}$ 使得 $P_{j_1}, P_{j_2}, \cdots, P_{j_m}$ 线性无关. 这 m 个列构成一个基, 记作 B. α 是方程 $Bx_B = b$ 的解, 而这个方程的解是唯一的, 故 α 是关于 B 的基

本解.

定理 6.1 如果标准形有可行解,则必有基本可行解.

证 设 α 是一个可行解,要从 α 开始,逐步构造出一个基本可行解. 做法如下:

不妨设 α 的非零分量为 $\alpha_1,\alpha_2,\cdots,\alpha_r,r\leqslant n$. 如果它们对应的列向量 $P_1,P_2,\cdots,P_r$ 线性无关,由引理 6.1,α 是一个基本可行解;否则,存在不全为 0 的 $\lambda_1,\lambda_2,\cdots,\lambda_r$ 使

$$\sum_{j=1}^{r}\lambda_j P_j = 0$$

取 $\lambda_{r+1}=\cdots=\lambda_n=0$,有

$$\sum_{j=1}^{n}\lambda_j P_j = 0$$

于是,对任意的 δ,有

$$\sum_{j=1}^{n}(\alpha_j+\delta\lambda_j)P_j = \sum_{j=1}^{n}\alpha_j P_j + \delta\sum_{j=1}^{n}\lambda_j P_j = b$$

记 $\lambda=(\lambda_1,\lambda_2,\cdots,\lambda_n)^{\mathrm{T}}$,为使 $\alpha+\delta\lambda$ 成为一个可行解,要求

$$\alpha_j+\delta\lambda_j \geqslant 0, \quad j=1,2,\cdots,n$$

当 $\lambda_j=0$ 时,不等式自然成立;当 $\lambda_j>0$ 时,要求 $\delta\geqslant-\dfrac{\alpha_j}{\lambda_j}$;当 $\lambda_j<0$ 时,要求 $\delta\leqslant-\dfrac{\alpha_j}{\lambda_j}$. 即要求当 $\lambda_j\neq 0$ 时,$\delta\leqslant\left|\dfrac{\alpha_j}{\lambda_j}\right|$.

设

$$\left|\frac{\alpha_{j_0}}{\lambda_{j_0}}\right| = \min\left\{\left|\frac{\alpha_j}{\lambda_j}\right|:\lambda_j\neq 0\right\}, \quad 1\leqslant j_0\leqslant r$$

取 $\delta^*=-\dfrac{\alpha_{j_0}}{\lambda_{j_0}}$,令 $\beta_j=\alpha_j+\delta^*\lambda_j(j=1,2,\cdots,n)$,则 $\sum_{j=1}^{n}\beta_j P_j=b$,且 $\beta_j\geqslant 0$ $(j=1,2,\cdots,n)$,$\beta_{j_0}=0,\beta_{r+1}=\cdots=\beta_n=0$. 从而 $\beta=(\beta_1,\beta_2,\cdots,\beta_n)$ 是一个可行解,且比 α 至少少一个非零分量.

由于一个 P_j(它是非零的)是线性无关的,上述过程至多进行 $r-1$ 次一定可以得到一个基本可行解.

定理 6.2 如果标准形有最优解,则一定存在一个基本可行解是最优解.

证 只需补充证明:在定理 6.1 的证明中,当 α 是最优解时,β 也是最优解. 注意到当 $\alpha_j=0$ 时有 $\lambda_j=0$,故对足够小的 $\delta>0$,$\alpha+\delta\lambda$ 和 $\alpha-\delta\lambda$ 都是可行解. 从而

$$\sum_{j=1}^{n}c_j\alpha_j \leqslant \sum_{j=1}^{n}c_j(\alpha_j+\delta\lambda_j) = \sum_{j=1}^{n}c_j\alpha_j + \delta\sum_{j=1}^{n}c_j\lambda_j$$

$$\sum_{j=1}^{n}c_j\alpha_j \leqslant \sum_{j=1}^{n}c_j(\alpha_j-\delta\lambda_j) = \sum_{j=1}^{n}c_j\alpha_j - \delta\sum_{j=1}^{n}c_j\lambda_j$$

得 $\sum_{j=1}^{n}c_j\lambda_j=0$. 于是

$$\sum_{j=1}^{n}c_j\beta_j = \sum_{j=1}^{n}c_j(\alpha_j+\delta^*\lambda_j) = \sum_{j=1}^{n}c_j\alpha_j + \delta^*\sum_{j=1}^{n}c_j\lambda_j = \sum_{j=1}^{n}c_j\alpha_j$$

即 $\beta=\alpha+\delta^*\lambda$ 也是最优解.

根据定理 6.2,解线性规划问题只需考虑标准形的基本可行解. A 有 m 行 n 列,至多有 C_n^m 个基,故至多有 C_n^m 个基本解. 这样一来,线性规划就成为一个组合优化问题. 与众多组合优化问题一样,用穷举法求解是行不通的,需要寻找更有效的算法. 6.3 节介绍最常用的线性规划算法——单纯形法.

6.3 单 纯 形 法

本节的论述均针对最小化.

单纯形法的基本步骤如下.

(1)确定初始基本可行解.

(2)检查当前的基本可行解. 若是最优解或无最优解,计算结束;否则进行基变换,用一个非基变量替换一个基变量,得到一个新的可行基和对应的基本可行解,且使目标函数值下降(至少不升).

(3)重复步骤(2).

6.3.1 确定初始基本可行解

暂时只考虑最简单的情况,设约束条件为

$$\sum_{j=1}^{n} a_{ij}x_j \leqslant b_i \quad i=1,2,\cdots,m$$

其中 $b_i \geqslant 0(i=1,2,\cdots,m)$. 引入 m 个松弛变量 $x_{n+i} \geqslant 0(i=1,2,\cdots,m)$,约束条件转化为

$$\sum_{j=1}^{n} a_{ij}x_j + x_{n+i} = b_i \quad i=1,2,\cdots,m$$

取 $x_{n+i}(i=1,2,\cdots,m)$ 作为基变量,初始基本可行解为

$$x^{(0)} = (0,0,\cdots,0,b_1,b_2,\cdots,b_m)^{\mathrm{T}}$$

在例 6.8 中对例 6.1 中的线性规划引入三个松弛变量,得到标准形:

$$\min z = -12x_1 - 15x_2$$
$$\text{s.t.} \ 0.25x_1 + 0.50x_2 + x_3 \qquad\qquad = 120$$
$$0.50x_1 + 0.50x_2 \qquad + x_4 \qquad = 150$$
$$0.25x_1 \qquad\qquad\qquad + x_5 = 50$$
$$x_j \geqslant 0, \quad j=1,2,\cdots,5$$

取 x_3, x_4, x_5 作为基变量,初始基本可行解为 $x^{(0)} = (0,0,120,150,50)^{\mathrm{T}}$,对应的初始可行基 $B^{(0)} = (P_3, P_4, P_5)$.

6.3.2 最优性检验

给定可行基 $B = (P_{\pi(1)}, P_{\pi(2)}, \cdots, P_{\pi(m)})$,考虑标准形中的约束等式 $Ax = b \geqslant 0$. 两边同乘 B^{-1},得

$$B^{-1}Ax = B^{-1}b \qquad\qquad (6.5)$$

记 A 中对应非基变量的列构成的矩阵为 N,式(6.5)可写成

$$x_B + B^{-1}Nx_N = B^{-1}b \qquad\qquad (6.6)$$

解得

$$x_B = B^{-1}b - B^{-1}Nx_N \tag{6.7}$$

代入目标函数，得

$$
\begin{aligned}
z &= c^{\mathrm{T}}x \\
  &= c_B^{\mathrm{T}}x_B + c_N^{\mathrm{T}}x_N \\
  &= c_B^{\mathrm{T}}(B^{-1}b - B^{-1}Nx_N) + c_N^{\mathrm{T}}x_N \\
  &= c_B^{\mathrm{T}}B^{-1}b + (c_N^{\mathrm{T}} - c_B^{\mathrm{T}}B^{-1}N)x_N
\end{aligned}
$$

关于基 B 的基本可行解为：$x_B^{(0)} = B^{-1}b, x_N^{(0)} = 0$，对应的目标函数值 $z_0 = c_B^{\mathrm{T}}B^{-1}b$. 这里 c_B 和 c_N 分别是 c 中对应基变量和非基变量的部分. 把 z_0 代入上式，并做适当的演算，得到

$$
\begin{aligned}
z &= z_0 + (c_N^{\mathrm{T}} - c_B^{\mathrm{T}}B^{-1}N)x_N \\
  &= z_0 + (c_B^{\mathrm{T}} - c_B^{\mathrm{T}}B^{-1}B)x_B + (c_N^{\mathrm{T}} - c_B^{\mathrm{T}}B^{-1}N)x_N \\
  &= z_0 + (c^{\mathrm{T}} - c_B^{\mathrm{T}}B^{-1}A)x
\end{aligned}
$$

记

$$\lambda^{\mathrm{T}} = c^{\mathrm{T}} - c_B^{\mathrm{T}}B^{-1}A \tag{6.8}$$

代入上式，得到

$$z = z_0 + \lambda^{\mathrm{T}}x \tag{6.9}$$

称 λ 的分量 $\lambda_1, \lambda_2, \cdots, \lambda_n$ 为**检验数**. 对应基变量的检验数必为 0. 检验数是相对于给定的基本可行解，目标函数化简后（不含基变量）的表达式中的系数，式(6.9)也称作**简化的目标函数**.

记 $B^{-1}A = (\alpha_{ij})_{m \times n}$，$P_j' = B^{-1}P_j = (\alpha_{1j}, \alpha_{2j}, \cdots, \alpha_{mj})^{\mathrm{T}} (1 \leqslant j \leqslant n)$，$\beta = B^{-1}b$.

定理 6.3 给定基本可行解 $x^{(0)}$，如果所有的检验数大于或等于 0，则 $x^{(0)}$ 是最优解. 如果存在一个检验数 $\lambda_k < 0$，且所有 $\alpha_{ik} \leqslant 0 (1 \leqslant i \leqslant m)$，则无最优解.

证 如果所有的检验数大于或等于 0，注意到任意可行解 $x \geqslant 0$，由式(6.9)，x 的目标函数值 z 都大于或等于 z_0，故 $x^{(0)}$ 是最优解.

如果存在一个检验数 $\lambda_k < 0$(λ_k 必是式(6.9)中非基变量的系数)，且所有 $\alpha_{ik} \leqslant 0 (1 \leqslant i \leqslant m)$，取 $x_k = M > 0$，其余非基变量 $x_j = 0$，代入式(6.7)解得

$$x_{\pi(i)} = \beta_i - \alpha_{ik}M \geqslant 0 \quad 1 \leqslant i \leqslant m$$

这是一个可行解，其目标函数值为

$$z = z_0 + \lambda_k M$$

当 $M \to +\infty$ 时，$z \to -\infty$. 得证无最优解.

除去定理 6.3 中的两种情况，剩下的第三种情况是存在一个检验数 $\lambda_k < 0$ 且 $\alpha_{ik} (1 \leqslant i \leqslant m)$ 不全小于或等于 0. 这时要进行基变换.

6.3.3 基变换

设 $\lambda_k < 0$ 且 $\alpha_{lk} > 0$，对应的 x_k 必是非基变量. 进行基变换，用非基变量 x_k 替换基变量 $x_{\pi(l)}$，得到新的基 $B' = (P_{\pi(1)}, \cdots, P_{\pi(l-1)}, P_k, P_{\pi(l+1)}, \cdots, P_{\pi(m)})$，即用 P_k 替换 B 中的 $P_{\pi(l)}$. 称 x_k 为**换入变量**，$x_{\pi(l)}$ 为**换出变量**.

首先要证 B' 确实是一个基，即 $P_{\pi(1)}, \cdots, P_{\pi(l-1)}, P_k, P_{\pi(l+1)}, \cdots, P_{\pi(m)}$ 是线性无关的. 由于 $P_{\pi(1)}, P_{\pi(2)}, \cdots, P_{\pi(m)}$ 是线性无关的，只需证 $P_{\pi(l)}$ 可表示成 $P_{\pi(1)}, \cdots, P_{\pi(l-1)}, P_k, P_{\pi(l+1)}, \cdots, P_{\pi(m)}$ 的线性组合. 由于 $(P_{\pi(1)}', P_{\pi(2)}', \cdots, P_{\pi(m)}') = B^{-1}B = E$，

$$P'_k = \sum_{i=1}^{m} \alpha_{ik} P'_{\pi(i)}$$

两边同乘 B,得到

$$P_k = \sum_{i=1}^{m} \alpha_{ik} P_{\pi(i)}$$

解得

$$P_{\pi(l)} = \frac{1}{\alpha_{lk}} P_k - \sum_{\substack{i=1 \\ \text{且} \neq l}}^{m} \frac{\alpha_{ik}}{\alpha_{lk}} P_{\pi(i)}$$

因此 B' 确实是一个基.

令

$$H = \begin{bmatrix} 1 & & & \alpha_{1k} & & & \\ & \ddots & & \vdots & & & \\ & & 1 & \alpha_{l-1,k} & & & \\ & & & \alpha_{lk} & & & \\ & & & \alpha_{l+1,k} & 1 & & \\ & & & \vdots & & \ddots & \\ & & & \alpha_{mk} & & & 1 \end{bmatrix}$$

第 l 列

H 是把单位矩阵的第 l 列换成 P'_k. 由上面 P_k 的表达式,有 $B' = BH$. 于是

$$B'^{-1} A x = B'^{-1} b$$

可写成

$$H^{-1} B^{-1} A x = H^{-1} B^{-1} b = H^{-1} \beta$$

即把基变量 $x_{\pi(l)}$ 换成非基变量 x_k,相当于用 H^{-1} 乘式(6.5)的两边. 而

$$H^{-1} = \begin{bmatrix} 1 & & & -\alpha_{1k}/\alpha_{lk} & & & \\ & \ddots & & \vdots & & & \\ & & 1 & -\alpha_{l-1,k}/\alpha_{lk} & & & \\ & & & 1/\alpha_{lk} & & & \\ & & & -\alpha_{l+1,k}/\alpha_{lk} & 1 & & \\ & & & \vdots & & \ddots & \\ & & & -\alpha_{mk}/\alpha_{lk} & & & 1 \end{bmatrix}$$

第 l 列

故用 H^{-1} 乘式(6.5)的两边就是将式(6.5)中的第 l 个方程除以 α_{lk},第 i 个方程减第 l 个方程的 α_{ik}/α_{lk} 倍($1 \leqslant i \leqslant m$ 且 $i \neq l$). 这样做的结果是把式(6.5)中第 l 个方程中 x_l 的系数变成 1,再消去其他方程中的 x_l. 计算公式如下:

$$\begin{aligned} &\alpha'_{lj} = \alpha_{lj}/\alpha_{lk}, \quad 1 \leqslant j \leqslant n \\ &\alpha'_{ij} = \alpha_{ij} - \alpha_{ik}\alpha_{lj}/\alpha_{lk}, \quad 1 \leqslant i \leqslant m \text{ 且 } i \neq l, 1 \leqslant j \leqslant n \\ &\beta'_l = \beta_l/\alpha_{lk} \\ &\beta'_i = \beta_i - \alpha_{ik}\beta_l/\alpha_{lk}, \quad 1 \leqslant i \leqslant m \text{ 且 } i \neq l \end{aligned} \tag{6.10}$$

要保证 B' 是可行的,只需

$$\beta'_i = \beta_i - \alpha_{ik}\beta_l/\alpha_{lk} \geqslant 0, \quad 1 \leqslant i \leqslant m \text{ 且 } i \neq l$$

注意到 $\beta_i \geqslant 0, \beta_l \geqslant 0, \alpha_{lk} > 0$，当 $\alpha_{ik} \leqslant 0$ 时不等式自然成立. 于是，只需当 $\alpha_{ik} > 0$ 时

$$\frac{\beta_l}{\alpha_{lk}} \leqslant \frac{\beta_i}{\alpha_{ik}}$$

因此，应取 l 使得

$$\frac{\beta_l}{\alpha_{lk}} = \min\left\{\frac{\beta_i}{\alpha_{ik}} \,\middle|\, \alpha_{ik} > 0, 1 \leqslant i \leqslant m\right\} \tag{6.11}$$

对式（6.9）也做类似的变换，减去式（6.5）中第 l 个方程的 λ_k / α_{lk} 倍，消去式中的 x_k，得到关于新基 B' 的简化目标函数.

$$\lambda_j' = \lambda_j - \lambda_k \alpha_{lj} / \alpha_{lk}, \quad 1 \leqslant j \leqslant n$$
$$z_0' = z_0 + \lambda_k \beta_l / \alpha_{lk} \tag{6.12}$$

算法如下：

算法 6.1　单纯形法

1. 设初始可行基 $B = (P_{\pi(1)}, P_{\pi(2)}, \cdots, P_{\pi(m)})$，$\alpha = B^{-1}A$，$\beta = B^{-1}b$，$\lambda^{\mathrm{T}} = c^{\mathrm{T}} - c_B^{\mathrm{T}}B^{-1}A$，$z_0 = c_B^{\mathrm{T}}B^{-1}b$
2. 若所有 $\lambda_j \geqslant 0 (1 \leqslant j \leqslant n)$，则 $x_B = \beta, x_N = 0$ 是最优解，计算结束
3. 取 $\lambda_k < 0$. 若所有 $\alpha_{ik} \leqslant 0 (1 \leqslant i \leqslant m)$，则无最优解，计算结束
4. 取 l 使得

$$\frac{\beta_l}{\alpha_{lk}} = \min\left\{\frac{\beta_i}{\alpha_{ik}} \,\middle|\, \alpha_{ik} > 0, 1 \leqslant i \leqslant m\right\}$$

5. 以 x_k 为换入变量、$x_{\pi(l)}$ 为换出变量做基变换
6. 转步骤 2

前面的讨论都是针对最小化. 对于最大化的计算，只需进行如下修改：如果所有的 $\lambda_j \leqslant 0 (1 \leqslant j \leqslant n)$，则当前的基本可行解是最优解；如果存在 $\lambda_k > 0$ 且所有的 $\alpha_{ik} \leqslant 0 (1 \leqslant i \leqslant m)$，则无最优解；否则，进行换基变换，设 $\lambda_k > 0$ 且 l 满足式（6.11），取 x_k 作为换入变量，$x_{\pi(l)}$ 作为换出变量.

6.3.4　单纯形表

将式（6.5）和式（6.9）中的系数列成表格，称作**单纯形表**. 单纯形法的计算可以在单纯形表上进行. 单纯形表如表 6.2 所示.

表 6.2　单纯形表

c_B	x_B	b	c_1	c_2	$\cdots$	c_n	θ
			x_1	x_2	$\cdots$	x_n	
$c_{\pi(1)}$	$x_{\pi(1)}$	β_1	α_{11}	α_{12}	$\cdots$	α_{1n}	
$c_{\pi(2)}$	$x_{\pi(2)}$	β_2	α_{21}	α_{22}	$\cdots$	α_{2n}	
$\vdots$	$\vdots$	$\vdots$	$\vdots$	$\vdots$	$\cdots$	$\vdots$	
$c_{\pi(m)}$	$x_{\pi(m)}$	β_m	α_{m1}	α_{m2}	$\cdots$	α_{mn}	
	$-z$	$-z_0$	λ_1	λ_2	$\cdots$	λ_n	

这里把式（6.9）改写成

$$-z + \sum_{j=1}^{n} \lambda_j x_j = -z_0$$

其中 z 也被看成与 x_j 一样的变量. 这样一来，在形式上把式（6.9）和 $B^{-1}Ax = B^{-1}b$ 中的

方程

$$\sum_{j=1}^{n} \alpha_{ij} x_j = \beta_i$$

统一起来了. 表头为 c_B 的列简称 c_B 列, 其余各列也与此类似. 表中 x_B 列与 b 列给出当前的基本可行解中基变量的值. 在中间 α_{ij} 部分, $x_{\pi(1)}, x_{\pi(2)}, \cdots, x_{\pi(m)}$ 列恰好构成单位矩阵, 对应的 $\lambda_{\pi(i)} = 0$. z_0 等于 c_B 列与 b 列中各对数的乘积之和, λ_j 等于 c_j 减 c_B 列与 x_j 列中各对数的乘积之和.

每一次循环对单纯形表进行如下运算: 如果所有的 $\lambda_j \geq 0$, 则当前的基本可行解是最优解, 计算结束. 如果存在 $\lambda_k < 0$, 若所有 $\alpha_{ik} \leq 0 (1 \leq i \leq m)$, 则无最优解, 计算结束; 否则, 对每一个 $\alpha_{ik} > 0$, 把 $\theta_i = \beta_i / \alpha_{ik}$ 填入 θ 列. 当 $\alpha_{ik} \leq 0$ 时 θ 列的值为空. 设 θ_l 最小, 则在 α_{lk} 上加圈, 取 x_k 作为换入变量, $x_{\pi(l)}$ 作为换出变量. 第 l 行(不含 $c_{\pi(l)}$ 和 $x_{\pi(l)}$, 以下相同)除以 α_{lk}, 第 i 行减第 l 行的 α_{ik} 倍, 把 α_{ik} 消成 $0 (1 \leq i \leq m$ 且 $i \neq l)$; 最下面的一行减第 l 行的 λ_k 倍, 把 λ_k 消成 0. 最后, 把 x_B 列的 $x_{\pi(l)}$ 换成 x_k, c_B 列的 $c_{\pi(l)}$ 换成 c_k. 这就得到关于新可行基的单纯形表, 转入下一次循环. 当有多个 $\lambda_k < 0$ 时, 通常取使 $|\lambda_k|$ 最大的 x_k 作为换入变量. 直观上, 这样做可以使目标函数值下降最大.

下面继续 6.3.1 节中例子的计算, 见表 6.3. 由于初始可行基是单位矩阵, 故初始单纯形表中的数据都是原始数据, 每个 $\lambda_j = c_j$. 基变量为 x_3, x_4, x_5.

第一次基变换取 x_2 作为换入变量, x_3 作为换出变量. 第二次基变换取 x_1 作为换入变量, x_4 作为换出变量. 最优解 $x^* = (120, 180, 0, 0, 20)$, 最优值 $z^* = -4140$. 这个结果与 6.1.2 节中用图解法得到的结果是一样的. 松弛变量 $x_3^* = x_4^* = 0$ 说明最优解使例 6.1 中前两个约束的等式成立, 称这种约束为紧约束. $x_5^* = 20$ 说明第 3 个约束不是紧约束, 原料 3 尚有余量 $50 - 0.25 \times 120 = 20$.

表 6.3

c_B	x_B	b	-12 x_1	-15 x_2	0 x_3	0 x_4	0 x_5	θ
0	x_3	120	0.25	(0.50)	1	0	0	240
0	x_4	150	0.50	0.50	0	1	0	300
0	x_5	50	0.25	0	0	0	1	
	$-z$	0	-12	-15	0	0	0	
-15	x_2	240	0.50	1	2	0	0	480
0	x_4	30	(0.25)	0	-1	1	0	120
0	x_5	50	0.25	0	0	0	1	200
	$-z$	3600	-4.5	0	30	0	0	
-15	x_2	180	0	1	4	-2	0	
-12	x_1	120	1	0	-4	4	0	
0	x_5	20	0	0	1	-1	1	
	$-z$	4140	0	0	12	18	0	

例 6.9 用单纯形法解下述线性规划.

$$\min z = x_1 - 2x_2$$
$$\text{s.t.} \quad x_1 - x_2 \leqslant 1$$
$$-2x_1 + x_2 \leqslant 4$$
$$x_1 \geqslant 0, \quad x_2 \geqslant 0$$

解 引入两个松弛变量 x_3 和 x_4,得到以下标准形:

$$\min z = x_1 - 2x_2$$
$$\text{s.t.} \quad x_1 - x_2 + x_3 = 1$$
$$-2x_1 + x_2 + x_4 = 4$$
$$x_j \geqslant 0, \quad j = 1, 2, 3, 4$$

取 x_3 和 x_4 作为基变量,计算如表 6.4 所示. 由于 $\lambda_1 = -3 < 0$ 且 $\alpha_{11} = -1 < 0, \alpha_{21} = -2 < 0$, 故目标函数值没有下界,无最优解.

表 6.4

c_B	x_B	b	1	-2	0	0	θ
			x_1	x_2	x_3	x_4	
0	x_3	1	1	-1	1	0	
0	x_4	4	-2	①	0	1	4
	$-z$	0	1	-2	0	0	
0	x_3	5	-1	0	1	1	
-2	x_2	4	-2	1	0	1	
	$-z$	8	-3	0	0	2	

6.3.5 人工变量和两阶段法

在 6.3.1 节中只介绍了对最简单的情况确定初始可行基的方法. 除约束条件为 $\sum_{j=1}^{n} a_{ij} x_j \leqslant b_i (b_i \geqslant 0)$ 外,还有两种情况:

(1) $\sum_{j=1}^{n} a_{ij} x_j \geqslant b_i$.

(2) $\sum_{j=1}^{n} a_{ij} x_j = b_i$.

其中 $b_i \geqslant 0$. 对于情况(1),可以引入剩余变量把它转化成情况(2). 因此,只需考虑情况(2). 为此引入人工变量 $y_i \geqslant 0$,把情况(2)变成

$$\sum_{j=1}^{n} a_{ij} x_j + y_i = b_i$$

并取所有的松弛变量和人工变量作为基变量,得到初始可行基.

例 6.10 考虑下述线性规划:

$$\min z = -3x_1 + x_2 + x_3$$
$$\text{s.t.} \quad x_1 - 2x_2 + x_3 \leqslant 11$$
$$-4x_1 + x_2 + 2x_3 \geqslant 3 \tag{6.13}$$
$$-2x_1 + x_3 = 1$$
$$x_j \geqslant 0, \quad j = 1, 2, 3$$

引入松弛变量 x_4，剩余变量 x_5，得到问题的标准形：

$$\min \quad z = -3x_1 + x_2 + x_3$$

$$\text{s.t.} \quad x_1 - 2x_2 + x_3 + x_4 \qquad\qquad = 11$$
$$-4x_1 + x_2 + 2x_3 \qquad - x_5 = 3 \qquad\qquad (6.14)$$
$$-2x_1 \qquad + x_3 \qquad\qquad = 1$$
$$x_j \geqslant 0, \quad j = 1, 2, \cdots, 5$$

再对第 2 和第 3 两个等式引入人工变量 x_6 和 x_7，约束条件转化为

$$x_1 - 2x_2 + x_3 + x_4 \qquad\qquad = 11$$
$$-4x_1 + x_2 + 2x_3 \qquad - x_5 + x_6 \qquad = 3 \qquad\qquad (6.15)$$
$$-2x_1 \qquad + x_3 \qquad\qquad + x_7 = 1$$
$$x_j \geqslant 0, \quad j = 1, 2, \cdots, 7$$

取 x_4, x_6, x_7 作为基变量，得到式(6.15)的一个基本可行解为 $x = (0, 0, 0, 11, 0, 3, 1)^{\mathrm{T}}$.

问题是这个解不是式(6.14)的可行解. 为了使它成为式(6.14)的解，人工变量必须为 0. 为此，需要引入一个辅助问题.

设问题

$$\min \quad z = \sum_{j=1}^{n} c_j x_j$$

$$\text{s.t.} \quad \sum_{j=1}^{n} a_{ij} x_j = b_i, \quad 1 \leqslant i \leqslant m \qquad\qquad (6.16)$$
$$x_j \geqslant 0, \quad 1 \leqslant j \leqslant n$$

其中 $b_i \geqslant 0 (1 \leqslant i \leqslant m)$. 引入人工变量 $y_1, y_2, \cdots, y_m$，辅助问题为

$$\min \quad w = \sum_{i=1}^{m} y_i$$

$$\text{s.t.} \quad \sum_{j=1}^{n} a_{ij} x_j + y_i = b_i, \quad 1 \leqslant i \leqslant m \qquad\qquad (6.17)$$
$$x_j \geqslant 0, \quad 1 \leqslant j \leqslant n$$
$$y_i \geqslant 0, \quad 1 \leqslant i \leqslant m$$

由于 $w \geqslant 0$，所以辅助问题(6.17)必有最优解. 设最优解为 $(x_1^*, x_2^*, \cdots, x_n^*, y_1^*, y_2^*, \cdots, y_m^*)^{\mathrm{T}}$，最优值为 w^*. 有以下三种可能.

(1) $w^* > 0$. 此时，原问题(6.16)无可行解.

假如不然，设 $(x_1, x_2, \cdots, x_n)^{\mathrm{T}}$ 是原问题(6.16)的可行解，则 $(x_1, x_2, \cdots, x_n, 0, \cdots, 0)^{\mathrm{T}}$ 是辅助问题(6.17)的可行解，对应的 $w = 0$. 与 $w^* > 0$ 矛盾.

(2) 在最优解中所有的人工变量都是非基变量. 此时，$y_1^* = y_2^* = \cdots = y_m^* = 0, w^* = 0$，$(x_1^*, x_2^*, \cdots, x_n^*)^{\mathrm{T}}$ 是原问题(6.16)的基本可行解.

(3) $w^* = 0$，但基变量中含有人工变量. 这种情况可以进一步转化成情况(2).

此时，必有 $y_1^* = y_2^* = \cdots = y_m^* = 0$. 设 y_k 是基变量，在式(6.6)中

$$y_k + \sum_{j=1}^{n} \alpha_{ij} x_j + \sum_{\substack{t=1 \\ \text{且} \neq k}}^{m} \alpha'_{it} y_t = 0$$

且 y_k 不出现在其他约束等式中. 若所有 $\alpha_{ij}=0(1\leqslant j\leqslant n)$, 则表明原问题中 m 个约束等式不是线性无关的, 可以把这个等式删除. 这样就删除了 y_k; 否则, 存在某个 $\alpha_{il}\neq0$(可正可负). 用 x_l 作为换入变量, y_k 作为换出变量, 进行基变换. 由于 $\beta_i=0$, 经过基变量, β 的所有值均不改变, 从而新的基本解是可行解且 $w=0$ 不变. 总之, 都可以使基变量中的人工变量少一个, 且保持 $w=0$ 不变. 重复进行, 最终总能变成情况(2).

因此, 辅助问题最终只有两种可能, 即(1)和(2).

上述讨论给出了当有 $\geqslant$ 和 $=$ 的约束条件时, 构造初始基本可行解的方法.

两阶段法

阶段一: 引入人工变量, 写出原问题(6.16)的辅助问题(6.17), 用单纯形法解辅助问题. 若为情况(1), 则原问题无可行解, 计算结束; 若为情况(2), 则进入阶段二.

阶段二: 删去人工变量, 得到原问题的一个基本可行解. 以这个解为初始基本可行解, 用单纯形法解原问题.

例 6.10(续) 用两阶段法. 阶段一: 问题(6.14)的辅助问题为

$$\min w = x_6 + x_7$$

$$\text{s.t.} \begin{array}{l} x_1 - 2x_2 + x_3 + x_4 = 11 \\ -4x_1 + x_2 + 2x_3 - x_5 + x_6 = 3 \\ -2x_1 + x_3 + x_7 = 1 \\ x_j \geqslant 0, \quad j=1,2,\cdots,7 \end{array}$$

计算过程见表 6.5. 有两点需要注意: 一是对引入了松弛变量的约束等式, 不需要引入人工变量, 如第 1 个等式, 取所有的松弛变量和人工变量作为初始基变量; 二是 c_B 不全为零, 初始单纯形表中的 λ 值必须根据式(6.8)计算. 最后的结果是, $w^*=0$, 最优解 $x^{(0)}=(0,1,1,12,0,0,0)^{\mathrm{T}}$. $x^{(0)}$ 的基变量是 x_4,x_2,x_3, 不含人工变量.

表 6.5

c_B	x_B	b	0 x_1	0 x_2	0 x_3	0 x_4	0 x_5	1 x_6	1 x_7	θ
0	x_4	11	1	-2	1	1	0	0	0	11
1	x_6	3	-4	1	2	0	-1	1	0	1.5
1	x_7	1	-2	0	①	0	0	0	1	1
	$-w$	-4	6	-1	-3	0	1	0	0	
0	x_4	10	3	-2	0	1	0	0	-1	—
1	x_6	1	0	①	0	0	-1	1	-2	1
0	x_3	1	-2	0	1	0	0	0	1	—
	$-w$	-1	0	-1	0	0	1	0	3	
0	x_4	12	3	0	0	1	-2	2	-5	
0	x_2	1	0	1	0	0	-1	1	-2	
0	x_3	1	-2	0	1	0	0	0	1	
	$-w$	0	0	0	0	0	0	1	1	

阶段二：删去 $x^{(0)}$ 的最后两个分量，仍记作 $x^{(0)}$，它是原问题(6.14)的基本可行解. 以 $x^{(0)}$ 为初始基本可行解继续计算原问题(6.14). 初始单纯形表可通过如下改造表 6.5 中最后一张单纯形表得到：删除人工变量 x_6,x_7 的列，将第 1 行和 c_B 列中的数换成问题(6.14)目标函数中的系数，把最后一行中的 w 改成 z 并重新计算 z_0 和所有 λ_j 的值. 见表 6.6. 最后的结果是：最优解 $x^* = (4,1,9,0,0)^T$，最优值 $z^* = -2$. 式(6.13)的最优解是 $x_1^* = 4$，$x_2^* = 1$，$x_3^* = 9$，最优值 $z^* = -2$.

表 6.6

c_B	x_B	b	-3	1	1	0	0	θ
			x_1	x_2	x_3	x_4	x_5	
0	x_4	12	③	0	0	1	-2	4
1	x_2	1	0	1	0	0	-1	—
1	x_3	1	-2	0	1	0	0	—
	$-z$	-2	-1	0	0	0	1	
-3	x_1	4	1	0	0	1/3	$-2/3$	
1	x_2	1	0	1	0	0	-1	
1	x_3	9	0	0	1	2/3	$-4/3$	
	$-z$	2	0	0	0	1/3	1/3	

例 6.11 解线性规划：

$$\min z = 3x_1 - 2x_2$$
$$\text{s.t. } 2x_1 + x_2 \leqslant 4$$
$$x_1 - x_2 \geqslant 3$$
$$x_1 \geqslant 0, \quad x_2 \geqslant 0$$

解 引入松弛变量 x_3 和剩余变量 x_4，标准形为

$$\min z = 3x_1 - 2x_2$$
$$\text{s.t.} \begin{cases} 2x_1 + x_2 + x_3 = 4 \\ x_1 - x_2 - x_4 = 3 \\ x_j \geqslant 0, \quad j = 1,2,3,4 \end{cases}$$

用两阶段法.

阶段一：引入人工变量 x_5，辅助问题是：

$$\min w = x_5$$
$$\text{s.t.} \begin{cases} 2x_1 + x_2 + x_3 = 4 \\ x_1 - x_2 - x_4 + x_5 = 3 \\ x_j \geqslant 0, \quad j = 1,2,\cdots,5 \end{cases}$$

辅助问题的计算见表 6.7. 计算结果是 $w^* = 1 > 0$. 原问题无可行解.

表 6.7

c_B	x_B	b	0 x_1	0 x_2	0 x_3	0 x_4	1 x_5	θ
0	x_3	4	②	1	1	0	0	2
1	x_5	3	1	-1	0	-1	1	3
	$-w$	-3	-1	1	0	1	0	
0	x_1	2	1	$1/2$	$1/2$	0	0	
1	x_5	1	0	$-3/2$	$-1/2$	-1	1	
	$-w$	-1	0	$3/2$	$1/2$	1	0	

例 6.12 解线性规划：

$$\min z = x_1 + 3x_2 - 2x_3$$
$$\text{s.t. } 3x_1 + 6x_2 + 2x_3 - x_4 = 12$$
$$2x_1 \qquad + x_3 \qquad = 4$$
$$3x_1 - 6x_2 + x_3 + x_4 = 0$$
$$x_j \geqslant 0, \quad 1 \leqslant j \leqslant 4$$

解 用两阶段法.

阶段一：引入人工变量 x_5，x_6 和 x_7，辅助问题如下：

$$\min w = x_5 + x_6 + x_7$$
$$\text{s.t. } 3x_1 + 6x_2 + 2x_3 - x_4 + x_5 \qquad = 12$$
$$2x_1 \qquad + x_3 \qquad + x_6 = 4$$
$$3x_1 - 6x_2 + x_3 + x_4 \qquad + x_7 = 0$$
$$x_j \geqslant 0, \quad 1 \leqslant j \leqslant 7$$

计算列于表 6.8. 结果是，$w^* = 0$，但基变量中含人工变量 x_5. 注意到，x_5 所在行（第 1 行）原有变量的系数全为 0，$\alpha_{11} = \alpha_{12} = \alpha_{13} = \alpha_{14} = 0$，$\beta_1$ 也一定等于 0. 这说明原来的三个约束等式不是线性无关的，第 1 个约束等式可以表示成另外两个约束等式的线性组合. 实际上，第 1 个约束等式等于第 2 个约束等式的 3 倍减第 3 个约束等式. 因此，可以删除第 1 个约束等式.

表 6.8

c_B	x_B	b	0 x_1	0 x_2	0 x_3	0 x_4	1 x_5	1 x_6	1 x_7	θ
1	x_5	12	3	6	2	-1	1	0	0	4
1	x_6	4	2	0	1	0	0	1	0	2
1	x_7	0	③	-6	1	1	0	0	1	0
	$-w$	-16	-8	0	-4	0	0	0	0	
1	x_5	12	0	12	1	-2	1	0	-1	1

c_B	x_B	b	0	0	0	0	1	1	1	θ
			x_1	x_2	x_3	x_4	x_5	x_6	x_7	
1	x_6	4	0	④	1/3	-2/3	0	1	-2/3	1
0	x_1	0	1	-2	1/3	1/3	0	0	1/3	—
	$-w$	-16	0	-16	-4/3	8/3	0	0	8/3	
1	x_5	0	0	0	0	0	1	-3	1	
0	x_2	1	0	1	1/12	-1/6	0	1/4	-1/6	
0	x_1	2	1	0	1/2	0	0	1/2	0	
	$-w$	0	0	0	0	0	0	4	0	

阶段二：删除表 6.8 中最后一张单纯形表中人工变量 x_5，x_6 和 x_7 的列以及 x_5 所在的行，修改诸 c_j 和 c_B 中的数，并重新计算 z_0 和诸 λ_j 的值，得到这个化简后的原问题的初始单纯形表，见表 6.9. 最后结果是：最优解为 $x_1^* = 0$，$x_2^* = 2/3$，$x_3^* = 4$，$x_4^* = 0$，最优值为 $z^* = -6$.

表 6.9

c_B	x_B	b	1	3	-2	0	θ
			x_1	x_2	x_3	x_4	
3	x_1	1	0	1	1/12	-1/16	12
1	x_1	2	1	0	(1/2)	0	4
	$-z$	-5	0	0	-11/4	1/2	
3	x_2	2/3	-1/6	1	0	-1/6	
-2	x_3	4	2	0	1	0	
	$-z$	6	11/2	0	0	1/2	

例 6.13 解线性规划：

$$\min z = x_1 + x_2 + x_3 - x_4$$
$$\text{s.t.} \quad 6x_1 + 3x_2 - 4x_3 + 3x_4 = 12$$
$$-x_2 + 3x_4 = 6$$
$$-6x_1 + 4x_3 + 3x_4 = 0$$
$$x_j \geqslant 0, \quad 1 \leqslant j \leqslant 4$$

解 用两阶段法.

阶段一：引入人工变量 x_5，x_6 和 x_7，辅助问题的计算如表 6.10 所示. 在表中倒数第 2 个单纯形表已得到最优值 $w^* = 0$，但基变量中含人工变量 x_6. 再看 x_6 所在行，原有变量的系数不全为 0，$a_{22} = -5/2$. 取 x_2 作为换入变量，x_6 作为换出变量，做基变换. 在新的基下，最优值不变，基变量为 x_1，x_2 和 x_4，不再含人工变量. 转入阶段二.

表　6.10

c_B	x_B	b	0	0	0	0	1	1	1	θ
			x_1	x_2	x_3	x_4	x_5	x_6	x_7	
1	x_5	12	6	3	-4	3	1	0	0	4
1	x_6	6	0	-1	0	3	0	1	0	2
1	x_7	0	-6	0	4	③	0	0	1	0
	$-w$	-18	0	-2	0	-9	0	0	0	
1	x_5	12	⑫	3	-8	0	1	0	-1	1
1	x_6	6	6	-1	-4	0	0	1	-1	1
0	x_4	0	-2	0	4/3	1	0	0	1/3	—
	$-w$	-18	-18	-2	12	0	0	0	3	
0	x_1	1	1	1/4	$-2/3$	0	1/12	0	$-1/12$	
1	x_6	0	0	$(-5/2)$	0	0	$-1/2$	1	$-1/2$	
0	x_4	2	0	1/2	0	1	1/6	0	1/6	
	$-w$	0	0	5/2	0	0	3/2	0	3/2	
0	x_1	1	1	0	$-2/3$	0	1/30	1/10	$-2/15$	
0	x_2	0	0	1	0	0	1/5	$-2/5$	1/5	
0	x_4	2	0	0	0	1	1/15	1/5	1/15	
	$-w$	0	0	0	0	0	1	1	1	

阶段二：删除所有人工变量,得到原问题的一个基本可行解. 计算它的检验数,发现它已是原问题的最优解,$x_1^*=1$, $x_2^*=0$, $x_3^*=0$, $x_4^*=2$,最优值 $z^*=-1$,见表 6.11.

表　6.11

c_B	x_B	b	1	1	1	-1	θ
			x_1	x_2	x_3	x_4	
1	x_1	1	1	0	$-2/3$	0	
1	x_2	0	0	1	0	0	
-1	x_4	2	0	0	0	1	
	$-z$	1	0	0	2/3	0	

6.3.6　单纯形法的有限终止

定义 6.2　如果基本可行解中基变量的值都大于 0,则称这个基本可行解是非退化的,否则称其是退化的.

如果线性规划的所有基本可行解都是非退化的,则称这个线性规划是非退化的.

如果线性规划有可行解并且是非退化的,则在计算的每一步,所有 $\beta_i = b_i/\alpha_{ik} > 0$. 根据式(6.12),$z_1 < z_0$,每一次基变换都使目标函数值严格下降,从而在计算过程中可行基不会重复出现,因此单纯形法一定会在有限步内终止.

如果线性规划不是非退化的,当 $\beta_l = 0$ 且取 $x_{\pi(l)}$ 为换出变量时,基变换不改变目标函数值. 这就可能使计算出现循环,计算永不终止. 1955 年 E. Beal 给出如下例子:

$$\min z = -\frac{3}{4}x_1 + 20x_2 - \frac{1}{2}x_3 + 6x_4$$

$$\text{s.t.} \quad \frac{1}{4}x_1 - 8x_2 - x_3 + 9x_4 + x_5 = 0$$

$$\frac{1}{2}x_1 - 12x_2 - \frac{1}{2}x_3 + 3x_4 + x_6 = 0$$

$$x_3 + x_7 = 1$$

$$x_j \geqslant 0, \quad 1 \leqslant j \leqslant 7$$

取 x_5, x_6, x_7 作为初始基变量,并规定:当有多个 $\lambda_j < 0$ 时,设 $|\lambda_k| = \max\{|\lambda_j| : \lambda_j < 0\}$,取 x_k 作为换入变量;当有多个 θ_i 同时取到最小值时,取对应的下标最小的基变量作为换出变量. 计算经过 6 次基变换回到初始可行基,从而计算出现循环,永不终止.

问题出在,单纯形法没有明确规定,当有多个 $\lambda_j < 0$ 时,如何选取换入变量;当有多个 θ_i 同时取到最小值时,如何选取换出变量. 为了避免循环,1954 年 G. B. Dantzigt 提出字典序方法. 1977 年 R. G. Bland 又提出避免循环的两条十分简单的规则. 下面叙述 Bland 的规则,证明从略.

Bland 规则

规则 1:当有多个 $\lambda_j < 0$ 时,取对应的非基变量中下标最小的作为换入变量.

规则 2:当有多个 $\theta_i = \beta_i / \alpha_{ik}\ (\alpha_{ik} > 0)$ 同时取到最小值时,取对应的基变量中下标最小的作为换出变量.

6.4 对 偶 性

6.4.1 对偶线性规划

回到例 6.1,现在有另一家 B 公司急需这 3 种原料,打算向 A 公司购买,问题是应出什么价钱. 设 B 公司出的价钱是原料 1 每吨 y_1 万元,原料 2 每吨 y_2 万元,原料 3 每吨 y_3 万元. 显然,不能低于 A 公司用这些原料生产清洁剂所产生的价值,否则 A 公司是不可能出售的,故必须满足

$$0.25y_1 + 0.50y_2 + 0.25y_3 \geqslant 12$$

$$0.50y_1 + 0.50y_2 \geqslant 15$$

同时,B 公司又希望总购买费用最小,即

$$\min w = 120y_1 + 150y_2 + 50y_3$$

综合上述结果,并与例 6.1 中的线性规划并列于下:

(1) $\max z = 12x_1 + 15x_2$

$\quad$ s.t. $0.25x_1 + 0.50x_2 \leqslant 120$

$\quad\quad\quad 0.50x_1 + 0.50x_2 \leqslant 150$

$\quad\quad\quad 0.25x_1 \leqslant 50$

$\quad\quad\quad x_1 \geqslant 0, \quad x_2 \geqslant 0$

(2) $\min w = 120y_1 + 150y_2 + 50y_3$

$\quad$ s.t. $0.25y_1 + 0.50y_2 + 0.25y_3 \geqslant 12$

$\quad\quad\quad 0.50y_1 + 0.50y_2 \geqslant 15$

$\quad\quad\quad y_1 \geqslant 0, \quad y_2 \geqslant 0, \quad y_3 \geqslant 0$

这两个线性规划有下述特点：(2)中的变量数等于(1)中的约束不等式的个数，(1)中的变量数等于(2)中的约束不等式的个数；约束不等式中的系数矩阵互为转置；目标函数中系数 c_j 与约束不等式的常数项 b_i 相互交换；不等号相反，max 配 $\leqslant$，min 配 $\geqslant$. 称(1)为原始规划，(2)为(1)的对偶规划. (2)的最优解 y_1^*, y_2^*, y_3^* 称为这三种原料的影子价格. 当市场上该原料的售价高于影子价格时，A 公司可以直接出售原料获取更多的价值.

定义 6.3 设有线性规划：

$$\max c^{\mathrm{T}} x$$
$$\text{s.t.} \quad Ax \leqslant b \tag{6.18}$$
$$x \geqslant 0$$

和

$$\min b^{\mathrm{T}} y$$
$$\text{s.t.} \quad A^{\mathrm{T}} y \geqslant c \tag{6.19}$$
$$y \geqslant 0$$

称式(6.19)是式(6.18)的对偶线性规划，简称对偶或对偶规划. 称式(6.18)为原始线性规划，简称原始规划.

定理 6.4 对偶的对偶是原始线性规划.

证 式(6.19)可改写成

$$\max - b^{\mathrm{T}} y$$
$$\text{s.t.} \quad - A^{\mathrm{T}} y \leqslant - c$$
$$y \geqslant 0$$

根据定义 6.3，它的对偶为

$$\min - c^{\mathrm{T}} x$$
$$\text{s.t.} \quad (- A^{\mathrm{T}})^{\mathrm{T}} x \geqslant - b$$
$$x \geqslant 0$$

这等价于式(6.18)，得证式(6.19)的对偶是式(6.18).

定理说明，原始规划与对偶规划是对称的，互为对偶.

例 6.14 写出下述线性规划的对偶.

$$\max 2x_1 - x_2 + 3x_3$$
$$\text{s.t.} \quad x_1 + 3x_2 - 2x_3 \leqslant 5$$
$$- x_1 - 2x_2 + x_3 = 8$$
$$x_1 \geqslant 0, \quad x_2 \geqslant 0, \quad x_3 \text{ 任意}$$

解 令 $x_3 = x_3' - x_3''$，等式 $A = B$ 等价于两个不等式 $A \leqslant B$ 和 $-A \leqslant -B$，上述规划可写成下述形式：

$$\max 2x_1 - x_2 + 3x_3' - 3x_3''$$
$$\text{s.t.} \quad x_1 + 3x_2 - 2x_3' + 2x_3'' \leqslant 5$$
$$- x_1 - 2x_2 + x_3' - x_3'' \leqslant 8$$
$$x_1 + 2x_2 - x_3' + x_3'' \leqslant - 8$$
$$x_1 \geqslant 0, \quad x_2 \geqslant 0, \quad x_3' \geqslant 0, \quad x_3'' \geqslant 0$$

对偶规划为

$$\min \quad 5y_1 + 8y_2' - 8y_2''$$
$$\text{s.t.} \quad y_1 - y_2' + y_2'' \geqslant 2$$
$$3y_1 - 2y_2' + 2y_2'' \geqslant -1$$
$$-2y_1 + y_2' - y_2'' \geqslant 3$$
$$2y_1 - y_2' + y_2'' \geqslant -3$$
$$y_1 \geqslant 0, \quad y_2' \geqslant 0, \quad y_2'' \geqslant 0$$

令 $y_2 = y_2' - y_2''$，并将第 3 个和第 4 个不等式合并成一个等式，得到

$$\min \quad 5y_1 + 8y_2$$
$$\text{s.t.} \quad y_1 - y_2 \geqslant 2$$
$$3y_1 - 2y_2 \geqslant -1$$
$$-2y_1 + y_2 = 3$$
$$y_1 \geqslant 0, \quad y_2 \text{ 任意}$$

现将这一对规划并列对应如下：

原始规划	对偶规划
$\max 2x_1 - x_2 + 3x_3$	$\min 5y_1 + 8y_2$
$x_1 + 3x_2 - 2x_3 \leqslant 5$	$y_1 \geqslant 0$
$-x_1 - 2x_2 + x_3 = 8$	$y_2 \text{ 任意}$
$x_1 \geqslant 0$	$y_1 - y_2 \geqslant 2$
$x_2 \geqslant 0$	$3y_1 - 2y_2 \geqslant -1$
$x_3 \text{ 任意}$	$-2y_1 + y_2 = 3$

对偶规划最一般形式如下：

原始规划	对偶规划
$\max \sum_{j=1}^{n} c_j x_j$	$\min \sum_{i=1}^{m} b_i y_i$
$\sum_{j=1}^{n} a_{ij} x_j \leqslant b_i, \quad 1 \leqslant i \leqslant s$	$y_i \geqslant 0, \quad 1 \leqslant i \leqslant s$
$\sum_{j=1}^{n} a_{ij} x_j = b_i, \quad s+1 \leqslant i \leqslant m$	$y_i \text{ 任意}, \quad s+1 \leqslant i \leqslant m$
$x_j \geqslant 0, \quad 1 \leqslant j \leqslant t$	$\sum_{i=1}^{m} a_{ij} y_i \geqslant c_j, \quad 1 \leqslant j \leqslant t$
$x_j \text{ 任意}, \quad t+1 \leqslant j \leqslant n$	$\sum_{i=1}^{m} a_{ij} y_i = c_j, \quad t+1 \leqslant j \leqslant n$

下面给出原始规划与对偶规划的解之间的关系.

定理 6.5　设 x 是原始规划(6.18)的可行解，y 是对偶规划(6.19)的可行解，则恒有

$$c^{\mathrm{T}} x \leqslant b^{\mathrm{T}} y$$

证

$$c^{\mathrm{T}} x \leqslant (A^{\mathrm{T}} y)^{\mathrm{T}} x = y^{\mathrm{T}} (A x) \leqslant y^{\mathrm{T}} b = b^{\mathrm{T}} y$$

由定理 6.5 可立即得到下述结论.

定理 6.6 如果 x 和 y 分别是原始规划(6.18)和对偶规划(6.19)的可行解,且 $c^Tx = b^Ty$,则 x 和 y 分别是原始规划(6.18)和对偶规划(6.19)的最优解.

定理 6.7 如果原始规划(6.18)有最优解,则对偶规划(6.19)也有最优解,且它们的最优值相等;反之亦然.

证 引入松弛变量 u,将原始规划(6.18)写成

$$\max c^Tx$$
$$\text{s.t.} \quad Ax + Eu = b$$
$$x \geq 0, \quad u \geq 0$$

这里 A 是 $m \times n$ 矩阵,E 是 $m \times m$ 单位矩阵,u 是 m 维向量. 设最优解对应的基为 B,其基变量 $x_B = B^{-1}b$,检验数 $\lambda \leq 0$(注意这是最大化问题). 把 λ 分成两部分,对应 x 的部分 λ_1 和对应 u 的部分 λ_2. 根据式(6.8),并注意到 u 在目标函数中的系数都为 0,有

$$\lambda_1^T = c^T - c_B^T B^{-1}A \leq 0$$
$$\lambda_2^T = -c_B^T B^{-1}E = -c_B^T B^{-1} \leq 0$$

令 $y^T = c_B^T B^{-1}$,有

$$y \geq 0$$
$$c^T - y^T A \leq 0$$

即

$$A^T y \geq c$$

从而 y 是对偶规划(6.19)的可行解. 又

$$w = b^T y = y^T b = c_B^T B^{-1} b = c_B^T x_B = z$$

即 x 和 y 的目标函数值相等,根据定理 6.6,y 是对偶规划(6.19)的最优解.

由原始规划和对偶规划的对称性(定理 6.4),反之亦然,即如果对偶规划(6.19)有最优解,则原始规划(6.18)也有最优解,且它们的最优值相等.

如表 6.12 所示,根据定理 6.7,第 1 行和第 1 列中除(1)外的其他 4 种情况都不可能;根据定理 6.5,中间的情况也不可能出现. 因此,原始规划和对偶规划的解只有下述三种情况:

(1) 原始规划和对偶规划都有最优解,且最优值相等.

(2) 原始规划有可行解且目标函数值无界,对偶规划无可行解;或者对偶规划有可行解且目标函数值无界,原始规划无可行解.

(3) 原始规划和对偶规划都没有可行解.

表 6.12

原 始 规 划	对 偶 规 划		
	有最优解	有可行解且无界	无可行解
有最优解	(1)	×	×
有可行解且无界	×	×	(2)
无可行解	×	(2)	(3)

定理 6.8(互补松弛性) 设 x 和 y 分别是原始规划(6.18)和对偶规划(6.19)的可行

解,则 x 和 y 分别是它们的最优解当且仅当

$$\left(b_i - \sum_{j=1}^{n} a_{ij}x_j\right)y_i = 0, \quad 1 \leqslant i \leqslant m \tag{6.20}$$

$$x_j\left(\sum_{i=1}^{m} a_{ij}y_i - c_j\right) = 0, \quad 1 \leqslant j \leqslant n \tag{6.21}$$

证 令

$$u_i = \left(b_i - \sum_{j=1}^{n} a_{ij}x_j\right)y_i, \quad 1 \leqslant i \leqslant m$$

$$v_j = x_j\left(\sum_{i=1}^{m} a_{ij}y_i - c_j\right), \quad 1 \leqslant j \leqslant n$$

由约束条件,所有 $u_i \geqslant 0 (1 \leqslant i \leqslant m), v_j \geqslant 0 (1 \leqslant j \leqslant n)$. 于是,式(6.20)和式(6.21)成立当且仅当

$$\sum_{i=1}^{m} u_i + \sum_{j=1}^{n} v_j = 0$$

而

$$\sum_{i=1}^{m} u_i + \sum_{j=1}^{n} v_j = \sum_{i=1}^{m}\left(b_i - \sum_{j=1}^{n} a_{ij}x_j\right)y_i + \sum_{j=1}^{n} x_j\left(\sum_{i=1}^{m} a_{ij}y_i - c_j\right)$$

$$= \sum_{i=1}^{m} b_i y_i - \sum_{j=1}^{n} c_j x_j$$

推出式(6.20)和式(6.21)成立当且仅当 $\sum_{j=1}^{n} c_j x_j = \sum_{i=1}^{m} b_i y_i$. 由定理6.6和定理6.7,这又当且仅当 x 和 y 分别为原始规划(6.18)和对偶规划(6.19)的最优解.

6.4.2 对偶单纯形法

考虑原始规划

$$\begin{aligned}
\min \ & z = c^{\mathrm{T}}x \\
\text{s.t.} \ & Ax = b \\
& x \geqslant 0
\end{aligned} \tag{6.22}$$

和它的对偶

$$\begin{aligned}
\max \ & w = b^{\mathrm{T}}y \\
\text{s.t.} \ & A^{\mathrm{T}}y \leqslant c \\
& y \ \text{任意}
\end{aligned} \tag{6.23}$$

设 B 是式(6.22)的一个可行基,对应的可行解 $x_B = B^{-1}b, x_N = 0$,检验数 $\lambda^{\mathrm{T}} = c^{\mathrm{T}} - c_B^{\mathrm{T}}B^{-1}A$,目标函数值 $z_0 = c_B^{\mathrm{T}}B^{-1}b$. 令 $y^{\mathrm{T}} = c_B^{\mathrm{T}}B^{-1}$,恒有 $w_0 = b^{\mathrm{T}}y = y^{\mathrm{T}}b = c_B^{\mathrm{T}}B^{-1}b = z_0$. 由定理6.6,只要 y 是式(6.23)的可行解,则 x 和 y 分别是式(6.22)和式(6.23)的最优解.

又由 $\lambda^{\mathrm{T}} = c^{\mathrm{T}} - c_B^{\mathrm{T}}B^{-1}A = c^{\mathrm{T}} - y^{\mathrm{T}}A$,有 y 是式(6.23)的可行解 $\Leftrightarrow A^{\mathrm{T}}y \leqslant c \Leftrightarrow \lambda \geqslant 0$.

设 B 是一个基,如果 $\lambda \geqslant 0$,则称 B 是正则的. 与上面对称地,如果 B 是正则的,那么 y 是式(6.23)的可行解,从而只要 x 是式(6.22)的可行解,即 $x_B = B^{-1}b \geqslant 0$,则 x 和 y 分别是式(6.22)和式(6.23)的最优解.

从上述角度看,单纯形法是保持 x 是式(6.22)的可行解(保持 B 是可行基),即保持 $B^{-1}b \geqslant 0$,通过基变换使 y 逐步成为式(6.23)的可行解(B 变成正则基),即逐步使 $\lambda \geqslant 0$. 对称地,保持 y 是式(6.23)的可行解(保持 B 是正则基),即保持 $\lambda \geqslant 0$,通过基变换使 x 逐步成为式(6.22)的可行解(B 变成可行基),即逐步使 $B^{-1}b \geqslant 0$. 这就是对偶单纯形法.

设 $\lambda \geqslant 0$,$\beta_l < 0$,若所有 $\alpha_{lj} \geqslant 0 (1 \leqslant j \leqslant n)$,则不存在 $x \geqslant 0$,使得 $\sum_{j=1}^{n} \alpha_{lj} x_j = \beta_l$,式(6.22) 无可行解. 若存在 $\alpha_{lk} < 0$,则以 $x_{\pi(l)}$ 为换出变量、x_k 为换入变量做基变换,必须保证

$$\lambda'_j = \lambda_j - \lambda_k \alpha_{lj} / \alpha_{lk} \geqslant 0, \quad 1 \leqslant j \leqslant n$$

注意到 $\lambda_j \geqslant 0$,$\lambda_k \geqslant 0$,$\alpha_{lk} < 0$,当 $\alpha_{lj} \geqslant 0$ 时,不等式自然成立. 于是,只要当 $\alpha_{lj} < 0$ 时,

$$\frac{\lambda_j}{\alpha_{lj}} \leqslant \frac{\lambda_k}{\alpha_{lk}}$$

故应取 k,使得

$$\left| \frac{\lambda_k}{\alpha_{lk}} \right| = \min \left\{ \left| \frac{\lambda_j}{\alpha_{lj}} \right| \, \middle| \, \alpha_{lj} < 0 \right\} \tag{6.24}$$

算法 6.2 对偶单纯形法

1. 取正则基 B
2. 如果 $\beta \geqslant 0$,则 x 是最优解,计算结束
3. 取 $\beta_l < 0$. 若所有 $\alpha_{lj} \geqslant 0 (1 \leqslant j \leqslant n)$,则无可行解,计算结束
4. 按照式(6.24)取 k
5. 以 $x_{\pi(l)}$ 作为换出变量、x_k 作为换入变量做基变换
6. 转步骤 2

在 6.5 节整数线性规划的分支限界算法中将要用到对偶单纯形法,在那里初始的正则基是自然得到的.

6.5　整数线性规划的分支限界算法

如果在线性规划上对变量增添整数的要求,就成为整数线性规划. 整数线性规划也同样有着广泛的应用,在建模时往往要求某些变量是整数,如人员数、航班次数、集装箱数等. 整数线性规划可以要求所有变量都是整数,称作纯整数线性规划或全整数线性规划;也可以只要求部分变量是整数,称作混合整数线性规划;还可以要求变量必须是 0 或 1,称作 0-1 型整数线性规划. 虽然整数线性规划与线性规划的差别仅仅是对变量添加了整数要求,但却难计算得多. 在第 9 章将证明它是 NP 完全的. 整数线性规划的内容十分丰富,本节仅通过下面的例子简单介绍如何借助线性规划,用分支限界法解整数线性规划.

删去整数线性规划中的整数要求所得到的线性规划称作它的松弛规划,简称松弛. 松弛规划的最优值是原整数规划的最优值的界限(最小化的下界,最大化的上界). 但是,松弛规划的最优解通常不是原整数规划的最优解,通过四舍五入也不一定能得到一个比较好的近似解,甚至根本得不到原整数规划的可行解,见图 6.4. 点 A 是松弛规划的最优解,B 是原整数规划的最优解,二者相差甚远. 不管对点 A 的坐标如何取整,都不能得到原始规划的可行解.

　　整数线性规划的分支限界法的基本做法如下：记整数线性规划为 ILP，它的松弛规划为 LP. 如果 LP 的最优解 α 满足整数要求，这个解当然也是 ILP 的最优解；否则，设 α_1 不是整数，在 LP 上分别加约束条件 $x_1 \leqslant \lfloor \alpha_1 \rfloor$ 和 $x_1 \geqslant \lfloor \alpha_1 \rfloor + 1$，得到两个子问题，分别记作 LP_1 和 LP_2. 显然，LP_1 和 LP_2 的可行域包含 ILP 的可行域，但删去了 LP 的可行域中位于直线 $x_1 = \lfloor \alpha_1 \rfloor$ 和 $x_1 = \lfloor \alpha_1 \rfloor + 1$ 之间的部分（不包括这两条直线）. LP_1 和 LP_2 的最优解都不会优于 LP 的最优解. 如果 LP_1 或 LP_2 的最优解符合整数要求，那么这个解也是 ILP 的可行解，从而得到 ILP 的最优值的一个界限（最小化的上界，最大化的下界），该子问题的计算结束. 如果子问题的最优解不满足整数要求，则和上面一样继续分支，得到两个子子问题，计算继续往下进行. 如果子问题的最优值超过界限（最小化大于界限，最大化小于界限），则这个子问题往下计算不可能得到 ILP 的最优解，计算结束. 当没有待继续计算的子问题时，所有可行解中最好的就是 ILP 的最优解.

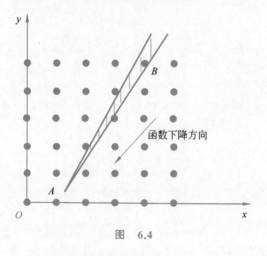

图 6.4

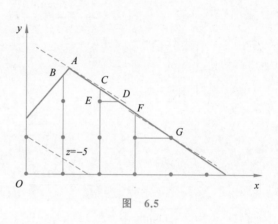

图 6.5

　例 6.15　整数线性规划

$$\min z = -3x - 5y$$
$$\text{s.t.} \ -x + y \leqslant \frac{3}{2}$$
$$2x + 3y \leqslant 11$$
$$x, y \geqslant 0, \quad \text{整数}$$

记整数线性规划为 ILP，它的松弛规划为 LP. LP 的最优解 $x_0 = \dfrac{13}{10}, y_0 = \dfrac{14}{5}$，最优值 $z_0 = -\dfrac{179}{10}$. 在图 6.5 中是点 A. x_0 和 y_0 都不是整数. 任取一个，如取 x_0，添加 $x \leqslant 1$，得到子问题 LP_1；添加 $x \geqslant 2$，得到子问题 LP_2. 分别解 LP_1 和 LP_2. LP_1 的最优解 $x_1 = 1, y_1 = \dfrac{5}{2}$，最优值 $z_1 = -\dfrac{31}{2}$，是点 B. LP_2 的最优解 $x_2 = 2, y_2 = \dfrac{7}{3}$，最优值 $z_2 = -\dfrac{53}{3}$，是点 C. 由于 $z_2 < z_1$，先对 LP_2 继续计算. x_2 是整数，y_2 不是整数. 添加 $y \leqslant 2$，得到 LP_{21}；添加 $y \geqslant 3$，得到 LP_{22}. LP_{21} 的最优解 $x_{21} = \dfrac{5}{2}, y_{21} = 2$，最优值 $z_{21} = -\dfrac{35}{2}$，是点 D；LP_{22} 无可行解. 继续 LP_{21}，

添加 $x \leqslant 2$，得到 LP_{211}；添加 $x \geqslant 3$，得到 LP_{212}. LP_{211} 的可行域是点 E 下面的直线段，最优解是点 E，$x_{211}=2$，$y_{211}=2$，最优值 $z_{211}=-16$. 它也是原整数规划 ILP 的可行解，同时得到 ILP 最优解的上界 $u=-16$. 该分支的计算结束. LP_{212} 的最优解是点 F，$x_{212}=3$，$y_{212}=\dfrac{5}{3}$，最优值 $z_{212}=-\dfrac{52}{3}$. 继续 LP_{212}，添加 $y \leqslant 1$，得到 LP_{2121}；添加 $y \geqslant 2$，得到 LP_{2122}. LP_{2121} 的最优解是点 G，$x_{2121}=4$，$y_{2121}=1$，最优值 $z_{2121}=-17$. 这也是 ILP 的可行解，而且比 $(x_{211}$，$y_{211})$ 更好，更新 $u=-17$. LP_{2121} 的计算结束. LP_{2122} 无可行解. 至此，LP_{2} 下面的分支计算结束. 转到 LP_{1}，由于 $z_{1}>u$，不再继续往下. 至此整个计算结束，最优解为 $x^{*}=x_{2121}=4$，$y^{*}=y_{2121}=1$，最优值为 $z^{*}=-17$. 计算过程如图 6.6 所示.

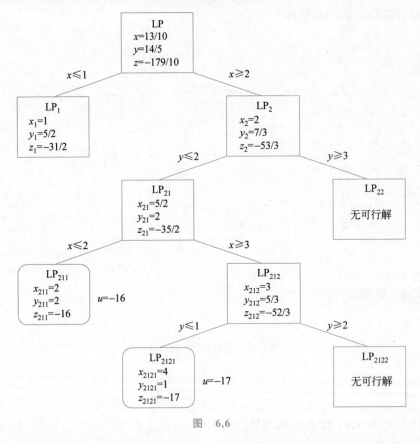

图　6.6

计算基本上是解一个一个的线性规划. 每一个线性规划是在上一个结点的线性规划中增加一个约束条件 $x_{i} \leqslant a$ 或 $x_{i} \geqslant a$. 引入松弛变量或剩余变量 u，把不等式转化成等式 $x_{i}+u=a$ 或 $-x_{i}+u=-a$，因此要在上一个结点的线性规划的最终单纯形表中添加一行和一列. 但这还不是该线性规划的初始单纯形表，因为在添加的行中 x_{i} 是基变量，在上面的行中已经出现. 设 $\pi(l)=i$，减或加第 l 行，消去添加行中的 x_{i}，得到初始单纯形表，u 是新的基变量. 由于 u 在目标函数中的系数为 0，u 的检验数为 0，其余的检验数不变. 所有检验数仍大于或等于 0，但 u 的值可能小于 0，用对偶单纯形法计算. 下面以图 6.6 中 LP，LP_{1}，LP_{2} 和 LP_{22} 的计算为例说明如下.

表 6.13 用单纯形法计算 LP. LP 添加 $x+v_1=1$ 得到 LP_1,相应地在表 6.13 的最终单纯形表中添加一行一列,得到表 6.14 的第一张表. 第 3 行减第 2 行,消去第 3 行中的 x,得到表 6.14 中的第二张表. 这是 LP_1 的单纯形表,$\lambda \geqslant 0$,是正则基,但 $\beta_3=-0.3<0$,不是可行基,用对偶单纯形法计算. 表 6.14 中把 θ 列移到 z 行的下面,存放 $\lambda_j/\alpha_{lj}(\alpha_{lj}<0)$. LP_1 的最优解是 $x=1,y=2.5$,最优值 $z_1=-15.5$.

表 6.13 LP 的计算

c_B	x_B	b	-3	-5	0	0	θ
			x	y	u_1	u_2	
0	u_1	1.5	-1	①	1	0	1.5
0	u_2	11	2	3	0	1	$11/3$
	$-z$	0	-3	-5	0	0	
-5	y	1.5	-1	1	1	0	—
0	u_2	6.5	⑤	0	-3	1	1.3
	$-z$	7.5	-8	0	5	0	
-5	y	2.8	0	1	0.4	0.2	
-3	x	1.3	1	0	-0.6	0.2	
	$-z$	17.9	0	0	0.2	1.6	

表 6.14 LP_1 的计算

c_B	x_B	b	-3	-5	0	0	0
			x	y	u_1	u_2	v_1
-5	y	2.8	0	1	0.4	0.2	0
-3	x	1.3	1	0	-0.6	0.2	0
		1	1	0	0	0	1
	$-z$	17.9	0	0	0.2	1.6	0
-5	y	2.8	0	1	0.4	0.2	0
-3	x	1.3	1	0	-0.6	0.2	0
0	v_1	-0.3	0	0	0.6	(-0.2)	1
	$-z$	17.9	0	0	0.2	1.6	0
	θ		—	—	—	-8	—
-5	y	2.5	0	1	1	0	1
-3	x	1	1	0	0	0	1
0	u_2	1.5	0	0	-3	1	-5
	$-z$	15.5	0	0	5	0	8

在 LP 上添加$-x+v_2=-2$得到 LP$_2$,相应地在表 6.13 的最终单纯形表中添加一行一列,得到表 6.15 的第一张表. 第 3 行加第 2 行,消去第 3 行中的 x,得到表 6.15 中的第二张表. 这是 LP$_2$ 的单纯形表. 同样地,$\lambda \geqslant 0$,但 $\beta_3 = -0.7 < 0$. 用对偶单纯形法计算,得到 LP$_2$ 的最优解 $x=2$,$y=7/3$,最优值 $z_2 = -53/3$.

表 6.15 LP$_2$ 的计算

c_B	x_B	b	-3	-5	0	0	0
			x	y	u_1	u_2	v_2
-5	y	2.8	0	1	0.4	0.2	0
-3	x	1.3	1	0	-0.6	0.2	0
		-2	-1	0	0	0	1
	$-z$	17.9	0	0	0.2	1.6	0
-5	y	2.8	0	1	0.4	0.2	0
-3	x	1.3	1	0	-0.6	0.2	0
0	v_2	-0.7	0	0	$\boxed{-0.6}$	0.2	1
	$-z$	17.9	0	0	0.2	1.6	0
	θ		—	—	$-1/3$	—	—
-5	y	$7/3$	0	1	0	$1/3$	$2/3$
-3	x	2	1	0	0	0	-1
0	u_1	$7/6$	0	0	0	$-1/3$	$-1/6$
	$-z$	$53/3$	0	0	0	$5/3$	$1/3$

在 LP$_2$ 上添加$-y+v_{22}=-3$得到 LP$_{22}$,相应地在表 6.15 的最终单纯形表中添加一行一列,得到表 6.16 的第一张表. 第 4 行加第 1 行,消去第 4 行中的 y,得到表 6.16 中的第二张表. 这是 LP$_{22}$ 的单纯形表. $\beta_4 = -2/3 < 0$ 且所有 $\alpha_{4j} \geqslant 0 (1 \leqslant j \leqslant 6)$,故 LP$_{22}$ 无可行解.

表 6.16 LP$_{22}$ 的计算

c_B	x_B	b	-3	-5	0	0	0	0
			x	y	u_1	u_2	v_2	v_{22}
-5	y	$7/3$	0	1	0	$1/3$	$2/3$	0
-3	x	2	1	0	0	0	-1	0
0	u_1	$7/6$	0	0	0	$-1/3$	$-1/6$	0
		-3	0	-1	0	0	0	1
	$-z$	$53/3$	0	0	0	$5/3$	$1/3$	0
-5	y	$7/3$	0	1	0	$1/3$	$2/3$	0
-3	x	2	1	0	0	0	-1	0

续表

c_B	x_B	b	-3	-5	0	0	0	0
			x	y	u_1	u_2	v_2	v_{22}
0	u_1	7/6	0	0	0	$-1/3$	$-1/6$	0
0	v_{22}	$-2/3$	0	0	0	$1/3$	$2/3$	1
	$-z$	53/3	0	0	0	$5/3$	$1/3$	0

习 题 6

6.1 某厂生产两种产品,每件产品的利润分别是 85 元和 70 元. 产品要经过 4 道工序加工,每件产品的加工时间和每周可用的工时如表 6.17 所示.

表 6.17 产品加工时间与可用工时

工 序	加工时间/(人·时/件)		可用工时/(人·时)
	产品 1	产品 2	
1	0.54	0.85	800
2	0.30	0.70	500
3	1.05	0.55	900
4	0.15	0.25	120

写出下列问题的数学模型:

(1) 制订一周的生产计划,使总利润最大.

(2) 部分工人经过培训掌握两个或三个工序的操作,从而当需要时可以调剂到其他工序工作. 假设可能调剂的情况如表 6.18 所示.

表 6.18 工序调剂

原工序	调 入 工 序				最大调剂工时/(人·时)
	1	2	3	4	
1	—	√	√	×	100
2	√	—	×	√	50
3	×	√	—	√	100
4	×	×	√	—	40

试制订一周的生产计划及工序之间的调剂工时,使总利润最大.

6.2 咖啡制造厂用三种咖啡豆制造一种混合咖啡,每种咖啡豆的香味等级、味道等级、售价及库存量如表 6.19 所示.

表 6.19 咖啡豆的品质、售价及库存量

咖啡豆	香味等级	味道等级	售价/(元/千克)	库存/千克
1	75	86	20	500
2	85	88	28	600
3	60	75	18	400

假设混合咖啡的香味等级和味道等级是所用咖啡豆的香味等级和味道等级的加权平均值,等级越高质量越好. 现要生产 1000 千克混合咖啡,要求香味等级不低于 75,味道等级不低于 80. 要使成本最低应如何配制? 试建立该问题的数学模型.

6.3 某人选择 4 种基金进行组合投资,咨询师为他提供了如表 6.20 所示的 5 种可能的年收益率(%).

表 6.20 基金收益   %

基金	可 能 性				
	1	2	3	4	5
1	5.06	8.12	8.47	40.23	−18.75
2	12.45	3.22	4.51	−1.53	7.63
3	32.18	14.16	33.64	40.25	−18.09
4	32.02	20.53	12.92	7.14	−5.55

此人采用保守的策略,要求可能的最低收益率最大,应如何确定这 4 种基金的投资比例? 试建立该问题的数学模型.

6.4 用图解法解下列线性规划.

(1) $\max x_1 + x_2$

s.t. $x_1 \leqslant 5$

$x_2 \leqslant 3$

$x_1 + 3x_2 \leqslant 11$

$x_1, x_2 \geqslant 0$

(2) $\min x_1 - x_2$

s.t. $2x_1 + 3x_2 \leqslant 14$

$-x_1 + x_2 \leqslant 3$

$x_1 \qquad \leqslant 4$

$x_1, x_2 \geqslant 0$

(3) $\min 2x_1 + x_2$

s.t. $x_1 + x_2 \geqslant 1$

$x_2 \leqslant 2$

$x_1, x_2 \geqslant 0$

(4) $\min 2x_1 - x_2$

  s.t. $2x_1 + x_2 \geqslant 2$

    $x_1 - x_2 \leqslant 3$

    $x_1, x_2 \geqslant 0$

(5) $\max 3x_1 - 2x_2$

  s.t. $x_1 - x_2 \geqslant -1$

    $3x_1 + x_2 \leqslant 9$

    $x_1 + 2x_2 \geqslant 9$

    $x_1, x_2 \geqslant 0$

6.5 写出下述线性规划的标准形.

$$\max 3x_1 - 2x_2 + x_3$$

$$\text{s.t.}\ \begin{aligned} x_1 + 2x_2 - x_3 &\leqslant 1 \\ 4x_1 \qquad\ - 2x_3 &\geqslant 5 \\ x_2 - 5x_3 &\leqslant -4 \\ x_1 - 3x_2 + 2x_3 &= -10 \end{aligned}$$

$$x_1 \geqslant 0, \quad x_2 \ \text{任意}, \quad x_3 \geqslant 0$$

6.6 设线性规划

$$\max 2x_1 + x_2$$

$$\text{s.t.}\ \begin{aligned} -x_1 + 2x_2 &\leqslant 4 \\ x_1 \qquad &\leqslant 5 \end{aligned}$$

$$x_1, x_2 \geqslant 0$$

(1) 画出它的可行域,用图解法求最优解.

(2) 写出它的标准形,列出所有的基,指出哪些是可行基. 通过列出所有的可行解及其
  目标函数值找到最优解. 指出每个可行解对应的可行域的顶点.

6.7 设线性规划标准形为

$$\max 5x_1 - 2x_2$$

$$\text{s.t.}\ \begin{aligned} 3x_1 + 2x_2 + x_3 \qquad\qquad &= 10 \\ x_1 \qquad + x_4 \qquad &= 3 \\ x_2 \qquad\quad + x_5 &= 2 \end{aligned}$$

$$x_j \geqslant 0, 1 \leqslant j \leqslant 5$$

下列 4 个 x 都满足等式约束,问其中哪些是可行解? 哪些是基本解? 哪些是基本可行解?

$$x^{(1)} = (3, 2, -3, 0, 0)$$

$$x^{(2)} = (3, 0, 1, 0, 2)$$

$$x^{(3)} = (2, 1, 2, 1, 1)$$

$$x^{(4)} = (0, 0, 10, 3, 2)$$

6.8 用图解法和单纯形法解下述线性规划,并指出每张单纯形表中的基本可行解所对应的
  可行域的顶点.

$$\max x_1 + 2x_2$$
$$\text{s.t.} \ \ x_1 - x_2 \geqslant -4$$
$$x_2 \leqslant 6$$
$$x_1 + x_2 \leqslant 10$$
$$x_1 - x_2 \leqslant 4$$
$$x_1, x_2 \geqslant 0$$

6.9 用单纯形法解习题 6.4 中的线性规划.

6.10 用单纯形法解下列线性规划.

(1) $\min -2x_1 + x_2 - x_3$

$\quad$ s.t. $2x_1 \ + \ x_2 \quad\quad \leqslant 10$

$\quad\quad\quad -4x_1 - 2x_2 + 3x_3 \leqslant 10$

$\quad\quad\quad x_1 \quad - 2x_2 + \ x_3 \leqslant 14$

$\quad\quad\quad x_j \geqslant 0, \quad j = 1, 2, 3$

(2) $\min x_1 + x_2 - 3x_3$

$\quad$ s.t. $x_1 \ + x_2 - 2x_3 \leqslant 9$

$\quad\quad\quad x_1 \ + x_2 - \ x_3 \leqslant 2$

$\quad\quad\quad -x_1 + x_2 + \ x_3 \leqslant 4$

$\quad\quad\quad x_j \geqslant 0, \quad j = 1, 2, 3$

(3) $\max \ 3x_1 + 5x_2 + 4x_3$

$\quad$ s.t. $\ 2x_1 \ + 3x_2 + x_3 \leqslant 9$

$\quad\quad\quad -x_1 + 2x_2 + x_3 = 12$

$\quad\quad\quad 3x_1 \ + \ x_2 + x_3 \geqslant 5$

$\quad\quad\quad x_j \geqslant 0, \quad j = 1, 2, 3$

(4) $\min 3x_1 - x_2 - 2x_3 + x_4$

$\quad$ s.t. $2x_1 \ + 3x_2 - \ x_3 - \ x_4 = 6$

$\quad\quad\quad -x_1 - 2x_2 + 3x_3 - 4x_4 = -8$

$\quad\quad\quad 3x_1 \ + 4x_2 + \ x_3 - 6x_4 = 4$

$\quad\quad\quad x_j \geqslant 0, \quad 1 \leqslant j \leqslant 4$

(5) $\min x_1 - 2x_2 + 3x_3$

$\quad$ s.t. $x_1 \ - 2x_2 + \ 4x_3 = 4$

$\quad\quad\quad 4x_1 - 9x_2 + 14x_3 = 16$

$\quad\quad\quad x_j \geqslant 0, \quad j = 1, 2, 3$

6.11 设线性规划

$$\min c^{\mathrm{T}} x$$
$$\text{s.t.} \ \ Ax = b \geqslant 0$$
$$x \geqslant 0$$

的基本可行解 x^* 的所有非基变量的检验数都大于 0,证明 x^* 是唯一的最优解.

6.12 表 6.21 最终单纯形表(最小化)给出一个最优的基本可行解 $x = (3, 2, 0, 4, 0)$,试通过基变换找到另一个最优的基本可行解,进而给出无穷多个最优解.

表 6.21　习题 6.12 最终单纯形表(最小化)

| c_B | x_B | b | -1 | -1 | 0 | 0 | 0 | θ |
			x_1	x_2	x_3	x_4	x_5	
-1	x_1	3	1	0	1	0	-1	
0	x_4	4	0	0	3	1	-8	
-1	x_2	2	0	1	-1	0	2	
	$-z$	5	0	0	0	0	1	

6.13　表 6.22 是一张最终单纯形表(最小化),能否判断它是否有无穷多个最优解? 若能,请给出你的结论.

表 6.22　习题 6.13 最终单纯形表(最小化)

| c_B | x_B | b | 1 | -1 | 0 | 0 | θ |
			x_1	x_2	x_3	x_4	
-1	x_2	2	-1	1	1	0	
0	x_4	10	-3	0	-4	1	
	$-z$	2	0	0	1	0	

6.14　写出下列线性规划的对偶.

$$\max 3x_1 - 2x_2 + x_3 + 4x_4$$
$$\text{s.t. } x_1 + x_2 - x_3 - x_4 \leqslant 6$$
$$x_1 - 2x_2 + x_3 \geqslant 5$$
$$2x_1 + x_2 - 3x_3 + x_4 = -4$$
$$x_1, x_2, x_3 \geqslant 0, \quad x_4 \text{ 任意}$$

6.15　写出习题 6.4(1)和(2)中线性规划的对偶. 根据互补松弛性,利用原始规划的最优解求对偶规划的最优解,并用目标函数值验证它们确实都是最优解.

6.16　线性拟合　设 $y = ax + b$,现有一组 x 和 y 的实验数据 (x_i, y_i),$1 \leqslant i \leqslant n$,要确定 a 和 b 使得 $|ax_i + b - y_i|$ $(1 \leqslant i \leqslant n)$ 的最大值最小.

(1) 写出这个问题的线性规划模型(P).

(2) 写出(P)的对偶(D).

(3) 比较用单纯形法解(P)和(D),说明为什么应该采用(D).

6.17　用对偶单纯形法解下列线性规划.

(1) $\min x_1 + 2x_2 + 3x_3$

　　s.t. $2x_1 - x_2 + 3x_3 \geqslant 6$

　　　　$x_1 + 2x_2 + x_3 \geqslant 4$

　　　　$x_1, x_2, x_3 \geqslant 0$

(2) $\min 3x_1 + x_2 + x_3$

$$\text{s.t. } \begin{array}{l} x_1 + x_2 + x_3 \leqslant 8 \\ x_1 - x_2 \qquad \geqslant 4 \\ \qquad x_2 - x_3 \geqslant 3 \\ x_1, x_2, x_3 \geqslant 0 \end{array}$$

6.18 在算法 6.2 对偶单纯形法中，为什么只有得到最优解和无可行解两种情况，而没有目标函数值无界（无最优解）的情况？

6.19 要用 7m 长的钢管截成 3m、2.1m 和 1.5m 的管材各 100 根，如何截取才能使得所用的钢管数最少？试建立该问题的数学模型.

6.20 某厂用三种原料生产三种产品，原料的消耗、利润、每周的最高产量和原料的最大供应量如表 6.23 所示。

表 6.23 习题 6.20 产品与原料的有关数据

产 品	原料消耗/(吨/吨)			利 润 /(万元/吨)	最高产量 /吨
	Ⅰ	Ⅱ	Ⅲ		
1	0.6	0.3	0.1	6	60
2	0.4	0.3	0.3	4	30
3	0.3	0	0.7	5	80
供应量/吨	30	12	25		

除此之外，还有固定成本. 固定成本只与是否生产该产品有关，而与生产量无关. 只要生产该产品，启动相关设备，就有固定成本. 三种产品的固定成本分别为 30 万、50 万和 20 万. 如何安排生产才能使利润最大？试建立该问题的数学模型.

6.21 用分支限界法解下述整数线性规划 ILP（用图解法解有关的线性规划）.

$$\max 3x + y$$
$$\text{s.t. } \begin{array}{l} 5x - 2y \leqslant 17.5 \\ -x + 2y \leqslant 6 \\ 3x + 5y \leqslant 26 \\ x, y \geqslant 0, \quad 整数 \end{array}$$

6.22 用单纯形法或对偶单纯形法解习题 6.21 中 ILP 的松弛和它的两个子问题.

第 **7** 章

网络流算法

本章介绍最大流、最小费用流、运输问题、二部图匹配和指派问题的算法. 在 20 世纪 50—60 年代,随着计算机科学技术的发展,这几个问题得到非常广泛的应用,很多著名学者深入地研究了它们的算法.

7.1 最大流问题

7.1.1 网络流及其性质

考虑从 A 地到 B 地的公路网络,中间有若干收费站和岔道口,每一段路都有限定的流量(辆/天),实际的流量在每一段路上都不能超过它的限定. 除了 A 与 B 两地外,每一个中间点(收费站和岔道口)都不允许滞留,也不会有新的车辆加入,从而流入的流量等于流出的流量. 这就是一个典型的网络流. 与此类似的还有电网中的电流、供水系统中的水流以及金融系统中的现金流等. 下面给出有关的定义.

定义 7.1 设有向连通图 $N=<V,E>$,记 $n=|V|$,$m=|E|$,每一条边 $<i,j>$ 有一个非负实数 $c(i,j)$,称作边 $<i,j>$ 的容量. N 有两个特殊的顶点 s 和 t,s 称作发点或源,t 称作收点或汇,其余的顶点称作中间点. 称 N 为容量网络,记作 $N=<V,E,c,s,t>$.

设 $f:E \rightarrow R^*$,其中 R^* 是非负实数集,满足下述条件:

(1) 容量限制 $\forall <i,j> \in E, f(i,j) \leqslant c(i,j)$.

(2) 平衡条件 $\forall i \in V-\{s,t\}$, $\sum\limits_{<j,i> \in E} f(j,i) = \sum\limits_{<i,j> \in E} f(i,j)$.

称 f 是 N 上的一个可行流,称发点 s 的净流出量为 f 的流量,记作 $v(f)$,即

$$v(f) = \sum_{<s,j> \in E} f(s,j) - \sum_{<j,s> \in E} f(j,s) \tag{7.1}$$

流量最大的可行流称作最大流.

直觉上,由于中间点满足平衡条件,发点的净流出量应该等于收点的净流入量,从而 f 的流量也等于收点的净流入量,即

$$v(f) = \sum_{<j,t> \in E} f(j,t) - \sum_{<t,j> \in E} f(t,j)$$

把它留作习题(见习题 7.1). 实际上,总可以假设发点的入度为 0,收点的出度为 0. 也就是说,流出发点的流不会流回发点,流入收点的流也不再流出收点(见习题 7.16).

最大流问题　求给定容量网络上的最大流.

今后总可以假设 N 中每一对顶点之间至多有一条边. 如果 i 和 j 之间有两条边 $<i,j>$ 和 $<j,i>$, 可以在 $<j,i>$ 上插入一个顶点 k, 把 $<j,i>$ 分成两条边 $<j,k>$ 和 $<k,i>$, 且容量都等于 $c(j,i)$.

最大流问题可以表述成下述线性规划:

$$\max v(f)$$
$$\text{s.t. } f(i,j) \leqslant c(i,j), \quad <i,j> \in E$$
$$\sum_{<j,i> \in E} f(j,i) - \sum_{<i,j> \in E} f(i,j) = 0, \quad i \in V - \{s,t\}$$
$$v(f) - \sum_{<s,j> \in E} f(s,j) + \sum_{<j,s> \in E} f(j,s) = 0 \tag{7.2}$$
$$f(i,j) \geqslant 0, \quad <i,j> \in E$$
$$v(f) \geqslant 0$$

由于最大流问题的重要性, 研究人员并不满足于用线性规划算法求解, 而是开发了多个更有效的算法, 其中有些算法本质上就是线性规划算法的应用. 在介绍算法之前, 先给出最大流的一些性质.

定义 7.2　设容量网络 $N = <V,E,c,s,t>$, $A \subset V$ 且 $s \in A$, $t \in \bar{A}$, 称

$$(A, \bar{A}) = \{<i,j> \mid <i,j> \in E \text{ 且 } i \in A, j \in \bar{A}\}$$

为 N 的割集, $c(A,\bar{A}) = \sum_{<i,j> \in (A,\bar{A})} c(i,j)$ 为割集 $(A,\bar{A})$ 的容量.

容量最小的割集称作**最小割集**.

直觉上, N 上的任何可行流都要通过割集 $(A,\bar{A})$ 中的边从 A 流到 $\bar{A}$, 从而任何可行流的流量不可能超过割集的容量.

引理 7.1　设容量网络 $N = <V,E,c,s,t>$, f 是 N 上的任一可行流, $A \subset V$ 且 $s \in A$, $t \in \bar{A}$, 则

$$v(f) = \sum_{<i,j> \in (A,\bar{A})} f(i,j) - \sum_{<j,i> \in (\bar{A},A)} f(j,i) \tag{7.3}$$

证　
$$v(f) = \sum_{<s,j> \in E} f(s,j) - \sum_{<j,s> \in E} f(j,s)$$
$$= \sum_{<s,j> \in E} f(s,j) - \sum_{<j,s> \in E} f(j,s) + \sum_{i \in A-\{s\}} \left\{ \sum_{<i,j> \in E} f(i,j) - \sum_{<j,i> \in E} f(j,i) \right\}$$

（平衡条件）

$$= \sum_{i \in A} \left\{ \sum_{<i,j> \in E} f(i,j) - \sum_{<j,i> \in E} f(j,i) \right\}$$
$$= \sum_{i \in A} \sum_{<i,j> \in E} f(i,j) - \sum_{i \in A} \sum_{<j,i> \in E} f(j,i)$$
$$= \sum_{\substack{i \in A \\ j \in A}} \sum_{<i,j> \in E} f(i,j) + \sum_{\substack{i \in A \\ j \in \bar{A}}} \sum_{<i,j> \in E} f(i,j) -$$
$$\sum_{\substack{i \in A \\ j \in A}} \sum_{<j,i> \in E} f(j,i) - \sum_{\substack{i \in A \\ j \in \bar{A}}} \sum_{<j,i> \in E} f(j,i)$$
$$= \sum_{<i,j> \in (A,\bar{A})} f(i,j) - \sum_{<j,i> \in (\bar{A},A)} f(j,i)$$

于是,容易得出下述结论.

引理 7.2   设容量网络 $N=<V,E,c,s,t>$,f 是 N 上的任一可行流,$(A,\bar{A})$ 是任一割集,则

$$v(f) \leqslant c(A,\bar{A})$$

引理 7.3   设容量网络 $N=<V,E,c,s,t>$,f 是 N 上的一个可行流,$(A,\bar{A})$ 是一个割集. 如果 $v(f)=c(A,\bar{A})$,则 f 是最大流,$(A,\bar{A})$ 是最小割集.

7.1.2   Ford-Fulkerson 算法

1962 年 L. R. Ford 和 D. R. Fulkerson 把原始—对偶算法应用于最大流问题,提出最大流问题的标号算法,简称为 FF 算法. 下面先引入相关概念.

定义 7.3   设容量网络 $N=<V,E,c,s,t>$,f 是 N 上的一个可行流. N 中流量等于容量的边称作饱和边,流量小于容量的边称作非饱和边. 流量等于 0 的边称作零流边,流量大于 0 的边称作非零流边.

不考虑边的方向,N 中从顶点 i 到 j 的一条边不重复的路径称作 i-j 链. i-j 链的方向是从 i 到 j. 链中与链的方向一致的边称作前向边,与链的方向相反的边称作后向边. 如果链中所有前向边都是非饱和的,所有后向边都是非零流的,则称这条链为 i-j 增广链.

设 P 是一条关于可行流 f 的 s-t 增广链,令 δ 等于 P 上所有前向边的容量与流量之差以及所有后向边的流量的最小值. 根据增广链的定义,$\delta>0$. 如下修改 f 的值,令

$$f'(i,j)=\begin{cases} f(i,j)+\delta & <i,j> \text{是 } P \text{ 的前向边} \\ f(i,j)-\delta & <i,j> \text{是 } P \text{ 的后向边} \\ f(i,j) & \text{否则} \end{cases} \tag{7.4}$$

如图 7.1 所示. 不难证明,f' 是非负的且满足容量限制和平衡条件,从而是可行流,且 $v(f')=v(f)+\delta$. 因此,如果 f 是最大流,则不存在关于 f 的 s-t 增广链. 实际上,反过来也成立.

定理 7.1   可行流 f 是最大流的充分必要条件是不存在关于 f 的 s-t 增广链.

图   7.1

证   必要性刚才已经证明. 现证明充分性,假设不存在关于 f 的 s-t 增广链. 令

$$A=\{j \in V \mid \text{存在关于 } f \text{ 的 } s\text{-}j \text{ 增广链}\}$$

$s \in A$,由假设,$t \notin A$.

$\forall <i,j> \in (A,\bar{A})$,必有 $f(i,j)=c(i,j)$;否则,假设 $<i,j>$ 是非饱和的. 由于 $i \in A$,存在关于 f 的 s-i 增广链 P. 而 $<i,j>$ 是非饱和的,P 可以延伸到 j,与 $j \notin A$ 矛盾. $\forall <j,i> \in (\bar{A},A)$,必有 $f(j,i)=0$;否则,假设 $<j,i>$ 是非零流的. 由于 $i \in A$,存在关于 f 的 s-i 增广链 P. 而 $<j,i>$ 是非零流的,P 可以通过后向边 $<j,i>$ 延伸到 j,与 $j \notin A$ 矛盾.

于是,根据引理 7.1,有

$$v(f)=\sum_{<i,j> \in (A,\bar{A})} f(i,j) - \sum_{<j,i> \in (\bar{A},A)} f(j,i) = \sum_{<i,j> \in (A,\bar{A})} c(i,j) = c(A,\bar{A})$$

又由引理 7.3,得证 f 是最大流.

上述证明还同时证明了 $(A,\bar{A})$ 是最小割集,从而证明了下述定理.

定理 7.2(最大流最小割集定理)   容量网络的最大流的流量等于最小割集的容量.

FF 算法的基本步骤如下：从给定的初始可行流(通常取零流,即所有边上的流量为 0)开始,寻找一条关于当前可行流的 s-t 增广链 P,按照式(7.4)修改链上的流量,得到一个新的可行流. 重复这个过程,直到不存在 s-t 增广链为止.

寻找 s-t 增广链的方法是,从发点 s 开始搜索,逐个给顶点作标号,直到收点 t 得到标号为止. 顶点 j 得到标号表示已找到从 s 到 j 的增广链,标号为 (l_j, δ_j),其中 δ_j 等于直到 j 为止链上所有前向边的容量与流量之差以及所有后向边的流量的最小值,$l_j = +i$ 或 $l_j = -i$. $l_j = +i$ 表示链是从 i 到 j 且 $<i, j>$ 是前向边,$l_j = -i$ 表示链是从 i 到 j 且 $<j, i>$ 是后向边.

顶点分为三类：已标号已检查的,已标号未检查的,未标号的. 开始时,给 s 标号 $(\Delta, +\infty)$,Δ 表示 s 是发点,s 是已标号未检查的,其余顶点都是未标号的. 每一步,取一个已标号未检查的顶点 i,对所有的顶点 j,若 $<i, j> \in E$ 且 $f(i, j) < c(i, j)$,则给 j 标号 $(+i, \delta_j)$,其中 $\delta_j = \min\{\delta_i, c(i, j) - f(i, j)\}$；若 $<j, i> \in E$ 且 $f(j, i) > 0$,则给 j 标号 $(-i, \delta_j)$,其中 $\delta_j = \min\{\delta_i, f(j, i)\}$.

算法 7.1 Ford-Fulkerson 算法

1. $f \leftarrow 0$ //取零流作为初始可行流
2. $T \leftarrow \{s\}, R \leftarrow V - \{s\}, l_s \leftarrow \Delta, \delta_s \leftarrow +\infty$ //T 是已标号未检查的顶点集,R 是未标号的顶点集
3. while $T \neq \emptyset$ do
4.   取 $i \in T, T \leftarrow T - \{i\}$ //检查顶点 i
5.   for 所有 R 中与 i 邻接的 j do
6.   if $<i, j> \in E$ 且 $f(i, j) < c(i, j)$ then
7. $l_j \leftarrow +i, \delta_j \leftarrow \min\{\delta_i, c(i, j) - f(i, j)\}, R \leftarrow R - \{j\}, T \leftarrow T \cup \{j\}$
8.   if $j = t$ then goto 13   //已找到一条 s-t 增广链
9.   if $<j, i> \in E$ 且 $f(j, i) > 0$ then
10. $l_j \leftarrow -i, \delta_j \leftarrow \min\{\delta_i, f(j, i)\}, R \leftarrow R - \{j\}, T \leftarrow T \cup \{j\}$
11.   if $j = t$ then goto 13   //已找到一条 s-t 增广链
12. return f //不存在 s-t 增广链,计算结束
13. $\delta \leftarrow \delta_t$ //从 t 开始回溯,修改增广链上的流量
14. if $l_j = \Delta$ then goto 2   //修改完毕,重新开始下一阶段标号
15. if $l_j = +i$ then
16. $f(i, j) \leftarrow f(i, j) + \delta, j \leftarrow i$
17. if $l_j = -i$ then
18. $f(j, i) \leftarrow f(j, i) - \delta, j \leftarrow i$
19. goto 14

例 7.1 对图 7.2 中的容量网络应用 FF 算法,图中边旁的数是容量.

解 用 FF 算法的计算过程如图 7.3 所示. 边旁标有两个数,第一个是容量,第二个是当前的流量. 顶点旁的括号是它的标号. 每个图的左边给出检查顶点的顺序,括号内是检查这个顶点时得到标号的顶点,粗边是找到的 s-t 增广链. 输出的可行流 f 如图 7.3(f)所示,流量 $v(f) = 18$.

当 FF 算法检查完所有已标号的顶点时,若 t 没有标号,则计算终止. 记 A 为所有已标号的

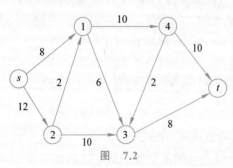

图 7.2

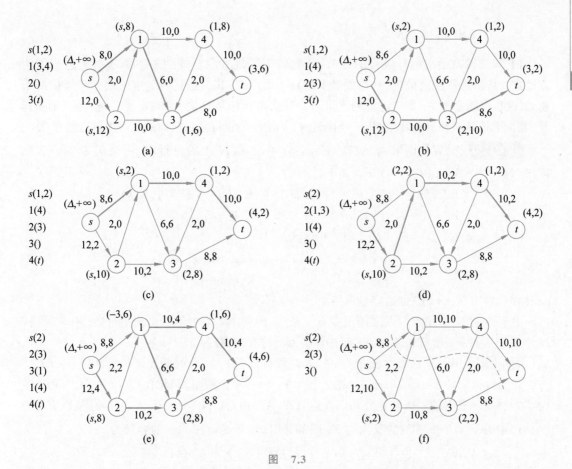

图　7.3

顶点集,必有 $s \in A, t \in \bar{A}$. $i \in A$ 当且仅当存在关于 f 的 s-i 增广链. 由于 $t \notin A$,不存在关于 f 的 s-t 增广链. 根据定理7.1,f 是最大流,同时 $(A, \bar{A})$ 是最小割集. $(A, \bar{A})$ 中的每一条边 $<i, j>$ 都是饱和边,$(\bar{A}, A)$ 中的每一条边 $<j, i>$ 都是零流边.

在图7.3(f)中,虚线画出了最小割集 $(A, \bar{A})$,这里 $A = \{s, 2, 3\}$,$\bar{A} = \{1, 4, t\}$,$(A, \bar{A}) = \{<s, 1>, <2, 1>, <3, t>\}$ 中都是饱和边,$(\bar{A}, A) = \{<1, 3>, <4, 3>\}$ 中都是零流边.

上述分析表明,FF 算法也可以用来求最小割集.

下面分析 FF 算法的运行时间和有限终止性. 假设所有的容量都是正整数,计算中每次的修改量 δ 也是正整数. 记 $C = \sum\limits_{<s, j> \in E} c(s, j)$,显然最大流量 $v^* \leqslant C$. 由于 δ 是正整数,每个阶段流量至少增加 1,至多有 C 个阶段. 而每个阶段标号和修改增广链上的流量可在 $O(m)$ 步内完成,故算法的时间复杂度为 $O(mC)$.

用计算机计算,数的表示都有一定的精度. 以其精度为单位,每个数都可看作整数. 因此,上面的分析仍然有效,算法总会在有限步内终止.

但是在理论上,当容量为无理数时,δ 可能越来越小,趋向于 0. 实际上,已给出这样的例子,算法不能在有限步内终止.

7.1.3 Dinic 有效算法

FF 算法没有给出标号过程的细节,这就留下了改进的空间. Dinic 算法对此进行了两点改进:其一是每次求最短的(边数最少的)$s\text{-}t$ 增广链;其二是充分利用一次标号提供的信息,修改尽可能多条 $s\text{-}t$ 增广链上的流量. FF 算法每次标号只找一条 $s\text{-}t$ 增广链,然后重新标号. 实际上这是一种浪费,因为新标号找到的 $s\text{-}t$ 增广链很可能在前面的标号中就已经存在.

定义 7.4 设容量网络 $N=<V,E,c,s,t>$,f 是 N 上的可行流. 定义关于 f 的**辅助网络** $N(f)=<V,E(f),\mathrm{ac},s,t>$ 如下:

$$E^+(f)=\{<i,j>\mid <i,j>\in E \text{ 且 } f(i,j)<c(i,j)\}$$
$$E^-(f)=\{<j,i>\mid <i,j>\in E \text{ 且 } f(i,j)>0\}$$
$$E(f)=E^+(f)\bigcup E^-(f)$$
$$\mathrm{ac}(i,j)=\begin{cases} c(i,j)-f(i,j), & <i,j>\in E^+(f) \\ f(j,i), & <i,j>\in E^-(f) \end{cases} \tag{7.5}$$

ac 称作**辅助容量**. $N(f)$ 也是容量网络.

由于约定 N 中任意两点之间至多有一条边,因而 $N(f)$ 中不会出现平行边. 不难看出,N 中关于 f 的 $s\text{-}t$ 增广链就是 $N(f)$ 中从 s 到 t 的有向路径.

引理 7.4 设 N 的最大流量为 v^*,f 是可行流,则 $N(f)$ 的最大流量为 $v^*-v(f)$.

证 设 $A\subset V$ 且 $s\in A,t\in \bar{A}$. 在 N 中 $(A,\bar{A})$ 是一个割集,仍记作 $(A,\bar{A})$. 在 $N(f)$ 中 $(A,\bar{A})$ 也是一个割集,把它记作 $(A,\bar{A})'$. $(A,\bar{A})'$ 由 $(A,\bar{A})$ 中关于 f 的非饱和边 E_1 和 $(\bar{A},A)$ 中关于 f 的非零流的反向边 E_2 两部分组成. 于是,$(A,\bar{A})'$ 的容量为

$$\begin{aligned}\mathrm{ac}(A,\bar{A})' &= \sum_{<i,j>\in E_1}\{c(i,j)-f(i,j)\}+\sum_{<i,j>\in E_2}f(j,i) \\ &= \sum_{<i,j>\in(A,\bar{A})}\{c(i,j)-f(i,j)\}+\sum_{<j,i>\in(\bar{A},A)}f(j,i) \\ &= \sum_{<i,j>\in(A,\bar{A})}c(i,j)-\{\sum_{<i,j>\in(A,\bar{A})}f(i,j)-\sum_{<j,i>\in(\bar{A},A)}f(j,i)\} \\ &= c(A,\bar{A})-v(f) \qquad\qquad\qquad\qquad\qquad (\text{引理 7.1})\end{aligned}$$

由此得证,$N(f)$ 中最小割集的容量等于 N 中最小割集的容量减 $v(f)$. 根据最大流最小割集定理(定理 7.2),得证 $N(f)$ 的最大流量等于 $v^*-v(f)$.

定义 7.5 设 f 是 N 上的一个可行流,g 是 $N(f)$ 上的一个可行流,定义 $f'=f+g$ 如下:

$$\forall <i,j>\in E, \quad f'(i,j)=f(i,j)+g(i,j)-g(j,i) \tag{7.6}$$

这里规定,当 $<i,j>\notin E(f)$ 时,$g(i,j)=0$.

引理 7.5 设 f 是 N 上的一个可行流,g 是 $N(f)$ 上的一个可行流,则 $f+g$ 是 N 上的可行流,且 $v(f+g)=v(f)+v(g)$.

证 容量限制

$$\forall <i,j>\in E, \quad 0\leqslant g(i,j)\leqslant c(i,j)-f(i,j), \quad 0\leqslant g(j,i)\leqslant f(i,j),$$
$$-f(i,j)\leqslant g(i,j)-g(j,i)\leqslant c(i,j)-f(i,j)$$

推出

$$0 \leqslant f'(i,j) = f(i,j) + g(i,j) - g(j,i) \leqslant c(i,j)$$

平衡条件 $\forall i \in E - \{s,t\}$,

$$\sum_{<j,i> \in E} f'(j,i) = \sum_{<j,i> \in E} \{f(j,i) + g(j,i) - g(i,j)\}$$

$$= \sum_{<j,i> \in E} f(j,i) + \sum_{\substack{<j,i> \in E(f) \\ \wedge <j,i> \in E}} g(j,i) - \sum_{\substack{<i,j> \in E(f) \\ \wedge <j,i> \in E}} g(i,j)$$

$$\sum_{<i,j> \in E} f'(i,j) = \sum_{<i,j> \in E} \{f(i,j) + g(i,j) - g(j,i)\}$$

$$= \sum_{<i,j> \in E} f(i,j) + \sum_{\substack{<i,j> \in E(f) \\ \wedge <i,j> \in E}} g(i,j) - \sum_{\substack{<j,i> \in E(f) \\ \wedge <i,j> \in E}} g(j,i)$$

$$\sum_{<j,i> \in E} f'(j,i) - \sum_{<i,j> \in E} f'(i,j) = \sum_{<j,i> \in E} f(j,i) - \sum_{<i,j> \in E} f(i,j) + \sum_{\substack{<j,i> \in E(f) \\ \wedge <j,i> \in E}} g(j,i) -$$

$$\sum_{\substack{<i,j> \in E(f) \\ \wedge <j,i> \in E}} g(i,j) - \sum_{\substack{<i,j> \in E(f) \\ \wedge <i,j> \in E}} g(i,j) + \sum_{\substack{<j,i> \in E(f) \\ \wedge <i,j> \in E}} g(j,i)$$

$$= \Big(\sum_{<j,i> \in E} f(j,i) - \sum_{<i,j> \in E} f(i,j) \Big) +$$

$$\Big(\sum_{<j,i> \in E(f)} g(j,i) - \sum_{<i,j> \in E(f)} g(i,j) \Big) = 0$$

得证 $f' = f + g$ 是 N 上的可行流.

f' 的流量

$$v(f') = \sum_{<s,j> \in E} \{f(s,j) + g(s,j) - g(j,s)\} - \sum_{<j,s> \in E} \{f(j,s) + g(j,s) - g(s,j)\}$$

$$= \sum_{<s,j> \in E} f(s,j) + \sum_{\substack{<s,j> \in E(f) \\ \wedge <s,j> \in E}} g(s,j) - \sum_{\substack{<j,s> \in E(f) \\ \wedge <s,j> \in E}} g(j,s) -$$

$$\sum_{<j,s> \in E} f(j,s) - \sum_{\substack{<j,s> \in E(f) \\ \wedge <j,s> \in E}} g(j,s) + \sum_{\substack{<s,j> \in E(f) \\ \wedge <j,s> \in E}} g(s,j)$$

$$= \Big(\sum_{<s,j> \in E} f(s,j) - \sum_{<j,s> \in E} f(j,s) \Big) + \Big(\sum_{<s,j> \in E(f)} g(s,j) - \sum_{<j,s> \in E(f)} g(j,s) \Big)$$

$$= v(f) + v(g)$$

从 s 开始,采用广度优先搜索 $N(f)$. 按与 s 的距离把顶点划分成不相交的层. 用 $d(i)$ 表示 s 到 i 的距离. $d(s) = 0, \{s\}$ 是 0 层,记作 $d = d(t)$. $N(f)$ 中从 s 到 t 的最短路径只可能从 s 到 1 层,再到 2 层,……,直到 t 为止. 最短路径上不可能出现从高层到低层的边和同一层顶点之间的边,也不可能出现除 t 之外层数大于或等于 d 的顶点. 从 $N(f)$ 中删去所有这些边和顶点后的网络称作**分层辅助网络**,记作 $AN(f) = <V(f), AE(f), ac, s, t>$,其中

$$V(f) = \bigcup_{k=0}^{d} V_k(f)$$

$$AE(f) = \bigcup_{k=0}^{d-1} \{<i,j> | <i,j> \in E(f) \wedge i \in V_k(f), j \in V_{k+1}(f)\}$$

$$V_k(f) = \{i \in V \mid d(i) = k\}, \quad 0 \leqslant k \leqslant d-1$$
$$V_d(f) = \{t\}$$

例 7.2 容量网络 $N = \langle V, E, c, s, t \rangle$ 及其上面的可行流 f_1 如图 7.4(a) 所示. $N(f_1)$ 和 $AN(f_1)$ 如图 7.4(b) 和图 7.4(c) 所示. 在图 7.4(b) 中顶点旁方框□内的数是该顶点的层数. 在图 7.4(c) 中与 t 同一层的顶点 11 及其关联的边已被删去.

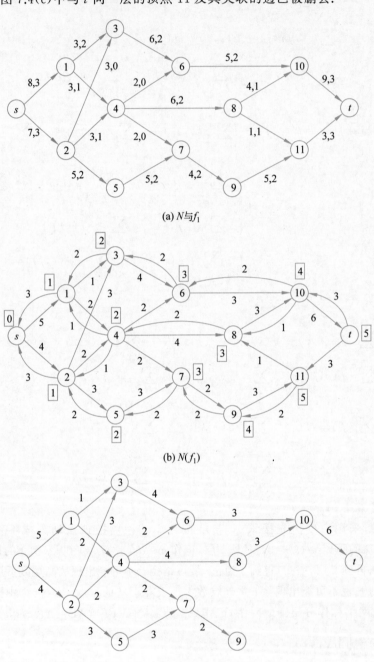

(a) N 与 f_1

(b) $N(f_1)$

(c) $AN(f_1)$

图 7.4

定义 7.6 设 f 是容量网络 N 中的可行流,关于 f 的不含后向边的增广链称作 前向增广链. 如果不存在关于 f 的 $s\text{-}t$ 前向增广链,则称 f 是 N 中的 极大流.

最大流必是极大流,但极大流不一定是最大流. 如图 7.5 中的可行流是极大流,但不是最大流.

Dinic 算法的关键步骤是求 $AN(f)$ 中的极大流. 求 $AN(f)$ 中的极大流就是在 $AN(f)$ 中找尽可能多的从 s 到 t 的最短路径,并给出这些路径上的流量. 为了提高效率,算法不是一条一条地找,而是每一次给出流量尽可能大的可行流. 具体做法如下:

对每一个顶点 i,所有以 i 为终点的边的容量之和与所有以 i 为始点的边的容量之和中小者称作顶点 i 的 流通量,记作 $\text{th}(i)$. 这里规定以发点 s 为终点的边的容量和以收点 t 为始点的边的容量为 $+\infty$. $\text{th}(i)$ 是任何可行流能够通过 i 的流量的上限. 在图 7.4(c) 中,$\text{th}(s)=9$,$\text{th}(1)=3$,$\text{th}(2)=4$,$\text{th}(3)=4$,$\text{th}(9)=0$,$\text{th}(t)=6$.

删去流通量为 0 的顶点及其关联的边. 从图 7.4(c) 中删去顶点 9 及其关联的边 $<7,9>$. 顶点 7 的流通量变为 0,也要删去,同时删去边 $<4,7>$ 和 $<5,7>$. 顶点 5 的流通量又变为 0,继续删去顶点 5 和边 $<2,5>$. 在剩下的图中流通量最小的顶点是 1,6 和 8,$\text{th}(1)=\text{th}(6)=\text{th}(8)=3$. 从顶点 1 开始,要送出 3 个单位的流,1 个单位的流沿 $<1,3>$ 到顶点 3,2 个单位的流沿 $<1,4>$ 到顶点 4. 顶点 3 得到 1 个单位的流,为了满足平衡条件,必须把 1 个单位的流送给顶点 6. 先不处理顶点 6,而是逐层处理. 顶点 4 得到 2 个单位的流,要送出 2 个单位的流. 它有 2 条边离开. 当有多条边离开(进入)同一个顶点时,可以把流任意地安排给其中的一条或几条,原则是得到流的边么么成为饱和边,要么已用完了流量. 这里可以把 2 个单位的流安排给 $<4,6>$ 和 $<4,8>$ 中的任何一条,但不能给 $<4,6>$ 安排 1 个单位,再给 $<4,8>$ 安排 1 个单位(如果是 3 个单位的流,可以给 $<4,6>$ 安排 2 个单位,给 $<4,8>$ 安排 1 个单位). 这里把 2 个单位的流安排给 $<4,6>$. 接下来处理顶点 6. 它从顶点 3 和顶点 4 共得到 3 个单位的流,都通过 $<6,10>$ 送到顶点 10. 接着处理顶点 10,通过 $<10,t>$ 将 3 个单位的流送到 t. 至此,从顶点 1 向前将 3 个单位的流送到收点 t. 向后的过程与此类似. 这里只需从发点 s 将 3 个单位的流通过 $<s,1>$ 送到顶点 1. 这样安排流不会出现阻塞现象(通不过某个顶点),因为输送的流的流量是最小流通量,不会超过任何顶点的流通量. 得到的流在图 7.6(a) 中给出. 安排完流后,删去流通量最小的顶点

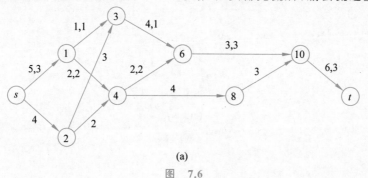

(a)

图 7.6

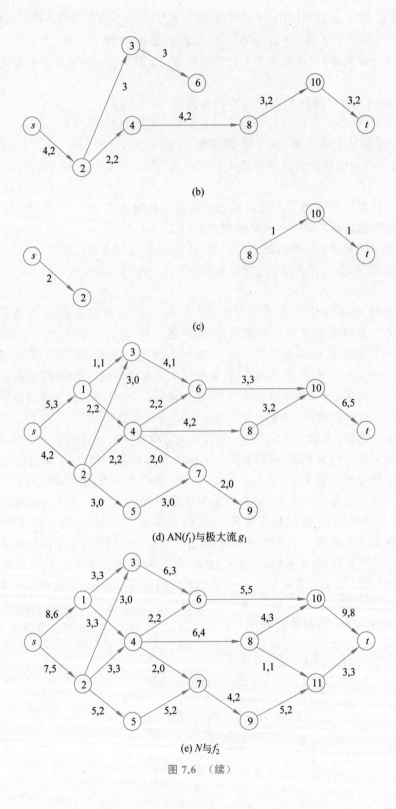

(b)

(c)

(d) AN(f_1)与极大流 g_1

(e) N 与 f_2

图 7.6 （续）

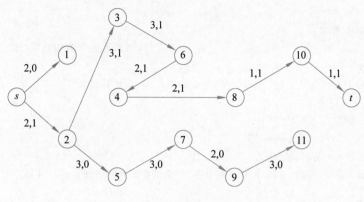

(f) AN(f_2)与极大流g_2

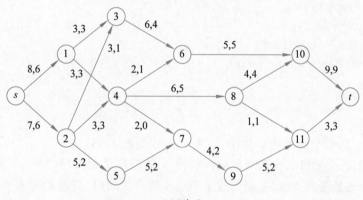

(g) N与f_3

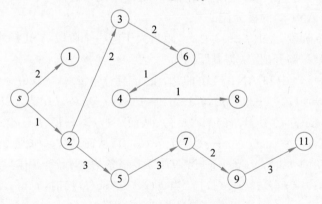

(h) AN(f_3)

图 7.6 （续）

（此时它的流通量为 0）及其关联的边，删去饱和边，将安排了流的边的容量减去流量，得到图 7.6(b). 重复刚才的做法，顶点 4 的流通量 th(4)=2 最小，新得到的流如图 7.6(b)所示. 再修改网络得到图 7.6(c). 在图 7.6(c)中不存在从 s 到 t 的最短路径. 至此得到 AN(f_1)的极大流 g_1，如图 7.6(d)所示.

令 $f_2=f_1+g_1$，f_2 如图 7.6(e)所示. 至此这一阶段完成. 重复上述过程，见图 7.6(f)～图 7.6(h). 求 AN(f_2)的极大流 g_2，得到 $f_3=f_2+g_2$. AN(f_3)中不存在从 s 到 t 的路径，

计算结束

算法 7.2　Dinic 算法

1. $f \leftarrow 0$　　　　　　　　　　　　　　　　　　//取零流作为初始可行流
2. 构造 AN(f)
3. if AN(f)中不存在从 s 到 t 的路径 then return f　　//计算结束
4. $g \leftarrow 0$
5. if AN(f)中存在 th(i)=0 then
6. 　　if $i=s \vee i=t$ then goto 15
7. 　　else 删去 i 及其关联的边
8. 找到流通量最小的顶点 k,从 k 开始将 th(k)个单位的流向前送到 t,向后推到 s,并将它们加到 g 上
　　　　　　　　　　　　　　　　　　　　　　　　　　//th(k)>0
9. 删去 k 及其关联的边
10. for $<i,j> \in$ AE(f) do
11. 　　if $g(i,j)=\mathrm{ac}(i,j)$ then
12. 　　　　删去$<i,j>$
13. 　　else $\mathrm{ac}(i,j) \leftarrow \mathrm{ac}(i,j) - g(i,j)$
14. goto 5
15. $f \leftarrow f+g$
16. goto 2

引理 7.6　在每个阶段结束时,g 是 AN(f)中的极大流.

证　算法的每个阶段从构造当前的可行流 f 的分层辅助网络 AN(f)开始,逐步安排流 g. 只有当流通量变成 0 后,才删去这个顶点及其关联的边. 这样的顶点和边不可能出现在关于 g 的 s-t 前向增广链上. 当每个阶段结束时,AN(f)剩余的图中已不存在从 s 到 t 的路径,从而得到的 g 是 AN(f)的极大流.

引理 7.7　在每个阶段,AN($f+g$)中 s-t 距离大于前一个阶段 AN(f)中 s-t 距离. 这里约定,当不存在 s-t 最短路径时,认为其距离为 $+\infty$.

证　先考察 $N(f+g)$ 中和 AN(f)中的边. 记 $f'=f+g$. $\forall <i,j> \in$ AE(f),若 $<i,j> \in E$,则 $\mathrm{ac}(i,j)=c(i,j)-f(i,j)$,$f'(i,j)=f(i,j)+g(i,j)$. 当 $g(i,j)<\mathrm{ac}(i,j)$ 时,$f'(i,j)=c(i,j)-\mathrm{ac}(i,j)+g(i,j)<c(i,j)$,从而 $<i,j> \in E(f+g)$. 当 $g(i,j)=\mathrm{ac}(i,j)$ 时,$f'(i,j)=c(i,j)-\mathrm{ac}(i,j)+g(i,j)=c(i,j)$,从而 $<i,j> \notin E(f+g)$. 此外,当 $f(i,j)=0$ 且 $g(i,j)>0$ 时,$N(f+g)$ 比 $N(f)$ 多一条边 $<j,i>$. 若 $<j,i> \in E$,则 $\mathrm{ac}(i,j)=f(j,i)$,$f'(j,i)=f(j,i)-g(i,j)$. 当 $g(i,j)<\mathrm{ac}(i,j)$ 时,$f'(j,i)=\mathrm{ac}(i,j)-g(i,j)>0$,$<i,j> \in E(f+g)$. 当 $g(i,j)=\mathrm{ac}(i,j)$ 时,$f'(j,i)=\mathrm{ac}(i,j)-g(i,j)=0$,$<i,j> \notin E(f+g)$. 此外,当 $f(j,i)=c(j,i)$ 且 $f'(j,i)<c(j,i)$ 时,$N(f+g)$ 也比 $N(f)$ 多一条边 $<j,i>$. 综上所述,AN(f)中的边也是 $N(f+g)$ 中的边当且仅当它是关于 g 的非饱和边. 此外,由于 g 产生的在 $N(f+g)$ 中而不在 AN(f)中的新边都是从 AN(f)的高层指向低层.

其余在 $N(f)$ 中而不在 AN(f)中的边都与 g 无关,因而仍在 $N(f+g)$ 中. 这种边不可能从 AN(f)中的低层指向高层,只可能从高层指向低层,在同一层或者与不在 AN(f)中的顶点关联.

总之,在 $N(f+g)$ 中而不在 AN(f)中的边都不可能从 AN(f)中的低层指向高层.

AN$(f+g)$ 中从 s 到 t 的最短路径也就是 $N(f+g)$ 中从 s 到 t 的最短路径. 如果它的边都是 AN(f) 中的边, 那么这些边都是关于 g 的非饱和边, 从而这是一条 AN(f) 中关于 g 的 s-t 前向增广链. 这与 g 是 AN(f) 中的极大流矛盾, 故 AN$(f+g)$ 中从 s 到 t 的最短路径中一定含有不在 AN(f) 中的边, 而这些边都不可能从 AN(f) 的低层指向高层, 所以 AN$(f+g)$ 中 s-t 距离必大于 AN(f) 中 s-t 距离.

定理 7.3 Dinic 算法得到的 f 是最大流, 且算法在 $O(n^3)$ 步内终止.

证 当算法终止时, AN(f) 中不存在从 s 到 t 的路径, 因此 $N(f)$ 中也不存在从 s 到 t 的路径, 它的最大流为零流, 最大流量为 0. 根据引理 7.4, $v^* - v(f) = 0$, 其中 v^* 是最大流量. 推出 $v(f) = v^*$, 得证 f 是最大流.

由引理 7.7, AN(f) 中 s-t 距离每个阶段至少增加 1, 而 s-t 距离不会超过 $n-1$, 故至多有 n 个阶段.

在每个阶段, 构造 AN(f) 可在 $O(m)$ 步内完成, 计算顶点的流通量需 $O(m)$ 步. 在生成 g 的过程中, 找一个流通量最小的顶点需 $O(n)$ 步, 至多找 n 次, 至多需 $O(n^2)$ 步. 对边操作可以分成两类: 一类是修改容量后删去这条边 (已是饱和边), 这类至多有 $O(m)$ 次; 另一类是修改容量后不删. 根据安排流量的规定, 从一个顶点送出流时, 被修改容量的边中至多有一条边是非饱和边被保留下来. 从一个流通量最小的顶点安排流至多有 n 条这样的边, 至多进行 n 次, 共有 $O(n^2)$ 次这类操作. 因此, 每个阶段的工作量为 $O(m) + O(m) + O(n^2) + O(m) + O(n^2) = O(n^2)$. 得证总的工作量为 $O(n^3)$.

有一些组合问题可以转化成最大流问题, 其中某些问题的容量网络具有某种特殊的结构, 使得 Dinic 算法具有更好的性能. 在 7.4 节用 Dinic 算法解二部图的最大匹配问题时遇到的是一类特别简单的容量网络, 边的容量均为 1, 所有的中间点或者入度为 1 或者出度为 1, 称这样的容量网络为简单容量网络.

引理 7.8 在简单容量网络 N 中, s-t 距离 l 小于或等于 $n/v^* + 1$, 其中 v^* 是 N 的最大流量.

证 把与 s 的距离为 i 的顶点集记作 V_i, $i = 1, 2, \cdots, l-1$. 任何最大流都要经过 V_i, 而 V_i 中每个顶点或者入度为 1 或者出度为 1, 其流通量为 1, 因此 $v^* \leqslant |V_i|$. 于是 $n \geqslant \sum_{i=1}^{l-1} |V_i| \geqslant (l-1)v^*$, 得证 $l \leqslant n/v^* + 1$.

定理 7.4 对于简单容量网络, Dinic 算法在 $O(n^{1/2}m)$ 步内终止计算.

证 由于容量都为 1, 计算过程中每条边的流量为 0 或 1. 在每个阶段中, 每条边至多修改一次, 计算量为 $O(m)$.

要证阶段数为 $O(n^{1/2})$. 若 $v^* \leqslant n^{1/2}$, 则显然至多有 $n^{1/2}$ 个阶段. 若 $v^* > n^{1/2}$, 考察流量第一次超过 $v^* - n^{1/2}$ 的阶段. 设这个阶段开始时的可行流为 f, 那么 $N(f)$ 的最大流量大于 $n^{1/2}$. 不难验证, $N(f)$ 也是简单容量网络 (见习题 7.4). 根据引理 7.8, $N(f)$ 中 s-t 距离小于或等于 $n/n^{1/2} + 1 = n^{1/2} + 1$, 从而在这个阶段之前至多有 $n^{1/2}$ 个阶段. 而这个阶段结束时流量已超过 $v^* - n^{1/2}$, 从而此后也至多有 $n^{1/2}$ 个阶段, 总阶段数不超过 $2n^{1/2} + 1$.

最后, 简单介绍无向容量网络上的最大流问题. 设无向容量网络 $N = <V, E, c, s, t>$, 把每一条无向边 (i, j) 看作两条方向相反的有向边 $<i, j>$ 和 $<j, i>$, 记作 $N' = <V, E', c', s, t>$, 其中

$$E' = \{<i,j>, <j,i> \mid (i,j) \in E\}$$
$$c'(i,j) = c'(j,i) = c(i,j), \quad \forall (i,j) \in E$$

又设 f' 是 N' 上的一个可行流,$\forall (i,j) \in E$,若 $f'(i,j) \geqslant f'(j,i)$,则令 $f(i,j) = f'(i,j) - f'(j,i), f(j,i) = 0$;若 $f'(i,j) < f'(j,i)$,则令 $f(j,i) = f'(j,i) - f'(i,j), f(i,j) = 0$. 不难看出,$f$ 也是 N' 上的可行流,$v(f) = v(f')$,且 $\forall (i,j) \in E, f(i,j) = 0$ 或 $f(j,i) = 0$. 于是,可以把 f 看作 N 上的可行流,即 $\forall (i,j) \in E, f(i,j) = |f'(i,j) - f'(j,i)|$. 这样,就把计算无向容量网络的最大流归结为计算有向容量网络的最大流.

7.2 最小费用流

对于可行流,有时还要考虑费用,为此引入下述概念.

定义 7.7 在容量网络 $N = <V, E, c, s, t>$ 中添加单位费用 $w: E \to \mathbf{R}^*$,称作容量-费用网络,记作 $N = <V, E, c, w, s, t>$.

设 f 是 N 上的一个可行流,称 $w(f) = \sum\limits_{<i,j> \in E} w(i,j)f(i,j)$ 为 f 的费用. 在所有流量为 v_0 的可行流中,费用最小的称作流量 v_0 的**最小费用流**.

最小费用流问题 给定容量-费用网络 N 和流量 v_0,求流量 v_0 的最小费用流.

下面先介绍求带负权的最短路径和检测负回路的算法,在最小费用流算法中将要调用这个算法.

7.2.1 Floyd 算法

4.4.3 节介绍的求最短路径的 Dijkstra 算法要求所有的权非负. 当带有负权时,Dijkstra 算法不再适用. 本节介绍带负权的最短路径算法.

设赋权有向图 $D = <V, E, w>$,其中权函数 $w: E \to \mathbf{R}$,称 D 中权为负数的回路为**负回路**.

命题 7.1 赋权有向图 D 中任意两点之间都有最短路径或不存在路径当且仅当 D 中不含负回路.

证 假设 D 中存在负回路 C,i 是 C 上的一个顶点,那么从 i 到任何一个顶点 j 的路径可以先重复走 C 若干次再到 j. 随着重复 C 的次数增加,从 i 到 j 的路径的权越来越小,趋向于 $-\infty$,因而不存在从 i 到 j 的最短路径.

反之,假设 D 中不存在负回路 C. 对任意两点 i 和 j,如果从 i 到 j 的路径中有两个相同的顶点,那么删去这两个顶点之间的这段路径(这是一个回路)后仍是从 i 到 j 的路径,其权不会增加,因而只需考虑从 i 到 j 顶点都不相同的路径. 而从 i 到 j 顶点都不相同的路径只有有限条,故一定存在最短路径.

R. W. Floyd 于 1962 年提出一个算法,当不存在负回路时,求得所有两点之间的最短路径;当存在负回路时,能检测出并给出一条负回路.

算法采用动态规划方法. 假设 D 中不存在负回路,只需考虑顶点不重复的路径. 记从 i 到 j 经过号码不大于 k 的最短路径的长度为 $d^{(k)}(i,j)$. 从 i 到 j 经过号码不大于 k 的最短路径有两种可能:一种是不经过 k,它也是从 i 到 j 经过号码不大于 $k-1$ 的最短路径;另一种是经过 k,它被 k 分成两段,从 i 到 k 经过号码不大于 $k-1$ 的最短路径和从 k 到 j 经过号码不大于 $k-1$ 的最短路径. 从而有下述递推方程:

$$d^{(0)}(i,j)=w(i,j), \quad 1\leqslant i,j\leqslant n \qquad (7.7)$$
$$d^{(k)}(i,j)=\min\{d^{(k-1)}(i,j),d^{(k-1)}(i,k)+d^{(k-1)}(k,j)\},$$
$$1\leqslant i,j\leqslant n \text{ 且 } i,j\neq k,1\leqslant k\leqslant n$$

这里规定：$\forall i\in V,w(i,i)=0$；$\forall <i,j>\notin E,w(i,j)=+\infty$.

当 D 中不存在负回路时，i 到 j 的距离 $d(i,j)=d^{(n)}(i,j)$. 当 D 中存在负回路时，设负回路 C 经过 i，除 i 外顶点的最大号码是 k，则必有 $d^{(k)}(i,i)<0$.

为了记录最短路径上的顶点，引入 $h^{(k)}(i,j)$ 存放从 i 到 j 经过号码不大于 k 的最短路径中 i 的下一个顶点. 有下述递推关系：

$$h^{(0)}(i,j)=\begin{cases} j & \text{若 } <i,j>\in E \\ 0 & \text{否则} \end{cases}, \quad 1\leqslant i,j\leqslant n$$

$$h^{(k)}(i,j)=\begin{cases} h^{(k-1)}(i,j) & \text{若 } d^{(k-1)}(i,j)\leqslant d^{(k-1)}(i,k)+d^{(k-1)}(k,j) \\ h^{(k-1)}(i,k) & \text{否则} \end{cases}, \qquad (7.8)$$

$$1\leqslant i,j\leqslant n \text{ 且 } i,j\neq k,1\leqslant k\leqslant n$$

算法 7.3   Floyd 算法

1. for $i=1$ to n do
2.   for $j=1$ to n do
3.   if $i=j$ then $d(i,i)\leftarrow 0,h(i,i)\leftarrow i$
4.   else if $<i,j>\in E$ then $d(i,j)\leftarrow w(i,j),h(i,j)\leftarrow j$
5.   else $d(i,j)\leftarrow +\infty,h(i,j)\leftarrow 0$ //$h(i,j)=0$ 表示 i 到 j 不连通
6. for $k=1$ to n do
7.   for $i=1$ to $n\wedge i\neq k$ do
8.   for $j=1$ to $n\wedge j\neq k$ do
9.   if $d(i,j)>d(i,k)+d(k,j)$ then
10. $d(i,j)\leftarrow d(i,k)+d(k,j),h(i,j)\leftarrow h(i,k)$
11.   if $d(i,i)<0$ then return "存在负回路",d,h
12. return d,h

例 7.3   求图 7.7 中任意两点之间的最短路径.

解   用 Floyd 算法，计算过程如下：

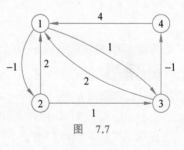

图 7.7

$$d^{(0)}=\begin{bmatrix} 0 & -1 & 1 & +\infty \\ 2 & 0 & 1 & +\infty \\ 2 & +\infty & 0 & -1 \\ 4 & +\infty & +\infty & 0 \end{bmatrix} \qquad h^{(0)}=\begin{bmatrix} 1 & 2 & 3 & 0 \\ 1 & 2 & 3 & 0 \\ 1 & 0 & 3 & 4 \\ 1 & 0 & 0 & 4 \end{bmatrix}$$

$$d^{(1)}=\begin{bmatrix} 0 & -1 & 1 & +\infty \\ 2 & 0 & 1 & +\infty \\ 2 & 1 & 0 & -1 \\ 4 & 3 & 5 & 0 \end{bmatrix} \qquad h^{(1)}=\begin{bmatrix} 1 & 2 & 3 & 0 \\ 1 & 2 & 3 & 0 \\ 1 & 1 & 3 & 4 \\ 1 & 1 & 1 & 4 \end{bmatrix}$$

$$d^{(2)}=\begin{bmatrix} 0 & -1 & 0 & +\infty \\ 2 & 0 & 1 & +\infty \\ 2 & 1 & 0 & -1 \\ 4 & 3 & 4 & 0 \end{bmatrix} \qquad h^{(2)}=\begin{bmatrix} 1 & 2 & 2 & 0 \\ 1 & 2 & 3 & 0 \\ 1 & 1 & 3 & 4 \\ 1 & 1 & 1 & 4 \end{bmatrix}$$

$$d^{(3)} = \begin{bmatrix} 0 & -1 & 0 & -1 \\ 2 & 0 & 1 & 0 \\ 2 & 1 & 0 & -1 \\ 4 & 3 & 4 & 0 \end{bmatrix} \quad h^{(3)} = \begin{bmatrix} 1 & 2 & 2 & 2 \\ 1 & 2 & 3 & 3 \\ 1 & 1 & 3 & 4 \\ 1 & 1 & 1 & 4 \end{bmatrix}$$

$$d^{(4)} = \begin{bmatrix} 0 & -1 & 0 & -1 \\ 2 & 0 & 1 & 0 \\ 2 & 1 & 0 & -1 \\ 4 & 3 & 4 & 0 \end{bmatrix} \quad h^{(4)} = \begin{bmatrix} 1 & 2 & 2 & 2 \\ 1 & 2 & 3 & 3 \\ 1 & 1 & 3 & 4 \\ 1 & 1 & 1 & 4 \end{bmatrix}$$

根据输出的 $d^{(4)}$ 和 $h^{(4)}$,可以得到任意两点之间的最短路径和距离. 例如,由 $d^{(4)}(1,4) = -1, h^{(4)}(1,4) = 2, h^{(4)}(2,4) = 3, h^{(4)}(3,4) = 4$,得到顶点 1 到顶点 4 的最短路径是 1-2-3-4,距离为 -1. 又如,由 $d^{(4)}(3,2) = 1, h^{(4)}(3,2) = 1, h^{(4)}(1,2) = 2$,得到顶点 3 到顶点 2 的最短路径是 3-1-2,距离为 1.

不难证明,Floyd 算法的时间复杂度为 $O(n^3)$.

7.2.2　最小费用流的负回路算法

设容量-费用网络 $N = <V, E, c, w, s, t>$,f 是 N 上的一个可行流,将定义 7.4 中关于 f 的辅助网络 $N(f)$ 推广到容量-费用网络,记作 $N(f) = <V, E(f), \mathrm{ac}, \mathrm{aw}, s, t>$,其中 $E(f)$ 和 ac 仍由式(7.5)给出,

$$\mathrm{aw}(i,j) = \begin{cases} w(i,j) & \text{若} <i,j> \in E^+(f) \\ -w(j,i) & \text{若} <i,j> \in E^-(f) \end{cases} \tag{7.9}$$

aw 称作辅助费用.

下述引理是引理 7.5 在容量-费用网络上的继续.

引理 7.9　设 f 是容量-费用网络 N 上的可行流,g 是辅助网络 $N(f)$ 上的可行流,$f' = f + g$,则

$$w(f') = w(f) + \mathrm{aw}(g)$$

可类似引理 7.5 中的 $v(f') = v(f) + v(g)$ 证明.

定义 7.8　设 $N = <V, E, c, w, s, t>$,C 是 N 中一条边不重复的回路,$E(C)$ 是 C 的边集. C 上的圈流 h^C 定义如下:$\forall <i,j> \in E(C), h^C(i,j) = \delta$;$\forall <i,j> \in E - E(C)$,$h^C(i,j) = 0$,其中 $\delta > 0$ 称作 h^C 的环流量.

显然,h^C 是一个可行流,

$$v(h^C) = 0, \quad w(h^C) = \delta \cdot w(C) \tag{7.10}$$

其中 $w(C) = \sum_{<i,j> \in E(C)} w(i,j)$.

设 f 是 N 上的一个可行流,h^C 是 $N(f)$ 上的一个圈流,$f' = f + h^C$. 根据引理 7.5 和引理 7.9,f' 是 N 上的可行流,且 $v(f') = v(f), w(f') = w(f) + \delta \cdot \mathrm{aw}(C)$. 如果 C 是 $N(f)$ 中以辅助费用 aw 为权的负回路,即 $\mathrm{aw}(C) < 0$,则 $w(f') < w(f)$. 据此,自然会想到下述求最小费用流的做法:首先求一个流量 v_0 的可行流 f. 如果 $N(f)$ 中存在权 aw 的负回路 C,令 $f' \leftarrow f + h^C$,重复进行,直至辅助网络中不存在权 aw 的负回路为止.

例 7.4　容量-费用网络 N 及其流量 $v_0 = 8$ 的可行流 f 如图 7.8(a)所示,其中每一条

边旁边的两个数依次是容量和费用. $w(f)=42$. 图 7.8(b) 是 $N(f)$, 粗线是一条负回路 C, $\mathrm{aw}(C)=-1$, 圈流 h^C 的环流量等于 3, $\mathrm{aw}(h^C)=3\times(-1)=-3$. 图 7.8(c) 是 N 上的可行流 $f_1=f+h^C$, $w(f_1)=42-3=39$.

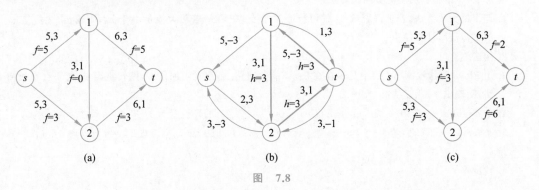

图　7.8

关键是, 当 $N(f)$ 中不存在权 aw 的负回路时, f 是否一定是最小费用流. 下面对此进行更深入的研究.

定义 7.9　设 f_1, f_2 是 $N=<V,E,c,w,s,t>$ 上的两个可行流, 在 $N(f_2)$ 上定义 $g=f_1-f_2$ 如下:

$\forall <i,j>\in E$, 若 $f_1(i,j)>f_2(i,j)$, 则 $g(i,j)=f_1(i,j)-f_2(i,j)$; 若 $f_1(i,j)<f_2(i,j)$, 则 $g(j,i)=f_2(i,j)-f_1(i,j)$. 在 $N(f_2)$ 的其他边上 g 都为 0.

引理 7.10　设 f_1, f_2 是 $N=<V,E,c,w,s,t>$ 上的两个可行流, $g=f_1-f_2$, 则 g 是 $N(f_2)$ 上的可行流且 $f_1=f_2+g$.

可类似引理 7.5 证明.

引理 7.11　如果 N 上的可行流 f 不是零流且 $v(f)=0$, 则 f 等于若干个圈流之和.

证　记 $E_1=\{<i,j>\in E \mid f(i,j)>0\}$, D_1 是 E_1 的导出子图. 由于 f 不是零流, $E_1\neq\varnothing$. 又由于 $v(f)=0$, D_1 中的每个顶点的出度大于 0. 不难证明, D_1 中必存在边不重复的回路 C_1. 设 $\delta_1=\min\{f(i,j) \mid <i,j>\in E(C_1)\}$, h^{C_1} 是 C_1 上环流量 δ_1 的圈流.

令 $f_1=f-h^{C_1}$, $v(f_1)=0$ 且 f_1 比 f 至少多一条零流边. 如果 f_1 还不是零流, 则重复上述做法, 得到圈流 h^{C_2}, $f_2=f_1-h^{C_2}=f-h^{C_1}-h^{C_2}$. 由于 f 只有有限条非零流边, 故存在 l 使得 $f_l=f-h^{C_1}-h^{C_2}-\cdots-h^{C_l}$ 为零流, 从而 $f=h^{C_1}+h^{C_2}+\cdots+h^{C_l}$. 说明: 这里 $+$ 和 $-$ 都是在 E 上两个函数通常的加和减.

定理 7.5　设 f 是 N 上流量 v_0 的可行流, 则 f 是最小费用流当且仅当 $N(f)$ 中不存在以辅助费用 aw 为权的负回路.

证　必要性前面已经证明. 现在证明充分性, 假设 $N(f)$ 中不存在关于 aw 的负回路.

设 f' 是 N 上任一流量 v_0 的可行流. 令 $g=f'-f$, 由引理 7.10 和引理 7.5, g 是 $N(f)$ 上的可行流且 $v(g)=0$. 不妨设 $f'\neq f$, 于是 g 不是零流. 由引理 7.11, $N(f)$ 中存在回路 $C_1, C_2, \cdots, C_l$ 使得 $g=h^{C_1}+h^{C_2}+\cdots+h^{C_l}$. g 的辅助费用

$$\mathrm{aw}(g)=\delta_1\mathrm{aw}(C_1)+\delta_2\mathrm{aw}(C_2)+\cdots+\delta_l\mathrm{aw}(C_l)$$

其中 $\delta_r>0$ 是 h^{C_r} 的环流量 $(1\leqslant r\leqslant l)$. 由于 $N(f)$ 中不存在关于权 aw 的负回路, 所有 $\mathrm{aw}(C_r)\geqslant 0$, 从而 $\mathrm{aw}(g)\geqslant 0$. 又由引理 7.9, $f'=f+g$, $w(f')=w(f)+\mathrm{aw}(g)\geqslant w(f)$. 得

证 f 是最小费用流.

根据定理 7.4，下述算法可以正确地求得最小费用流.

算法 7.4 最小费用流的负回路算法

1. 调用最大流算法，若求得流量 v_0 的可行流 f，则转步骤 2；若最大流量小于 v_0，则输出"无流量 v_0 的可行流"，计算结束

2. 构造 $N(f)$

3. 用 Floyd 算法检测 $N(f)$ 中是否存在权 aw 的负回路. 若存在负回路 C，则转步骤 4；若不存在负回路，则输出 f，计算结束

4. 令 $\delta \leftarrow \min\{ac(i,j) \mid <i,j>\in E(C)\}$　　　　//h^C 的环流量为 δ

5. $\forall <i,j>\in E(C)$，若 $<i,j>\in E$，令 $f(i,j)\leftarrow f(i,j)+\delta$；若 $<j,i>\in E$，令 $f(j,i)\leftarrow f(j,i)-\delta$
　　　　　　　　　　　　　　　　　　　　　　　　//$f\leftarrow f+h^C$

6. 转步骤 2

下面讨论算法 7.4 的有限终止性. 假设所有的容量都是整数，算法计算过程中的可行流都是整数值，圈流的环流量也是整数，且大于或等于 1. 以 N 的顶点集 V 为顶点集的完全有向图 D 中只有有限个边不重的回路，记以 aw 为权的所有负回路的权的绝对值的最小值为 w^*. 每个 $N(f)$ 都是 D 的子图，其负回路的权的绝对值不小于 w^*. 设 f 是流量 v_0 的初始可行流，那么步骤 2～步骤 6 的循环至多进行 $w(f)/w^*$ 次. 因此，算法必在有限步内终止.

7.2.3　最小费用流的最短路径算法

求最小费用流的另一个很容易想到的做法是，从一个初始的最小费用流 f（如零流）开始，如果 $v(f)<v_0$，找一条费用最少的 s-t 增广链 P，修改 P 上的流量，得到新的可行流 f'. 重复进行，直至流量等于 v_0 为止.

要证明这个想法是正确的，只需证明这样得到的 f' 也是最小费用流. 下面先证明一个预备知识.

引理 7.12　设有向图 $D=<V,E>$ 没有孤立点，顶点 s 的出度比入度大 1，t 的入度比出度大 1，其余顶点的出度等于入度，则 D 可表示成一条 s-t 路径与若干条回路的并.

证　从 s 开始，沿一条边到另一个顶点. 由于除 s 和 t 外每个顶点的入度等于出度，到一个顶点后总可以从一条没有走过的边到另一个顶点，一直走到 t 为止. 这样得到一条 s-t 路径 P. 删去 P 和孤立点，剩下的图中每个顶点的入度等于出度，它由若干条回路组成. 得证 D 可表示成一条 s-t 路径与若干条回路的并.

设 $N=<V,E,c,w,s,t>$，f 是 N 上的流量 v_0 的最小费用流. 关于 f 的费用最小的 s-t 增广链 P 是 $N(f)$ 中权 aw 的 s-t 最短路径. 由于 aw 可以是负的，需要用 Floyd 算法计算 P. P 的边集记作 $E(P)$，令 $\delta=\min\{ac(i,j) \mid <i,j>\in E(P)\}$，$\forall <i,j>\in E(f)$，

$$g(i,j)=\begin{cases} \theta & <i,j>\in E(P) \\ 0 & \text{否则} \end{cases} \tag{7.11}$$

其中 $0<\theta\leqslant\delta$. g 是 $N(f)$ 上的可行流，$v(g)=\theta$，称作 P 上流量 θ 的可行流.

定理 7.6　设 f 是 N 上的流量 v_0 的最小费用流，P 是 $N(f)$ 中权 aw 的 s-t 最短路径，g 是 P 上流量 θ 的可行流，则 $f'=f+g$ 是流量 $v_0+\theta$ 的最小费用流.

证 $v(f')=v(f)+v(g)=v_0+\theta$. 假设 f' 不是最小费用流,由定理 7.5,$N(f')$ 中存在权 aw 的负回路 C. 由于 f' 和 f 仅在对应 P 的增广链上不同,$E(f')-E(f)$ 一定与 P 有关. 因而,若 $<i,j>\in E(f')-E(f)$,则必有 $<j,i>\in E(P)$. 因为 f 是最小费用流,$N(f)$ 中不存在负回路,所以 C 中必有不属于 $E(f)$ 的边,设它们是 $<i_1,j_1>,<i_2,j_2>,\cdots,$ $<i_r,j_r>$,有 $<j_1,i_1>,<j_2,i_2>,\cdots,<j_r,i_r>\in E(P)$. 记这 $2r$ 条的边集为 H,从 P 和 C 构成的子图中删去 H 和孤立点,记作 D,这里把 P 和 C 中相同的边作为两条平行边. 显然,D 满足引理 7.11 中的条件,可以表示成一条 s-t 路径 P' 和回路 $C_1,C_2,\cdots,C_l$ 的并.

于是

$$\mathrm{aw}(D)=\mathrm{aw}(P')+\mathrm{aw}(C_1)+\mathrm{aw}(C_2)+\cdots+\mathrm{aw}(C_l)$$

而 $\mathrm{aw}(H)=0$,得

$$\mathrm{aw}(P)+\mathrm{aw}(C)=\mathrm{aw}(D)+\mathrm{aw}(H)$$
$$=\mathrm{aw}(P')+\mathrm{aw}(C_1)+\mathrm{aw}(C_2)+\cdots+\mathrm{aw}(C_l)$$
$$\mathrm{aw}(P')=\mathrm{aw}(P)+\mathrm{aw}(C)-\mathrm{aw}(C_1)-\mathrm{aw}(C_2)-\cdots-\mathrm{aw}(C_l)$$

注意到 $C_1,C_2,\cdots,C_l$ 是 $N(f)$ 中的回路,f 是最小费用流,故 $\mathrm{aw}(C_1),\mathrm{aw}(C_2),\cdots,\mathrm{aw}(C_l)$ 均非负. 而 $\mathrm{aw}(C)<0$,推出 $\mathrm{aw}(P')<\mathrm{aw}(P)$,与 P 是最短路矛盾.

算法 7.5 最小费用流的最短路径算法

1. $f\leftarrow 0,v\leftarrow v_0$ //取零流作为初始最小费用流
2. 构造 $N(f)$
3. 调用 Floyd 算法计算 $N(f)$ 中以 aw 为权的 s-t 最短路径
4. if $N(f)$ 中不存在 s-t 路径 then
5.   return "无流量 v_0 的可行流"   //f 是最大流且 $v(f)<v_0$
6. else 设求得的最短路径为 P
7. $\theta\leftarrow\min\{v,\min\{\mathrm{ac}(i,j)\mid <i,j>\in E(P)\}\}$
8. for $<i,j>\in E(P)$ do
9.   if $<i,j>\in E$ then $f(i,j)\leftarrow f(i,j)+\theta$
10.   else $f(j,i)\leftarrow f(j,i)-\theta$
11. $v\leftarrow v-\theta$
12. if $v>0$ then goto 2
13. return f

零流是流量为 0 的最小费用流,定理 7.6 保证算法 7.5 输出的 f 是流量 v_0 的最小费用流. 算法 7.5 的有限终止性类似最大流的 FF 算法.

在算法 7.5 中用 Ford 算法代替 Floyd 算法要更好些. Ford 算法可以求无负回路的赋权有向图中从某个顶点到其他所有顶点的最短路径(见习题 7.12).

7.3 运输问题

第 6 章例 6.3 是一个运输问题,运输问题又称 **Hitchcock** 问题,是 T. C. Hitchcock 等人于 1941 年提出的. 它的一般提法如下.

运输问题 有 m 个产地 $A_1,A_2,\cdots,A_m$ 和 n 个销地 $B_1,B_2,\cdots,B_n$,A_i 的产量为 a_i,B_j

的销量为 b_j. 从 A_i 到 B_j 的单位运费为 w_{ij}，$1 \leqslant i \leqslant m$，$1 \leqslant j \leqslant n$. 假设产销平衡，即 $\sum_{i=1}^{m} a_i = \sum_{j=1}^{n} b_j$，试制订调运方案使得总运费最少.

做赋权完全二部图 $G = <A, B, E, w>$，其中 $A = \{A_i \mid 1 \leqslant i \leqslant m\}$，$B = \{B_j \mid 1 \leqslant j \leqslant n\}$，$E = \{(A_i, B_j) \mid 1 \leqslant i \leqslant m, 1 \leqslant j \leqslant n\}$，$w : E \to \mathbf{R}^*$，如图 7.9 所示.

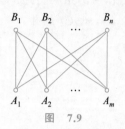

图 7.9

如果

$$\sum_{j=1}^{n} x_{ij} = a_i, \quad 1 \leqslant i \leqslant m$$

$$\sum_{i=1}^{m} x_{ij} = b_j, \quad 1 \leqslant j \leqslant n \tag{7.12}$$

$$x_{ij} \geqslant 0, \quad 1 \leqslant i \leqslant m, \quad 1 \leqslant j \leqslant n$$

则 $x = \{x_{ij}\}$ 称作一个调运方案. 调运方案 x 的总费用是：

$$w(x) = \sum_{i=1}^{m} \sum_{j=1}^{n} w_{ij} x_{ij}$$

运输问题是求使 $w(x)$ 最小的调运方案 x.

约束条件(7.12)中前 m 个等式之和的左端与后 n 个等式之和的左端相同，都等于 $\sum_{i=1}^{m} \sum_{j=1}^{n} x_{ij}$，因而它们的右端也必须相等，即 $\sum_{i=1}^{m} a_i = \sum_{j=1}^{n} b_j$，这就是产销平衡.

产销平衡并不是本质性的要求. 当产大于销（即 $\sum_{i=1}^{m} a_i > \sum_{j=1}^{n} b_j$）时，引入一个虚拟的销地 B_{n+1}，其销量 $b_{n+1} = \sum_{i=1}^{m} a_i - \sum_{j=1}^{n} b_j$. 供给 B_{n+1} 的产品实际上是未售出的剩余产品，就地存储，其单位运费 $w_{i,n+1} = 0 (1 \leqslant i \leqslant m)$. 于是，问题转化成 m 个产地和 $n+1$ 个销地的运输问题，满足产销平衡的要求：$\sum_{i=1}^{m} a_i = \sum_{j=1}^{n+1} b_j$.

当销大于产（即 $\sum_{i=1}^{m} a_i < \sum_{j=1}^{n} b_j$）时，与上面类似，引入一个虚拟的产地 A_{m+1}，其产量为 $a_{m+1} = \sum_{j=1}^{n} b_j - \sum_{i=1}^{m} a_i$. A_{m+1} 的供货实际上是缺货，自然也有 $w_{m+1,j} = 0 (1 \leqslant j \leqslant n)$.

可以把运输问题看作最小费用流问题. 添加一个发点 s 和一个收点 t，作容量-费用网络 $N = <V, E, c, w, s, t>$，其中

$$V = \{s, t, A_1, A_2, \cdots, A_m, B_1, B_2, \cdots, B_n\}$$

$$E = \{<s, A_i> \mid 1 \leqslant i \leqslant m\} \bigcup \{<B_j, t> \mid 1 \leqslant j \leqslant n\} \bigcup$$
$$\quad \{<A_i, B_j> \mid 1 \leqslant i \leqslant m, 1 \leqslant j \leqslant n\}$$

$$c(s, A_i) = a_i, \quad w(s, A_i) = 0, \quad 1 \leqslant i \leqslant m$$

$$c(B_j, t) = b_j, \quad w(B_j, t) = 0, \quad 1 \leqslant j \leqslant n$$

$$c(A_i, B_j) = +\infty, \quad w(A_i, B_j) = w_{ij}, \quad 1 \leqslant i \leqslant m, \quad 1 \leqslant j \leqslant n$$

见图 7.10. 流量 $v_0 = \sum\limits_{i=1}^{m} a_i$ 的可行流恰好对应运输问题的调运方案. 总运费最小的调运方案

就是流量 $v_0 = \sum\limits_{i=1}^{m} a_i$ 的最小费用流.

下面根据最小费用流的负回路算法导出运输问题的
位势算法.

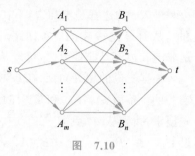

图　7.10

7.3.1　确定初始调运方案

如下确定初始调运方案：选取一条边 (A_i, B_j)，令
$x_{ij} \leftarrow \min\{a_i, b_j\}$. 若 $a_i < b_j$，则删去 A_i 及其关联的边，
令 $b_j \leftarrow b_j - a_i$；若 $a_i > b_j$，则删去 B_j 及其关联的边，令
$a_i \leftarrow a_i - b_j$；若 $a_i = b_j$，则再选取一条与 A_i 关联或与 B_j 关联的边，例如 (A_i, B_k)，$k \neq j$，令
$x_{ik} \leftarrow 0$，删去 A_i 和 B_j 及其关联的边. 重复进行，直到选取了 $m+n-2$ 条边. 此时只剩下一
条边 (A_p, B_q) 且 $a_p = b_q$，选取 (A_p, B_q)，令 $x_{pq} \leftarrow a_p$. 其余边上的 x 值均为 0. 记选中的
$m+n-1$ 条边的集合为 T，称作选中边集. 不难验证，$x = \{x_{ij}\}$ 满足约束条件 (7.12)，是一个
调运方案.

命题 7.2　初始调运方案选中的 $m+n-1$ 条边 T 构成 G 的一棵生成树.

证　G 有 $m+n$ 个顶点，T 有 $m+n-1$ 条边，只需证 T 的导出子图是连通的. 为了方
便，把 T 的导出子图仍记作 T. 对 G 中的顶点数 $m+n$ 做归纳证明.

当 $m+n=2$ 时，$m=1$，$n=1$，结论显然成立.

假设当 $m+n \leq k(k \geq 2)$ 时，结论成立. 要证 $m+n=k+1$ 时，结论也成立. 设选中的
第一条边是 (A_i, B_j). 若 $a_i < b_j$，G 删去 A_i 及其关联的边记作 G'，T 删去 A_i 和 (A_i, B_j)
记作 T'. G' 是 k 个顶点的完全二部图，T' 是从 G' 中选中的 $k-1$ 条边. 根据归纳假设，T'
是连通的. 而 (A_i, B_j) 连接 T' 和 A_i，故 T 是连通的. 若 $a_i > b_j$，可类似地证明 T 是连通
的. 若 $a_i = b_j$，要选中两条边：一条是 (A_i, B_j)；另一条是与 A_i 关联或与 B_j 关联的边，不
妨设是 (A_i, B_k)，$k \neq j$. G 删去 A_i 和 B_j 及其关联的边记作 G'，T 删去 A_i 和 B_j 及
(A_i, B_j) 和 (A_i, B_k) 记作 T'. G' 是 $k-1$ 个顶点的完全二部图，T' 是从 G' 中选中的 $k-2$
条边. 根据归纳假设，T' 是连通的. 而 (A_i, B_k) 连接 T' 和 (A_i, B_j)，故 T 是连通的. 得证
当 $m+n=k+1$ 时结论也成立.

在前面确定初始调运方案的算法中，没有具体规定如何选择边，可以有多种选择边的标
准，导出多种确定初始调运方案的算法. 一个常用的标准是，每次在剩余的边中选择单位运
费 w_{ij} 最小的边，称作最小元素法.

7.3.2　改进调运方案

设 $T = \{(A_{i_r}, B_{j_r}) \mid 1 \leq r \leq m+n-1\}$. 给每个顶点一个变量，$u_i$ 对应 $A_i(1 \leq i \leq m)$，
v_j 对应 $B_j(1 \leq j \leq n)$. 对应每一条选中边 (A_{i_r}, B_{j_r}) 有一个方程

$$u_{i_r} + v_{j_r} = w_{i_r j_r}, \quad 1 \leq r \leq m+n-1 \tag{7.13}$$

这是 $m+n$ 个变量，$m+n-1$ 个方程的线性方程组，有无穷多组解. 很容易找到它的一组
解，称作 G 的顶点的位势. 记

$$\lambda_{ij} = w_{ij} - u_i - v_j \tag{7.14}$$

称其为边(A_i,B_j)或x_{ij}的检验数,$1\leqslant i\leqslant m$,$1\leqslant j\leqslant n$. 选中边的检验数均为 0.

调运方案 x 对应容量-费用网络 N 上的一个流量v_0的可行流,也记作 x. 由于离开 s 的边和进入 t 的边都是饱和边,不在 $N(x)$ 中出现,故 $N(x)$ 中任意一条回路 C 不可能经过 s 和 t,从而 C 是 G 中的一条回路. 注意到,非选中边都是零流边,只能从 A 到 B. 而选中边既是非饱和边又是非零流边,可以从 A 到 B,是前向边,也能从 B 到 A,是后向边.

根据图论的相关知识,在 G 中对应每一条非选中边(A_i,B_j),它不在生成树 T 中,存在唯一的一条由(A_i,B_j)和 T 中的边(选中边)组成的基本回路C_{ij}. 从 A_i 开始对 T 做广度优先搜索,找到从 A_i 到 B_j 在 T 中唯一的路径,再加上(A_i,B_j)就得到C_{ij}. 记 $i_0=i$,$j_0=j$. 设$C_{ij}=A_{i_0}B_{j_0}A_{i_1}B_{j_1}\cdots B_{j_p}A_{i_0}$,注意到从 B 到 A 的边都是后向边,C_{ij} 的权是:

$$w(C_{ij})=w_{i_0j_0}-w_{i_1j_0}+w_{i_1j_1}-w_{i_2j_1}+\cdots+w_{i_pj_p}-w_{i_0j_p}$$
$$=w_{i_0j_0}-(u_{i_1}+v_{j_0})+(u_{i_1}+v_{j_1})-(u_{i_2}+v_{j_1})+\cdots+(u_{i_p}+v_{j_p})-(u_{i_0}+v_{j_p})$$
$$=w_{i_0j_0}-u_{i_0}-v_{j_0}$$

得

$$w(C_{ij})=\lambda_{ij} \tag{7.15}$$

如果 $\lambda_{ij}<0$,记 $\delta=\min\{x_{i_{r+1}j_r}\mid 0\leqslant r\leqslant p\}$,这里规定 $i_0=i_{p+1}=i$,$j_0=j$. 对 $1\leqslant k\leqslant m$,$1\leqslant l\leqslant n$,令

$$x'_{kl}=\begin{cases} x_{kl}+\delta & \text{若 } k=i_r\wedge l=j_r \\ x_{kl}-\delta & \text{若 } k=i_{r+1}\wedge l=j_r \\ x_{kl} & \text{否则} \end{cases} \tag{7.16}$$

也就是以(A_i,B_j)作为第一条边,δ 是 C_{ij} 中第偶数条边上 x 的最小值,对 C_{ij} 中第奇数条边上的 x 加 δ,第偶数条边上的 x 减 δ,其余的 x 不变,得到 x'.

设 e 是 C_{ij} 上第偶数条边中 x 值最小(等于 δ)的边,若有多条这样的边,则任取其中的一条. x' 在 e 上的值为 0,以(A_i,B_j)换 e,即从 T 中删去 e,加入(A_i,B_j),得到新的选中边集 T'.

上述操作称作选中边变换,(A_i,B_j)称作换入边,e 称作换出边. 又称 x_{ij} 是换入变量,e 上的 x 是换出变量.

不难验证下述结论.

引理 7.13 设对调运方案 x 和对应的选中边集 T 做以(A_i,B_j)为换入边的选中边变换得到 x' 和 T',换出变量的值为 δ,则 x' 也是一个调运方案,对应的选中边集为 T',且

$$w(x')=w(x)+\delta\cdot\lambda_{ij}$$

由于 $\lambda_{ij}<0$,$\delta\geqslant 0$,x' 是一个总费用更小、至少是不增加的调运方案. 如此重复进行,直到所有的检验数 $\lambda_{ij}\geqslant 0$ 为止. 下述定理表明这样得到的调运方案是最优的.

定理 7.7 一个调运方案是总费用最小的调运方案当且仅当所有检验数大于或等于 0.

证 必要性上面已经证明,现在证明充分性. 设所有检验数 $\lambda_{ij}\geqslant 0$,根据定理 7.5,只需证 G 中没有权 w 的负回路. 由式(7.15),所有的基本回路都不是负回路. 假设 C 是一个负回路,那么 C 上至少有两条非选中边. 任取 C 上的一条非选中边(A_i,B_j),对应的基本回路 $C_{ij}=X_1\cdots A_iB_j\cdots X_2\cdots Y\cdots X_1$,其中 X_1 和 X_2 分别是边(A_i,B_j)两侧与 C 连续重合部分的最远端点,$C=X_1\cdots A_iB_j\cdots X_2\cdots Z\cdots X_1$. 当然,$C_{ij}$ 中 $X_2\cdots Y\cdots X_1$ 部分与 C 中 $X_2\cdots Z\cdots X_1$ 部分也可能还有重合. 见图 7.11. 令 $C'=X_2\cdots Z\cdots X_1\cdots Y\cdots X_2$,$C'$ 中 $X_1\cdots Y\cdots X_2$ 与 C_{ij}

中 $X_2 \cdots Y \cdots X_1$ 是方向相反的同一段,从而 $w(C_{ij}) + w(C') = w(C)$,推出 $w(C') \leqslant w(C)$. C_{ij} 中除 (A_i, B_j) 外都是选中边,因此 C' 是比 C 少一条非选中边的负回路. 重复进行,最后得到一个只含一条非选中边的负回路,这是权为负的基本回路,与所有检验数都大于或等于 0 矛盾.

算法 7.6 位势算法
1. 求初始调运方案 x 和选中边集 T
2. 解线性方程组(7.13),得到位势 u, v
3. 计算检验数 $\lambda_{ij} = w_{ij} - u_i - v_j$
4. if $\lambda_{pq} = \min\{\lambda_{ij}\} \geqslant 0$ then return x
5. 以 (A_p, B_q) 为换入边做选中边集变换,变换结果仍记作 x 和 T
6. goto 2

正如例 6.3 中所示的那样,运输问题可以表示成线性规划. 实际上,选中边集 T 恰好对应可行基,对应 T 的调运方案是基本可行解,这里的检验数也就是线性规划中的检验数,而位势 u 和 v 是对偶规划的对偶变量,选中边集变换就是基变换. 因而,和单纯形法一样,如果调运方案中选中边的变量恒大于 0(问题是非退化的),则位势算法必在有限步内终止,否则不能保证算法在有限步内终止.

7.3.3 表上作业法

当用手算时,在表上进行要方便得多. 下面通过例 6.3 的计算来说明如何在表上作业. 在表 7.1 中,中间的每个方格对应二部图 G 的一条边,方格右上角的小方框内的数是单位运费 w_{ij}. 方格内的数是初始调运方案 x_{ij},旁边小圆圈内的数字是用最小元素法选择边的顺序. 空白的方格是非选中边,上面的 $x_{ij} = 0$. 计算位势的过程如下:令任意一个 u_i 或 v_j 等于一个任意的值,然后根据选中边的 w_{ij} 逐个确定其他变量的值. 如这里,令 $u_1 = 2$,由 $w_{11} = 3$,$u_1 = 2$,得 $v_1 = 1$;由 $w_{12} = 2$,$u_1 = 2$,得 $v_2 = 0$;由 $w_{21} = 7$,$v_1 = 1$,得 $u_2 = 6$;由 $w_{23} = 2$,$u_2 = 6$,得 $v_3 = -4$.

表 7.1 初始调运方案 $x^{(0)}$ 和位势

	B_1		B_2		B_3		产量 a_i		u_i
A_1	1③	3	4①	2		7	~~8~~	~~1~~	2
A_2	5④	7		5	1②	2	~~6~~ 5		6
销量 b_j	~~6~~ 5		~~4~~		~~1~~		11		
v_j	1		0		-4				

初始调运方案 $x^{(0)}$ 的检验数 $\lambda_{ij} = w_{ij} - u_i - v_j$ 列于表 7.2 中的小方框内. $\lambda_{22} = -1$,找一条从这个方格开始、由横竖线段组成、其余转折点都是有数字的方格(选中边)的回路 C,如表中虚线所示. 回路可能有各种不同的形状,图 7.12 给出几种形状. C 的偶数顶点处 $x_{12} = 4$,$x_{21} = 5$,$\delta = \min\{4, 5\} = 4$. 从空白方格开始,沿 C 加 4 减 4,得到 $x^{(1)}$,并将 x_{12} 的方格变成空白方格,如表 7.3 所示. 重新计算 $x^{(1)}$ 的位势和检验数.

图 7.12

表 7.4 中 $x^{(1)}$ 的所有检验数 $\lambda_{ij} \geqslant 0$，故 $x^{(1)}$ 是总费用最小的调运方案.

表 7.2　$x^{(0)}$ 的检验数和回路

	B_1		B_2		B_3	
A_1	1	0	4	0		9
A_2	5	0		−1	1	0

表 7.3　调运方案 $x^{(1)}$ 和位势

	B_1		B_2		B_3		u_i
A_1	5	3		2		7	2
A_2	1	7	4	5	1	2	6
v_j	1		−1		−4		

表 7.4　$x^{(1)}$ 的检验数

	B_1		B_2		B_3	
A_1	1	0	4	1		9
A_2	5	0			1	0

7.4　二部图匹配

7.4.1　二部图的最大匹配

定义 7.10　设简单二部图 $G = <A, B, E>$，$M \subseteq E$，如果 M 中任意两条边都不相邻，则称 M 是 G 的匹配. G 的边数最多的匹配称作最大匹配. 当 $|A| = |B| = n$ 时，边数为 n 的匹配称作完美匹配.

例 7.5　有 4 名新入学的硕士生和 4 位硕士生导师，硕士生 A_1 申请 B_1，B_2 或 B_4 作为导师，A_2，A_3 和 A_4 都申请 B_1 或 B_3 作为导师. 每名硕士生有一位导师，每位硕导只收一名新生. 试制订分配方案，尽可能地满足学生的要求.

做二部图 $G = <A, B, E>$，其中
$$A = \{A_i \mid 1 \leqslant i \leqslant 4\}$$
$$B = \{B_j \mid 1 \leqslant j \leqslant 4\}$$
$$E = \{(A_i, B_j) \mid A_i \text{ 申请 } B_j \text{ 作为导师}, 1 \leqslant i \leqslant 4, 1 \leqslant j \leqslant 4\}$$

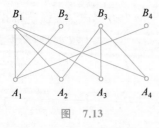

图　7.13

如图 7.13 所示. 问题转化为求 G 的最大匹配.

定义 7.11　设 M 是二部图 G 的匹配，称 M 中的边为匹配边，不属于 M 的边为非匹配边，与匹配边关联的顶点为饱和点，不与匹配边关联的顶点为非饱和点. G 中由匹配边和非匹配边交替构成的路径称为交错路径，起点和终点都是非饱和点的交错路径称为增广交错路径.

关于匹配有下述结果,相关证明请参阅文献[1].

引理 7.14 设 M 是二部图 G 的一个匹配,P 是一条关于 M 的增广交错路径,则 $M'=M\oplus E(P)$ 是一个匹配且 $|M'|=|M|+1$,其中 $E(P)$ 是 P 的边集.

$M\oplus E(P)=M\bigcup E(P)-M\bigcap E(P)$,即把 M 中 P 上的匹配边换成 P 上的非匹配边. 例如,图 7.14(a) 中,粗线(实线和虚线)是匹配 $M=\{(A_2,B_1),(A_3,B_2),(A_4,B_3)\}$,虚线(细 线和粗线)是增广交错路径 $P=A_1B_1A_2B_2A_3B_4$,$E(P)=\{(A_1,B_1),(A_2,B_1),(A_2,B_2),(A_3,B_2),(A_3,B_4)\}$. $M\oplus E(P)=\{(A_1,B_1),(A_2,B_2),(A_3,B_4),(A_4,B_3)\}$,见图 7.14(b) 中粗线.

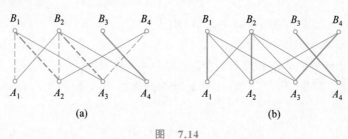

图 7.14

定理 7.8 二部图的匹配是最大匹配当且仅当不存在关于它的增广交错路径.

根据上述结果不难设计出下述二部图的最大匹配算法,通常称作**匈牙利算法**. 算法的基本做法是,从一个初始匹配 M 开始,每次找一条增广交错路径 P,令 $M\leftarrow M\oplus E(P)$,直到不存在增广交错路径为止. 算法的主要部分是用广度优先搜索寻找增广交错路径. 类似 FF 算法,采用标号法. 设当前的匹配 M,对 A 中每一个非饱和点 A_i,令 $l(A_i)=0$,A_i 成为已标号未检查的顶点,其他顶点都是未标号的. 任取一个已标号未检查的顶点 A_i,对所有 $(A_i,B_j)\in E$ 且未标号的 B_j,令 $l(B_j)=A_i$,B_j 成为已标号的. 如果 B_j 是非饱和点,则已找到一条增广交错路径,修改匹配,重新开始标号. 如果 B_j 是饱和点,设 $(A_k,B_j)\in M$,令 $l(A_k)=B_j$,A_k 成为已标号未检查的顶点. A_i 成为已标号已检查的顶点. 重复进行. 直到 A 中不存在已标号未检查的顶点为止.

在下面的算法中,用 match 存储匹配 M,若 $(A_i,B_j)\in M$,则有 $\mathrm{match}(A_i)=B_j$,$\mathrm{match}(B_j)=A_i$. $\mathrm{match}(A_i)=0(\mathrm{match}(B_j)=0)$ 表示 $A_i(B_j)$ 是非饱和点. l 是标号. X 是 A 中已标号未检查的顶点集,Y 是 B 中未标号的顶点集.

算法 7.7 匈牙利算法

输入:二部图 $G=<A,B,E>$

输出:match

1. for $x\in A\bigcup B$ do match$(x)\leftarrow 0$
2. $X\leftarrow\varnothing$ //标号开始
2.1 for $A_i\in A\wedge\mathrm{match}(A_i)=0$ do
2.2 $l(A_i)\leftarrow 0,X\leftarrow X\bigcup\{A_i\}$
2.3 $Y\leftarrow B$
3. while $X\neq\varnothing$ do
3.1   任取 $A_i\in X,X\leftarrow X-\{A_i\}$
3.2   for $(A_i,B_j)\in E\wedge B_j\in Y$ do

3.3 $l(B_j) \leftarrow A_i, Y \leftarrow Y - \{B_j\}$

3.4   if match$(B_j) = 0$ then goto 5   //存在增广交错路径 P

3.5   else $A_k \leftarrow$ match$(B_j), l(A_k) \leftarrow B_j, X \leftarrow X \cup \{A_k\}$

4.   return match   //计算结束

5. $A_i \leftarrow l(B_j),$ match$(B_j) \leftarrow A_i,$ match$(A_i) \leftarrow B_j$ //回溯找到 $P, M \leftarrow M \oplus P$

5.1   if $l(A_i) = 0$ then goto 2   //返回开始下一阶段标号

5.2   else $B_j \leftarrow l(A_i),$ goto 5

例 7.5 中的问题计算如下. 前两个阶段分别从 A_1, A_2 开始, 找到增广交错路径 $A_1 B_1$, $A_2 B_3$. 至此, $M = \{(A_1, B_1), (A_2, B_3)\}$, 如图 7.15(a) 中粗线所示. 接下来一轮的标号写在顶点旁的[]内, 得到增广交错路径 $P = B_2 A_1 B_1 A_3, M \leftarrow M \oplus E(P) = \{(A_1, B_2), (A_3, B_1), (A_2, B_3)\}$. 图 7.15(b) 给出这个新匹配(粗线)及标号. 至此, A 中已没有已标号未检查的顶点, 而 B 中没有已标号的非饱和点, 计算结束. $M = \{(A_1, B_2), (A_3, B_1), (A_2, B_3)\}$ 是最大匹配, 对应的分配方案是, A_1, A_2 和 A_3 如愿地被分配给 B_2, B_3 和 B_1, 而 A_4 只能服从安排师从 B_4.

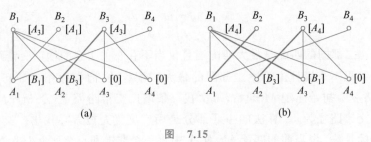

图   7.15

定理 7.9 对二部图 $G = \langle A, B, E \rangle$, 匈牙利算法终止时, M 是 G 的最大匹配, 并且算法在 $O(\min\{|A|, |B|\} \cdot |E|)$ 步内终止计算.

证 在每个阶段, 如果找到增广交错路径 P, 则令 $M \leftarrow M \oplus E(P)$. 开始时, $M = \varnothing$ 是 G 的匹配. 根据引理 7.14, 不难归纳证明最后得到的 M 是 G 的匹配. 当计算终止时, 如果存在增广交错路径 P, 那么它的两个端点都是非饱和的, 从 A 中的端点开始沿 P 最后必给 B 中的端点标号. 而计算终止时 B 中已标号的顶点都是饱和点, 矛盾.

除最后的阶段外, 算法的每个阶段(标号和修改 M)增加一条匹配边, 最多有 $\min\{|A|, |B|\}$ 条匹配边, 故最多有 $\min\{|A|, |B|\} + 1$ 个阶段. 在每个阶段内的标号过程中, 每条边最多检查一次, 增广交错路径的长不超过 $2|M| + 1$, 故每个阶段可在 $O(|E|)$ 内完成. 得证计算必在 $O(\min\{|A|, |B|\} \cdot |E|)$ 步内终止.

简略地说, 算法的时间复杂度为 $O(n^3)$, 其中 n 是图的顶点数.

读者可能早已发现二部图的最大匹配问题可以转化成最大流问题. 与运输问题类似, 给定二部图 $G = \langle A, B, E \rangle$, 作容量网络 $N_G = \langle V, E', c, s, t \rangle$, 其中

$V = \{s, t\} \cup A \cup B$

$E' = \{\langle s, A_i \rangle \mid A_i \in A\} \cup \{\langle B_j, t \rangle \mid B_j \in B\} \cup \{\langle A_i, B_j \rangle \mid (A_i, B_j) \in E\}$

每条边的容量为 1, $c \equiv 1$.

不难看出, G 的匹配与 N_G 上的 0-1 可行流(即每一条边上的流量为 0 或 1 的可行流)一一对应. 前向边是非饱和边, 后向边是饱和边, 增广链对应增广交错路径. 匈牙利算法实际

上就是 FF 算法的应用.

Dinic 算法比 FF 算法更有效, 把 Dinic 算法应用于最大匹配问题的效果如何呢? 用 Dinic 算法解二部图的最大匹配问题的步骤如下:

(1) 构造二部图 $G=<A,B,E>$ 的对应容量网络 N_G.

(2) 对 N_G 应用 Dinic 算法(算法 7.2), 求得 N_G 上的最大流 f. f 是一个 0-1 可行流.

(3) 把 f 转化为 G 的匹配 M.

步骤(1)和步骤(3)可以在 $O(n+m)$ 步内完成, 这里 n 是 G 的顶点数, m 是 G 的边数. 而在 N_G 中, 容量均为 1, A_i 的入度为 1, B_j 的出度为 1, 即 N_G 是一个简单容量网络. 根据定理 7.4, 步骤(2)可在 $O(n^{1/2}m)$ 步内完成. 可设 G 中无孤立点, 于是有下述定理.

定理 7.10   用 Dinic 算法解二部图的最大匹配问题的时间复杂度是 $O(n^{1/2}m)$.

7.4.2 赋权二部图的匹配

设赋权完全二部图 $G=<A,B,E,w>$, 其中, $A=\{A_i \mid 1\leqslant i\leqslant n\}$, $B=\{B_j \mid 1\leqslant j\leqslant n\}$, $E=\{(A_i,B_j) \mid 1\leqslant i\leqslant n, 1\leqslant j\leqslant n\}$, $w: E\rightarrow R$. 这里假设 $|A|=|B|$, 记 $w(A_i,B_j)=w_{ij}$. 现在的问题是求 G 的权 $w(M)=\sum\limits_{(A_i,B_j)\in M} w_{ij}$ 最小的完美匹配 M. 这个问题称作指派问题.

例 7.6   某单位有 4 项任务由 4 个人去完成, 每人完成一项. 预计每个人完成每一项任务的时间如表 7.5 所示. 如何分配才能使得完成任务的总时间最少?

表 7.5

人 员	任 务			
	B_1	B_2	B_3	B_4
A_1	9	4	3	11
A_2	8	5	8	4
A_3	3	8	3	1
A_4	10	6	9	6

做赋权完全二部图 $G=<A,B,E,w>$, 其中 $A=\{A_1,A_2,A_3,A_4\}$, $B=\{B_1,B_2,B_3,B_4\}$, $E=\{(A_i,B_j) \mid 1\leqslant i\leqslant 4, 1\leqslant j\leqslant 4\}$, w 由表 7.5 给出. 问题是求 G 的最小权完美匹配.

指派问题是运输问题的特殊情况. W. W. Kuhn 于 1955 年给出指派问题的有效算法, 称作匈牙利算法. 这是最早的原始-对偶算法. 下面按照原始-对偶算法的思路导出匈牙利算法.

令

$$x_{ij}=\begin{cases} 1 & (A_i,B_j)\in M \\ 0 & 否则 \end{cases}, \quad 1\leqslant i\leqslant n, 1\leqslant j\leqslant n$$

指派问题可表述成下述线性规划:

$$\min \sum_{i=1}^{n} \sum_{j=1}^{n} w_{ij} x_{ij}$$

$$\text{s.t.} \quad \sum_{j=1}^{n} x_{ij} = 1, \quad 1 \leqslant i \leqslant n \tag{P}$$

$$\sum_{i=1}^{n} x_{ij} = 1, \quad 1 \leqslant j \leqslant n$$

$$x_{ij} \geqslant 0, \quad 1 \leqslant i \leqslant n, 1 \leqslant j \leqslant n$$

这里放松了对 x_{ij} 的限制，与最大流问题类似，后面的解法总保证 x_{ij} 等于 0 或 1.

式(P)的对偶规划是：

$$\max \sum_{i=1}^{n} \alpha_i + \sum_{j=1}^{n} \beta_j$$

$$\text{s.t.} \quad \alpha_i + \beta_j \leqslant w_{ij}, \quad 1 \leqslant i \leqslant n, 1 \leqslant j \leqslant n \tag{D}$$

$$\alpha_i \text{ 任意}, \quad 1 \leqslant i \leqslant n$$

$$\beta_j \text{ 任意}, \quad 1 \leqslant j \leqslant n$$

取

$$\alpha_i^{(0)} = 0, \quad 1 \leqslant i \leqslant n$$

$$\beta_j^{(0)} = \min_i \{w_{ij}\}, \quad 1 \leqslant j \leqslant n$$

这是式(D)的可行解. 记

$$\text{IJ} = \{(i,j) \mid \alpha_i^{(0)} + \beta_j^{(0)} = w_{ij}\}$$

根据互补松弛性条件，式(P)的最优解应满足：

$$\sum_{j=1}^{n} x_{ij} = 1, \quad 1 \leqslant i \leqslant n$$

$$\sum_{i=1}^{n} x_{ij} = 1, \quad 1 \leqslant j \leqslant n \tag{7.17}$$

$$x_{ij} \geqslant 0, \quad (i,j) \in \text{IJ}$$

$$x_{ij} = 0, \quad (i,j) \notin \text{IJ}$$

于是，构造下述线性规划，称作限制的原始问题.

$$\min \xi = \sum_{i=1}^{2n} y_i$$

$$\text{s.t.} \quad \sum_{j=1}^{n} x_{ij} + y_i = 1, \quad 1 \leqslant i \leqslant n \tag{RP}$$

$$\sum_{i=1}^{n} x_{ij} + y_{n+j} = 1, \quad 1 \leqslant j \leqslant n$$

$$y_k \geqslant 0, \quad 1 \leqslant k \leqslant 2n$$

$$x_{ij} \geqslant 0, \quad (i,j) \in \text{IJ}$$

$$x_{ij} = 0, \quad (i,j) \notin \text{IJ}$$

其中 $y_k (1 \leqslant k \leqslant 2n)$ 是人工变量.

注意到,

$$\xi = \sum_{i=1}^{n} \left(1 - \sum_{j=1}^{n} x_{ij}\right) + \sum_{j=1}^{n} \left(1 - \sum_{i=1}^{n} x_{ij}\right)$$

$$= 2n - 2 \sum_{(i,j) \in \mathrm{IJ}} x_{ij}$$

式(RP)等同于

$$\max \sum_{(i,j) \in \mathrm{IJ}} x_{ij}$$

$$\text{s.t.} \ \sum_{j=1}^{n} x_{ij} \leqslant 1, \quad 1 \leqslant i \leqslant n$$

$$\sum_{i=1}^{n} x_{ij} \leqslant 1, \quad 1 \leqslant j \leqslant n \qquad \text{(RP}')$$

$$x_{ij} \geqslant 0, \quad (i,j) \in \mathrm{IJ}$$

$$x_{ij} = 0, \quad (i,j) \notin \mathrm{IJ}$$

式(RP$'$)是二部图 $G(\mathrm{IJ}) = \langle A, B, E(\mathrm{IJ}) \rangle$ 的最大匹配问题,其中 $A = \{A_i \mid 1 \leqslant i \leqslant n\}$, $B = \{B_j \mid 1 \leqslant j \leqslant n\}$, $E(\mathrm{IJ}) = \{(A_i, B_j) \mid (i,j) \in \mathrm{IJ}\}$. 用算法 7.7 解这个问题,得到 $G(\mathrm{IJ})$ 的最大匹配 M,式(RP$'$)对应的最优解为 $\{x_{ij}^*\}$. 若 $|M| = n$,则 $\sum\limits_{(i,j) \in \mathrm{IJ}} x_{ij}^* = n$, $\xi = 0$. 从而 $\{x_{ij}^*\}$ 是式(P) 的最优解,最优值为 $\sum\limits_{(i,j) \in \mathrm{IJ}} w_{ij} = \sum\limits_{i=1}^{n} \alpha_i^{(0)} + \sum\limits_{j=1}^{n} \beta_j^{(0)}$, M 是所求的最小权完美匹配.

如果 $|M| < n$,令

$$\alpha_i^* = \begin{cases} 1 & A_i \ \text{已标号} \\ -1 & A_i \ \text{未标号} \end{cases}, \quad 1 \leqslant i \leqslant n$$

$$\beta_j^* = \begin{cases} -1 & B_j \ \text{已标号} \\ 1 & B_j \ \text{未标号} \end{cases}, \quad 1 \leqslant j \leqslant n$$

这里的标号是指在 $G(\mathrm{IJ})$ 的最大匹配计算终止时顶点的标号.

引理 7.15 $\alpha_i^* \ (1 \leqslant i \leqslant n)$, $\beta_j^* \ (1 \leqslant j \leqslant n)$ 是式(RP)的对偶规划的最优解.

证 式(RP)的对偶为

$$\max \sum_{i=1}^{n} \alpha_i + \sum_{j=1}^{n} \beta_j$$

$$\text{s.t.} \ \alpha_i + \beta_j \leqslant 0, \quad (i,j) \in \mathrm{IJ} \qquad \text{(DRP)}$$

$$\alpha_i \leqslant 1, \quad 1 \leqslant i \leqslant n$$

$$\beta_j \leqslant 1, \quad 1 \leqslant j \leqslant n$$

$$\alpha_i \ \text{任意}, \quad 1 \leqslant i \leqslant n$$

$$\beta_j \ \text{任意}, \quad 1 \leqslant j \leqslant n$$

$\forall (i,j) \in \mathrm{IJ}$, $(A_i, B_j) \in E(\mathrm{IJ})$,如果 A_i 已标号,则 B_j 也一定已标号,因此

$$\alpha_i^* + \beta_j^* \leqslant 0$$

得证 $\alpha_i^* \ (1 \leqslant i \leqslant n)$, $\beta_j^* \ (1 \leqslant j \leqslant n)$ 是式(DRP)的可行解.

又 $\forall (A_i, B_j) \in M$, A_i 和 B_j 要么都已标号、要么都未标号,从而 $\alpha_i^* + \beta_j^* = 0$. 而其余的

顶点都是非饱和点,非饱和的 A_i 都已标号,非饱和的 B_j 都未标号(否则找到一条增广交错路径),从而 $\alpha_i^* = 1, \beta_j^* = 1$. 于是

$$\sum_{i=1}^n \alpha_i^* + \sum_{j=1}^n \beta_j^* = 2(n - |M|) = 2n - 2\sum_{(i,j)\in \mathrm{IJ}} x_{ij}^* = \xi$$

得证 α_i^* $(1\leqslant i\leqslant n)$,$\beta_j^*$ $(1\leqslant j\leqslant n)$ 是式(DRP)的最优解.

接下来是用式(DRP)的这个最优解改进式(D)的可行解,使一些新的 (i,j) 进入 IJ. 令

$$\alpha_i^{(1)} = \alpha_i^{(0)} + \theta\alpha_i^*, \quad 1\leqslant i\leqslant n$$
$$\beta_j^{(1)} = \beta_j^{(0)} + \theta\beta_j^*, \quad 1\leqslant j\leqslant n$$

即

$$\begin{cases} \alpha_i^{(1)} = \begin{cases} \alpha_i^{(0)} + \theta & A_i \text{ 已标号} \\ \alpha_i^{(0)} - \theta & A_i \text{ 未标号} \end{cases}, \quad 1\leqslant i\leqslant n \\[4mm] \beta_j^{(1)} = \begin{cases} \beta_j^{(0)} - \theta & B_j \text{ 已标号} \\ \beta_j^{(0)} + \theta & B_j \text{ 未标号} \end{cases}, \quad 1\leqslant j\leqslant n \end{cases} \tag{7.18}$$

由于

$$\sum_{i=1}^n \alpha_i^{(1)} + \sum_{j=1}^n \beta_j^{(1)} = \Big(\sum_{i=1}^n \alpha_i^{(0)} + \sum_{j=1}^n \beta_j^{(0)}\Big) + \theta\Big(\sum_{i=1}^n \alpha_i^* + \sum_{j=1}^n \beta_j^*\Big)$$
$$= \Big(\sum_{i=1}^n \alpha_i^{(0)} + \sum_{j=1}^n \beta_j^{(0)}\Big) + \theta\xi$$

而 $\xi > 0$,应取 $\theta > 0$. 为了保证 $\alpha_i^{(1)}$ $(1\leqslant i\leqslant n)$,$\beta_j^{(1)}$ $(1\leqslant j\leqslant n)$ 是式(D)的可行解,要求

$$w_{ij} \geqslant \alpha_i^{(1)} + \beta_j^{(1)} = (\alpha_i^{(0)} + \beta_j^{(0)}) + \theta(\alpha_i^* + \beta_j^*) \tag{7.19}$$

有以下 4 种可能:

(1) A_i 已标号,B_j 已标号. 此时,$\alpha_i^{(1)} + \beta_j^{(1)} = \alpha_i^{(0)} + \beta_j^{(0)}$.

(2) A_i 未标号,B_j 未标号. 此时,$\alpha_i^{(1)} + \beta_j^{(1)} = \alpha_i^{(0)} + \beta_j^{(0)}$.

(3) A_i 未标号,B_j 已标号. 此时,$\alpha_i^{(1)} + \beta_j^{(1)} = \alpha_i^{(0)} + \beta_j^{(0)} - 2\theta$.

(4) A_i 已标号,B_j 未标号. 此时,$\alpha_i^{(1)} + \beta_j^{(1)} = \alpha_i^{(0)} + \beta_j^{(0)} + 2\theta$.

对于前三种情况,式(7.19)恒成立. 根据情况(4),应取

$$\theta = \min\Big\{\frac{1}{2}(w_{ij} - \alpha_i^{(0)} - \beta_j^{(0)}) \,\Big|\, A_i \text{ 已标号}, B_j \text{ 未标号}\Big\} \tag{7.20}$$

对于情况(1)和情况(2),$G(\mathrm{IJ})$ 中的边不会改变. 特别地,对于每一条匹配边 (A_i, B_j),A_i 和 B_j 要么都已标号,要么都未标号,从而得到的匹配 M 仍是新二部图的匹配. 对于情况(3),如果 (A_i, B_j) 是原图的边,则在新图中被剔除. 由于 A_i 未标号,标号的过程与这条边无关,所以原有的全部标号在新图中仍然有效. 而 B_j 已标号,有没有这条边也不会影响下面的标号. 关键在于情况(4),一定有一对已标号的 A_i 和未标号的 B_j,满足 $\alpha_i^{(0)} + \beta_j^{(0)} < w_{ij}$,$\alpha_i^{(1)} + \beta_j^{(1)} = w_{ij}$,从而新图得到一条新边 (A_i, B_j),使得终止的标号过程得以继续进行.

这样一来,可以把上述修改 α_i, β_j 的过程"插入"标号过程. 当标号过程停止而又没有找到增广交错路径时,转入对 α_i, β_j 的修改,加入获得的新边后继续标号. 可能要多次修改 α_i,β_j,才能找到增广交错路径.

如果直接用式(7.20)计算 θ,工作量为 $O(n^2)$,太大了. 为了节约计算 θ 的工作量,引入

两个变量 s 和 h. 对每一个 B_j, $s(B_j)=\min\{w_{ij}-\alpha_i-\beta_j\mid A_i$ 已标号$\}$, $h(B_j)$ 是使 $s(B_j)$ 取到最小值的 A_i. 这样就把计算 θ 的工作分散在标号的过程中,而求最小值仅需 $O(n)$.

在下述算法中,X 是 A 中已标号的顶点集,XX 是 A 中已标号未检查的顶点集,Y 是 B 中未标号的顶点集.

算法 7.8　匈牙利算法

输入:赋权完全二部图 $G=<A,B,E,w>$,其中 $|A|=|B|=n$

输出:match

1.	for $i=1$ to n do match$(A_i)\leftarrow 0,\alpha_i\leftarrow 0$	//初始化
1.1	for $j=1$ to n do match$(B_j)\leftarrow 0,\beta_j\leftarrow \min\limits_i\{w_{ij}\}$	
2.	for $q=1$ to n do	//进行 n 个阶段,每个阶段增加一条匹配边
2.1	$IJ\leftarrow\varnothing$	
2.2	for $j=1$ to n do	
2.3	$s(B_j)\leftarrow +\infty$	
2.4	for $i=1$ to n do	
2.5	if $\alpha_i+\beta_j=w_{ij}$ then $IJ\leftarrow IJ\cup\{(A_i,B_j)\}$	//构造 $G(IJ)$
3.	$X\leftarrow\varnothing,XX\leftarrow\varnothing$	//标号过程开始
3.1	for $A_i\in A\wedge$ match$(A_i)=0$ do	
3.2	$l(A_i)\leftarrow 0,X\leftarrow X\cup\{A_i\},XX\leftarrow XX\cup\{A_i\}$	//所有非饱和的 A_i 标号为 0 且未检查
4.	$Y\leftarrow B$	
4.1	while $XX\neq\varnothing$ do	
4.2	任取 $A_i\in XX,XX\leftarrow XX-\{A_i\}$	
4.3	for $B_j\in Y$ do	
4.4	if $0<w_{ij}-\alpha_i-\beta_j<s(B_j)$ then	
4.5	$s(B_j)\leftarrow w_{ij}-\alpha_i-\beta_j,h(B_j)\leftarrow A_i$	
4.6	if $(A_i,B_j)\in IJ$ then	
4.7	$l(B_j)\leftarrow A_i,Y\leftarrow Y-\{B_j\}$	
4.8	if match$(B_j)=0$ then goto 6	//存在增广交错路径 P
4.9	$A_k\leftarrow$ match$(B_j),l(A_k)\leftarrow B_j,X\leftarrow X\cup\{A_k\},XX\leftarrow XX\cup\{A_k\}$	
5.	$\theta\leftarrow\dfrac{1}{2}\min\{s(B_j)\mid B_j\in Y\}$	//修改 α_i,β_j
5.1	for $i=1$ to n do	
5.2	if $A_i\in X$ then $\alpha_i\leftarrow\alpha_i+\theta$ else $\alpha_i\leftarrow\alpha_i-\theta$	
5.3	for $j=1$ to n do	
5.4	if $B_j\in Y$ then $\beta_j\leftarrow\beta_j+\theta$ else $\beta_j\leftarrow\beta_j-\theta$	
5.5	for $B_j\in Y$ do	
5.6	$s(B_j)\leftarrow s(B_j)-2\theta$	
5.6	if $s(B_j)=0$ then	
5.7	$A_i\leftarrow h(B_j),XX\leftarrow XX\cup\{A_i\},IJ\leftarrow IJ\cup\{(A_i,B_j)\}$	//加入新边
5.8	goto 4.1	//返回继续标号
6.	$A_i\leftarrow l(B_j)$,match$(B_j)\leftarrow A_i$,match$(A_i)\leftarrow B_j$	//回溯找到 $P,M\leftarrow M\oplus P$
6.1	if $l(A_i)\neq 0$ then $B_j\leftarrow l(A_i)$,goto 6	//否则 q 的这一阶段结束

定理 7.11　算法 7.8 得到的 M 是最小权完美匹配,并且在 $O(n^3)$ 步内终止计算.

证　每一个阶段增加一条匹配边,n 个阶段得到的 M 是完美匹配. 计算结束时,

$\alpha_i\,(1\leqslant i\leqslant n)$, $\beta_j\,(1\leqslant j\leqslant n)$ 是式(D)的可行解，其目标函数值为 $\sum\limits_{i=1}^{n}\alpha_i+\sum\limits_{j=1}^{n}\beta_j$. 对应匹配 M 的 $x_{ij}\,(1\leqslant i\leqslant n,1\leqslant j\leqslant n)$ 是式(P)的可行解，其目标函数值为 $\sum\limits_{(A_i,B_j)\in M}w_{ij}=\sum\limits_{(A_i,B_j)\in M}(\alpha_i+\beta_j)=$ $\sum\limits_{i=1}^{n}\alpha_i+\sum\limits_{j=1}^{n}\beta_j$，所以 $\alpha_i\,(1\leqslant i\leqslant n)$, $\beta_j\,(1\leqslant j\leqslant n)$ 和 $x_{ij}\,(1\leqslant i\leqslant n,1\leqslant j\leqslant n)$ 分别是式(D) 和式(P)的最优解，得证 M 是最小权完美匹配.

计算总共进行 n 个阶段. 在每一个阶段中，构造 $G(IJ)(2.1\sim2.5)$ 的工作量为 $O(n^2)$. 至多有 n 个已标号未检查的 A_i，检查一个 $A_i(4.2\sim4.9)$ 的工作量为 $O(n)$，标号的总工作量 为 $O(n^2)$. 这里注意，对于那些经过修改对偶变量重新返回的 A_i，是已进行的标号过程的继 续，而不是从头开始检查一个新的已标号未检查 A_i，所以并不增加已标号未检查的 A_i 的数 量. 每次修改对偶变量 $\alpha_i\,(1\leqslant i\leqslant n)$, $\beta_j\,(1\leqslant j\leqslant n)$，或者找到一条增广交错路径，或者至少 使一个未标号的 B_j 获得标号，因此，在一个阶段内修改对偶变量的次数不超过 n. 每一次修 改$(5.1\sim5.7)$的工作量是 $O(n)$，其总的工作量为 $O(n^2)$. 综上所述，每一个阶段的工作量 为 $O(n^2)$. 得证算法的时间复杂度为 $O(n^3)$.

下面用匈牙利算法解例 7.6 中的赋权二部图的最小权完美匹配问题. 在图 7.16 每个分 图左侧的表中 4 行分别是 $A_1\sim A_4$，4 列是 $B_1\sim B_4$，右侧图中左边的 4 个顶点是 $A_1\sim A_4$，

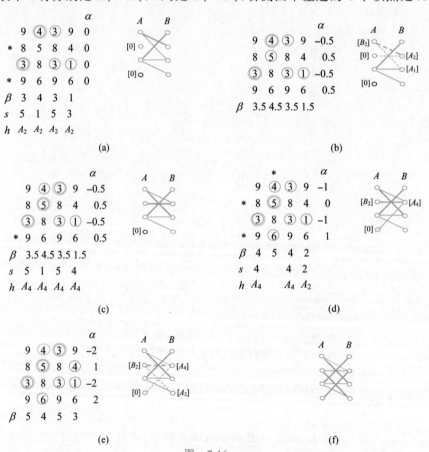

图 7.16

右边的是 $B_1 \sim B_4$. 等于 $\alpha_i + \beta_j$ 的 w_{ij} 加圆圈. 初始的 α_i 和 β_j 及二部图如图 7.16(a) 中所示. 前两个阶段顺利地得到匹配边 (A_1, B_2) 和 (A_3, B_1), 对应地表中用双圈. 在第 3 阶段, A_2, A_4 得到标号后, 标号过程终止, 转去修改 α_i 和 β_j. 当时的 s 和 h 列在图 7.16(a) 的表下方. $\theta = 0.5$, 修改后的 α_i 和 β_j 见图 7.16(b), $*$ 表示该行 (列) 对应的顶点已标号. 加入边 (A_2, B_2), 继续标号, 找到增广交错路径 $A_2 B_2 A_1 B_3$, 见图 7.16(b). 得到 $M = \{(A_1, B_3),$ $(A_2, B_2), (A_3, B_1)\}$, 见图 7.16(c). 在第 4 阶段, A_4 得到标号后标号过程终止, 此时的 s 和 h 列于图 7.16(c) 的下方. $\theta = 0.5$, 修改后的 α_i 和 β_j 列于图 7.16(d). 加入边 (A_4, B_2), 继续标号, 如图 7.16(d) 所示. 没有得到增广交错路径标号过程就又终止了, 再次转入修改 α_i 和 β_j. 此时的 s 和 h 列于图 7.16(d) 的下方. $\theta = 1$, 修改后的 α_i 和 β_j 见图 7.16(e). 加入边 (A_2, B_4) 后继续标号, 找到增广交错路径 $A_4 B_2 A_2 B_4$, 得到完美匹配 $M = \{(A_1, B_3), (A_2, B_4),$ $(A_3, B_1), (A_4, B_2)\}$, 如图 7.16(f) 所示. 计算结束. 此时

$$\sum_{i=1}^{4} \alpha_i + \sum_{j=1}^{4} \beta_j = -2 + 1 - 2 + 2 + 5 + 4 + 5 + 3 = 16$$

$$\sum_{(A_i, B_j) \in M} w_{ij} = 3 + 4 + 3 + 6 = 16$$

两者相等, 即为最优值. 说明: 在第 4 阶段第二次修改 α_i 和 β_j 后, $w_{12} \neq \alpha_1 + \beta_2$, $G(\mathrm{IJ})$ 中不含边 (A_1, B_2). 但是否剔除这条边并不影响接下来的标号, 故算法中没有这个剔除操作.

关于一般图的匹配和赋权图的匹配也有 $O(n^3)$ 的算法, 但算法要复杂得多, 可参阅文献[8].

习　题　7

7.1　证明: $v(f) = \sum\limits_{<j,t> \in E} f(j,t) - \sum\limits_{<t,j> \in E} f(t,j)$.

7.2　图 7.17 给定容量网络 $N = <V, E, c, s, t>$ 和可行流 f_0, 其中每条边 e 旁的第 1 个数是 $c(e)$, 第 2 个数是 $f_0(e)$. 以 f_0 为初始可行流, 用 FF 算法求 N 的最大流 $f_{\max}$ 和最小割集 $(X, V-X)$, 并验证 $v(f_{\max}) = c(X, V-X)$.

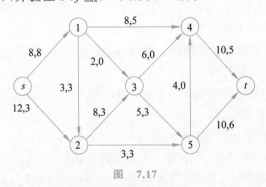

图　7.17

7.3　用 Dinic 算法求习题 7.2 中的容量网络 N 的最大流, 仍以 f_0 为初始可行流.

7.4　设 N 是简单容量网络, f 是 N 上的 0-1 可行流, 证明 $N(f)$ 也是简单容量网络.

7.5　设计一个算法求容量网络中给定流量的可行流.

7.6 将求多发点、多收点的容量网络的最大流问题转化为标准的最大流问题.

7.7 将求带顶点容量的容量网络的最大流问题转化为标准的最大流问题. 带顶点容量的容量网络 $N=<V,E,c,s,t>$，其中 $c:E\bigcup(V-\{s,t\})\to R^*$，即不但每一条边 e 有容量限制 $c(e)$，而且对通过每个中间点的流量也有限制：$\forall u\in V-\{s,t\}$，
$$\sum_{<v,u>\in E}f(v,u)\leqslant c(u).$$

7.8 设 $N=<V,E,c,s,t>$ 具有单位容量，$|V|=n$，$|E|=m$，N 的最大流量为 v^*. 证明：

(1) N 中 s-t 距离小于或等于 $2n/\sqrt{v^*}$.

(2) 对 N 运用 Dinic 算法的运行时间为 $O(n^{2/3}m)$（提示：参照定理 7.4 的证明）.

7.9 设有向图 $D=<V,E>$，$s,t\in V$，把求从 s 到 t 尽可能多的边不相交的路径问题转化为最大流问题，分别用 FF 算法和 Dinic 算法解最大流问题并分析算法的时间复杂度.

7.10 设有向图 $D=<V,E>$，$s,t\in V$，把求从 s 到 t 尽可能多的顶点（除 s,t 外）不相交的路径问题转化为最大流问题，分别用 FF 算法和 Dinic 算法解最大流问题并分析算法的时间复杂度.

7.11 用 Floyd 算法检测图 7.18 中两个赋权有向图是否有负回路. 当无负回路时，输出图中任意两点之间的最短路径及其距离；当有负回路时，输出一条负回路.

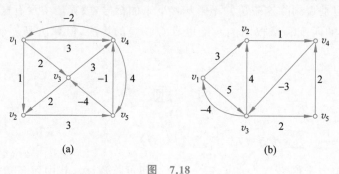

(a)　　　　　　　　　　(b)

图　7.18

7.12 设赋权有向图 $D=<V,E,w>$ 无负回路，$n=|V|$，$d^{(k)}(i)$ 为 D 中 v_1 到 v_i 边数不超过 k 的最短路径的权，$2\leqslant i\leqslant n$，$k\geqslant 1$.

(1) 给出 $d^{(k)}(i)$ 的递推公式.

(2) 利用 $d^{(k)}(i)$ 的递推公式设计一个算法，求 D 中 v_1 到其他各点的最短路径，并分析算法的运行时间.

7.13 用在习题 7.12 中设计的算法计算图 7.18(a) 中 v_1 到其他各点的最短路径.

7.14 （例 7.4 的继续）容量-费用网络 N 及流量 $v_0=8$ 的可行流 f_0 如图 7.19 所示，其中每一条边旁边的两个数依次是容量和费用. 以 f_0 为初始可行流用负回路算法，求 N 的流量 $v_0=8$ 的最小费用流.

7.15 用最短路径算法求图 7.19 中容量-费用网络 N 的流量 $v_0=8$ 的最小费用流（不使用图 7.19 中的 f_0）.

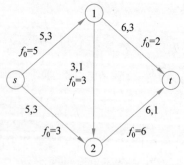

图　7.19

7.16 设容量网络 $N=<V,E,c,s,t>$,证明:存在最大流 f,使得对于所有进入 s 的边和离开 t 的边 e,$f(e)=0$(因此可删去 N 中所有进入 s 的边和离开 t 的边,即可以假设 s 的入度和 t 的出度为 0).

7.17 给定容量-费用网络,如何求下述最大流?

(1) 最小费用最大流.

(2) 费用不超过给定值的最大流.

7.18 某公司有 3 个工厂和 4 个销售中心,各厂的产量、销售中心的销量以及它们之间的单位运费如表 7.6 所示. 试制订调运方案使得总运费最小.

表 7.6

	销售中心 I	销售中心 II	销售中心 III	销售中心 IV	产量 a_i
工厂 A	3	2	7	6	5
工厂 B	7	5	2	3	6
工厂 C	2	5	4	5	2.5
销量 b_j	6	4	2	1.5	13.5

7.19 某公司有 3 个生产基地和 4 个用户,基地的产量、用户的需求量以及基地到用户的单位运费如表 7.7 所示. 试制订调运方案使得总运费最小.

表 7.7

	用户 B_1	用户 B_2	用户 B_3	用户 B_4	产量 a_i
基地 A_1	3	12	3	4	8
基地 A_2	11	2	5	9	5
基地 A_3	6	7	1	5	9
需求量 b_j	4	3	5	6	22 18

7.20 某公司有 2 个工厂、2 个仓库和 4 个销售点. 工厂生产的产品均运往仓库,销售点从仓库提货. 假设仓库足够大,对存放的数量不构成限制. 图 7.20 给出产品的转运关系,边旁的数是单位运费. 试制订调运方案使得总运费最小.

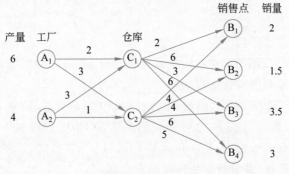

图 7.20

7.21 某企业和用户签订了为期一年的合同,合同规定每季度末交货. 表 7.8 列出企业每季度的生产能力、交货量以及生产成本. 每台设备每季度的库存费 0.1 万元. 试制订生产计划使得总成本最低.

表　7.8

季　度	生产能力/台	交货量/台	生产成本/(万元/台)
1	25	15	12.0
2	35	20	11.0
3	30	25	11.5
4	20	20	12.5

(1) 写出问题的最小费用流模型.

(2) 写出问题的运输问题模型并求解.

7.22 某社区有 5 个工作岗位,每个岗位需要一个人. 现接到 5 位待业者的申请,A 申请岗位 1、岗位 2 或岗位 3,B 申请岗位 1 或岗位 4,C 和 D 申请岗位 4 或岗位 5,E 申请岗位 5. 如何安排才能使尽可能多的申请者就业?

7.23 赋权完全二部图的权函数由图 7.21 所示的矩阵给出,求解这个指派问题.

$$\begin{bmatrix} 8 & 7 & 8 & 4 & 4 \\ 2 & 4 & 7 & 2 & 9 \\ 8 & 3 & 3 & 1 & 8 \\ 5 & 9 & 9 & 5 & 6 \\ 4 & 1 & 7 & 9 & 2 \end{bmatrix}$$

图　7.21

7.24 有 5 项工程由 3 家建筑公司承建. 建筑公司呈报的工程造价(千万元)如表 7.9 所示. 每家建筑公司最多承建 2 项工程. 如何安排才能使总造价最小?

表　7.9

	工程 B_1	工程 B_2	工程 B_3	工程 B_4	工程 B_5
公司 A_1	10	15	9	8	10
公司 A_2	9	18	6	10	8
公司 A_3	6	14	8	8	6

7.25 如果在算法 7.8(二部图最小权完美匹配的匈牙利算法)中直接使用式(7.20)计算 θ,对算法的时间复杂度有什么影响?

7.26 设二部图 $G=<A,B,E>$,函数 $b\colon A\cup B \rightarrow \mathbf{Z}^+$,$M\subseteq E$,其中 $\mathbf{Z}^+$ 是正整数集. 如果 $\forall v\in A\cup B$,v 恰好与 M 中的 $b(v)$ 条边关联,则称 M 是 G 的 b-匹配. b-匹配问题就是给定二部图 $G=<A,B,E>$ 和函数 $b\colon A\cup B\rightarrow \mathbf{Z}^+$,求 G 的 b-匹配. 试设计一个 b-匹配问题的算法,并分析算法的时间复杂度.

7.27 二部图的瓶颈匹配问题:给定赋权二部图 $G=<A,B,E,w>$,求 G 的最大权最小的

完美匹配 M，即求完美匹配 M 是使得 $\max\{w(e) \mid e \in M\}$ 最小. 设计一个二部图瓶颈匹配问题的算法并分析算法的时间复杂度.

7.28 设无向图 $G = <V, E>, V' \subseteq V$. 如果每一条边都有一个端点属于 V'，则称 V' 是一个顶点覆盖. 顶点数最少的顶点覆盖称作最小顶点覆盖.

(1) 设二部图 $G = <A, B, E>, M \subseteq E$ 是一个匹配，$V \subseteq A \cup B$ 是一个顶点覆盖. 证明：$|M| \leqslant |V|$.

(2) 设二部图 $G = <A, B, E>, M$ 是最大匹配，用匈牙利算法计算中，A 中未标号的顶点集为 A_1，B 中已标号的顶点集为 B_1，$V = A_1 \cup B_1$. 证明：V 是一个顶点覆盖且 $|V| = |M|$.

(3) 设计一个求二部图最小顶点覆盖的算法.

第 8 章
算法分析与问题的计算复杂度

前面几章介绍了顺序算法的设计技术,本章开始介绍顺序算法的分析技术.

对于给定的问题,可能有多种算法.比如 n 个元素的排序问题,快速排序算法在最坏情况下的时间复杂度是 $O(n^2)$,归并排序算法在最坏情况下的时间复杂度是 $O(n\log n)$,显然归并排序是比较好的算法.现在关心的是:是否存在比归并排序更好的算法?在排序问题的所有算法中(包括已知的和未知的),最好的排序算法是什么?它的时间复杂度是多少?

以时间复杂度为例,对于一个问题来说,求解的算法(包含尚未提出的算法在内)很多,每个算法的时间复杂度也不一样.算法的效率越高,占用的时间就越少.问题的计算复杂度就是求解这个问题所需要的最少工作量,它是由问题本身结构决定的内在性质,与求解它的算法好坏无关.求解一个问题的最好算法,它的时间复杂度函数应该恰好等于问题的计算复杂度;相反,一个不好的算法在执行中包含了大量的冗余工作,时间复杂度函数比问题的计算复杂度可能高很多.最优的算法是指求解该问题的效率最高的算法,即该算法的时间复杂度函数恰好与问题的计算复杂度相等,至少在阶上相等.因此,确认问题的计算复杂度与找到求解该问题的最优算法有着密切的关系.

可以从求解某个问题的算法出发来帮助确定问题的计算复杂度.对于给定的问题,算法的时间复杂度相当于问题的计算复杂度的一个上界.给出一个算法,就得到一个上界.随着算法的不断改进,这个上界不断降低,直到逼近问题的计算复杂度函数.

怎样确认这个上界已经降到与问题的计算复杂度相等呢?这需要另一个方向的工作,即确认要得到正确的解算法所必须完成的工作量的下界.换句话说,如果某个算法做的工作量小于这个值,那么一定存在某个输入实例,使得该算法得到的解是错的.为了得到这个下界,通常需要分析问题的固有性质.比如给出针对任意求解算法设计"最坏"实例的方法,对于这种实例统计该算法至少要做多少工作,以这个工作量作为问题计算复杂度的一个下界.还可以对求解这个问题的所有算法建立执行过程的统一模型(如决策树等),从而对最坏情况或平均情况下的工作量给出估计,以这个估计作为问题计算复杂度的下界.当然,分析方法不同,所得到的下界可能是不一样的.通过不断改进数学方法,使得下界不断提升,直到逼近问题的计算复杂度函数.在实践中上界与下界的改进是同时进行的,当上界与下界的值相等或它们的阶相等,这时得到的就是问题的计算复杂度.

考虑求解一个问题的所有算法,要比较其中不同算法的运行时间,就要有一个统一的"时间"标准.正如在 1.1 节所提到的,需要规定一个基本运算,每个算法的执行时间就是该算法所做的基本运算次数. 给定问题和基本运算之后就确定了一个算法类. 例如排序问题, 基本运算规定为 A 中元素之间的比较运算. 基数排序算法就不属于这个算法类, 因为它的基本运算不是元素间的比较. 下面讨论的时间复杂度都是在指定基本运算的算法类中来考虑的.

正如上面所述, 确定算法类的时间复杂度通常是上、下界逼近的方法, 以最坏情况下的时间复杂度分析为例, 主要步骤是:

(1) 设计一个算法 A, 给出 A 在最坏情况下的时间复杂度 $W(n)$, 从而得到了算法类在最坏情况下的时间复杂度的一个上界.

(2) 寻找函数 $F(n)$, 使得对任何算法都存在一个规模为 n 的输入, 并且该算法在这个输入下至少要做 $F(n)$ 次基本运算, 即找到该问题的算法类在最坏情况下时间复杂性的一个下界.

(3) 如果 $W(n)=F(n)$ 或 $W(n)=\Theta(F(n))$, 那么 $F(n)$ 就是该算法类最坏情况下的时间复杂度的下界. 而算法 A 就是求解该问题的算法类中的最优算法. 此时称此下界是紧的 (tight).

(4) 如果 $W(n)>F(n)$, 可能 A 不是最优算法或者 $F(n)$ 这个下界过低.

① 改进 A 或设计新算法 A' 使得 $W'(n)<W(n)$.

② 找出更高的新下界 $F'(n)$ 使得 $F'(n)>F(n)$.

(5) 重复步骤(4), 最终得到 $W'(n)=F'(n)$ 或者 $W'(n)=\Theta(F'(n))$ 为止.

平均情况下的时间复杂度的下界与最坏情况下的处理方法类似.

遗憾的是, 对大量的实际问题, 上述处理过程中函数 $W(n)$ 的阶往往高于 $F(n)$ 的阶, 这两个函数的阶之间存在某个"间隙", 或者还没有找到好的算法, 或者 $F(n)$ 不是一个紧的下界. 实践中确认问题的计算复杂度是一件十分困难的事情. 因为一方面要设计高效算法, 另一方面(也是更困难的方面)要给出一个下界, 并证明所有算法包括尚未设计出来的算法在内, 其时间复杂度都不小于该下界. 至今只有少量问题能够确认其计算复杂度. 本章先定义简单的下界——平凡下界, 讨论几个简单问题的计算复杂度的下界, 然后定义一种常用于下界讨论的信息论模型——决策树, 最后给出几个典型问题的下界界定方法和最优算法.

记最坏情况的时间复杂性函数为 $W(n)$, 平均情况的时间复杂性函数为 $A(n)$.

8.1 平 凡 下 界

有的问题必须扫描完所有输入才能得到解, 这就给出了一个求下界的简单办法, 就是对输入进行计数. 另一个简单办法是对输出进行计数, 因为算法总要得到所有的输出才能结束.

例 8.1 写出所有 n 阶置换问题的下界是 $n!$.

证 n 阶置换共有 $n!$ 个, 全部"写"出最少需要 $\Omega(n!)$ 时间.

例 8.2 求 n 次实系数多项式在某个实数处的值的下界是 $\Omega(n)$.

证 要计算出 n 次实系数多项式在某个实数处的值, 可以考虑以数的乘法作为基本运算. 由于不同的系数导致的求值结果是不一样的, 多项式的每个系数都必须参与乘法运算. 于是乘法运算次数不少于输入系数的个数, 全部系数有 n 个, 因此 $\Omega(n)$ 是算法类时间复杂度的一个下界.

例 8.3 求两个 $n \times n$ 矩阵乘积的下界是 n^2.

证 该算法类的基本运算是元素相乘. 输出矩阵中有 n^2 个元素, 每个元素都需要通过至少 1 次乘法才能得到, 因此 $\Omega(n^2)$ 是矩阵乘法问题的一个下界. 现在还不知道这个下界是不是紧的.

例 8.4 货郎问题的一个下界是 $\Omega(n^2)$.

通常平凡下界太低, 没有什么实际价值, 需要提高平凡下界得到更有用的下界.

8.2 直接计数求解该问题所需要的最少运算

对于一些比较简单的问题, 可以直接计数求解该问题必须要做的基本运算次数来得到下界. 请看下面的例子.

例 8.5 "找最大"问题: 在 n 个不同的数中找最大的数, 基本运算是元素比较, 算法 2.7 给出了一个顺序比较算法. 该算法的最坏情况的时间复杂度为 $W(n) = n - 1$. 该算法给出了找最大问题计算复杂度的一个上界.

下界 在 n 个数的数组中找最大的数, 以比较做基本运算的算法类中的任何算法的最坏情况下至少要做 $n - 1$ 次比较.

证 因为最大数是唯一的, 其他的 $n - 1$ 个数必须在比较后被淘汰. 1 次比较至多淘汰 1 个数, 所以至少需要 $n - 1$ 次比较.

根据上面的分析, 任何找最大的算法对于规模为 n 的输入至少要做 $n - 1$ 次比较, 这是找最大问题在最坏情况下的时间复杂度的一个下界. 上界与下界正好相等, 因此, 该算法类在最坏情况下的时间复杂度的最大下界就是 $n - 1$, 它反映了找最大问题本身的计算复杂度. 同时, 这也证明了 Findmax 算法是该算法类中时间上最优的算法.

结论 Findmax 算法是找最大问题的最优算法.

例 8.6 考虑下面的基本问题. 给定由 n 个正整数 $A[1], A[2], \cdots, A[n]$ 组成的数组 A, 想输出一个二维的 $n \times n$ 的数组 B, 其中 $B[i,j]$ $(i \leqslant j)$ 等于项 $A[i]$ 到 $A[j]$ 的和, 即 $A[i] + A[i+1] + \cdots + A[j]$. 若 $i > j$, 则 $B[i,j] = 0$. 以 A 中元素的加法作为基本运算, 对任何计算二维数组 B 的算法, 在最坏情况下至少需要多少次加法? 证明你的结论.

解 考虑下述数组 A, $A[1] = 1$, 对于 $i = 2, 3, \cdots, n$, $A[i]$ 是满足以下条件的任意正整数:
$$A[i] > A[1] + \cdots + A[i-1] = B[1, i-1]$$

下面仅考虑 $i \leqslant j$ 的情况. 易见如果 $i_1 < i_2$, 那么对任意 $j \in \{1, 2, \cdots, n\}$ 有 $B[i_2, j] < B[i_1, j]$. 换句话说, 在数组 B 的同一列, 数从上到下越来越小. 其次, 对于不同列的元素 $B[i,j]$ 和 $B[k,l]$, 如果 $l > j$, 那么不管 i 和 k 取什么值, 都有 $B[k,l] > B[i,j]$. 这是因为
$$B[k,l] \geqslant A[l] > B[1, l-1] \geqslant B[i,j]$$

考虑数组 B 中的非 0 元素. 在这些元素中, 处于主对角线位置的元素 $B[i,i] = A[i]$, 不需要做加法, 这样的元素有 n 个. 除此之外, 其他元素都需要通过加法运算得到. 根据上面的分析, 这些元素的值彼此不等, 这意味着做 1 次加法不可能得到 2 个或更多的值. 因此, 加法次数至少等于这些元素的个数, 即 $n(n-1)/2$.

不难看出, 这是一个紧的下界, 因为下述算法 Sum 恰好做了 $n(n-1)/2$ 加法, 也可以

说算法 Sum 是该算法类中最坏情况下最优的算法.

算法 8.1 Sum

输入：数组 A

输出：二维数组 B

1. for $i \leftarrow 1$ to n do
2. $B[i,i] \leftarrow A[i]$
3. for $i \leftarrow 1$ to $n-1$ do
4.   for $j \leftarrow i+1$ to n do
5. $B[i,j] \leftarrow B[i,j-1]+A[j]$

8.3 决 策 树

决策树是一个十分有效的分析问题计算复杂度下界的工具,特别适合分析诸如搜索问题、排序问题等以比较作为基本运算的问题.

决策树是一棵二叉树,每个内结点代表一次运算(如一次比较),叶结点代表一个输出(有的问题对于某些实例的输出可能在内结点).任何算法要得到这个输出必须完成由根结点到该叶结点所在路径的所有运算,计算的工作量恰好等于路径上的结点个数.如果叶结点是所有的输出,则该问题的计算复杂度的下界不低于决策树的深度.

下面讨论二叉树的结点个数、叶结点个数与树的深度之间的关系,相关结果将在后面关于计算复杂度下界的讨论中用到.

命题 8.1 在二叉树的 t 层至多有 2^t 个结点(根为 0 层).

证 对 t 用归纳法.

$t=0$,树有 1 个结点(根),$2^0=1$.

假设 t 层有 2^t 个结点,则 $t+1$ 层至多有 2×2^t 个结点,即 2^{t+1} 个结点.

命题 8.2 深度为 d 的二叉树至多有 $2^{d+1}-1$ 个结点.

证 对 d 用归纳法.

$d=0$,树有 1 个结点(根),而 $2^{0+1}-1=1$.

假设深度为 d 的二叉树至多有 $2^{d+1}-1$ 个结点,考虑一棵深度为 $d+1$ 的二叉树.由命题 8.1,在第 $d+1$ 层至多有 2^{d+1} 个结点,故深度为 $d+1$ 的二叉树至多有

$$2^{d+1}-1+2^{d+1}=2^{d+2}-1$$

个结点.

命题 8.3 n 个结点的二叉树的深度至少为 $\lfloor \log n \rfloor$.

证 假若 n 个结点的二叉树的深度至多为 $\lfloor \log n \rfloor-1$,则由命题 8.2 得知,该树的结点数至多为

$$2^{\lfloor \log n \rfloor-1+1}-1=2^{\lfloor \log n \rfloor}-1 \leqslant 2^{\log n}-1=n-1$$

命题 8.4 设 t 为二叉树中的树叶个数,d 为树深,如果树的每个内结点都有两个儿子,则 $t \leqslant 2^d$.

证 对深度 d 归纳.

$d=0$,树只有 1 片树叶,$t=1$,而深度 d 为 0,命题为真.

假设对一切深度小于 d 的二叉树命题为真,设 T 是一棵深度为 d 的树,树叶数为 t. 如图 8.1 所示,取走 T 的 d 层的 x 片树叶,得到树 T'. 容易看到,原来在 T 树 $d-1$ 层的 $x/2$ 个内结点成了 T' 中的树叶. T' 树的深度为 $d-1$. 设 T' 的树叶数为 t',那么有

$$t' = (t-x) + x/2 = t - x/2$$

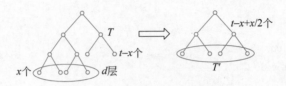

图 8.1 从 T 中取走所有树叶得到 T'

根据归纳假设,T' 树中的树叶数 t' 至多是 2^{d-1}. 再根据命题 8.1,d 层至多有 $x \leqslant 2^d$ 个结点,于是

$$t = t' + x/2 \leqslant 2^{d-1} + 2^{d-1} = 2^d$$

8.4 检索算法的时间复杂度分析

检索问题:对于按非递减顺序排列的数组 L(其项数 $n \geqslant 1$)和数 x,如果 x 在 L 中,输出 x 在 L 中出现的下标;否则,输出为 0.

基本运算:数的比较.

在前面的章节中已经讨论过求解该问题的三种算法:顺序检索(1.1 节)、改进的顺序检索(算法 1.2)和二分检索(算法 2.1),并给出了前两种算法在最坏与平均情况下的时间复杂度.

再考虑二分检索算法,在最坏情况下的比较次数 $W(n)$ 满足如下递推方程:

$$W(n) = 1 + W(\lfloor n/2 \rfloor), \quad n > 1$$
$$W(1) = 1$$

定理 8.1 $W(n) = \lfloor \log n \rfloor + 1, \quad n \geqslant 1$

证 对 n 归纳证明.

$n = 1$ 时,左 $= W(1) = 1$,右 $= \lfloor \log 1 \rfloor + 1 = 1$.

假设对一切 $k, 1 \leqslant k < n$,命题为真,则

$$W(n) = 1 + W\left(\left\lfloor \frac{n}{2} \right\rfloor\right) = 1 + \left\lfloor \log \left\lfloor \frac{n}{2} \right\rfloor \right\rfloor + 1$$
$$= \begin{cases} \lfloor \log n \rfloor + 1 & (n \text{ 为偶数}) \\ \lfloor \log(n-1) \rfloor + 1 & (n \text{ 为奇数}) \end{cases}$$
$$= \lfloor \log n \rfloor + 1$$

为了简单起见,不妨假设 $n = 2^k - 1$. 要计算算法在平均情况下的时间复杂度,需要给出一个概率分布. x 可能是 L 中的某个元素,有 n 种可能. x 也可能不是 L 中的元素. 如果 $L[i] < x < L[i+1]$,可以看作 x 处在 L 的第 i 个"空隙",其中 $i = 1, 2, \cdots, n-1$. 此外,x 有可能小于 $L[1]$,记作第 0 个空隙;x 也可能大于 $L[n]$,记作第 n 个空隙,总计 $n+1$ 个空隙. 对于规模为 n 的输入 L 和 x,x 的值可能在 L 中的某个位置,也可能落入某个空隙. 根据 x

的值的分布可以把所有的输入分成 $2n+1$ 种. 假设这 $2n+1$ 种输入发生的概率都相等,即都等于 $1/(2n+1)$,那么平均比较次数是

$$A(n) = \frac{1}{2n+1}(1S_1 + 2S_2 + \cdots + kS_k) = \frac{1}{2n+1}\Big[\sum_{t=1}^{k} t\,2^{t-1} + k(n+1)\Big]$$

$$= \frac{1}{2n+1}\big[(k-1)2^k + 1 + k(n+1)\big]$$

$$\approx \frac{k-1}{2} + \frac{k}{2} = k - \frac{1}{2} = \lfloor \log n \rfloor + \frac{1}{2}$$

其中 S_i 表示使得算法进行 i 次比较后停止计算的输入种数. 显然 $S_1=1$,恰好对应于 x 等于 L 的中位数的情况. $S_2=2$,恰好对应于 x 处在数组长度的 $1/4$ 和 $3/4$ 位置的情况. 例如,$n=7$,那么当 $x=L[4]$ 时算法只需要 1 次比较,而当 $x=L[2]$ 或 $L[6]$ 时算法需要 2 次比较,2 和 6 恰好是两个 $\lfloor n/2 \rfloor$ 规模子问题的中位数的位置. 子问题规模减半,种数恰好加倍,因此 $S_t=2^{t-1}$. 而当 x 落入某个空隙时都要比较 k 次,共有 $n+1$ 种可能. 对算法在每种输入下做的比较次数进行概率求和,就得到平均情况下的时间复杂度.

对于检索问题,如果以 x 与 L 中的元素的比较作为基本运算,二分检索算法的分析结果给出了该算法类时间复杂度的一个上界. 换句话说,求解这类问题效率最高的算法在最坏情况下所做的工作量不会超过 $\lfloor \log n \rfloor + 1$.

一个问题是:有没有更好的算法? 或者说是否能够做更少的工作就得到问题的解? 下面通过决策树的模型证明二分检索算法是该算法类中最优的算法. 先给出决策树的构造方法.

构造方法一 设 A 是一个检索算法,对于给定规模为 n 的输入实例,A 的一棵**决策树**是一棵二叉树,其结点被标记为 $1,2,\cdots,n$,且标记规则如下:

(1) 根据算法 A,如果 x 第一次与 $L[i]$ 比较,将树根标记为 i.

(2) 假设某结点被标记为 i,分下述情况处理:

① 当 $x < L(i)$ 时,算法 A 下一步与 x 比较的是 $L[j]$,那么 i 的左儿子标记为 j;如算法在这次比较后停止,i 没有左儿子.

② 当 $x > L(i)$ 时,算法 A 下一步与 x 比较的是 $L[k]$,那么 i 的右儿子标记为 k;如算法在这次比较后停止,i 没有右儿子.

③ 当 $x = L[i]$ 时,算法停止,i 没有儿子.

顺序检索算法是把 x 依次与 $L[1],L[2],\cdots,L[n]$ 比较. 如果 $x=L[i]$,算法将在这次比较后停止,输出 i. 如果 $x>[i]$,算法下一步将把 x 与 $L[i+1]$ 进行比较. 若 $x<L[i]$,那么满足 $L[i-1]<x<L[i]$,据此可以判定 x 不在 L 之中,于是算法停止,输出 0.

图 8.2 和图 8.3 分别是输入规模 $n=15$ 时对应于顺序检索算法和二分检索算法的决策树.

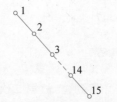

图 8.2 顺序检索算法的决策树

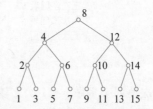

图 8.3 二分检索算法的决策树

给定规模为 n 的输入 L 和 x,算法 A 将从这棵具有 n 个结点的决策树的树根开始,沿一条路径前进,直到某个结点为止. 所执行的基本运算次数是这条路径的结点个数. 最坏情况下的基本运算次数是树的深度＋1.

定理 8.2 对于任何一个检索算法存在某个规模为 n 的输入使得该算法至少要做 $\lfloor \log n \rfloor + 1$ 次比较.

证 由命题 8.3,n 个结点的决策树的深度 d 至少为 $\lfloor \log n \rfloor$,故

$$W(n) = d + 1 = \lfloor \log n \rfloor + 1$$

上述定理表明:对于有序表的检索问题,在以比较作为基本运算的算法类中,二分检索算法在最坏情况下是最优的.

8.5 排序算法的时间复杂度分析

排序问题:给定规模为 n 的数组 L,对 L 的元素进行排序.

基本运算:数的比较.

我们先对一些常用排序算法进行时间复杂度的分析,得到这个算法类在最坏情况和平均情况下时间复杂度的上界,然后利用决策树模型给出算法类时间复杂度的一个下界.

在第 2 章中我们给出了该问题的两种算法:

快速排序:$W(n) = O(n^2)$,$A(n) = O(n \log n)$.

归并排序:$W(n) = O(n \log n)$,$A(n) = O(n \log n)$.

下面再给出两种排序算法:冒泡排序和堆排序.

8.5.1 冒泡排序算法

考虑整数数组 L,排序后的输出是把 L 中的数按照从小到大顺序排好. 算法从位置 1 开始,依次检查相邻位置的数,即位置 1 和 2 的数,位置 2 和 3 的数,……,直到位置 $n-1$ 和 n 的数为止,这称作一次巡回. 如果在巡回中发现位置 i 的数大于位置 $i+1$ 的数,意味 L 中有一个逆序(一对数,较大的数排在较小的数的前面),这时候算法交换这两个相邻的数,以消除这个逆序. 接下来,算法将继续这次巡回,把位置 $i+1$ 的数与位置 $i+2$ 的数比较. 为了减少重复操作,在每次巡回时,算法将把发生最后一次交换的位置 j 记下来. 这意味着在 j 后面的数不再有逆序,下次巡回时只要检查到 j 就可以了. 图 8.4 给出一个算法运行的实例. 在第三次巡回时最后交换的是 4 和 5,第四次巡回就不需要检查 4 后面的数组了.

原始输入	5	3	2	6	9	1	4	8	7
第一次巡回后	3	2	5	6	1	4	8	7	9
第二次巡回后	2	3	5	1	4	6	7	8	9
第三次巡回后	2	3	1	4	5	6	7	8	9
第四次巡回后	2	1	3	4	5	6	7	8	9
第五次巡回后	1	2	3	4	5	6	7	8	9

图 8.4 冒泡排序算法的一个运行实例

第一次巡回至多做 $n-1$ 次比较. 第一次巡回后最大数必然到位,故第二次巡回最多做 $n-2$ 次比较. 第二次巡回后次大数也一定到位,故第三次巡回至多做 $n-3$ 次比较. 以此类

推,算法最多做$(n-1)+(n-2)+\cdots+1=n(n-1)/2$次比较.而交换次数不会超过比较次数,故冒泡排序算法最坏情况下的时间复杂度是$O(n^2)$.

下面考虑平均情况下的时间复杂度的分析.n个数的排列有$n!$种可能的情况,因此不同的输入有$n!$个.假定每个输入出现的概率相等.为了统计算法在每个输入所做的比较次数,我们将输入两两分成一组,使得每组的两个输入的逆序个数之和等于$n(n-1)/2$.这很容易做到.设在$1,2,\cdots,n$的排列中,排在i的后面且小于i的元素个数记作$b_i,i=1,2,\cdots,n$.序列$(b_1,b_2,\cdots,b_n)$称为排列的逆序序列.例如,$n=8$的排列31658724,在1后面没有比1小的数,因此$b_1=0$,在2后面也没有比2小的数,因此$b_2=0$,在3后面有1和2,因此$b_3=2$,类似地有$b_4=0,b_5=2,b_6=3,b_7=2,b_8=3$,因此,逆序序列为$(0,0,2,0,2,3,2,3)$.显然,排列与其逆序序列是一一对应的,不同排列的逆序序列不一样,恰好有$n!$种不同的逆序序列.任意给定排列α,其逆序序列是$(b_1,b_2,\cdots,b_n)$.考虑排列α',其逆序序列为$(0-b_1,1-b_2,\cdots,n-1-b_n)$,那么$\alpha$与$\alpha'$含有的逆序个数之和恰好为$n(n-1)/2$.对于上面的排列$31658724$,其逆序序列是$(0,0,2,0,2,3,2,3)$,与它分到同一组的排列,其逆序序列应该是$(0,1,0,3,2,2,4,4)$,对应的排列是$42785613$.这两个排列含有的逆序个数分别为12和16,所含逆序总数为$12+16=28$,恰好等于$(8\times7)/2=28$.按照这种办法把$n!$个排列分成$n!/2$个组,每组逆序总数都等于$n(n-1)/2$.于是平均逆序数为$n(n-1)/4$,算法的平均交换次数为$n(n-1)/4$.因此,冒泡排序的最坏情况和平均情况下的时间复杂性均为$O(n^2)$.

8.5.2 堆排序算法

堆是一种二叉树,树叶至多分布在最深的两层.堆中的数据存储在结点上,使得儿子结点中的数不超过父结点中的数.对于n个结点的堆,通常用$1,2,\cdots,n$标记这些结点.标记方法是:从根到最深层,逐层从左到右依次标记.如果在倒数第二层上既有内部结点,也有叶结点,把叶结点排在内部结点的后面.图8.5给出了一个10个结点的堆的例子.可以用长为n的数组A存储堆,数组中的元素$A[i]$就是堆中结点i的元素.在这样的堆中,结点i的左儿子的标号$\text{left}(i)=2i$,右儿子的标号$\text{right}(i)=2i+1$.在图8.5中,$A[2]=14,\text{left}(2)=4,\text{right}(2)=5$.

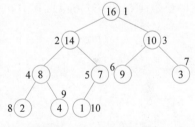

图8.5　一个堆的实例

下面考虑堆的操作.

首先介绍整理操作$\text{Heapify}(A,i)$,它的目标是把一个输入数组A(可以看成一个堆结构,但是可能不满足下述条件:父结点的数不小于儿子结点的数).该操作从结点i出发,直到某片树叶,通过交换从上到下顺序调整路径上的数,使得父结点的数不小于子结点的数.相关算法如下:

算法8.2　$\text{Heapify}(A,i)$

输入:堆结构A,A的结点i

输出:从i向下满足堆存储要求的堆结构

1.　$l\leftarrow\text{left}(i)$

2.　$r\leftarrow\text{right}(i)$

3.   if $l \leqslant$ heap-size$[A]$ and $A[l] > A[i]$

4.   then largest $\leftarrow l$

5.   else largest $\leftarrow i$

6.   if $r \leqslant$ heap-size$[A]$ and $A[r] > A[$largest$]$

7.   then largest $\leftarrow r$

8.   if largest $\neq i$

9.   then exchange $A[i] \leftrightarrow A[$largest$]$

10.   Heapify$(A,$largest$)$

图 8.6 给出了操作 Heapify$(A,2)$ 的过程及结果. 结点 2 存的数是 4，它的左儿子存的数是 14，右儿子存的数是 7. 经过算法 3～9 行的操作，较大的儿子 14 与 4 交换，然后算法在第 10 行递归执行 Heapify$(A,4)$，实现数据 4 与 8 的交换，算法结束. 这次运行将结点 2，4，9 的路径整理完毕，输出如图 8.6 所示. 需要注意的是：一次整理只能完成一条路径的调整，并不能保证整理后的整个结构满足堆的要求.

下面估计整理过程所做的比较次数. 每次调用 Heapify，执行 $O(1)$ 次比较，因此总工作量取决于调用次数. 不难看出，每次递归调用的最坏情况是：所进入子问题的规模与原问题规模之比达到最大的情况. 如图 8.7 所示，这恰好是左子树含有结点尽可能多，而右子树含有结点尽可能少的情况. 设左子树结点数为 x，那么右子树结点数为 $(x-1)/2$，整个堆的结点数为

$$x + (x-1)/2 + 1 = (3x+1)/2$$

子问题的规模（左子树结点数）与原问题规模之比不超过

$$2x/(3x+1) < 2/3$$

因此，得到关于时间复杂度的递推不等式：

$$T(n) \leqslant T(2n/3) + \Theta(1)$$

它的解是 $T(n) = \Theta(\log n)$，其中 n 是以结点 i 为根的子树的结点数.

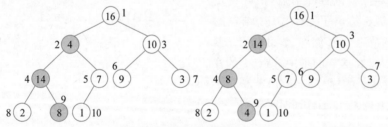

图 8.6   操作 Heapify$(A,2)$

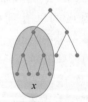

图 8.7   子问题规模的上界

整理操作的工作量也可以表示为 $T(h) = \Theta(h)$，这里的 h 是结点 i 的高度（距树叶的最大距离）. 注意，同一层的结点的深度一样，但是它们的高度可能不同. 树叶的高度都等于 0，但是树叶可能分布在堆的最深层，也可能分布在次深层.

下面考虑堆的建立. 堆的建立是自底向上进行的. 先从标号最大的内结点开始，对所有的内结点调用堆的整理算法，直到根为止. 图 8.8 给出了一个建堆的实例. 不难看出，当对结点 i 进行整理时，它的两个儿子在这之前已经完成了整理工作. 如果 i 中存的数大于它的儿子结点存的数，那么什么也不做；如果 i 中的数小，那么通过对 i 的整理只在从 i 到某片树叶的一条路径上进行交换，交换的结果就是将 i "落"到路径中适当的结点上，这不会影响其

他路径上的结点.

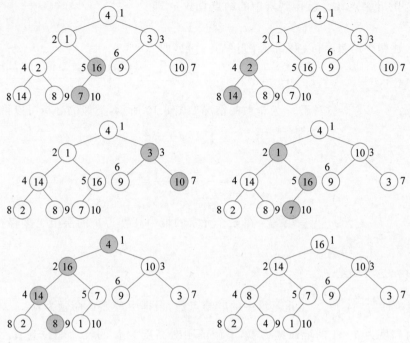

图 8.8 堆的建立

建堆的算法如下:

算法 8.3　Build-Heap(A)

输入: 数组 A

输出: 堆 A

1. heap-size[A]←length[A]
2. for i←⌊length[A]/2⌋ downto 1 do
3. 　　Heapify(A, i)

下面分析建堆的时间复杂度.

建堆的时间复杂度依赖于算法第 3 行调用 Heapify 的次数,即堆中的内结点个数. 而一次调用的工作量与结点的高度相当. 因此,把堆中所有的结点按照高度求和就是建堆的工作量. 用公式表示为

$$T(n) = \sum_{h=0}^{\lfloor \log n \rfloor} 高为 h 的结点数 \times O(h)$$

下面对 $T(n)$ 给出估计.

引理 8.1　n 个结点的堆恰好有 $\lceil n/2 \rceil$ 片树叶.

证　设堆的深度为 d. 堆的树叶只分布在 d 和 $d-1$ 层,假设 d 层有 x 片树叶,$d-1$ 层有 y 片树叶. 下面分情况讨论.

若 x 为偶数,如图 8.9 所示,$d-1$ 层的非叶结点恰好有 $x/2$ 个. 该层结点总数为 2^{d-1},因此,$d-1$ 层的叶结点数 $y = 2^{d-1} - x/2$.

由于堆中的 $d-1$ 层是满的,从根到 $d-1$ 层的结点总数是:

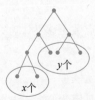

图 8.9　x 为偶数的情况

$$1 + 2 + 2^2 + \cdots + 2^{d-1} = 2^d - 1$$

再加上 d 层的叶结点数 x 就得到堆中的结点总数 n，即

$$x + 2^d - 1 = n$$

利用上述两个结果，可以得到堆中叶结点总数，即

$$x + y = x + 2^{d-1} - \frac{x}{2} = 2^{d-1} + \frac{x}{2} = \frac{(2^d + x)}{2} = \left\lceil \frac{2^d + x - 1}{2} \right\rceil = \left\lceil \frac{n}{2} \right\rceil$$

对于 x 为奇数的情况如图 8.10 所示，类似的分析可以得到

$$x + y = x + 2^{d-1} - \frac{x+1}{2} = 2^{d-1} + \frac{x-1}{2}$$

$$= \frac{2^d + x - 1}{2} = \frac{n}{2} = \left\lceil \frac{n}{2} \right\rceil$$

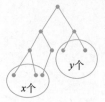

图 8.10　x 为奇数的情况

引理 8.2　在 n 个元素的堆中高度为 h 的层上至多存在 $\left\lceil \dfrac{n}{2^{h+1}} \right\rceil$ 个结点.

证　对 h 进行归纳.

当 $h = 0$ 时，$\left\lceil \dfrac{n}{2^{h+1}} \right\rceil = \left\lceil \dfrac{n}{2} \right\rceil$，正是堆中的叶结点数，根据引理 8.1，命题为真.

假设对高度为 $h-1$ 的堆命题为真，下面证明对高度为 h 的堆命题也为真. 设 T 表示 n 个结点的堆，从 T 中移走所有的树叶得到树 T'，T' 的结点数为 n'. 令 n_h 表示 T 中高为 h 层的结点数，根据归纳基础，$n_0 = \lceil n/2 \rceil$. 而 T' 中的结点总数 n' 恰好等于 T 的结点总数 n 减去 T 中的叶结点数 n_0，即

$$n' = n - n_0 = \left\lfloor \frac{n}{2} \right\rfloor$$

易见 T 中高度为 h 的层恰好是 T' 中高度为 $h-1$ 的层，即

$$n_h = n'_{h-1}$$

根据归纳假设，在 T' 中 $h-1$ 层结点数至多为 $\left\lceil \dfrac{n'}{2^h} \right\rceil$，于是得到

$$n_h = n'_{h-1} \leqslant \left\lceil \frac{n'}{2^h} \right\rceil = \left\lceil \frac{\left\lfloor \frac{n}{2} \right\rfloor}{2^h} \right\rceil \leqslant \left\lceil \frac{\frac{n}{2}}{2^h} \right\rceil = \left\lceil \frac{n}{2^{h+1}} \right\rceil$$

定理 8.3　n 个结点的建堆算法 Build-heap 在最坏情况下的时间复杂性度为 $O(n)$.

证　对高为 h 的结点调用 Heapify 算法的时间至多是 $O(h)$，根据引理 8.2，高为 h 的结点数至多为 $\left\lceil \dfrac{n}{2^{h+1}} \right\rceil$，因此时间复杂度

$$T(n) = \sum_{h=0}^{\lfloor \log n \rfloor} \left\lceil \frac{n}{2^{h+1}} \right\rceil O(h) = O\left(n \sum_{h=0}^{\infty} \frac{h}{2^{h+1}} \right) = O(n)$$

这是因为在这个式子中求和的结果为一个常数，即

$$\sum_{h=0}^{\infty} \frac{h}{2^h} = 0 + \frac{1}{2} + \frac{2}{2^2} + \frac{3}{2^3} + \cdots = \left(\frac{1}{2} + \frac{1}{2^2} + \cdots \right) + \left(\frac{1}{2^2} + \frac{1}{2^3} + \cdots \right) +$$

$$\left(\frac{1}{2^3}+\frac{1}{2^4}+\cdots\right)+\cdots=\left(1+\frac{1}{2}+\frac{1}{2^2}+\cdots\right)\left(\frac{1}{2}+\frac{1}{2^2}+\cdots\right)$$

$$=\frac{1}{2}\frac{1}{\left(1-\frac{1}{2}\right)^2}=2$$

最后考虑堆排序算法. 由于堆的最大元素存在根结点,把根中的元素与最大标号结点中的元素(数组最后位置的元素)交换,这样就把最大元素移到了数组的最后位置,这就是它在排好序的数组中应该放的位置. 把这个元素从堆中删除,得到规模减少 1 的堆结构(可能不是堆,因为换到根结点的数可能小于它的儿子结点中的数). 对这个堆结构的根进行一次整理操作,就得规模减少 1 的堆. 这个堆的最大元素仍旧在根结点. 递归地对这个堆进行同样的操作,每次操作后堆的规模减 1,直到剩下最后一个元素为止,它恰好就是堆中的最小元素. 图 8.11 给出了一个堆排序算法的运行实例. 算法的伪码如下:

算法 8.4 Heap-sort(A)

输入:数组 A

输出:排好序的数组 A

1. Build-Heap(A)

2. for $i\leftarrow$length$[A]$ downto 2 do

3.   exchange $A[1]\leftrightarrow A[i]$

4.   heap-size$[A]\leftarrow$heap-size$[A]-1$

5.   Heapify(A,1)

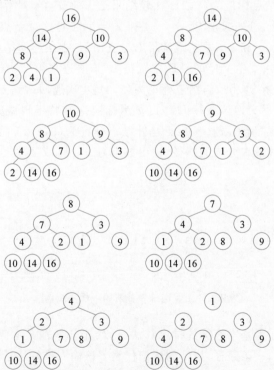

图 8.11　一个堆排序算法的运行实例

下面考查算法 Heap-sort 的时间复杂度. 根据定理 8.3,第 1 行建堆的操作的时间是 $O(n)$,第 2 行的 for 循环执行 $n-1$ 次,每次调用 Heapify 操作至多做 $O(\log n)$ 次比较,因此,堆排序的最坏情况下的时间复杂度为 $O(n\log n)$.

8.5.3 排序算法的决策树与算法类时间复杂度的下界

前面讨论了冒泡排序和堆排序算法,并分析了它们在最坏情况或平均情况下的时间复杂度. 回顾第 2 章中讲到的快速排序和二分归并排序算法,这些算法在最坏情况下和平均情况下的运行时间可以达到 $O(n\log n)$. 我们关心的是:是否存在更快的排序算法? 换句话说,在以元素比较作为基本运算的排序算法类中最优的算法是什么? 下面用决策树解决这个问题. 排序问题的决策树构造方法如下.

构造方法二 设 A 是以元素比较作为基本运算的排序算法,其输入 $L=\{x_1,x_2,\cdots,x_n\}$,它的决策树中结点标记方法如下:

(1) A 第一次比较的元素为 x_i 和 x_j,那么树根标记为 (i,j).

(2) 假设结点 k 已经标记为 (i,j),按照下面的原则标记 k 的儿子:

① 当 $x_i < x_j$ 时,若算法结束,则 k 的左儿子标记为输出.

若下一步比较元素 x_p 和 x_q,那么 k 的左儿子标记为 (p,q).

② 当 $x_i > x_j$ 时,若算法结束,则 k 的右儿子标记为输出.

若下一步比较元素 x_p 和 x_q,那么 k 的右儿子标记为 (p,q).

图 8.12 给出了 $n=3$ 时冒泡排序的决策树. 当输入为 $\{14,10,5\}$ 时,算法第一次将比较 $x_1=14$ 和 $x_2=10$,根结点标记为 $(1,2)$. 比较结果是 $x_1 > x_2$,于是算法交换 x_1 和 x_2,并沿着右分支向下到右儿子. 下一步比较 $x_1=14$ 和 $x_3=5$,于是这个结点标记为 $(1,3)$. 这次比较结果是 $x_1 > x_3$,交换 x_1 和 x_3,算法继续沿右分支向下,本次巡回结束,此刻数组元素的排列是 $10,5,14$. 记下本次发生交换的最后位置是 2. 算法进入第二个巡回,首先比较的元素是 $x_2=10$ 和 $x_3=5$,交换 x_2 和 x_3,结点标记为 $(2,3)$,本次巡回达到上次标记位置 2,巡回结束,将本次巡回发生最后交换位置标记为 1. 如果标记为 1,将不再做更多的巡回,算法结束. 算法的输出是 $x_3=5,x_2=10,x_1=14$,于是叶结点标记为 $(3,2,1)$. 算法在输入 $\{14,10,5\}$ 的路径是这棵决策树的最右分支的路径,输出数组为 x_3,x_2,x_1.

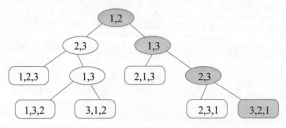

图 8.12 冒泡排序算法的一棵决策树

对于以元素比较作为基本运算的排序算法 A,给定任意输入 L,就对应了 A 的决策树中从树根到某片树叶的一条路径,树叶的标记代表了该输入排好序后所有元素的排列顺序,算法所做的比较次数正好等于路径中的结点个数. 不难看出,算法在最坏情况下恰好选择了一条最长的路径,这条路径上的结点个数恰好等于树的深度(路径上的边数)加 1. 不同的排序算法对应的决策树结构是不一样的,但是它们的树叶数都等于 $n!$. 下面的问题是:对于任意一棵具有 $n!$ 片树叶的二叉树,它的深度至少是多少? 这个值正好代表了该算法类中任何算法在最坏情况下所做比较次数的一个下界.

在决策树中相同的结点在路径上可能出现多次. 考查输入 $\{2,1,4,3\}$,算法第一次巡回的比较是: $(2,1)$, $(2,4)$, $(4,3)$,其中第一与第三次比较后会发生交换,巡回后的数组是 $\{1,2,3,4\}$. 尽管已经排好,但因为最后一次交换发生在位置 3 和 4 之间,算法还要做下一次巡回. 第二次巡回的比较是 $(1,2)$ 和 $(2,3)$,其中 $(1,2)$ 的比较是冗余的操作. 为了计算的方便,先去掉决策树中的只有 1 个儿子的内结点,在这个结点的比较运算实际上是多余的. 去掉这样的结点得到的二叉树称为 B-树,决策树的深度不少于 B-树的深度,B-树也有 $n!$ 片树叶.

引理 8.3 对于给定的 n,任何通过比较对 n 个元素排序算法的决策树的深度至少为 $\lceil \log(n!) \rceil$.

证 决策树(B-树)的树叶有 $n!$ 片,根据 8.3 节的命题 8.4,有 $n! \leqslant 2^d$,于是 $d \geqslant \lceil \log(n!) \rceil$.

定理 8.4 任何通过元素的比较对 n 个元素排序的算法,在最坏情况下的时间复杂度不低于 $\lceil \log(n!) \rceil$,近似为 $n\log n - 1.5n$.

证 最坏情况的比较次数为决策树的深度. 由引理 8.3,树深至少为

$$\log(n!) = \sum_{j=1}^{n} \log j \geqslant \int_1^n \log x \, dx = \log e \int_1^n \ln x \, dx$$

$$= \log e (n\ln n - n + 1) = n\log n - n\log e + \log e$$

$$\approx n\log n - 1.5n$$

通过上面的分析可以看到,时间复杂度为 $O(n\log n)$ 的排序算法在最坏情况下的阶已经达到最优. 下面考虑算法类在平均情况下的时间复杂度的下界.

用 $\mathrm{epl}(T)$ 表示在 B-树中从根到树叶的所有路径的长度之和. 换句话说,这个值代表算法对每个可能的输入(总计 $n!$ 个)都运算 1 次所做的比较次数之和. 假设所有的输入出现的概率相等,那么 $\mathrm{epl}(T)/n!$ 的值则代表该算法在平均情况下的时间复杂度. 如果找到所有决策树的 $\mathrm{epl}(T)/n!$ 值中的最小值,则代表该算法类在平均情况下时间复杂度的一个下界. 我们不可能枚举所有具有 $n!$ 片树叶的 B-树,为了解决这个问题,需要分析什么结构的 B-树其 epl 值达到最小.

引理 8.4 在具有 t 片树叶的所有 B-树中,树叶分布在两个相邻层上的树的 epl 值最小.

证 设树 T 的深度为 d,假设在 d 和 $d-1$ 层上方的第 k 层上有 1 片树叶 x,$k < d-1$. 取 $d-1$ 层的某个结点 y,y 的两个儿子是第 d 层的树叶. 将 y 的两个儿子上移,作为 x 的儿子加到树中,得到树 T'. 下面证明 $\mathrm{epl}(T')$ 小于 $\mathrm{epl}(T)$.

考查 T 与 T' 的区别. 在 T 中有两条从根到 y 的两个儿子的路径,长度都是 d;而 T' 没有这两条路径,但是增加了一条从根到 y 的路径,长度为 $d-1$. 此外,在 T 中有一条从根到 x 的路径,长度为 k;T' 中没有这条路径,但是增加了两条从根经过 k 到新移来的两个结点的路径,这两条路径长度都是 $k+1$,于是有

$$\mathrm{epl}(T) - \mathrm{epl}(T') = (2d+k) - [(d-1) + 2(k+1)]$$

$$= 2d + k - d + 1 - 2k - 2 = d - k - 1 > 0 \quad (\text{因为 } d > k+1)$$

这说明从一棵 B-树出发,通过将最底层的一组兄弟树叶上移,只会减少它的 epl 值. 经过有限步上移操作后,所有的树叶最终将分布在最底下相邻的两层上,而这棵树的 epl 值将达到最小.

不难看到,上述具有最小 epl 值的树正是一个堆结构.

定理 8.5　在 $n!$ 个输入等概率的分布下,任何通过元素比较对 n 个项排序的算法平均比较次数至少为 $\lfloor \log n! \rfloor$,近似为 $n \log n - 1.5n$.

证　算法类中任何算法的平均比较次数是该算法决策树(B-树)T 的 $\mathrm{epl}(T)/n!$,根据引理 8.4,当树叶分布在相邻两层上的 B-树的 epl 值达到最小. 下面计算这种 B-树的平均路径长度.

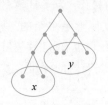

图 8.13　树叶分布两层

若 B-树是一棵完全二叉树,所有的树叶都在最底层. 于是所有的路径长度都等于树深 d. 树叶片数 $t = 2^d$. 那么有

$$\mathrm{epl}(T) = td = t \lfloor \log t \rfloor$$

若 B-树不是完全树,如图 8.13 所示,设 d 层和 $d-1$ 层树叶数分别为 x 和 y,那么

$$\begin{cases} x + y = t \\ x/2 + y = 2^{d-1} \end{cases}$$

解得 $x = 2t - 2^d, y = 2^d - t$.

$$\begin{aligned} \mathrm{epl}(T) &= xd + y(d-1) = (2t - 2^d)d + (2^d - t)(d-1) \\ &= td - 2^d + t = t(d-1) + 2(t - 2^{d-1}) \\ &= t \lfloor \log t \rfloor + 2(t - 2^{\lfloor \log t \rfloor}) \quad (\lfloor \log t \rfloor = d - 1) \end{aligned}$$

于是

$$A(n) \geqslant \frac{1}{n!} \mathrm{epl}(T) = \frac{1}{n!} (n! \lfloor \log(n!) \rfloor + 2(n! - 2^{\lfloor \log(n!) \rfloor})) = \lfloor \log(n!) \rfloor + \varepsilon \quad (0 \leqslant \varepsilon < 1)$$

$$\approx n \log n - 1.5n$$

注意在上面的推导中用到了下面的结果:

$$0 \leqslant n! - 2^{\lfloor \log(n!) \rfloor} < n! - 2^{\log(n!) - 1} = n! - \frac{n!}{2} = \frac{n!}{2}$$

上面关于排序算法的分析结果可以总结成表 8.1.

表 8.1　有关排序算法的分析结果

算　法	最坏情况	平均情况	占用空间	时间上的最优性
冒泡排序	$O(n^2)$	$O(n^2)$	原地	
快速排序	$O(n^2)$	$O(n \log n)$	$O(\log n)$	平均时间最优
归并排序	$O(n \log n)$	$O(n \log n)$	$O(n)$	最优
堆排序	$O(n \log n)$	$O(n \log n)$	原地	最优

8.6　选择算法的时间复杂度分析

选择问题也是一类重要的问题,在第 2 章曾经给出了选最大元素的算法 Findmax(算法 2.7),同时选最大和最小元素的算法 FindMaxMin(算法 2.9),选第二大元素的算法 FindSecond(算法 2.10)以及一般性选择第 k 小元素(含中位数)的算法 Select(算法 2.11).

表 8.2 给出了选择算法的最坏情况下的时间复杂度.

表 8.2　选择算法的最坏情况下的时间复杂度

问　　题	算　　法	最 坏 情 况	空　　间
选最大	顺序比较	$n-1$	$O(1)$
选最大和最小	顺序比较	$2n-3$	$O(1)$
	算法 FindMaxMin	$\lceil 3n/2 \rceil - 2$	$O(1)$
选第二大	顺序比较	$2n-3$	$O(1)$
	锦标赛方法	$n + \lceil \log n \rceil - 2$	$O(n)$
选中位数	排序后选择	$O(n\log n)$	$O(\log n)$
	算法 Select	$O(n) \sim 2.95n$	$O(\log n)$

在 8.2 节已经证明了算法 Findmax 是求解找最大问题在最坏情况下时间上最优的算法. 本节将证明其他一些选择算法的最优性. 证明方法采用构造最坏输入的方法. 基本思想是: 设计一组构造输入的规则. 针对任意算法 A 的执行步骤, 使用这组规则可以逐步生成算法 A 的一个规模为 n 的输入, 使得算法 A 在这个输入上做尽可能多的工作. 如果这个输入恰好是规模为 n 的输入中的最坏情况, 那么算法 A 在这个输入上的工作量就是它在最坏情况下的时间复杂度. 但是在许多情况下, 由于构造输入的规则选择得不好, 或者不存在对任何算法都适用简单的构造规则, 构造出来的输入可能不一定是该算法计算的最坏情况. 即使这样, 对这个输入的估计也提供了算法在最坏情况下时间复杂度的一个下界, 只不过这个下界不一定是紧的. 针对该算法类的任何算法, 首先依据上述规则构造一个输入, 然后估计算法在这种输入下至少需要做多少工作, 那么就找到了算法类时间复杂度的一个下界.

8.6.1　找最大和最小问题

不妨设输入中的 n 个数彼此不等, A 为通过比较运算找最大和最小的任意算法. 算法的输出 max 是最大数, min 是最小数. 每一次比较, 两个数中较大的数被标记为 W, 较小的数被标记为 L. 为得到 max, A 必须保证有 $n-1$ 个数比 max 小, 通过与 max 的比较被淘汰; 同样为了得到 min, A 也必须保证有 $n-1$ 个数比 min 大, 通过与 min 的比较而淘汰. 因此算法结束时, 在输入的 n 个数上, 必须带有下述信息: 有 $n-2$ 个数既不是最大也不是最小, 同时带有 W 和 L 两个标记; 有一个数只带有 W 标记, 它就是 max, 另一个数只带有 L 标记, 它就是 min. 如果最终 n 个数不是这种状态, 算法一定不会输出正确的结果. 每个标记是 1 个信息单位, 为了得到解, 算法需要通过比较得到这 $2n-2$ 个信息单位.

如下定义数的状态: 没参加过比较的数的状态为 N; 在每次比较中状态可能改变; 改变的结果参见表 8.3.

表 8.3　一次比较后 x 状态的变化

比较前 x 的状态	N	W	L	WL
当 x 大时	W	W	WL	WL
当 x 小时	L	WL	L	WL

容易看到，只有比较后数的状态改变才能增加信息单位，状态不改变将不增加信息单位。两个数通过一次比较增加的信息单位数可能不同($0,1,2$)。如果两个数的状态都是 N，那么一次比较后的状态分别变成 W 和 L，增加 2 个信息单位；如果 x 的状态是 W，y 的状态是 L，当 $x>y$ 时，比较后 x 与 y 的状态保持不变，增加 0 个信息单位；如果 $x<y$，那么 x 与 y 的状态都变成 WL，共增加 2 个信息单位。这说明比较后所增加的信息单位数依赖于 x 与 y 的值。构造输入的原则是：通过对参与比较的数 x 和 y 赋值，使得 x 与 y 比较后状态尽可能不变或少变，以便在比较中得到最少的信息单位量，从而迫使算法通过更多的比较次数来得到必需的 $2n-2$ 个信息单位。表 8.4 给出了对 x 和 y 赋值的策略。

表 8.4　对 x 与 y 赋值的策略

x 与 y 的状态	分配输入值的策略	新　状　态	提供信息单位数
N，N	$x>y$	W，L	2
W，N；WL，N	$x>y$	W，L；WL，L	1
L，N	$x<y$	L，W	1
W，W	$x>y$	W，WL	1
L，L	$x>y$	WL，L	1
W，L；WL，L；W，WL	$x>y$	不变	0
WL，WL	保持原值	不变	0

定理 8.6　任何通过比较找最大和最小的算法至少需要 $\lceil 3n/2 \rceil - 2$ 次比较。

证　设 A 是任何找最大最小的算法。参见表 8.4，通过一次比较得到两个信息单位的只有两个数处于 N，N 状态的情况。A 至多有 $\lfloor n/2 \rfloor$ 次比较可以处于这种状态，这些比较至多得到 $2\lfloor n/2 \rfloor \leq n$ 个信息单位。对于其他情况，1 次比较至多获得 1 个信息单位，因此，至少还需要再做 $n-2$ 次比较才能得到所有的 $2n-2$ 个信息单位。

当 n 为偶数时，A 做的比较次数至少为

$$\lfloor n/2 \rfloor + n - 2 = 3n/2 - 2 = \lceil 3n/2 \rceil - 2$$

当 n 为奇数时，A 做的比较次数至少为

$$\lfloor n/2 \rfloor + n - 2 + 1 = (n-1)/2 + 1 + n - 2 = \lceil 3n/2 \rceil - 2$$

结论　FindMaxMin 是最优算法。

8.6.2　找第二大问题

不妨设输入中的 n 个数彼此不等。对于这个算法类，构造最坏输入的基本思想与 8.6.1 节的方法类似，也是通过对元素的赋值迫使算法做更多的比较运算。任何找第二大的算法其工作量都由两部分构成。为了确认第二大元素，必须知道哪个是最大元素。只有通过与最大元素直接比较而淘汰的元素才有可能是第二大元素，因此，确认最大元素是找第二大元素必不可少的，这是第一部分工作量。前面已经证明：无论什么算法，确认最大元素的比较次数至少是 $n-1$。第二部分工作量就是在被最大元素直接淘汰的元素中找最大（原始输入的第二大）的工作量，这些比较发生在所有被最大元素直接淘汰的元素之间。这两部分工作量性质不同，第一部分工作量与元素的赋值无关，任何输入都一样。第二部分工作量可以根据

算法步骤通过对元素的赋值加以控制. 我们的想法就是: 尽量增加最大元素直接参与的比较次数, 以便尽可能多的元素被最大元素淘汰, 参与第二大的竞争, 从而加大算法第二部分工作量. 这样构造的输入将可能对应于算法运行的最坏情况. 如何增加最大元素参与比较的次数? 直观的想法是: 两个元素比较, 原来"赢"(比较中较大)得较多的继续"赢", 可以通过更新元素的赋值来做到这一点.

下面考虑元素的赋值规则. 先定义元素 x 的权 $w(x)$, 表示以 x 为根的子树中的结点数.

赋值规则

(1) 初始每个元素的权都是 1.

(2) 在算法运行时只对在比较中没有"输"过(权大于 0)的元素赋值.

(3) 如果 $w(x)>0$, $w(y)>0$, 算法把 x 与 y 进行比较, 按照下述原则更新 $w(x)$ 与 $w(y)$:

① 若 $w(x) \geqslant w(y)$, 则 x 的赋值大于 y 的赋值(如果不满足就增加 x 的值), 同时令 $w(x) \leftarrow w(x)+w(y)$, $w(y) \leftarrow 0$;   //x"赢"得多, x 继续"赢"

② 若 $w(x)<w(y)$, 则 y 的赋值大于 x 的赋值(如果不满足就增加 y 的值), 同时令 $w(y) \leftarrow w(x)+w(y)$, $w(x) \leftarrow 0$;   //y"赢"多, y 继续"赢"

(4) 如果 $w(x)=w(y)=0$, 那么 x 和 y 值不变. //x 与 y 比较对于确定第二大无意义

表 8.5 给出一个根据算法 A 的步骤对输入赋值的实例. 对这个实例的赋值过程可以用图 8.14 中的树来表示. 设输入元素是 x_1, x_2, x_3, x_4, x_5, 算法 A 的比较次序依次是 x_1 与 x_2, x_1 与 x_3, x_5 与 x_4, x_1 与 x_5, …. 部分赋值过程的描述见图 8.14.

表 8.5　一个赋值的实例

步　　骤	$w(x_1)$	$w(x_2)$	$w(x_3)$	$w(x_4)$	$w(x_5)$	值
初始	1	1	1	1	1	*, *, *, *, *
第一步 $x_1>x_2$	2	0	1	1	1	20, 10, *, *, *
第二步 $x_1>x_3$	3	0	0	1	1	20, 10, 15, *, *
第三步 $x_5>x_4$	3	0	0	0	2	20, 10, 15, 30, 40
第四步 $x_1>x_5$	5	0	0	0	0	41, 10, 15, 30, 40

初始时刻, x_1, x_2, x_3, x_4, x_5 都没有被赋值, 用 * 表示, $w(x_1)=w(x_2)=\cdots=w(x_5)=1$. 这时每个结点都没参与过比较, 用孤立结点表示, 是一棵平凡树. 每棵树的结点数 1 恰好等于根结点的权.

算法第一步将 x_1 与 x_2 进行比较, $w(x_1)=w(x_2)=1$. 按照赋值规则 3, $w(x_1)=2$, $w(x_2)=0$, 可以令 $x_1=20$, $x_2=10$. 在图中以 x_2 作为 x_1 的儿子, 将 x_2 为根的子树附加到 x_1 为根的树上. 这时, 根结点的权 $w(x_1)=2$ 是树中结点总数, x_2 的权 $w(x_2)=0$.

算法第二步将 x_1 与 x_3 进行比较, $w(x_1)=2$, $w(x_3)=1$. 按照赋值规则 3, 令 $w(x_1)=3$, $w(x_3)=0$, 可以令 $x_3=15$. 在图中以 x_3 作为 x_1 的儿子, 将 x_3 为根的子树附加到 x_1 为根的树上. 这时, $w(x_1)=3$, 是此刻以 x_1 为根的子树中的结点数, x_3 的权 $w(x_3)=0$.

算法第三步将 x_5 与 x_4 进行比较, $w(x_5)=w(x_4)=1$. 按照赋值规则 3, 令 $w(x_5)=2$,

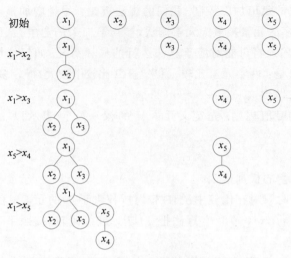

图 8.14 一个赋值过程

$w(x_4)=0$,可以令 $x_5=40,x_4=30$. 在图中以 x_4 作为 x_5 的儿子,将 x_4 为根的子树附加到 x_5 为根的树上.

算法第四步将 x_1 与 x_5 进行比较,$w(x_1)=3,w(x_5)=2$. 按照赋值规则 3,令 $w(x_1)=5,w(x_5)=0$,这时需要增加 x_1 的值,令 $x_1=41$. 在图中以 x_5 作为 x_1 的儿子,将 x_5 为根的子树附加到 x_1 为根的树上. 至此,$w(x_1)=5$,全部 5 个结点都在 x_1 为根的树中,显然树根 x_1 是最大元素,x_1 的所有儿子恰好是与 x_1 通过直接比较而被淘汰的元素. 下面要做的是:针对这个输入,估计算法通过与最大元素直接比较而淘汰的元素个数.

引理 8.5 任何找第二大元素的算法,针对上述赋值规则产生的输入,通过与最大元素的比较而直接淘汰的元素数至少是 $\lceil\log n\rceil$.

证 根据上述规则,赋值结束时根的权是 n,其他结点的权都是 0. 令 w_k 表示最大元素在它通过第 k 次比较后形成以它为根的子树的结点数. 假设第 k 次比较是最大元与 x 的比较. 则根据"赢者继续赢"的赋值规则,比较前以最大元为根的子树中的结点数 w_{k-1} 大于或等于以 x 为根的子树中的结点数 $w(x)$. 而 $w_k=w_{k-1}+w(x)$,于是 $w_k\leqslant 2w_{k-1}$. 令 K 是算法运行时最大元与权不为 0 的结点的比较次数,则

$$n=w_K\leqslant 2^K w_0 < 2^K \Rightarrow K > \log n \Rightarrow K \geqslant \lceil\log n\rceil$$

定理 8.7 任何通过比较找第二大的算法至少需要 $n+\lceil\log n\rceil-2$ 次比较.

证 首先必须确定最大元素,至少需要 $n-1$ 次比较. 由引理 8.5,通过与最大元素比较而被淘汰的元素数 $K\geqslant\lceil\log n\rceil$. 为确定第二大,还要淘汰 $K-1$ 个元素,至少用 $\lceil\log n\rceil-1$ 次比较.

结论 锦标赛方法是找第二大的最优算法.

8.6.3 找中位数的问题

不妨设 n 为奇数,且输入 L 中的 n 个数彼此不等. 假设 median 是 L 的中位数,为了找到 median,必须确定在其他的 $n-1$ 个数中,有 $(n-1)/2$ 个数小于 median,而另外 $(n-1)/2$ 个数大于 median. 换句话说,这 $n-1$ 个元素在算法结束时必须带有且只能带有 1 个"小于"

(或"大于")信息. 这些"小于"或"大于"的信息需要通过元素之间的比较得到. 当然,与找第二大问题不一样,这里的比较不一定是这个元素直接与 median 的比较,也可能是间接的比较. 例如,算法先比较了 y 与 z,知道 $z>y$,后来算法又比较了 y 与 median,知道 $y>$median,那么 z 一定大于 median. 如果算法设计得足够聪明,可能不需要再进行 z 与 median 的直接比较,就可以最终确认 z 应该带上"大于"信息. 这里必须注意,算法在比较 z 与 y 或 y 与 median 时,还不知道 median 就是最终输出的那个中位数. 当确认了中位数 median 时,算法就应该停止了. 如果还不停止,这样的算法只能是一个笨的算法,因为它做了冗余的工作.

称那些对得到上述"小于"或"大于"信息有贡献的比较是决定性的比较,而那些不能提供"小于"或"大于"信息的比较是非决定性的比较. 例如,上面提到 $z>y$ 和 $y>$median 的情况,z 与 y 的比较、y 与 median 的比较是决定性的比较;而对于 $z<$median 和 $y>$median 的情况,y 与 z 的比较就是非决定性的比较,因为这个比较既不能确认 y 与 median 的大小关系,也不能确认 z 与 median 的大小关系. 这种非决定性的比较是对正确输出所需的信息量没有任何贡献的冗余工作. 对任何求中位数的算法来说,必须完成的决定性比较有 $n-1$ 次,而其他非决定性比较次数对不同算法是不一样的. 如果在一个输入的计算中所做的冗余工作越多,算法运行的效率就越低,正是算法的最坏情况. 我们的想法是:设计一个对输入的赋值规则,可以针对给定算法 A 的计算步骤逐步对输入元素赋值,迫使算法在这个输入下尽量做那些非决定性的比较. 算法的总工作量就是非决定性比较次数加上 $n-1$(决定性比较的次数).

定理 8.8 设 n 为奇数,任何通过比较运算找 n 个数的中位数 median 的算法在最坏情况下至少做 $3n/2-3/2$ 次比较.

证 如下定义决定性的比较与非决定性的比较.

决定性比较:

$\exists y(x>y$ 且 $y\geqslant$median$)$,x 满足上述条件的第一次比较.

$\exists y(x<y$ 且 $y\leqslant$median$)$,x 满足上述条件的第一次比较.

非决定性的比较:当 $x>$median,$y<$median 时,$x>y$ 的比较.

对于任意找中位数的算法 A,根据算法 A 的比较顺序对输入 L 的赋值规则如下.

赋值规则

(1) 任意分配一个值给中位数 median.

(2) 如果 A 比较 x 与 y,且 x 与 y 没有被赋值,那么对 x 和 y 赋值使得 $x>$median,$y<$median.

(3) 如果 A 比较 x 与 y,且 $x>$median,y 没被赋值,则对 y 赋值使得 $y<$median.

(4) 如果 A 比较 x 与 y,且 $x<$median,y 没被赋值,则对 y 赋值使得 $y>$median.

(5) 如果存在 $(n-1)/2$ 个元素已得到小于 median 的值,则对未赋值的元素全部分配大于 median 的值.

(6) 如果存在 $(n-1)/2$ 个元素已得到大于 median 的值,则对未赋值的元素全部分配小于 median 的值.

在上述赋值规则下,直到对输入的赋值完成之前,算法 A 所进行的具有赋值的比较都是非决定性的. 这样的比较至少有 $(n-1)/2$ 次. 加上 $n-1$ 次的决定性比较,算法 A 的比较次数至少是

$$(n-1)+(n-1)/2=3n/2-3/2$$

结论 Select 算法的复杂度是 $O(n)$,在阶上已经达到最优.

前面的分析已经给出了关于选择问题的算法类的时间复杂度的下界,相关结果见表 8.6.

表 8.6 选择问题的时间复杂度

问　题	算　法	最坏情况	问题下界	最优性
找最大	Findmax	$n-1$	$n-1$	最优
找最大最小	FindMaxMin	$\lceil 3n/2 \rceil - 2$	$\lceil 3n/2 \rceil - 2$	最优
找第二大	锦标赛	$n + \lceil \log n \rceil - 2$	$n + \lceil \log n \rceil - 2$	最优
找中位数	Select	$O(n)$	$3n/2 - 3/2$	阶最优
找第 k 小	Select	$O(n)$	$n + \min\{k, n-k+1\} - 2$	阶最优

8.7 通过归约确认问题计算复杂度的下界

对于一个问题 P,如果想确认求解问题 P 的任何算法所需要的最少工作量,即问题 P 的时间复杂度的下界,可以考虑利用已知问题的时间复杂度来做这件事. 设问题 Q 的时间复杂度下界是函数 $f(n)$,如果可以证明求解问题 P 的任何算法需要的工作量都不小于求解 Q 的算法的工作量,那么问题 P 的时间复杂度至少是 $f(n)$. 换句话说,$f(n)$ 也是问题 P 时间复杂度的一个下界. 这是一种归约(变换)的方法. 在讨论问题求解难度的时候,归约是一种建立问题难度层次的常用方法,后面关于计算复杂性理论的讨论会给出大量使用归约方法的例子.

如何建立问题 P 与问题 Q 之间的归约? 基本的思路是:设计一个求解 Q 的算法 A,其中需要调用求解 P 的算法作为子过程. 算法描述如下:

算法 8.5 求解 Q 的算法
输入:问题 Q 的实例 I
输出:实例 I 的解
1. 利用变换 g 将问题 Q 的任何实例 I 转换成问题 P 的实例 $g(I)$(注意转换后的输入 $g(I)$ 的规模应该与原问题输入 I 的规模在量级上一致)
2. 利用求解问题 P 的任何算法求解 $g(I)$,得到解 $s(g(I))$
3. 将 $s(g(I))$ 转换成关于实例 I 的解 $s'(I)$,输出

上述算法的时间复杂度是 $T_1 + T_2 + T_3$,其中 T_1 是第 1 行关于输入的转换时间,T_2 是第 2 行解 P 算法的运行时间,T_3 是第 3 行对解的转换时间. 如果 T_1 和 T_3 相对于 T_2 是很次要的,至少阶与 T_2 一样,那么该算法运行时间就是 T_2,也就是求解问题 P 的任何算法的运行时间. 由于求解 Q 的算法类的时间复杂度的下界是 $f(n)$,即任何解 Q 的算法在最坏情况下至少做 $f(n)$ 次基本运算,因此,T_2 至少和 $f(n)$ 一样大,从而证明了 $f(n)$ 也是求解 P 的任何算法的最坏情况下时间复杂度的一个下界.

例 8.7 设有问题 P 和 Q. 其中,P 是正整数的素因子分解问题,输入是正整数 n,输出是 n 的素因子分解式. 问题 Q 是素数测试问题,输入是正整数 n,输出是"Yes"(n 是素数)或"No"(n 不是素数). 下面的归约证明问题 P 至少和问题 Q 一样难.

设 Factor 是任意的正整数素因子分解算法,Factor(n) 等于 n 分解成的全部素因子,例如 Factor(2)$=\{2\}$,Factor(12)$=\{2,2,3\}$. 规定 Factor(1)$=1$. 算法 8.6 给出了这两个问题之间的归约.

算法 8.6　素数测试算法 Test(n)

输入：正整数 n

输出：如果 n 是素数，输出 "Yes"，否则输出 "No"

1.　if $n=1$ then return "No"

2.　else $p \leftarrow$ Factor(n)

3.　　if $|p| \geqslant 2$ then return "No"

4.　　else return "Yes"

因为素数测试算法的输入与素因子分解算法的输入都是正整数 n，不需要输入的转换操作，算法的第 1 行是调用素因子分解算法，第 2 行和第 3 行就是条件判定和输出，只需要常数时间，因此算法 8.6 的时间复杂度就是第 1 行的工作量，即任何求解素因子分解问题算法的运行时间。如果已知求解素数测试问题算法类的时间复杂度的下界是 $f(n)$，那么 Test 算法的时间复杂度至少是 $f(n)$，这就意味着任何素因子分解算法的时间复杂度也不会小于 $f(n)$。换句话说，素因子分解问题至少和素数测试问题一样难。

例 8.8　考虑求平面上 n 个点的最邻近点对问题的复杂度界定。把这个问题记作问题 P。问题 Q 是元素唯一性判定问题，该问题的描述如下：

给定 n 个数的集合 S，判断 S 中的元素是否存在相同元素。可以证明：以元素比较作为基本运算，任何求解元素唯一性判定问题的算法在最坏情况下的时间复杂度至少是 $\Theta(n\log n)$。证明留作习题。

设计求解唯一性判定问题的算法如下：

算法 8.7　Uniqueness

输入：n 个数的集合 S

输出：如果 S 中存在两个数相等，则输出 "No"，否则输出 "Yes"

1. 将 S 中的数 $x_1, x_2, \cdots, x_n$ 转变成点 $(x_1, 0), (x_2, 0), \cdots, (x_n, 0)$

2. 利用任何求最邻近点对算法计算两点间的最短距离 d

3. if $d=0$ then return "No"

4. else return "Yes"

该算法的运行时间主要由第 1 行和第 2 行构成。第 1 行的工作量不超过 $O(n)$。第 2 行的工作量就是求最邻近点对算法的工作量。因此，任何求最邻近点对算法的时间复杂度不少于唯一性判定问题的时间复杂度的下界 $\Theta(n\log n)$。

本章通过一些例子说明了界定问题（或算法类）计算复杂度下界的一些方法，这些方法在界定检索问题、排序问题、选择问题的计算复杂度中得到了有效的应用，从而也确认了相应算法类中最优的算法是什么。但是，这些方法并不总是有效的，对许多问题界定求解该问题的计算复杂度是相当困难的，甚至找到一个有效的算法也不是一件容易的事情。而这些问题广泛存在于各个应用领域。后面几章将围绕 NP 完全理论，介绍计算复杂性理论的基本框架，希望为处理现实世界的难解问题给出一些思路和建议。

习　题　8

8.1　设 $G_1 = \langle V_1, E_1 \rangle, G_2 = \langle V_2, E_2 \rangle$ 是两个简单图，其中 $V_1 = V_2$。假设 G_1 和 G_2 的输入是用邻接矩阵表示的。换句话说，如果 (v_i, v_j) 是图的边，那么它的邻接矩阵 $\boldsymbol{M}$ 的第

i 行第 j 列的元素 $r_{ij}=1$;否则,$r_{ij}=0,1\leqslant i,j\leqslant n$.

(1) 设输入规模是图中的顶点数 n,给出一个算法判定 G_1 是否为 G_2 的补图. 说明算法的设计思想,并给出最坏情况下的时间复杂度.

(2) 对于求解这个问题的所有算法,给出一个尽可能紧的时间复杂度的下界,并证明你的结果.

8.2 对于给定的 $x\neq0$,求 n 次多项式 $P(x)=a_0+a_1x+a_2x^2+\cdots+a_nx^n$ 的值.

(1) 设计一个在最坏情况下时间复杂度为 $\Theta(n)$ 的求值算法.

(2) 证明任何求值算法的时间复杂度都是 $\Omega(n)$.

8.3 (1) 设 A 和 B 是两个长为 n 的有序数组,现在需要将 A 与 B 合并成一个排好序的数组,证明任何以元素比较作为基本运算的归并算法至少要做 $2n-1$ 次比较.

(2) 对上述归并问题,假设 $|A|=m$,$|B|=n$,给出求解该问题的最优算法并证明其最优性.

8.4 设 n 是 k 的倍数,有 k 个排好序的数表 $L_1,L_2,\cdots,L_k$,每个数表都有 n/k 个数. 假设 n 个数彼此不等,并且归并长为 m 和 n 的两个数表的时间代价是 $O(m+n)$.

(1) 使用顺序归并算法归并这 k 个数表,在最坏情况下的时间复杂度是什么?

(2) 设计一个时间复杂度更低的归并算法,说明算法的主要设计思想,并分析你的算法在最坏情况下的时间复杂度.

(3) 对于以比较作为基本运算求解上述问题的算法类,最坏情况下的时间复杂度的下界是什么? 证明你的结果.

8.5 求直线点对问题的一个紧的下界.

8.6 以 $n=5$ 为例画出冒泡排序算法的决策树.

8.7 设 A 是 n 个不等的整数按照递增次序排列的数组,已知存在 $i\in\{1,2,\cdots,n\}$ 使得 $A[i]=i$,问怎样找到 i?

(1) 设计一个算法求解上述问题,给出算法的伪码描述,并分析算法在最坏情况下的时间复杂度.

(2) 证明任何求解上述问题的算法至少需要做 $\Omega(\log n)$ 次比较.

8.8 设 S 是 n 个数构成的数组,判断 S 中的元素是否都是唯一的. 如果唯一,则输出 "Yes";否则,输出"No". 证明唯一性判定问题的复杂度是 $\Theta(n\log n)$.

8.9 设 $L=\{a_1,a_2,\cdots,a_n\}$ 是 n 个不相等的实数的数表,m 是小于 n 的正整数. 现在需要按照从小到大的次序输出 L 中最小的 m 个数.

(1) 如果 $m=\Theta(n/\log n)$,以 L 中元素的比较作为基本运算,设计一个 $O(n)$ 时间的算法.

(2) 如果 $m=\omega(n/\log n)$,证明不存在 $O(n)$ 时间的算法.

8.10 证明:任何从 n 个数中选第 k 小的数算法,如果以比较作为基本运算,那么它至少要做 $n+\min\{k,n-k+1\}-2$ 次比较.

8.11 给定平面上 n 个点的坐标. 在这些点之间存在某些边,边 (i,j) 的权值是点 i 与 j 的距离. 这些点和边构成平面上的简单图 G,求 G 的一棵最小生成树. 证明求解该问题的算法类的时间复杂度下界是 $\Omega(n\log n)$.

第 9 章

NP 完全性

本章将要介绍一类重要的问题——NP 完全问题，以及如何识别这类问题。大家熟知的货郎问题和背包问题就属于这一类问题，这类问题有成千上万个，分布在图论、数理逻辑、形式语言与自动机、运筹学、人工智能等各种不同的领域内，其中有许多是人们经常可能遇到的计算问题。经过数十年的努力，至今还没有找到求解它们的有效算法，但也没有能够证明它们是难解的。虽然在这些问题到底是不是难解的方面没有取得实质性的进展，而且看起来似乎变得越来越难解决。但是，人们在研究这个问题时却从另一个角度开辟出一个崭新的领域——计算复杂性理论，特别是 NP 完全性理论。现在已经证明，在某种意义下这些问题具有相同的难度。也就是说，如果其中一个有有效算法，那么所有这些问题都有有效算法。或者反过来说，如果证明了其中的一个是难解的，那么所有这些问题都是难解的。这就是 NP 完全性。算法研究人员普遍认为 NP 完全问题是难解的，一个问题被证明是 NP 完全的就意味着这个问题很可能是难解的。因而，识别问题的 NP 完全性成为算法工作者不可缺少的能力。而"NP 完全问题是否真的是难解的？"，即"**P ＝ NP?**"，已成为当代理论计算机科学和数学中的一个最重要、最困难的问题。

下面将给出 **NP** 类和 NP 完全问题及相关的概念，介绍 Cook-Levin 定理——第一个 NP 完全问题，证明几个常见的 NP 完全问题，并通过这些证明说明证明 NP 完全性的常用方法。NP 完全性理论是计算理论的重要组成部分，叙述相关概念和严格的证明离不开计算模型，计算理论中最基本、最常用的计算模型是图灵机，但这些内容超出本书的范围和编写本书的初衷。在这里，我们采用非形式化的方法，力求直观、便于理解，而又不失准确性。想更深入地了解这部分内容的读者可参阅参考文献[7]。

9.1 P 类与 NP 类

9.1.1 易解的问题与难解的问题

20 世纪 50 年代初人们就提出"什么是好算法？"，尽管可以有各种各样评价算法的标准，但算法的运行时间无疑是最重要的标准。前面分析了各种算法的时间上界。例如，用快速排序算法给 n 个数据排序的时间上界为 $O(n\log n)$，用 Dijkstra 算法求解 n 个顶点的图的单源最短路径问题的时间上界为 $O(n^2)$，而用回溯法解 n 个顶点的图的最大团问题的时间上界是 $O(n2^n)$。让我们来看这几个算法运行时间的区别。假设我们用一台运行速度为每秒(s)10 亿次的超大型计算机计算,快速排序算法给 10 万个数据排序的运算量约为 $10^5 \times \log 10^5 \approx 1.7 \times 10^6$,仅需 $1.7 \times 10^6/10^9 \mathrm{s} = 1.7 \times 10^{-3}\mathrm{s}$,即 1.7ms. Dijkstra 算法求解 1 万个顶点的图的单源最短路径问题的运算量约为 $(10^4)^2 = 10^8$,约需 $10^8/10^9 = 0.1\mathrm{s}$. 而用回溯法解 100 个顶点的图的最大团问题的运算量为 $100 \times 2^{100} \approx 1.8 \times 10^{32}$,需要 $1.8 \times 10^{32}/10^9 = 1.8 \times 10^{21}\mathrm{s}$. 每天有 86 400s,每年是 $3.15 \times 10^7\mathrm{s}$,这是 $1.8 \times 10^{21}/(3.15 \times 10^7) = 5.7 \times 10^{15}$(年),即 5 千 7 百万亿年! 再从另外一个角度来看——1 分钟(min)为能解多大的问题. 1 分钟(min)为 60s,这台计算机可做 6×10^{10} 次运算,用快速排序算法可给 2×10^9(即 20 亿)个数据排序,用 Dijkstra 算法可解 2.4×10^5 个顶点的图的单源最短路径问题. 而用回溯法一天只能解 41 个顶点的图的最大团问题. 显然,前两个算法是快速的,是好算法,而解最大团问题的回溯法只能用于较小的图,对于稍大一点的图,如有 100 个顶点的图,这个算法是根本不可行的. 以多项式为时间上界的算法称作多项式时间算法,快速排序和 Dijkstra 算法都是多项式时间算法. 正如上面看到的,由于多项式——特别是低次多项式(如 n^2,n^3)——随自变量的增长而增长的速度比较缓慢,而指数函数是典型的非多项式函数,它随着自变量的增长而迅速增长,即所谓的指数爆炸,因而,我们认为多项式时间算法是好算法,有多项式时间算法的问题是易解的,而不存在多项式时间算法的问题是难解的.

为了更准确地叙述这些概念,下面给出时间复杂度及其相关的概念.

先要给出两个函数多项式相关的概念. 设 $f,g:\mathbf{N} \to \mathbf{N}$,如果存在多项式 p 和 q,使得对任意的 $n \in \mathbf{N}$,$f(n) \leqslant p(g(n))$,$g(n) \leqslant q(f(n))$,则称函数 f 和 g 是多项式相关的. 例如,$n\log n$ 与 n^2,$n^2 + 2n + 5$ 与 n^{10} 都是多项式相关的,而 $\log n$ 与 n,n^5 与 2^n 都不是多项式相关的.

定义 9.1 设 A 是求解问题 Π 的算法,在用 A 求解 Π 的实例 I 时,首先要把 I 编码成二进制的字符串作为 A 的输入,称 I 的二进制编码的长度为 I 的规模,记作 $|I|$. 如果存在函数 $f:\mathbf{N} \to \mathbf{N}$ 使得,对任意的规模为 n 的实例 I,A 对 I 的运算在 $f(n)$ 步内停止,则称算法 A 的时间复杂度为 $f(n)$. 以多项式为时间复杂度的算法称作多项式时间算法. 有多项式时间算法的问题称作易解的. 不存在多项式时间算法的问题称作难解的.

对上述概念需要做如下的进一步解释. 实例 I 的规模与所采用的编码方式有关. 例如,设实例 I 是一个无向简单图 G,如 $G = <V,E>$,其中 $V = \{a,b,c,d\}$,$E = \{(a,b),(a,d),(b,c),(b,d),(c,d)\}$,若用邻接矩阵表示,则 I 可编码成 $e_1 = 0101/1011/0101/1110/$,长度为 20. 若用关联矩阵表示,则 I 可编码成 $e_2 = 11000/10110/00101/01011/$,长度为 24. 设 G 有 n 个顶点 m 条边,则用邻接矩阵时 $|I| = n(n+1)$,用关联矩阵时 $|I| = n(m+1)$. 注意到 $m \leqslant n(n-1)/2$,这两种编码的长度是多项式相关的. 一般地,当采用合理的编码时,输入的规模都应该是多项式相关的. 这里"合理的"一词是指在编码中不故意使用许多冗余的字符. 另一个需要强调的是采用二进制编码. 自然数 n 的二进制编码有 $\lceil \log_2(n+1) \rceil$ 位,而它的一进制编码有 n 位,两者不是多项式相关的. 因此,我们的编码不能采用一进制. 但可以采用任意的 k 进制,其中 k 是大于或等于 2 的正整数. 当 $k \geqslant 2$ 时,k 进制编码的长度与二进制编码的长度相差不超过 $\lceil \log_2 k \rceil$ 倍.

前面在估计算法的运算量时都是把它表示成计算对象的某些自然参数的函数,如图的顶点数或顶点数与边数的函数. 实际上,这些实例的二进制编码的长度与这些参数都是多项式相关的,从而也可以直接用这些参数作为实例的规模.

关于操作指令集有两点需要说明. 其一,执行不同的指令所用的时间是不同的,但在这里把执行任何一条指令作为一步. 这就要求操作指令集中的每一条指令都是"合理的"指令,即要求每一条指令的执行时间是固定的常数. 对于这种"合理的"操作指令集,算法的计算步数与运行时间至多相差常数倍. 例如,两个长度不超过规定长度(计算机的字长)的二进制数的加法是一条合理的指令. 注意,这个二进制加法不是两个长度任意的二进制数相加,对于超过计算机字长的整数加法必须进行分段处理,而不再看作一条合理的指令. 其二,算法的计算步数与采用的操作指令集有关. 但实际上对于任何两个"合理的"操作指令集,其中一个指令集中的每一条指令都可以用另一个指令集中的指令模拟,且模拟所用的指令条数不超过某个固定的常数,从而同一个算法在任何两个"合理的"操作指令集上的运算步数至多相差常数倍. 为了进一步明确"合理的"一词的含义,可以规定一个基本操作指令集,如它由位逻辑运算与、或、非组成,然后认为任何可以用这个基本操作指令集中常数条指令实现的操作都是合理的指令,由有限种合理的指令构成的操作指令集是合理的操作指令集.

上述约定是符合实际情况的,因而是合理的. 在这样的约定下,算法是否是多项式时间与采用的输入编码和操作指令集无关,从而一个问题是易解的还是难解的也与采用的编码和操作指令集无关. 事实上,设有两种编码 σ_1 和 σ_2 以及两个操作指令集 D_1 和 D_2. 实例 I 的这两种编码的长度分别记作 $|I|_1$ 和 $|I|_2$. 根据假设,存在多项式 p 和 q,使得对任意的实例 I,有 $|I|_1 \leqslant p(|I|_2)$ 和 $|I|_2 \leqslant q(|I|_1)$. 又存在常数 k_1 和 k_2,使得 D_1 中的每一条指令都可以用 D_2 中的不超过 k_1 条指令模拟,D_2 中的每一条指令都可以用 D_1 中的不超过 k_2 条指令模拟. 设算法 A 在采用编码 σ_1 和操作指令集 D_1 时是多项式时间的,即存在多项式 f 使得对任意的实例 I,算法在 $f(|I|_1)$ 步内停止. 不妨设 f 是单调递增的. 若采用操作指令集 D_2,算法至多运行 $k_1 f(|I|_1)$ 步. 又,$k_1 f(|I|_1) \leqslant k_1 f(p(|I|_2))$,$f(p(n))$ 也是多项式,从而得证 A 在采用编码 σ_2 和操作指令集 D_2 时也是多项式时间的. 由对称性,若算法 A 在采用编码 σ_2 和操作指令集 D_2 时是多项式时间的,那么在采用编码 σ_1 和操作指令集 D_1 时也是多项式时间的. 因此,算法 A 是否是多项式时间的与采用的输入编码和操作指令集无关.

前面几章已经给出排序、最小生成树、单源最短路径等问题的多项式时间算法,因此它们都是易解的. 现在也已经证明了一些问题是难解的. 在已证明的难解问题中,一类是不可计算的,即根本不存在求解的算法,如丢番图方程是否有整数解,即任意的整系数多元代数方程是否有整数解,这就是著名的希尔伯特第十问题. 这是一类在特别强的意义下难解的问题. 除了这类问题外,在数理逻辑、形式语言与自动机理论、组合游戏等领域内已经找到一些问题,它们都有算法,但至少需要指数时间,有的至少需要指数空间,甚至更多的时间或更大的空间,它们都是难解的.

但是,难办的是,人们发现包括哈密顿回路问题、货郎问题、背包问题等在内的一大批问题既没有找到它们的多项式时间算法,又没能证明它们是难解的. 由于这些问题不仅数量庞大、分布广泛,而且其中许多是在各个领域中经常遇到的重要问题,因而这些问题的难度成为人们十分关心的问题. 本章的任务就是要给出刻画这类问题的难度的方法.

9.1.2 判定问题

由于技术上的原因,在定义复杂性类时限制在判定问题上. 所谓判定问题是指答案只有两个——"是"和"否"或者"Yes"和"No"——的问题. 形式上, 判定问题 $\varPi$ 可定义为有序对 $<D_\varPi, Y_\varPi>$, 其中 $D_\varPi$ 是实例集合, 由 $\varPi$ 的所有可能的实例组成; $Y_\varPi \subseteq D_\varPi$ 由所有答案为 "Yes"的实例组成. 举例如下.

哈密顿回路（HC）: 任给无向图 G, 问 G 是哈密顿图吗？所谓哈密顿图是指图中有恰好经过每一个顶点一次的回路, 这样的回路称作哈密顿回路.

这是一个判定问题, 其中 D_{HC} 由所有的无向图组成, 而 Y_{HC} 包括所有哈密顿图. 不过要注意, 在这里仅仅问是否是哈密顿图, 即图中是否有一条哈密顿回路, 并不要求给出这样的回路. 在实际中, 这类问题通常以搜索问题的形式出现, 即要寻找一条哈密顿回路. 当 G 是哈密顿图时, 要求给出它的一条哈密顿回路; 当不是哈密顿图时, 则输出"No". 我们称它为判定问题 **HC** 对应的搜索问题.

如果判定问题 **HC** 对应的搜索问题有多项式时间算法 A, 任给一个无向图 G, 当 G 是哈密顿图时, A 输出 G 的一条哈密顿回路; 当 G 不是哈密顿图时, A 输出"No". 那么, 可以利用 A, 构造如下 **HC** 的算法 B: 对任给的无向图 G, 运用算法 A, 如果 A 输出 G 的一条哈密顿回路, 则 B 输出"Yes"; 如果 A 输出"No", 则 B 输出"No". 显然, B 也是多项式时间的. 这表明, 如果 **HC** 对应的搜索问题是易解的, 则 **HC** 也是易解的; 反过来说, 如果 **HC** 是难解的, 则它对应的搜索问题也是难解的. 在这个意义上, 判定问题 **HC** 对应的搜索问题不会比 **HC** 本身容易; 反过来, **HC** 不会比它对应的搜索问题难.

组合优化是经常遇到的一大类计算问题, 如前面讲过的最短路径问题和货郎问题. 与搜索问题类似, 组合优化问题和判定问题之间也有类似的关系. 货郎问题的判定形式如下.

货郎问题（TSP）: 任给 n 个城市, 城市 i 与城市 j 之间的正整数距离 $d(i,j), i \neq j$, $1 \leqslant i, j \leqslant n$, 以及整数 D, 问有一条每一个城市恰好经过一次最后回到出发点且长度不超过 D 的巡回路线吗？即是否存在 $1, 2, \cdots, n$ 的排列 σ, 使得

$$\sum_{i=1}^{n-1} d(\sigma(i), \sigma(i+1)) + d(\sigma(n), \sigma(1)) \leqslant D$$

前面研究过的 **TSP** 的优化形式则要求给出一条这种长度最短的巡回路线. 与 **HC** 类似, 如果 **TSP** 的优化形式有多项式时间算法 A, 那么可以如下构造判定问题 **TSP** 的算法 B: 对任给的实例 I, 应用 A 求出长度最短的巡回路线, 计算这条路线的长度 d, 并与 D 进行比较. 如果 $d \leqslant D$, 则 B 输出"Yes"; 否则, 输出"No". 显然, B 也是多项式时间的. 于是, 这同样表明, 如果 **TSP** 是难解的, 则它的优化形式也是难解的. 或者说, **TSP** 的优化形式不会比 **TSP** 容易.

又如, 在第 3 章介绍的最长公共子序列问题是最大化问题, 它对应的判定形式如下.

最长公共子序列: 任给两个序列 $X = <x_1, x_2, \cdots, x_m>$ 和 $Y = <y_1, y_2, \cdots, y_n>$, 以及正整数 K, 问存在 X 和 Y 长度不小于 K 的公共子序列吗？

和上面类似, 不难利用最长公共子序列问题的多项式时间算法设计出求解它的判定形式最长公共子序列的多项式时间算法: 首先求出 X 和 Y 的最长公共子序列 Z, 然后计算 Z 的长度 $|Z|$, 如果 $|Z| \geqslant K$ 则输出"Yes"; 否则, 输出"No". 和前面两个问题不同的是, 最长公共子序列问题确实有多项式时间算法, 如在第 3 章给出的算法 LCS, 从而最长公共子序列也是易解的.

一般地, 组合优化问题 $\varPi^*$ 由 3 部分组成:

(1) 实例集 D_{Π^*}.

(2) 对每一个实例 $I \in D_{\Pi^*}$, 有一个有穷的非空集合 $S(I)$, $S(I)$ 的元素称作 I 的可行解.

(3) 对每一个可行解 $s \in S(I)$, 有一个正整数 $c(s)$, 称作 s 的值.

当 Π^* 是最小化问题(最大化问题)时, 如果 $s^* \in S(I)$ 使得对所有的 $s \in S(I)$,

$$c(s^*) \leqslant c(s) \quad (c(s^*) \geqslant c(s))$$

则称 s^* 是 I 的最优解; $c(s^*)$ 是 I 的最优值, 记作 OPT(I).

对应 Π^* 的判定问题 $\Pi = <D_\Pi, Y_\Pi>$ 定义如下: $D_\Pi = \{(I, K) \mid I \in D_{\Pi^*}, K \in \mathbf{Z}^*\}$, 其中 $\mathbf{Z}^*$ 是非负整数集合. 当 Π^* 是最小化问题时, $Y_\Pi = \{(I, K) \mid \text{OPT}(I) \leqslant K\}$; 当 Π^* 是最大化问题时, $Y_\Pi = \{(I, K) \mid \text{OPT}(I) \geqslant K\}$. 即对 Π^* 的每一个实例 I, 添加一个非负整数 K 得到 Π 的一个实例 I', 当 Π^* 是最小化问题(最大化问题)时, 问 I' 有一个可行解 $s \in S(I)$ 的值 $c(s)$ 小于或等于(大于或等于) K 吗? 也就是说, I' 的答案是"Yes"当且仅当 $\text{OPT}(I) \leqslant K(\text{OPT}(I) \geqslant K)$.

不难套用前面的方法证明, 只要可行解的值 $c(s)$ 是多项式时间可计算的, 那么, 如果判定问题 Π 是难解的, 则对应的优化问题 Π^* 也是难解的. 事实上, 通常还可以证明反过来也是对的, 如果优化问题 Π^* 是难解的, 则对应的判定问题 Π 也是难解的. 即判定问题 Π 与它对应的优化问题 Π^* 具有相同的难度. 由此可见, 当下面把研究的对象限制在判定问题时, 所得到的结果不难引申到对应的搜索问题或组合优化问题.

9.1.3 NP 类

定义 9.2 所有多项式时间可解的判定问题组成的问题类称作 **P 类**.

例如, 最长公共子序列 $\in$ P. 根据前面的叙述, 一个判定问题是易解的当且仅当它属于 **P 类**. 现在的问题是, 前面所说的包括哈密顿回路问题、货郎问题、背包问题等在内的既没有找到多项式时间算法、又没能证明是难解的一大类问题所对应的判定问题有什么样的难度. 对于这些判定问题, 虽然我们既没能证明它们属于 **P**, 也没能证明它们不属于 **P**, 但是却发现它们有一个共同的特点——是多项式时间可验证的. 例如, 对于哈密顿回路, 任给一个无向图 G, 如果有一位能力超强的人声称 G 是哈密顿图, 并且提供了一条回路 L, 说这是 G 中的一条哈密顿回路, 从而证明他说的是对的. 那么, 我们很容易在多项式时间内检查 L 是不是 G 中的哈密顿回路, 从而验证他说的是否是对的. 而且当 G 是哈密顿图时, 由于他的能力超强, 总能够提供一条这样的回路 L(不管他是怎么找到的). 把这个思想抽象成下述概念.

定义 9.3 设判定问题 $\Pi = <D, Y>$, 如果存在两个输入变量的多项式时间算法 A 和多项式 p, 对每一个实例 $I \in D$, $I \in Y$ 当且仅当存在 t, $|t| \leqslant p(|I|)$, 且 A 对输入 I 和 t 输出"Yes", 则称 Π 是多项式时间可验证的, A 是 Π 的多项式时间验证算法, 而当 $I \in Y$ 时称 t 是 $I \in Y$ 的证据.

由所有多项式时间可验证的判定问题组成的问题类称作 **NP 类**.

NP 是非确定型多项式(nondeterministic polynomial)的缩写. 可以把多项式时间验证算法看成用下述不确定的方式搜索整个可能的证据空间: 对给定的实例 I, 首先"猜想"一个 t, $|t| \leqslant p(|I|)$, 然后检查 t 是否是证明 $I \in Y$ 的证据, 猜想和检查可以在多项式时间内完成, 并且当且仅当 $I \in Y$ 时能够正确地猜想到一个证据 t. 这种不确定的搜索方式称作非确定型多项式时间算法. 判定问题 $\Pi \in$ **NP** 当且仅当 Π 存在非确定型多项式时间算法. 相对应地,

通常的算法称作确定型算法. 需要注意的是, 非确定型算法并不是真正的算法, 它仅是为了刻画可验证性而提出的一种概念. 为了把非确定型多项式时间算法转换成确定型算法, 必须搜索整个可能的证据空间, 这通常需要指数时间.

对于哈密顿回路可以如下设计非确定型多项式时间算法: 任给无向图 G, 任意猜想所有顶点的一个排列, 然后检查这个排列是否构成一条哈密顿回路, 即相邻两个顶点之间以及首尾两个顶点之间是否都有边. 若是, 则回答"Yes"; 否则, 回答"No". 当无向图 G 是哈密顿图时, 总能猜对一个排列, 它确实给出一条哈密顿回路, 从而算法回答"Yes". 如果 G 不是哈密顿图, 则猜想的任何排列都不是哈密顿回路, 从而算法总是回答"No". 猜想一个排列并检查这个排列是否是哈密顿回路, 显然可以在多项式时间内完成. 因此, $HC \in NP$. 任何一个构成哈密顿回路的顶点排列都是 G 为哈密顿图的证据. 又如 0-1 背包问题.

0-1 背包: 任给 n 件物品和一个背包, 物品 i 的重量为 w_i, 价值为 v_i, $1 \leqslant i \leqslant n$, 以及背包的重量限制 B 和价值目标 K, 其中 w_i, v_i, B, K 均为正整数, 问能在背包中装入总价值不少于 K 且总重量不超过 B 的物品吗? 即存在子集 $T \subseteq \{1, 2, \cdots, n\}$, 使得

$$\sum_{i \in T} w_i \leqslant B \qquad \text{且} \qquad \sum_{i \in T} v_i \geqslant K$$

在第 5 章介绍过这个问题的优化形式的算法. 显然能够在多项式时间内任意猜想 $\{1, 2, \cdots, n\}$ 的一个子集, 并检查这个子集是否满足上述两个不等式, 从而正确地回答"Yes"或"No". 这是 0-1 背包的非确定型多项式时间算法, 故 0-1 背包 $\in NP$.

问题 $\Pi = \langle D, Y \rangle \in NP$ 的关键在于, 当实例 $I \in Y$ 时有便于检查的简短证据.

哈密顿回路、0-1 背包属于 NP, 最长公共子序列也属于 NP. 事实上, P 和 NP 有下述关系.

定理 9.1 $P \subseteq NP$.

证 设 $\Pi = \langle D, Y \rangle \in P$, A 是 Π 的多项式时间算法. 实际上 A 也是 Π 的多项式时间验证算法, 这只需要把 A 看成两个输入变量的算法, 而实际上不管第二个输入变量的值. 更形式地, 如下构造算法 B: 对每一个 $I \in D$ 和任意的 t, B 对 I 和 t 的计算与 A 对 I 的计算完全一样, 而不管 t. 显然, B 是多项式时间的. 当 $I \in Y$ 时, 取某个固定的 t_0 作为第二个输入, 如取 $t_0 = 1$, 由于 A 对 I 的输出是"Yes", B 对 I 和 t_0 的输出也是"Yes"; 当 $I \notin Y$ 时, 对任意的 t, 由于 A 对 I 的输出是"No", B 对 I 和 t 的输出也是"No". 因此, B 是 Π 的多项式时间验证算法, 得证 $\Pi \in NP$.

现在的问题是 $P = NP$ 吗? 也就是说, NP 中有难解的问题吗?

9.2 多项式时间变换与 NP 完全性

9.2.1 多项式时间变换

由于对 NP 中的许多问题经过努力始终没有找到多项式时间算法, 也没能证明是难解的, 因此, 人们只得另辟蹊径. 如果 NP 中有难解的问题, 那么 NP 中最难的问题一定是难解的. 什么是最难的问题? 如何描述最难的问题? 这就需要比较问题之间的难度. 为此, 引入下述概念.

定义 9.4 设判定问题 $\Pi_1 = \langle D_1, Y_1 \rangle$, $\Pi_2 = \langle D_2, Y_2 \rangle$. 如果函数 $f: D_1 \to D_2$ 满足条件:

(1) f 是多项式时间可计算的, 即存在计算 f 的多项式时间算法.

（2）对所有的 $I \in D_1, I \in Y_1 \Leftrightarrow f(I) \in Y_2$.

则称 f 是 Π_1 到 Π_2 的多项式时间变换.

如果存在 Π_1 到 Π_2 的多项式时间变换，则称 Π_1 可多项式时间变换到 Π_2，记作 $\Pi_1 \leqslant_p \Pi_2$.

例 9.1　　HC $\leqslant_p$ TSP.

证　如下规定 HC 到 TSP 的多项式时间变换 f. 对 HC 的每一个实例 I，I 是一个无向图 $G=<V,E>$，TSP 对应的实例 $f(I)$ 为：城市集 V，任意两个不同的城市 u 与 v 之间的距离

$$d(u,v)=\begin{cases}1 & \text{若}(u,v) \in E \\ 2 & \text{否则}\end{cases}$$

以及界限 $D=|V|$. 显然，f 是多项式时间可计算的，又 $f(I)$ 中每一个城市恰好经过一次的巡回路线有 $|V|$ 条边，每条边的长度为 1 或 2，因而巡回路线的长度至少等于 D. 于是，巡回路线的长度不超过 D，实际上恰好等于 D，这当且仅当它的每条边的长度都为 1，又当且仅当它是 G 中的一条哈密顿回路，从而 $I \in Y_{HC} \Leftrightarrow f(I) \in Y_{TSP}$.

在第 4 章中介绍了最小生成树问题，它对应的判定问题如下.

最小生成树：任给连通的无向赋权图 $G=<V,E,W>$，其中权 $W: E \to \mathbf{Z}^+$，以及正整数 B，问有权不超过 B 的生成树吗？

它的对偶问题是最大生成树，定义如下.

最大生成树：任给连通的无向赋权图 $G=<V,E,W>$，其中权 $W: E \to \mathbf{Z}^+$，以及正整数 D，问 G 有权不小于 D 的生成树吗？

例 9.2　　最大生成树 $\leqslant_p$ 最小生成树.

证　对最大生成树的每一个实例 I，I 是一个连通的无向赋权图 $G=<V,E,W>$ 和正整数 D，其中权 $W: E \to \mathbf{Z}^+$，如下构造最小生成树的对应实例 $f(I)$：连通的无向赋权图 $G'=<V,E,W'>$ 和正整数 $B=(n-1)M-D$，其中，$n=|V|$，$M=\max\{W(e) | e \in E\}+1$，对每一条边 $e \in E$，$W'(e)=M-W(e)$.

显然 f 是多项式时间可计算的，要证 I 是"Yes"实例当且仅当 $f(I)$ 是"Yes"实例. 假设 I 是"Yes"实例，那么存在 G 的生成树 T，使得

$$\sum_{e \in T} W(e) \geqslant D$$

根据 $f(I)$ 的构造和 $|T|=n-1$，有

$$\sum_{e \in T} W'(e) = \sum_{e \in T}(M-W(e)) = (n-1)M - \sum_{e \in T}W(e) \leqslant (n-1)M-D=B$$

即 T 是 G' 中权不超过 B 的生成树，从而 $f(I)$ 是"Yes"实例. 反过来可类似证明. 得证 f 是最大生成树到最小生成树的多项式时间变换.

下面给出 $\leqslant_p$ 的性质.

定理 9.2　$\leqslant_p$ 具有传递性. 即设 $\Pi_1 \leqslant_p \Pi_2, \Pi_2 \leqslant_p \Pi_3$，则 $\Pi_1 \leqslant_p \Pi_3$.

证　设 $\Pi_1=<D_1,Y_1>, \Pi_2=<D_2,Y_2>, \Pi_3=<D_3,Y_3>$，$f$ 和 g 分别是 Π_1 到 Π_2 和 Π_2 到 Π_3 的多项式时间变换. 对每一个 $I \in D_1$，令 $h(I)=g(f(I))$. 即 h 是 f 和 g 的复合. 要证 h 是 Π_1 到 Π_3 的多项式时间变换.

设算法 A 和 B 分别计算 f 和 g，它们的时间上界分别为多项式 p 和 q，不妨设 p 和 q 是单调递增的. 如下构造计算 h 的算法 C：对每一个 $I \in D_1$，首先对 I 应用 A，得到输出

$f(I)$;再将 $f(I)$ 作为 B 的输入,计算得到 $h(I)=g(f(I))$. A 对输入 I 的计算步数不超过 $p(|I|)$,B 对输入 $f(I)$ 的计算步数不超过 $q(|f(I)|)$. 于是,C 对输入 I 的计算步数不超过 $p(|I|)+q(|f(I)|)$. 注意到,输出作为合理的指令,一步只能输出长度不超过固定值的字符串,因而 $|f(I)|\leqslant kp(|I|)$,其中 k 是一个常数. 于是,$p(|I|)+q(|f(I)|)\leqslant p(|I|)+q(kp(|I|))$,这是 $|I|$ 的多项式,从而 h 是多项式时间可计算的.

又对每一个 $I\in D_1$,
$$I\in Y_1\Leftrightarrow f(I)\in Y_2\Leftrightarrow g(f(I))\in Y_3,\quad 即 h(I)\in Y_3$$
得证 h 是 Π_1 到 Π_3 的多项式时间变换.

定理 9.3 设 $\Pi_1\leqslant_p\Pi_2$,则 $\Pi_2\in\mathbf{P}$ 蕴涵 $\Pi_1\in\mathbf{P}$.

证 设 $\Pi_1=<D_1,Y_1>$,$\Pi_2=<D_2,Y_2>$,f 是 Π_1 到 Π_2 的多项式时间变换,A 是计算 f 的多项式时间算法. 又设 B 是 Π_2 的多项式时间算法. 如下构造 Π_1 的算法 C:对每一个 $I\in D_1$,首先应用 A 得到 $f(I)$,然后对 $f(I)$ 应用 B,C 输出"Yes"当且仅当 B 输出"Yes".

要证 C 是 Π_1 的算法. 对每一个 $I\in D_1$,
$$I\in Y_1\Leftrightarrow f(I)\in Y_2\Leftrightarrow B 对 f(I) 输出"Yes"\Leftrightarrow C 对 I 输出"Yes"$$
故 C 是 Π_1 的算法.

类似定理 9.2 的证明,可以证明算法 C 是多项式时间的. 得证 $\Pi_1\in\mathbf{P}$.

下面是定理 9.3 的另一种表述.

推论 9.1 设 $\Pi_1\leqslant_p\Pi_2$,那么,若 Π_1 是难解的,则 Π_2 也是难解的.

在第 4 章已经证明最小生成树 $\in\mathbf{P}$,由定理 9.3 和例 9.2 得到最大生成树 $\in\mathbf{P}$. 由推论 9.1 和例 9.1,如果 **HC** 是难解的,则 **TSP** 也是难解的.

定理 9.3 及其推论 9.1 表明,$\leqslant_p$ 提供了比较判定问题之间难度的手段——如果 $\Pi_1\leqslant_p\Pi_2$,则相对于多项式时间,Π_2 不会比 Π_1 容易. 或者反过来说,Π_1 不会比 Π_2 难. 其实在 9.1.1 节中已经做了这件工作,在那里证明了判定问题不会比对应的组合优化问题或搜索问题更难. 所采用的方法是利用组合优化问题或搜索问题的算法 A 构造对应的判定问题的算法 B,使得如果 A 是多项式时间的,则 B 也是多项式时间. 这个做法称作归约. 8.7 节也使用了归约,多项式时间变换是一种特殊的归约,定理 9.3 的证明清楚地表明了这一点.

9.2.2 NP 完全性及其性质

定义 9.5 如果对所有的 $\Pi'\in NP,\Pi'\leqslant_p\Pi$,则称 Π 是 **NP 难**的. 如果 Π 是 NP 难的且 $\Pi\in NP$,则称 Π 是 **NP 完全**的.

根据推论 9.1,NP 难的问题不会比 NP 中的任何问题容易,因此 NP 完全问题是 NP 中最难的问题. 下述定理都很容易证明,把它们的证明留作习题.

定理 9.4 如果存在 NP 难的问题 $\Pi\in\mathbf{P}$,则 $\mathbf{P}=NP$.

推论 9.2 假设 $\mathbf{P}\neq NP$,那么,如果 Π 是 NP 难的,则 $\Pi\notin\mathbf{P}$.

虽然"$\mathbf{P}=NP$?"至今还没有解决,但研究人员普遍相信 $\mathbf{P}\neq NP$,因而 NP 完全性成为表明一个问题很可能是难解的(不属于 $\mathbf{P}$)有力证据.

定理 9.5 如果存在 NP 难的问题 Π',使得 $\Pi'\leqslant_p\Pi$,则 Π 是 NP 难的.

推论 9.3 如果 $\Pi\in NP$ 并且存在 NP 完全问题 Π',使得 $\Pi'\leqslant_p\Pi$,则 Π 是 NP 完全的.

定理 9.5 提供了证明 Π 是 NP 难的一条"捷径",不再需要把 NP 中所有的问题多项式时间变换到 Π,而只需要把一个已知的 NP 难问题多项式时间变换到 Π. 根据推论 9.3,为了证明 Π 是 NP 完全的,只需做下述两件事:

（1）证明 $\Pi \in$ NP.

（2）找到一个已知的 NP 完全问题 Π',并证明 $\Pi' \leqslant_p \Pi$.

但是,直到现在我们还不知道哪个问题是 NP 完全的,甚至不知道是否真的有 NP 完全问题. 9.2.3 节将对此给予肯定的回答,给出第一个 NP 完全问题.

9.2.3 Cook-Levin 定理——第一个 NP 完全问题

20 世纪 70 年代初,S. A. Cook 和 L. A. Levin 分别独立地证明了第一个 NP 完全问题,这是命题逻辑中的一个基本问题.

在命题逻辑中,变元的取值为 0 或 1,其中 0 表示"假",1 表示"真". 合式公式是由变元、逻辑运算符和圆括号按照一定的规则组成的表达式. 变元和它的否定称作文字. 有限个文字的析取称作简单析取式. 有限个简单析取式的合取称作合取范式. 例如,

$$F_1 = (\neg x_1 \vee x_2 \vee \neg x_3) \rightarrow (x_1 \wedge \neg x_2)$$

$$F_2 = (x_1 \vee x_2) \wedge (\neg x_1 \vee x_2 \vee x_3) \wedge \neg x_2$$

$$F_3 = (x_1 \vee \neg x_2 \vee x_3) \wedge (\neg x_1 \vee \neg x_2 \vee x_3) \wedge x_2 \wedge \neg x_3$$

F_1 是合式公式,但不是合取范式;F_2 和 F_3 是合取范式,当然也是合式公式.

设 F 是关于变元 $x_1, x_2, \cdots, x_n$ 的合式公式. 给定每一个变元的真假值称作关于变元 $x_1, x_2, \cdots, x_n$ 的赋值. 如果赋值 $t : \{x_1, x_2, \cdots, x_n\} \rightarrow \{0,1\}$ 使得 $t(F) = 1$,则称 t 是 F 的成真赋值. 如果 F 存在成真赋值,则称 F 是可满足的.

例如,令 $t(x_1) = 1, t(x_2) = 0, t(x_3) = 1$. t 是 F_1 和 F_2 的成真赋值,从而 F_1 和 F_2 是可满足的. t 不是 F_3 的成真赋值,事实上 F_3 不是可满足的.

可满足性(SAT):任给一个合取范式 F,问 F 是可满足的吗?

定理 9.6 （Cook-Levin 定理）SAT 是 NP 完全的.

这个问题属于 **NP** 是显然的,证明它是 NP 难的超出了本书的范围,有兴趣的读者可参阅参考文献[7].

由于确实存在 NP 完全问题,定理 9.4 可以改写成下述定理.

定理 9.7 P＝NP 的充分必要条件是存在 NP 完全问题 $\Pi \in$ P.

9.3 几个 NP 完全问题

本节从 SAT 开始,利用多项式时间变换证明几个 NP 完全问题,采用的多项式时间变换关系如图 9.1 所示.

9.3.1 最大可满足性与三元可满足性

利用 SAT 的 NP 完全性,很容易证明下述问题也是 NP 完全的.

最大可满足性(MAX-SAT):任给关于变元 $x_1, x_2, \cdots, x_n$ 的简单析取式 $C_1, C_2, \cdots, C_m$ 及正整数 K,问存在关于变元 $x_1, x_2, \cdots, x_n$ 的赋值使得 $C_1, C_2, \cdots, C_m$ 中至少有 K 个为

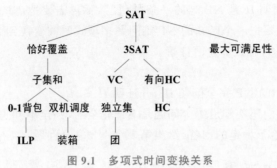

图 9.1　多项式时间变换关系

真吗？

设判定问题 $\Pi=<D,Y>,\Pi'=<D',Y'>$，如果 $D'\subseteq D,Y'=D'\cap Y$，则 Π' 是 Π 的特殊情况，称作 Π 的子问题．

例如，"给定一个平面图 G，问 G 是哈密顿图吗？"是 **HC** 的子问题．可以把 **SAT** 看作 **MAX-SAT** 的特殊情况——当 $K=m$ 时，赋值 t 使 $C_1,C_2,\cdots,C_m$ 中至少有 $K=m$ 个为真，即 t 使 $C_1,C_2,\cdots,C_m$ 全部为真，这当且仅当 t 是 $F=C_1\wedge C_2\wedge\cdots\wedge C_m$ 的成真赋值，从而 **MAX-SAT** 退化成 **SAT**．详细地说，设 I 是 **SAT** 的一个实例，它是关于变元 $x_1,x_2,\cdots,x_n$ 的合取范式 $F=C_1\wedge C_2\wedge\cdots\wedge C_m$，如下构造 **MAX-SAT** 的实例 I'：I' 由简单析取式 C_1, $C_2,\cdots,C_m$ 和正整数 $K=m$ 构成．显然，I 为 Yes 实例当且仅当 I' 为 Yes 实例，从而可以把 **SAT** 看作 **MAX-SAT** 当 $K=m$ 时的特殊情况，即可以把 **SAT** 看作 **MAX-SAT** 的子问题．

设 $\Pi'=<D',Y'>$ 是 $\Pi=<D,Y>$ 的子问题，容易把 Π' 多项式时间变换到 Π，变换把 Π' 的每一个实例 I 映射到自己，即变换 $f(I)=I$．从而如果已知 Π 的子问题 Π' 是 NP 难的，则 Π 也是 NP 难的．其实，这是再显然不过的事情——任何问题当然不会比它的子问题容易．

定理 9.8　**MAX-SAT** 是 NP 完全的．

证　显然 **MAX-SAT** $\in$ NP，任意猜想一个关于变元 $x_1,x_2,\cdots,x_n$ 的赋值，不难检查 C_1, $C_2,\cdots,C_m$ 中是否至少有 K 个为真．

由于 **SAT** 可以看作 **MAX-SAT** 的子问题，容易把 **SAT** 多项式时间变换到它．对 **SAT** 的每一个实例 I，I 是关于变元 $x_1,x_2,\cdots,x_n$ 的合取范式 $F=C_1\wedge C_2\wedge\cdots\wedge C_m$，其中 C_1, $C_2,\cdots,C_m$ 是简单析取式，对应的 **MAX-SAT** 的实例 $f(I)$ 由简单析取式 $C_1,C_2,\cdots,C_m$ 和正整数 $K=m$ 构成．显然，f 是多项式时间可计算的．另外，赋值 t 是 F 的成真赋值当且仅当 t 使 $C_1,C_2,\cdots,C_m$ 都为真，从而 I 的答案是"Yes"当且仅当 $f(I)$ 的答案是"Yes"．得证 **SAT** $\leqslant_p$ **MAX-SAT**．

下面考虑 **SAT** 的一个子问题——三元可满足性．如果合取范式的每一个简单析取式恰好有三个文字，则称这种合取范式为 3 元合取范式．当限制 **SAT** 实例中的合取范式为 3 元合取范式时，称作三元可满足性（3SAT），即

三元可满足性（3SAT）：任给一个 3 元合取范式 F，问 F 是可满足的吗？

定理 9.9　**3SAT** 是 NP 完全的．

证　由于 **3SAT** 是 **SAT** 的特殊情况，故 **3SAT** $\in$ NP．

为了证明 **3SAT** 是 NP 难的，要证 **SAT** $\leqslant_p$ **3SAT**．注意，这里是要把 **SAT** 多项式时间变

换到 3SAT,而不是把 3SAT 多项式时间变换到 SAT. 由于 3SAT 是 SAT 的特殊情况,后者是很容易做到的,但不能解决任何问题.

任给一个合取范式 F,要构造对应的 3 元合取范式 $F' = f(F)$,使得 F 是可满足的当且仅当 F' 是可满足的. 具体构造如下:

设 $F = \bigwedge_{1 \leqslant j \leqslant m} C_j$,其中 $C_j (1 \leqslant j \leqslant m)$ 是简单析取式,对应的 $F' = \bigwedge_{1 \leqslant j \leqslant m} F'_j$,其中 F'_j 对应于 $C_j (1 \leqslant j \leqslant m)$,是 3 元合取范式,并且

$$C_j \text{ 是可满足的当且仅当 } F'_j \text{ 是可满足的.} \qquad (*)$$

这样的 F' 显然满足 F 是可满足的当且仅当 F' 是可满足的.

下面分情况构造 F'_j,其中诸 z_i 表示文字,即某个变元 x_k 或它的否定 $\neg x_k$.

(1) $C_j = z_1$. 引入两个新变元 y_{j1}, y_{j2},令

$$F'_j = (z_1 \vee y_{j1} \vee y_{j2}) \wedge (z_1 \vee \neg y_{j1} \vee y_{j2})$$
$$\wedge (z_1 \vee y_{j1} \vee \neg y_{j2}) \wedge (z_1 \vee \neg y_{j1} \vee \neg y_{j2})$$

由于 $y_{j1} \vee y_{j2}, \neg y_{j1} \vee y_{j2}, y_{j1} \vee \neg y_{j2}, \neg y_{j1} \vee \neg y_{j2}$ 不能同时为真,故 F'_j 为真当且仅当 $z_1 = 1$,从而式 $(*)$ 成立.

(2) $C_j = z_1 \vee z_2$. 引入一个新变元 y_j,令

$$F'_j = (z_1 \vee z_2 \vee y_j) \wedge (z_1 \vee z_2 \vee \neg y_j)$$

(3) $C_j = z_1 \vee z_2 \vee z_3$. 令 $F'_j = C_j$.

对于这两种情况式 $(*)$ 显然成立.

(4) $C_j = z_1 \vee z_2 \vee \cdots \vee z_k, k \geqslant 4$. 引入 $k - 3$ 个新变元 $y_{j1}, y_{j2}, \cdots y_{j(k-3)}$,令

$$F'_j = (z_1 \vee z_2 \vee y_{j1}) \wedge (\neg y_{j1} \vee z_3 \vee y_{j2}) \wedge (\neg y_{j2} \vee z_4 \vee y_{j3})$$
$$\wedge \cdots \wedge (\neg y_{j(k-4)} \vee z_{k-2} \vee y_{j(k-3)}) \wedge (\neg y_{j(k-3)} \vee z_{k-1} \vee z_k)$$

设赋值 t 满足 C_j,则存在 $i (1 \leqslant i \leqslant k)$ 使得 $t(z_i) = 1$,把 t 扩张到 $\{y_{j1}, y_{j2}, \cdots, y_{j(k-3)}\}$ 上. 当 $i = 1$ 或 2 时,令 $t(y_{js}) = 0 (1 \leqslant s \leqslant k - 3)$;当 $i = k - 1$ 或 k 时,令 $t(y_{js}) = 1 (1 \leqslant s \leqslant k - 3)$;当 $3 \leqslant i \leqslant k - 2$ 时,令

$$t(y_{js}) = \begin{cases} 1 & 1 \leqslant s \leqslant i - 2 \\ 0 & i - 1 \leqslant s \leqslant k - 3 \end{cases}$$

不难验证 $t(F'_j) = 1$;反之,设 $t(F'_j) = 1$. 若 $t(y_{j1}) = 0$,则 $t(z_1 \vee z_2) = 1$;若 $t(y_{j(k-3)}) = 1$,则 $t(z_{k-1} \vee z_k) = 1$;否则必有 $s (1 \leqslant s \leqslant k - 4)$,使得 $t(y_{js}) = 1$ 且 $t(y_{j(s+1)}) = 0$,从而 $t(z_{s+2}) = 1$. 总之,都有 $t(C_j) = 1$. 得证式 $(*)$ 成立.

最后,F'_j 中简单析取式的个数不超过 C_j 中文字个数的 4 倍,每个简单析取式有三个文字,因此可以在 $|F|$ 的多项式时间内构造出 F'. 得证 f 是 SAT 到 3SAT 的多项式时间变换.

3SAT 由于其简单整齐的结构在 NP 完全性证明中经常被用做已知的 NP 完全问题.

9.3.2 顶点覆盖、团与独立集

设无向图 $G = \langle V, E \rangle$,$V' \subseteq V$,如果 G 的每一条边都至少有一个顶点在 V' 中,则称 V' 是 G 的一个顶点覆盖. 如果对任意的 $u, v \in V'$ 且 $u \neq v$,都有 $(u, v) \in E$,即 V' 导出的子图是完全子图,则称 V' 是 G 的一个团. 如果对任意的 $u, v \in V'$,都有 $(u, v) \notin E$,则称 V' 是 G 的一个独立集. 下述图论中的引理表明这三个概念是密切相关的.

引理 9.1 对任意的无向图 $G = \langle V, E \rangle$ 和子集 $V' \subseteq V$,下述命题是等价的:

(1) V'是 G 的顶点覆盖.

(2) $V-V'$ 是 G 的独立集.

(3) $V-V'$ 是补图 $\bar{G}=<V,\bar{E}>$ 的团,其中 $\bar{E}=\{(u,v)\mid u,v\in V,u\neq v$ 且 $(u,v)\notin E\}$.

考虑下述三个问题.

顶点覆盖(VC)：任给一个无向图 $G=<V,E>$ 和非负整数 $K\leqslant|V|$,问 G 有顶点数不超过 K 的顶点覆盖吗?

团：任给一个无向图 $G=<V,E>$ 和非负整数 $J\leqslant|V|$,问 G 有顶点数不小于 J 的团吗?

独立集：任给一个无向图 $G=<V,E>$ 和非负整数 $J\leqslant|V|$,问 G 有顶点数不小于 J 的独立集吗?

这三个问题都属于 NP 问题. 根据引理 9.1,很容易把这三个问题中的一个问题多项式时间变换到另一个问题. 例如,把顶点覆盖多项式时间变换到独立集：任给顶点覆盖的一个实例,它由无向图 $G=<V,E>$ 和非负整数 $K\leqslant|V|$ 组成,对应的独立集的实例由无向图 $G=<V,E>$ 和非负整数 $J=|V|-K$ 组成. 另外两个变换留作习题. 因此,只要证明这三个问题中的一个是 NP 完全的,就得到另外两个也是 NP 完全的.

定理 9.10 顶点覆盖是 NP 完全的.

证 不难构造 VC 的非确定型多项式时间算法：对任给的无向图 $G=<V,E>$ 和非负整数 $K\leqslant|V|$,任意猜想一个子集 $V'\subseteq V,|V'|\leqslant K$,检查 V' 是否是一个顶点覆盖,即 G 的每一条边是否至少有一个端点在 V' 中. 从而 VC$\in$NP.

下面要证 3SAT$\leqslant_p$VC. 任给 3SAT 的一个实例 I,I 由关于变元 $x_1,x_2,\cdots,x_n$ 的 3 元合取范式 $F=\bigwedge_{1\leqslant j\leqslant m}C_j$ 构成,其中 $C_j=z_{j1}\vee z_{j2}\vee z_{j3},z_{jk}$ 是某个 x_i 或$\neg x_i,k=1,2,3,1\leqslant j\leqslant m$. 要构造 VC 的实例 $f(I)$,它由一个无向图 $G=<V,E>$ 和非负整数 K 构成,使得 F 是可满足的当且仅当 G 有顶点数不超过 K 的顶点覆盖. 也就是说要设法用 G 和 K 来描述 F.

为了表示变元 x_i 及对它的赋值,构造两个顶点 x_i 和 $\bar{x}_i$ 及连接它们的边 $(x_i,\bar{x}_i)$. 为了覆盖$(x_i,\bar{x}_i)$,任何顶点覆盖在 x_i 和 $\bar{x}_i$ 中必须取一个(后面还要利用 K 保证只能取一个). 取 x_i 对应令 x_i 为 1,取 $\bar{x}_i$ 对应令 x_i 为 0. 这是 G 的第一部分：

$$V_1=\{x_i,\bar{x}_i\mid 1\leqslant i\leqslant n\},\quad E_1=\{(x_i,\bar{x}_i)\mid 1\leqslant i\leqslant n\}$$

G 的一个顶点覆盖 V' 在 V_1 中取的顶点对应对变元 $x_1,x_2,\cdots,x_n$ 的一个赋值 t.

G 的第二部分表示 F 的 m 个简单析取式. 对每一个简单析取式 $C_j=z_{j1}\vee z_{j2}\vee z_{j3}$,构造一个三角形,三个顶点是 $[z'_{j1},j]$、$[z'_{j2},j]$ 和 $[z'_{j3},j]$,其中当 $z_{jk}=x_i$ 时,$z'_{jk}=x_i$;当 $z_{jk}=\neg x_i$ 时,$z'_{jk}=\bar{x}_i,k=1,2,3$. 显然,任何顶点覆盖必须在这三个顶点中取两个.

$$V_2=\{[z'_{jk},j]\mid k=1,2,3,1\leqslant j\leqslant m\}$$

$$E_2=\{([z'_{j1},j],[z'_{j2},j]),([z'_{j2},j],[z'_{j3},j]),([z'_{j3},j],[z'_{j1},j])\mid 1\leqslant j\leqslant m\}$$

由于任何顶点覆盖 V' 在 x_i 和 $\bar{x}_i$ 中至少取一个,在 $[z'_{j1},j]$、$[z'_{j2},j]$ 和 $[z'_{j3},j]$ 中至少取两个,故 V' 至少有 $n+2m$ 个顶点. 令 $K=n+2m$,于是任何顶点数不超过 K 的顶点覆盖 V' 恰好包含 K 个顶点,并且一定是每一对 x_i 和 $\bar{x}_i$ 中取一个,每个三角形的三个顶点 $[z'_{j1},j]$、$[z'_{j2},j]$ 和 $[z'_{j3},j]$ 中取两个.

最后,为了保证 F 是可满足的当且仅当 G 有顶点数不超过 K 的顶点覆盖 V',在 V_1 和

V_2 的顶点之间添加一些边, 这是 G 的第三部分

$$E_3 = \{([z'_{jk}, j], z'_{jk}) \mid k = 1, 2, 3, 1 \leqslant j \leqslant m\}$$

对每一个 $j(1 \leqslant j \leqslant m)$, 由于 V' 包含对应 C_j 的三角形的三个顶点中的两个, 覆盖了从这两个顶点新引出的边, 还剩下一条新引出的边 $([z'_{jk}, j], z'_{jk})$ 必须由另一个端点 z'_{jk} 覆盖, 这就要求 V' 包含 z'_{jk}. 而这又恰好对应赋值 t 使得 $t(z_{jk}) = 1$, 从而满足简单析取式 C_j.

VC 的实例 $f(I)$ 由无向图 $G = <V, E>$ 和 $K = n + 2m$ 构成, 其中 $V = V_1 \bigcup V_2$, $E = E_1 \bigcup E_2 \bigcup E_3$. 图 9.2 给出一个例子.

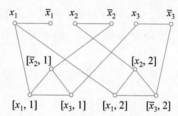

图 9.2 对应 $F = (x_1 \vee \neg x_2 \vee x_3) \wedge (x_1 \vee x_2 \vee \neg x_3)$ 的图 G

设 t 是 F 的成真赋值, 对每一个 $i(1 \leqslant i \leqslant n)$, 若 $t(x_i) = 1$, 则取顶点 x_i; 若 $t(x_i) = 0$, 则取顶点 $\bar{x}_i$. 这 n 个顶点覆盖 E_1. 对每一个 $j(1 \leqslant j \leqslant m)$, 由于 $t(C_j) = 1$, C_j 至少有一个文字 z_{jk} 的值为 1. 于是, 从对应的三角形的顶点 $[z'_{jk}, j]$ 引出的边 $([z'_{jk}, j], z'_{jk})$ 已被覆盖. 取该三角形的另外两个顶点, 这就覆盖了这个三角形的三条边和引出的另外两条边. 这样取到的 $n + 2m$ 个顶点是 G 的一个顶点覆盖.

反之, 设 $V' \subseteq V$ 是 G 的一个顶点覆盖且 $|V'| \leqslant K = n + 2m$. 根据前面的分析, 每一对 x_i 和 $\bar{x}_i$ 中恰好有一个属于 V', 每一个三角形恰好有两个顶点属于 V'. 对每一个 $i(1 \leqslant i \leqslant n)$, 若 $x_i \in V'$, 则令 $t(x_i) = 1$; 若 $\bar{x}_i \in V'$, 则令 $t(x_i) = 0$. 对每一个 $j(1 \leqslant j \leqslant m)$, 设 $[z'_{jk}, j] \notin V'$, 为了覆盖边 $([z'_{jk}, j], z'_{jk})$, 必有 $z'_{jk} \in V'$. 由于 $t(z_{jk}) = 1$, 从而 $t(C_j) = 1$. 因此, t 是 F 的成真赋值, 得证 F 是可满足的.

G 有 $2n + 3m$ 个顶点和 $n + 6m$ 条边, 显然能在多项式时间内构造 G 和 K, 因此, 这是 3SAT 到 **VC** 的多项式时间变换. 得证 $3SAT \leqslant_p$ **VC**.

上述证明方法称作构件设计法, 证明中设计了两种"构件"——变元构件和简单析取式构件, 变元构件是一对顶点 x_i 和 $\bar{x}_i$ 及连接它们的边, 简单析取式构件是三角形. 用这些构件及构件之间的连接构成 G, 每个构件各有其功能, 通过这种方式到达用 **VC** 的实例表达 3SAT 的实例的目的.

根据引理 9.1 给出的顶点覆盖、独立集和团之间的关系, 由定理 9.10 容易证明下述定理.

定理 9.11 独立集和团是 NP 完全的.

9.3.3 哈密顿回路与货郎问题

本节证明哈密顿回路和它的有向形式——有向哈密顿回路(有向 HC)——以及货郎问题的 NP 完全性. 把哈密顿回路中的图改成有向图既是有向哈密顿回路.

定理 9.12 有向 HC 是 NP 完全的.

证 类似 HC 可证有向 HC $\in$ NP, 下面要证 $3SAT \leqslant_p$ 有向 HC. 任给变元 $x_1, x_2, \cdots, x_n$

的 3 元合取范式 $F = \bigwedge_{1 \leqslant j \leqslant m} C_j$，其中 $C_j = z_{j1} \vee z_{j2} \vee z_{j3}$，每个 z_{jk} 是某个 x_i 或 $\neg x_i$，$k = 1, 2,$ $3, 1 \leqslant j \leqslant m$. 要构造一个有向图 $D = <V, E>$，使得 F 是可满足的当且仅当 D 有哈密顿回路.

采用构件设计法构造 D. 表示变元 x_i 的构件是一条由一串水平的顶点组成的链 L_i，相邻的两个顶点之间有一对方向相反的有向边. 只有两种可能的方式通过 L_i 上的所有顶点——从左到右或者从右到左通过 L_i 上的所有顶点，这恰好对应 x_i 的值为 1 或 0. 表示简单析取式 C_j 的构件是一个顶点 c_j. 除去 c_j 与 L_i 之间的连接，整个 D 如图 9.3 所示. 任何哈密顿回路可以从 s_0 开始，对每一个 $i(1 \leqslant i \leqslant n-1)$，回路必须从左到右或从右到左地通过链 L_i，然后经过连接两条链的中间顶点 s_i 到下一条链 L_{i+1}，最后经过 L_n 到 s_n，回到 s_0 结束.

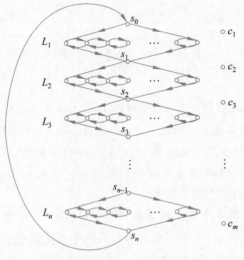

图 9.3　有向图 D 中的两种构件

关键是在两种构件之间添加一些边使得 F 是可满足的当且仅当 D 有哈密顿回路. 链 L_i 有 $3m+1$ 个顶点，依次为 $d_{i0}, a_{i1}, b_{i1}, d_{i1}, a_{i2}, b_{i2}, d_{i2}, \cdots, a_{im}, b_{im}, d_{im}$. 对每一个 $C_j = z_{j1} \vee z_{j2} \vee z_{j3}$，如果 $z_{jk} = x_i$，则添加两条有向边 $<a_{ij}, c_j>$ 和 $<c_j, b_{ij}>$；如果 $z_{jk} = \neg x_i$，则添加 $<c_j, a_{ij}>$ 和 $<b_{ij}, c_j>$，$k = 1, 2, 3$. 图 9.4 给出一个例子. 这就完成了整个 D 的构造. 显然，构造 D 可以在多项式时间内完成. 下面要证 F 是可满足的当且仅当 D 有哈密顿回路.

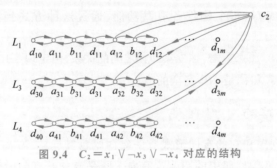

图 9.4　$C_2 = x_1 \vee \neg x_3 \vee \neg x_4$ 对应的结构

设 F 是可满足的，t 是 F 的成真赋值. 要根据 t 构造一条从 s_0 到 s_n，最后回到 s_0 的哈密顿回路. 先暂时不考虑所有的 c_j. 若 $t(x_1) = 1$，则从 s_0 到 d_{10}，从左到右经过 L_1 的所有顶

点到达 d_{1m}，再到 s_1；若 $t(x_1)=0$，则从 s_0 到 d_{1m}，从右到左经过 L_1 的所有顶点到达 d_{10}，再到 s_1. 一般地，依次对 $i=1,2,\cdots,n$ 进行，若 $t(x_i)=1$，则从 s_{i-1} 到 d_{i0}，从左到右经过 L_i 的所有顶点到达 d_{im}，再到 s_i；若 $t(x_i)=0$，则从 s_{i-1} 到 d_{im}，从右到左经过 L_i 的所有顶点到达 d_{i0}，再到 s_i. 最后，从 s_n 回到 s_0. 现在要将 $c_j(1\leqslant j\leqslant m)$ 插入这条回路中. 设 $C_j=z_{j1}\vee z_{j2}\vee z_{j3}$，由于 $t(C_j)=1$，必有 $k(1\leqslant k\leqslant 3)$ 使得 $t(z_{jk})=1$. 若 $z_{jk}=x_i$，则通路从左到右经过 L_i，且有有向边 $<a_{ij},c_j>$ 和 $<c_j,b_{ij}>$. 于是，可以把 c_j 插在 a_{ij} 与 b_{ij} 之间；若 $z_{jk}=\neg x_i$，则通路从右到左经过 L_i，且有有向边 $<b_{ij},c_j>$ 和 $<c_j,a_{ij}>$. 于是，可以把 c_j 插在 b_{ij} 与 a_{ij} 之间. 这就得到 D 中的一条哈密顿回路.

反之，设 D 有一条哈密顿回路 P. 显然，P 必须从 s_n 到 s_0，因为 $<s_n,s_0>$ 是这两个顶点之间唯一的一条边. 不妨设 P 从 s_0 开始到 s_n，最后回到 s_0 结束. 我们称上面构造的那种哈密顿回路是正常的，即正常的回路从左到右或从右到左通过每一条 L_i，每一个 c_j 插在某个 a_{ij} 和 b_{ij} 或 b_{ij} 和 a_{ij} 之间. 如果 P 是正常的，容易根据 P 规定 F 的一个成真赋值 t：若 P 从左到右通过 L_i，则令 $t(x_i)=1$；若 P 从右到左通过 L_i，则令 $t(x_i)=0$. 根据 c_j 插入 L_i 的方式，不难证明 $t(C_j)=1$.

剩下的问题是要证明 P 一定是正常的. 假设不然，破坏正常性的唯一可能是 P 从某条链 L_s 上的顶点 u 到 c_j 后没有回到同一条链中的顶点，而是到另一条链 $L_t(s\neq t)$ 中的顶点. 若 $u=a_{sj}$，由于 b_{sj} 只与 a_{sj}，c_j 及 d_{sj} 相邻，P 已经过 a_{sj} 和 c_j，b_{sj} 只剩下一个相邻的顶点，故 P 不可能通过 b_{sj}. 若 $u=b_{sj}$，由于 a_{sj} 只与 b_{sj}，c_j 及 $d_{s(j-1)}$ 相邻，P 已经过 b_{sj} 和 c_j，a_{sj} 也只剩下一个相邻的顶点，故 P 不可能通过 a_{sj}. 都与 P 是哈密顿回路矛盾，所以 P 一定是正常的.

定理 9.13   HC 是 NP 完全的.

证   已知 $HC\in NP$. 要证有向 $HC\leqslant_p HC$. 任给一个有向图 $D=<V,E>$，要构造一个无向图 $G=<V',E'>$ 使得 D 有哈密顿回路当且仅当 G 有哈密顿回路. 这里的关键是如何用无向边表示有向边. 为此，我们把 D 的每一个顶点 v 替换成三个顶点 v^{in}，v^{mid} 和 v^{out}，用边连接 v^{in} 和 v^{mid}，v^{mid} 和 v^{out}. D 中的每一条有向边 $<u,v>$ 在 G 中替换成 (u^{out},v^{in}). 即

$$V'=\{v^{in},v^{mid},v^{out}\mid v\in V\},$$

$$E'=\{(u^{out},v^{in})\mid <u,v>\in E\}\bigcup\{(v^{in},v^{mid}),(v^{mid},v^{out})\mid v\in V\}$$

不难证明，这个 G 满足上面的要求且可以在多项式时间内完成构造.

上述证明中采用的是局部替换法. 当两个问题的结构相似时，往往可以通过这种方法构造多项式时间变换. 实际上，在定理 9.9 中证明 $SAT\leqslant_p 3SAT$ 也是采用局部替换法. 在那里，是把 SAT 实例中的每一个简单析取式替换成若干 3 元简单析取式的合取.

已经知道 $TSP\in NP$，又在例 9.1 中证明了 $HC\leqslant_p TSP$，因此有

定理 9.14   TSP 是 NP 完全的.

9.3.4　恰好覆盖

恰好覆盖：给定有穷集 $A=\{a_1,a_2,\cdots,a_n\}$ 和 A 的子集的集合 $W=\{S_1,S_2,\cdots,S_m\}$，问：存在子集 $U\subseteq W$ 使得 U 中的子集都是不相交的且它们的并集等于 A 吗？称 W 这样的子集 U 是 A 的恰好覆盖.

例如，设 $A=\{1,2,3,4,5\}$，$S_1=\{1,2\}$，$S_2=\{1,3,4\}$，$S_3=\{2,4\}$，$S_4=\{2,5\}$，则 $\{S_2,S_4\}$ 是 A 的恰好覆盖. 若把 S_4 改为 $S_4=\{3,5\}$，则不存在 A 的恰好覆盖.

定理 9.15 恰好覆盖是 NP 完全的.

证 显然恰好覆盖 $\in$ NP. 问题的非确定型多项式时间算法如下:给定有穷集 A 和 A 的子集的集合 W,任意猜想 W 的一个子集 U,验证 U 是否是 A 的恰好覆盖. 显然这可以在多项式时间内完成,并且能猜到一个恰好覆盖 U 当且仅当 W 中存在 A 的恰好覆盖.

下面证明可满足性 $\leqslant_p$ 恰好覆盖. 任给变元 $x_1, x_2, \cdots, x_n$ 的合取范式 $F = C_1 \wedge C_2 \wedge \cdots \wedge C_m$,其中 $C_j = z_{j1} \vee z_{j2} \vee \cdots \vee z_{js_j}, j = 1, 2, \cdots, m$,要构造有穷集 A 和 A 的子集的集合 W 使得,F 是可满足的当且仅当 W 含有 A 的恰好覆盖. 再次采用构件设计法,取

$$A = \{x_1, x_2, \cdots, x_n, C_1, C_2, \cdots, C_m\} \bigcup \{p_{jt} \mid 1 \leqslant t \leqslant s_j, 1 \leqslant j \leqslant m\}$$

其中 p_{jt} 代表 C_j 中的文字 z_{jt}.

对每一个变元 x_i 有两个子集 T_i^T 和 T_i^F,T_i^T 包含 x_i 及 $\neg x_i$ 在所有简单析取式中的出现,T_i^F 包含 x_i 及 x_i 在所有简单析取式中的出现:

$$T_i^T = \{x_i, p_{jt} \mid z_{jt} = \neg x_i, 1 \leqslant t \leqslant s_j, 1 \leqslant j \leqslant m\}$$
$$T_i^F = \{x_i, p_{jt} \mid z_{jt} = x_i, 1 \leqslant t \leqslant s_j, 1 \leqslant j \leqslant m\}$$

其他的子集中都不含 x_i,因此任何恰好覆盖 U 必须恰好包含 T_i^T 和 T_i^F 中的一个,这对应对 x_i 的赋值:$t(x_i) = 1$ 当且仅当 U 包含 T_i^T. 注意,$t(x_i)$ 的值与 U 包含的 T_i^T 或 T_i^F 中的 p_{jt} 所代表的 z_{jt} 正好相反.

对每一个 C_j,有 s_j 个子集:$C_{jt} = \{C_j, p_{jt}\}, 1 \leqslant t \leqslant s_j$. 除此之外,每一个 p_{jt} 构成一个单元子集 $\{p_{jt}\}$.

综合起来,W 包含下述子集:

$$\{p_{jt}\}, 1 \leqslant t \leqslant s_j, 1 \leqslant j \leqslant m$$
$$T_i^T = \{x_i, p_{jt} \mid z_{jt} = \neg x_i, \quad 1 \leqslant t \leqslant s_j, 1 \leqslant j \leqslant m\}, 1 \leqslant i \leqslant n$$
$$T_i^F = \{x_i, p_{jt} \mid z_{jt} = x_i, \quad 1 \leqslant t \leqslant s_j, 1 \leqslant j \leqslant m\}, 1 \leqslant i \leqslant n$$
$$C_{jt} = \{C_j, p_{jt}\}, \quad 1 \leqslant t \leqslant s_j, 1 \leqslant j \leqslant m$$

例如,设 $F = C_1 \wedge C_2 \wedge C_3 \wedge C_4$,其中 $C_1 = x_1 \vee \neg x_2, C_2 = \neg x_1 \vee x_2 \vee x_3, C_3 = x_1 \vee \neg x_2 \vee x_3$, $C_4 = x_1 \vee \neg x_3$,则

$$A = \{x_1, x_2, x_3, C_1, C_2, C_3, C_4, p_{11}, p_{12}, p_{21}, p_{22}, p_{23}, p_{31}, p_{32}, p_{33}, p_{41}, p_{42}\}$$

W 包含下述子集:

$$\{p_{11}\}, \{p_{12}\}, \{p_{21}\}, \{p_{22}\}, \{p_{23}\}, \{p_{31}\}, \{p_{32}\}, \{p_{33}\}, \{p_{41}\}, \{p_{42}\},$$
$$T_1^T = \{x_1, p_{21}\}, \quad T_1^F = \{x_1, p_{11}, p_{31}, p_{41}\},$$
$$T_2^T = \{x_2, p_{12}, p_{32}\}, \quad T_2^F = \{x_2, p_{22}\},$$
$$T_3^T = \{x_3, p_{42}\}, \quad T_3^F = \{x_3, p_{23}, p_{33}\},$$
$$C_{11} = \{C_1, p_{11}\}, \quad C_{12} = \{C_1, p_{12}\}, \quad C_{21} = \{C_2, p_{21}\}, \quad C_{22} = \{C_2, p_{22}\},$$
$$C_{23} = \{C_2, p_{23}\}, \quad C_{31} = \{C_3, p_{31}\}, \quad C_{32} = \{C_3, p_{32}\}, \quad C_{33} = \{C_3, p_{33}\},$$
$$C_{41} = \{C_4, p_{41}\}, \quad C_{42} = \{C_4, p_{42}\}$$

要证 F 是可满足的当且仅当 W 含有 A 的恰好覆盖. 设 $U \subseteq W$ 是 A 的恰好覆盖,对每一个 i ($1 \leqslant i \leqslant n$),若 $T_i^T \in U$,则令 $t(x_i) = 1$;若 $T_i^F \in U$,则令 $t(x_i) = 0$. 对每一个 j ($1 \leqslant j \leqslant m$),必有一个 $C_{jt} = \{C_j, p_{jt}\} \in U$. $z_{jt} = x_i$ 或 $\neg x_i$. 若 $T_i^T \in U$,则 $p_{jt} \notin T_i^T$,从而 $z_{jt} = x_i$. 此时有 $t(x_i) = 1$,故 t 满足 C_j. 若 $T_i^F \in U$,则 $p_{jt} \notin T_i^F$,从而 $z_{jt} = \neg x_i$. 此时有 $t(x_i) = 0$,故 t

也满足 C_j. 得证 t 是 F 的成真赋值.

反之,设 F 是可满足的,t 是 F 的成真赋值. 对每一个 $i(1 \leqslant i \leqslant n)$,若 $t(x_i)=1$,则 U 包含 T_i^T;若 $t(x_i)=0$,则 U 包含 T_i^F. 对每一个 $j(1 \leqslant j \leqslant m)$,由于 t 满足 C_j,C_j 必有一个文字 z_{jt} 使得 $t(z_{jt})=1$,从而 U 中现有的子集不包含 p_{jt}. 于是,可以把 C_{jt} 加入 U. 至此,U 覆盖了所有的 x_i 和 C_j,以及部分 p_{jt}. 最后,把那些尚未被覆盖的 p_{jt} 构成的单元子集 $\{p_{jt}\}$ 加入 U,即可得到 A 的恰好覆盖.

由于 F 中的文字数不超过 mn,故 $|A| \leqslant n+m+mn$,W 中的子集数不超过 $2n+2mn$,每个子集的大小不超过 $m+1$,而且构造很简单,显然可以在多项式时间内完成,从而得证可满足性 $\leqslant_p$ 恰好覆盖.

9.3.5 子集和、背包、装箱与双机调度

本节考虑子集和、0-1 背包、装箱和双机调度 4 个问题. 0-1 背包的定义前面已经给出,下面给出子集和、装箱与双机调度的定义.

子集和:给定正整数的集合 $X=\{x_1,x_2,\cdots,x_n\}$ 及正整数 N,问:存在 X 的子集 T,使得 T 中的元素之和等于 N 吗?即存在 $T \subseteq X$ 使得 $\sum\limits_{x_i \in T} x_i = N$ 吗?

装箱:给定 n 件物品,物品 j 的重量为正整数 w_j,$1 \leqslant j \leqslant n$,以及箱子数 K. 规定每只箱子装入物品的总重量不超过正整数 B,问:能用 K 只箱子装入所有的物品吗?

双机调度:有两台机器和 n 项作业 $J_1,J_2,\cdots,J_n$. 这两台机器完全相同,每一项作业可以在任一台机器上进行,没有先后顺序,作业 J_i 的处理时间为 t_i,$1 \leqslant i \leqslant n$,截止时间为 D,所有 t_i 和 D 都是正整数. 问:能把 n 项作业分配给这两台机器在截止时间 D 内完成所有的作业吗?

子集和是 0-1 背包的子问题——当限制 0-1 背包的实例中所有 $w_i=v_i$ 且 $B=K$ 时,退化成子集和. 于是,只要能证明子集和是 NP 难的,就可以立即得到 0-1 背包也是 NP 难的. 下面还可以看到,也不难把子集和多项式时间变换到双机调度,而双机调度又可以看作装箱的子问题——当箱子数 $K=2$ 时的特殊情况,这里把物品看作作业,物品的重量就是作业的处理时间,而截止时间是每只箱子允许的最大重量 B. 因此,我们从子集和的 NP 完全性开始.

定理 9.16 子集和是 NP 完全的.

证 前面已经知道 0-1 背包 $\in$ NP,而子集和是 0-1 背包的子问题,自然有子集和 $\in$ NP. 下面要证恰好覆盖 $\leqslant_p$ 子集和. 给定有穷集 $A=\{a_1,a_2,\cdots,a_n\}$ 和 A 的子集的集合 $W=\{S_1,S_2,\cdots,S_m\}$,对应的子集和实例包括正整数的集合 $X=\{x_1,x_2,\cdots,x_m\}$ 及正整数 N,每个 x_j 和 N 都可表示成 kn 位的二进制数,这 kn 位分成 n 段,每段 k 位,其中 $k=\lceil \log_2(m+1) \rceil$. N 的每一段的第一位(最右的一位)为 1,其余的为 0. x_j 对应于子集 S_j. 当 $a_i \in S_j$ 时,从左到右 x_j 的第 i 段的第一位为 1,其余的为 0. 例如,

$$A=\{a_1,a_2,a_3,a_4\}, \quad N=01\ 01\ 01\ 01,$$
$$S_1=\{a_1,a_2\}, \quad x_1=01\ 01\ 00\ 00,$$
$$S_2=\{a_1,a_3,a_4\}, \quad x_2=01\ 00\ 01\ 01,$$
$$S_3=\{a_2\}, \quad x_3=00\ 01\ 00\ 00$$

要证 W 中有 A 的恰好覆盖当且仅当存在子集 $T \subseteq X$ 使得 T 中元素之和等于 N. 先来看上面的例子，$\{S_2, S_3\}$ 是 A 的恰好覆盖，对应的 $x_2 + x_3 = N$. 一般地，设 $U \subseteq W$ 是 A 的恰好覆盖，令 $T = \{x_j \mid S_j \in U\}$. 由于 A 中的每一个元素在 U 的所有 S_j 中恰好出现一次，故对于二进制数的每一段，在 T 的所有 x_j 中恰好有一个的这一段为 $00\cdots01$，从而 T 中所有元素之和等于 N. 反过来，设 X 的子集 T 中元素之和等于 N，令 $U = \{S_j \mid x_j \in T\}$. 由于 T 中至多有 m 个数，每一段为 $k = \lceil \log_2(m+1) \rceil$ 位，最大值为 $2^k - 1 \geqslant m$，故 T 中的数相加时不会出现段之间的进位. 从而，对于每一段，在 T 的所有 x_j 中恰好有一个的这一段为 $00\cdots01$，这意味着每一个 a_i 在 U 的所有 S_j 中恰好出现一次，即 U 是 A 的恰好覆盖.

此外，构造 X 和 N 显然可以在多项式时间内完成，得证恰好覆盖 $\leqslant_p$ 子集和.

定理 9.17 0-1 背包是 NP 完全的.

关于 **0-1 背包**需要做一点解释. 在 3.3 节给出了 0-1 背包问题优化形式的动态规划算法，其时间复杂度为 $O(nB)$，其中，n 是物品的个数，B 是重量限制. 可能会有人提出这样的问题：这个动态规划算法是多项式时间的，**0-1 背包**是 NP 完全的，这不是与普遍认为 NP 难的问题不存在多项式时间算法矛盾吗？或者说，这不是证明了 **P = NP** 吗？如果真是这样，岂不万事大吉了！事实上，这个动态规划算法不是多项式时间的，而是指数时间的. 这是因为在考虑时间复杂度时，整数的输入长度应该是二进制表示的长度，而不是整数本身的大小（或一进制表示的长度），从而 0-1 背包问题的输入规模不能用 n 与 B 表示，而应该用 n 与 $\log_2 B$ 表示（这里不妨设所有的 $w_i \leqslant B$），nB 不是 n 与 $\log_2 B$ 的多项式，因此这个动态规划算法不是多项式时间算法. 不过，当问题实例中所有的背包重量 w_i 以及重量限制 B 都不超过一个固定的常数 M 时，这个动态规划算法成为多项式时间的. 为了区别出这类指数时间算法，给出下述概念.

设实例 I 中数的最大绝对值为 $\max(I)$，如果算法的时间复杂度以 $|I|$ 和 $\max(I)$ 的某个二元多项式 $p(|I|, \max(I))$ 为上界，则称这个算法是**伪多项式时间算法**. 当实例中的数不大时，伪多项式时间算法是有效的. 3.3 节给出的 0-1 背包问题的动态规划算法是伪多项式时间算法.

定理 9.18 双机调度是 NP 完全的.

证 显然双机调度 $\in$ NP，要证子集和 $\leqslant_p$ 双机调度. 任给一个子集和实例，它由正整数的集合 $X = \{x_1, x_2, \cdots, x_n\}$ 及正整数 N 组成，对应的双机调度实例有 $n+2$ 项作业 $J_1, J_2, \cdots, J_{n+2}$，它们的处理时间分别为 $x_1, x_2, \cdots, x_n, a, b$，截止时间为 D. 要求存在 X 的子集 T 使得 $\sum\limits_{x_i \in T} x_i = N$ 当且仅当 $N + a = \sum\limits_{i=1}^{n} x_i - N + b = D$. 于是

$$a = \sum_{i=1}^{n} x_i - 2N + b$$

为了保证不会把作业 J_{n+1}, J_{n+2} 与其他作业混淆，只需把 a 和 b 取得足够大. 取

$$b = \sum_{i=1}^{n} x_i + 2N, \quad a = 2\sum_{i=1}^{n} x_i, \quad D = 2\sum_{i=1}^{n} x_i + N$$

假设 X 的子集 T 使得 $\sum\limits_{x_i \in T} x_i = N$，把 $\{J_i \mid x_i \in T\} \cup \{J_{n+1}\}$ 分配给第 1 台机器，其余的作业分配给第 2 台机器，这两台机器的工作时间都是 $N + a = \sum\limits_{i=1}^{n} x_i - N + b = D$.

反之，假设这 $n+2$ 项作业可以分配到两台机器上，使得每台机器的工作时间都不超过 D. 注意到 $n+2$ 项作业的总处理时间为 $\sum_{i=1}^{n} x_i + a + b = 4\sum_{i=1}^{n} x_i + 2N = 2D$，故这两台机器的工作时间都恰好为 D. 又注意到 $a+b=3\sum_{i=1}^{n} x_i + 2N > D$，故 J_{n+1} 和 J_{n+2} 不能分配给同一台机器. 不妨设 J_{n+1} 被分配给第 1 台机器，把除 J_{n+1} 外分配给第 1 台机器的所有作业构成的集合记作 J. 令 $T = \{x_i \mid J_i \in J\}$，则有 $\sum_{x_i \in T} x_i = D - a = N$.

根据子集和的实例构造双机调度的实例是很简单的，且每项作业的处理时间及截止时间都不非常大，显然可以在多项式时间内完成. 得证子集和 $\leqslant_p$ 双机调度.

定理 9.19 装箱是 NP 完全的.

9.3.6 整数线性规划

在第 6 章已经介绍过线性规划有多项式时间算法，但整数线性规划要难得多. 与前面的问题不同，很容易证明整数线性规划是 NP 难的，而证明它属于 NP 却并不容易.

整数线性规划的一般形式是：

$$\min \boldsymbol{c}^{\mathrm{T}} \boldsymbol{x}$$
$$\text{s.t. } \boldsymbol{A}\boldsymbol{x} \geqslant \boldsymbol{b}$$
$$\boldsymbol{x} \geqslant \boldsymbol{0}$$

其中，$\boldsymbol{A}$ 是 $m \times n$ 的整数矩阵；$\boldsymbol{b}$ 是 m 维整数列向量；$\boldsymbol{c}$ 是 n 维整数列向量；$\boldsymbol{x}$ 是待定的 n 维列向量. 对应的判定问题要添加一个整数 d，问是否存在非负整数向量 $\boldsymbol{x}$ 使得 $\boldsymbol{A}\boldsymbol{x} \geqslant \boldsymbol{b}$ 且 $\boldsymbol{c}^{\mathrm{T}}\boldsymbol{x} \leqslant d$？把 $\boldsymbol{c}^{\mathrm{T}}\boldsymbol{x} \leqslant d$ 写成 $-\boldsymbol{c}^{\mathrm{T}}\boldsymbol{x} \geqslant -d$，也看成一个约束条件，可以与原有的约束条件合并到一起. 于是，对应的判定问题可写成下述形式.

整数线性规划（ILP） 任给 $m \times n$ 维整数矩阵 $\boldsymbol{A}$ 和 m 维整数向量 $\boldsymbol{b}$，问下述问题

$$\boldsymbol{A}\boldsymbol{x} \geqslant \boldsymbol{b}$$
$$\boldsymbol{x} \geqslant \boldsymbol{0} \tag{9.1}$$

是否有解？

引理 9.2 ILP 是 NP 难的.

证 很多 NP 完全问题都可以表示成整数线性规划，从而证明它是 NP 难的. 这里选择 0-1 背包，要把 0-1 背包多项式时间变换到 ILP. 任给 n 件物品和一个背包，物品 i 的重量为 w_i、价值为 v_i，$1 \leqslant i \leqslant n$，背包的重量限制为 B，价值的目标为 K，问题可表示成

$$\sum_{i=1}^{n} w_i x_i \leqslant B$$
$$\sum_{i=1}^{n} v_i x_i \geqslant K$$
$$x_i = 0, 1, \quad 1 \leqslant i \leqslant n$$

显然这是 0-1 背包到 ILP 的多项式时间变换.

证明 ILP 属于 NP 的主要困难是，如果不等式组（9.1）的解中有很大的数，这样的解不能作为证据，因为不能保证验证可以在多项式时间内完成. 因此需要证明，如果不等式

组(9.1)有解,则一定存在每个数都不很大的解. 为此,先证明几个引理.

记 A 的第 i 行为 A_i, $1 \leqslant i \leqslant m$, $\alpha = \max\{ |a_{ij}| : 1 \leqslant i \leqslant m, 1 \leqslant j \leqslant n\}$, $\beta = \max\{ |b_i| : 1 \leqslant i \leqslant m\}$.

引理 9.3 设 B 是 A 的一个 r 阶子方阵,则 $|\det(B)| \leqslant (r\alpha)^r$.

证 $\det(B)$ 有 $r!$ 项,每一项是 B 中 r 个元素的乘积,其绝对值不超过 α^r,故

$$|\det(B)| \leqslant r! \cdot \alpha^r \leqslant (r\alpha)^r$$

引理 9.4 设 A 的秩为 r. 如果 $1 \leqslant r < n$,则存在非零整数向量 z 使得 $Az = 0$ 且 $|z_j| \leqslant (n\alpha)^n$, $1 \leqslant j \leqslant n$.

证 不妨设 A 的左上角 r 阶子方阵 B 的秩等于 r. 把 A 的前 r 行记作 C,后 $m-r$ 行记作 D. 由于 A 的秩等于 r, C 的 r 行是 A 的 m 行的极大线性无关组,故存在 $(m-r) \times n$ 的矩阵 P 使得 $D = PC$. 若 $Cz = 0$,则 $Dz = PCz = 0$. 因此,只要 $Cz = 0$,就有 $Az = 0$.

考虑线性方程组

$$Cz = 0$$

取 $z_n = -\det(B)$, $z_{r+1} = \cdots = z_{n-1} = 0$,注意到 C 的前 r 列是 B,方程组可写成

$$By = \det(B)C_n$$

其中,$y = (z_1, z_2, \cdots, z_r)^T$, C_n 是 C 的第 n 列. 由 Cram 法则,上述线性方程组有唯一的解

$$z_j = \det(B_j), \quad 1 \leqslant j \leqslant r$$

其中,B_j 是用 C_n 替换 B 的第 j 列后得到的方阵. 根据引理 9.3,

$$|z_j| \leqslant (r\alpha)^r \leqslant (n\alpha)^n, \quad 1 \leqslant j \leqslant n$$

引理 9.5 设 A 的秩等于 n. 如果 $Ax \geqslant b$ 有整数解,则存在整数解 x 和 A 的 k 行(不妨设为 $A_1, A_2, \cdots, A_k$)使得

$$b_i \leqslant A_i x < b_i + (n\alpha)^{n+1}, \quad 1 \leqslant i \leqslant k$$

且这 k 行的秩等于 n.

证 设 $x^{(0)}$ 是一个整数解,不妨设

$$b_i \leqslant A_i x^{(0)} < b_i + (n\alpha)^{n+1}, \quad 1 \leqslant i \leqslant s$$

$$A_i x^{(0)} \geqslant b_i + (n\alpha)^{n+1}, \quad s < i \leqslant m$$

记 C 为 s 行 $A_1, A_2, \cdots, A_s$ 构成的矩阵. 如果 C 的秩等于 n,则引理已经得证. 否则由引理 9.4,当 $s \geqslant 1$ 时,存在非零整数向量 z 使得 $Cz = 0$ 且 z 的每一个分量的绝对值都不超过 $(n\alpha)^n$. 当 $s = 0$ 时,取 $z = ((n\alpha)^n, \cdots, (n\alpha)^n)$. 于是,对任意的整数 d,

$$A_i(x^{(0)} + dz) = A_i x^{(0)}, \quad 1 \leqslant i \leqslant s$$

$$A_i(x^{(0)} + dz) = A_i x^{(0)} + dA_i z, \quad s < i \leqslant m$$

由于 $|A_i z| \leqslant n\alpha(n\alpha)^n \leqslant (n\alpha)^{n+1}$ 及当 $i > s$ 时 $A_i x^{(0)} \geqslant b_i + (n\alpha)^{n+1}$,可以选取 d 使得

$$A_i(x^{(0)} + dz) \geqslant b_i, \quad i > s$$

且至少有一个 $t > s$ 使得

$$b_t \leqslant A_t(x^{(0)} + dz) < b_t + (n\alpha)^{n+1}$$

不妨设当 $s < t \leqslant s'$ 时,

$$b_t \leqslant A_t(x^{(0)} + dz) < b_t + (n\alpha)^{n+1}$$

令 $x^{(1)} = x^{(0)} + dz$,有

$$b_i \leqslant A_i x^{(1)} < b_i + (n\alpha)^{n+1}, \quad 1 \leqslant i \leqslant s'$$

$$A_i x^{(1)} \geqslant b_i + (n\alpha)^{n+1}, \quad s' < i \leqslant m$$

这里 $s' > s$.

以 $x^{(1)}$ 代替 $x^{(0)}$, 以 $A_1, A_2, \cdots, A_s'$ 代替 $A_1, A_2, \cdots, A_s$, 重复上述过程, 经过有限次一定可以得到引理所要求的 x 和 A 的 k 行.

引理 9.6 如果式 (9.1) 有解, 则存在一个解 x 使得每一个分量 $x_j \leqslant \beta(n\alpha)^{2n}$, $1 \leqslant j \leqslant n$.

证 令

$$\bar{A} = \begin{pmatrix} A \\ E \end{pmatrix}, \quad \bar{b} = \begin{pmatrix} b \\ 0 \end{pmatrix}$$

$\bar{A}$ 是 $(m+n) \times n$ 的整数矩阵, 它的下方是一个 n 阶单位矩阵, 秩等于 n, $\bar{b}$ 是 $m+n$ 维向量, 它的后 n 个分量都是 0. 显然, 式 (9.1) 可写成

$$\bar{A} x \geqslant \bar{b} \tag{9.2}$$

根据引理 9.5, 如果式 (9.2) 有整数解, 则存在非负整数解 x 和 $\bar{A}$ 的 k 行, 不妨设为 A_1, $A_2, \cdots, A_k$, 使得

$$b_i \leqslant A_i x < b_i + (n\alpha)^{n+1}, \quad 1 \leqslant i \leqslant k$$

且 $A_1, A_2, \cdots, A_k$ 的秩等于 n.

不妨设 $A_1, A_2, \cdots, A_n$ 的秩等于 n. 令 $c_i = A_i x$, 有 $b_i \leqslant c_i < b_i + (n\alpha)^{n+1}$, $1 \leqslant i \leqslant n$. 由于 $A_1, A_2, \cdots, A_n$ 的秩等于 n, 给定 $c_1, c_2, \cdots, c_n$, 线性方程组

$$B x = c$$

有唯一解, 其中 B 是 $A_1, A_2, \cdots, A_n$ 构成的方阵, $c = (c_1, c_2, \cdots, c_n)^T$. 把 B 的第 j 列换成 c 得到的方阵记作 B_j, 根据 Cram 法则,

$$x_j = \det(B_j)/\det(B) \leqslant |\det(B_j)|$$
$$\leqslant n! \, \alpha^{n-1}(\beta + (n\alpha)^{n+1})$$
$$\leqslant (n\alpha)^{n-1}(\beta + (n\alpha)^{n+1})$$
$$\leqslant \beta(n\alpha)^{2n}$$

这里 $1 \leqslant j \leqslant n$.

定理 9.20 ILP 是 NP 完全的.

证 引理 9.2 已经证明 ILP 是 NP 难的, 现在证明 ILP$\in$NP.

根据引理 9.6, 下述过程是 ILP 的非确定型算法: 猜想一个 n 维非负整数向量 x, 它的每一个分量 $x_j \leqslant \beta(n\alpha)^{2n}$, $1 \leqslant j \leqslant n$. 若 $Ax \geqslant b$, 则回答 "Yes", 否则回答 "No".

ILP 的实例 I 的规模取作 $|I| = mn + \log(\max(\alpha, \beta))$. 注意到猜想的 x_j 的二进制表示的长度不超过

$$\log(\beta(n\alpha)^{2n}) + 1 = 2n\log(n\alpha) + \log\beta + 1$$

上述过程可以在 $|I|$ 的多项式时间内完成.

小结 证明一个问题是 NP 难的, 首先要选好一个已知的 NP 完全问题. 在理论上, 任何一个 NP 完全问题都可以多项式时间变换到一个 NP 难的问题. 但实际上, 要找到一个便于做多项式时间变换的已知 NP 完全问题有时并不是一件容易的事. 常用的证明方法有限制法、局部替换法和构件设计法. 当限制问题 Π 的实例满足某些条件时, 得到的子问题 π' 已

知是 NP 完全的,那么很容易把 π' 多项式时间变换到问题 Π,这就是限制法. 当然,π' 在形式上不一定是原问题的子问题,而是等价于原问题的某个子问题. 如前面看到的那样,SAT 可以看作最大可满足性的子问题,子集和可以看作 0-1 背包的子问题. 对于这种情况,NP 完全性证明是比较简单的,我们应该能够识别出来;反过来,如果已知一个问题是 NP 完全的,要证明它的子问题也是 NP 完全的(若这个子问题确实是 NP 完全的)通常就没有这么容易了. 一般地,往往可以用局部替换法证明,把原问题实例中的某种"基本单位"替换成满足给定限制的子问题的结构,例如,定理 9.9 证明中 SAT 到 3SAT 和定理 9.13 证明中有向 HC 到 HC 的多项式时间变换. 更一般地,如果两个问题实例的构造有某种相似之处,往往也可以采用局部替换法. 在前两种方法都失效的情况下,就不得不采用构件设计法. 应用构件设计法证明 NP 完全性需要更强的技巧,3SAT 由于其简单整齐的结构常常被用作已知的 NP 完全问题.

除上述常用的 NP 完全性证明方法外,还有一种"最一般性的"方法,即根据定义,把任意一个 NP 问题多项式时间变换到待证明的问题. 证明"第一个"NP 完全问题无疑必须使用这种方法,即使在已知许多 NP 完全问题之后,有时也会需要使用这种方法.

证明 NP 完全性与设计多项式时间算法是一个问题的两个方面. 对一个新问题,通常首先想到的是设计一个多项式时间算法. 如果在经过一番努力之后设计失败,你可能必须考虑它是不是可能是 NP 完全的或 NP 难的. 而事实上,算法设计的失败可能使你对问题的难度有新的认识,从而启发你产生证明 NP 完全性的思路. 同样,如果 NP 完全性证明失败,也可能启发你设计算法的新想法. 问题的最后解决也许就在这两种努力的交替之中,切忌抱着一种努力不放.

如果一个组合优化问题或搜索问题对应的判定问题是 NP 完全的(更广泛地,是 NP 难的),则说这个问题是 NP 难的. 证明了一个问题是 NP 难的,在很大程度上表明这个问题很可能是难解的. 正如本章一开始所说的那样,在实际应用中有许多这样的问题,并不能因为是 NP 难的就不去解决它们. 经过近几十年的努力,在如何处理 NP 难的问题方面取得了很大进展. ①采用近似算法. 对于 NP 难的优化问题,由于普遍相信不可能在多项式时间内找到最优解,故而求其次,不一定非要最优解,只要是足够好的可行解就可以了. 也就是说,用降低对解的要求来换取时间. 这些内容将在第 10 章中介绍. ②设计出一些通用的算法,能相当有效地求解 NP 难问题,如模拟退火算法、遗传算法等,以及采用指数时间算法和进行子问题分析等. 第 12 章将阐述这些应对策略.

习 题 9

9.1 写出下述优化问题对应的判定问题.

(1) 最长回路问题:任给无向图 G,求 G 中一条最长的初级(即顶点不重复的)回路.

(2) 多机调度问题:任给有穷的作业集 A 和 m 台相同的机器,作业 a 的处理时间为正整数 $t(a)$,每一项作业可以在任一台机器上完成. 如何把作业分配给机器才能使完成所有作业的时间最短? 即如何把 A 划分成 m 个不相交的子集 A_i,使得

$$\max\left\{\sum_{a\in A_i}t(a)\mid i=1,2,\cdots,m\right\}$$

最小?

(3) 图着色问题:任给无向图 $G=\langle V,E\rangle$,给 G 的每一个顶点涂一种颜色,要求任一条边的两个端点的颜色都不相同. 如何用最少的颜色给 G 的顶点着色? 即求映射 $f:V\to Z^+$ 满足条件 $\forall(u,v)\in E,f(u)\neq f(v)$,且使 $|\{f(u)\mid u\in V\}|$ 最小.

9.2 给出下述判定问题的简短证据,证明它们属于 **NP**.

(1) 子图同构:任给两个图 $G=\langle V,E\rangle$ 和 $H=\langle V_1,E_1\rangle$,问:H 与 G 的一个子图同构吗? 即存在单射 $f:V_1\to V$ 使得 $\forall u,v\in V_1,(u,v)\in E_1\Rightarrow(f(u),f(v))\in E$?

(2) 度数有界的生成树:任给一个连通图 G 和正整数 D,问:G 有一棵顶点度数不超过 D 的生成树吗?

9.3 证明在题 9.1 中你给出的判定问题属于 **NP**.

9.4 设判定问题 $\Pi=\langle D,Y\rangle$,称 $\overline{\Pi}=\langle D,D-Y\rangle$ 为 Π 的补问题,即对每一个实例 I,I 在 $\overline{\Pi}$ 中的答案为"Yes"当且仅当 I 在 Π 中的答案为"No".

试给出 **HC** 的补问题 $\overline{\text{HC}}$,又问:你能给出 $\overline{\text{HC}}$ 的简短证据,并证明 $\overline{\text{HC}}\in\text{NP}$ 吗? 为什么?

9.5 给出下述问题之间的多项式时间变换:

(1) 独立集到团.

(2) **VC** 到团.

(3) **HC** 到子图同构.

(4) 团到 **0-1 整数规划**,其中 0-1 整数规划:给定 $m\times n$ 的整数矩阵 A,n 维整数列向量 c,m 维整数列向量 b 以及整数 D,问:是否存在 n 维 0-1 列向量 x,使得 $Ax\leqslant b$ 且 $c^\top x\geqslant D$?

这里向量 $a\leqslant$(或$\geqslant$)b 表示 a 的每一个分量$\leqslant$(或$\geqslant$)b 的每一个分量.

9.6 设 $\Pi_1\leqslant_p\Pi_2$,证明:

(1) 若 $\Pi_2\in\text{P}$,则 $\Pi_1\in\text{P}$.

(2) 若 $\Pi_2\in\text{NP}$,则 $\Pi_1\in\text{NP}$.

9.7 证明:如果存在 NP 难的问题 $\Pi\in\text{P}$,则 **P**=**NP**.(定理 9.4)

9.8 证明:假设 **P**≠**NP**,那么,如果 Π 是 **NP** 难的,则 $\Pi\notin\text{P}$.(推论 9.2)

9.9 证明:如果存在 NP 难的问题 Π' 使得 $\Pi'\leqslant_p\Pi$,则 Π 是 NP 难的.(定理 9.5)

9.10 证明:如果 $\Pi\in\text{NP}$,并且存在 NP 完全问题 Π' 使得 $\Pi'\leqslant_p\Pi$,则 Π 是 NP 完全的.(推论 9.3)

9.11 有向哈密顿通路(有向 HP):给定有向图 D,经过 D 中每一个顶点恰好一次的通路称作哈密顿通路. 问:D 中有一条哈密顿通路吗?

仿照定理 9.12 证明中 **3SAT** 到有向 **HC** 的多项式时间变换构造 **3SAT** 到有向 **HP** 的多项式时间变换.

9.12 构造有向 **HC** 到有向 **HP** 的多项式时间变换.

9.13 构造有向 **HP** 到 **HP** 的多项式时间变换. 哈密顿通路(HP)是有向 HP 的无向图形式.

证明下面题 9.14~题 9.20 中叙述的问题是 NP 完全的.

9.14　划分：任给 n 个正整数 $a_1,a_2,\cdots,a_n$，问：能把这 n 个数分成和相等的两部分吗？即存在子集 $T\subseteq I=\{1,2,\cdots,n\}$，使得 $\sum\limits_{i\in T}a_i=\sum\limits_{i\in I-T}a_i$ 吗？

9.15　子图同构.(定义见题 9.2)

9.16　度数有界的生成树.(定义见题 9.2)

9.17　最长通路：任给无向图 $G=<V,E>$ 和正整数 $K\leqslant|V|$，问：G 中存在边数不少于 K 的初级(即顶点不重复)通路吗？

9.18　反馈顶点集：任给有向图 $D=<V,E>$ 和正整数 $K\leqslant|V|$，问：存在子集 $V'\subseteq V$ 使得 $|V'|\leqslant K$，并且 D 中的每一条回路上至少有一个 V' 的顶点吗？

9.19　支配集：任给无向图 $G=<V,E>$ 和正整数 $K\leqslant|V|$，问：存在子集 $V'\subseteq V$ 使得 $|V'|\leqslant K$，并且 $V-V'$ 中的每一个顶点都至少与 V' 中的一个顶点相邻吗？

9.20　可着三色：任给无向图 $G=<V,E>$，问：G 是可着三色的吗？即存在函数 $f:V\to\{1,2,3\}$ 使得 $\forall(u,v)\in E$ 且 $u\neq v$，有 $f(u)\neq f(v)$ 吗？

第 10 章

10 近似算法

10.1 近似算法及其近似比

在第 9 章已经看到,很多组合优化问题对应的判定问题是 NP 完全的,它们不可能有多项式时间的最优化算法,除非 **P＝NP**. 但是,不能因此而不去解决这些问题,因为它们都是实际中提出的重要问题. 既然不能在多项式时间内找到最优解,只好求其次,去找一个满意的可行解. 其实,在实际中也不一定非要最优的,往往只要足够好的就可以了. 因此,近似算法是解决 NP 难的组合优化问题的一条重要途径.

设组合优化问题 Π,A 是一个多项式时间算法. 如果对 Π 的每一个实例 I,算法 A 输出 I 的一个可行解 σ,则称 A 是 Π 的近似算法. 记 $A(I)=c(\sigma)$,其中 $c(\sigma)$ 是 σ 的值. 如果恒有 $A(I)=OPT(I)$,即 A 总是输出 I 的最优解,则 A 是 Π 的最优化算法.

当 Π 是最小化问题时,记

$$r_A(I)=\frac{A(I)}{OPT(I)}$$

当 Π 是最大化问题时,记

$$r_A(I)=\frac{OPT(I)}{A(I)}$$

如果对 Π 的每一个实例 I,$r_A(I) \leqslant r$,则称近似算法 A 的近似比为 r,又称 A 是 r-近似算法. 当 r 是一个常数时,称 A 具有常数比.

显然,近似算法的近似比 $r \geqslant 1$,并且越接近 1 越好. NP 难的组合优化问题按可近似性可分成三类:

(1) 对任意小的 $\varepsilon > 0$,存在 $(1+\varepsilon)$-近似算法. 此时称问题是完全可近似的.

(2) 存在具有常数比的近似算法. 此时称问题是可近似的.

(3) 不存在具有常数比的近似算法,除非 **P＝NP**. 此时称问题是不可近似的.

上述分类的前提是假设 **P≠NP**. 另外,不可近似的问题并不是没有近似算法,而是没有具有常数比的近似算法,它们可能有近似比为 $\log n$ 或 n 的近似算法,其中 n 是实例的规模.

下面考虑顶点覆盖对应的优化问题——最小顶点覆盖问题:任给一个图 $G=<V,E>$,求 G 的顶点数最少的顶点覆盖.

算法 **MVC**:

开始时令 $V'=\varnothing$. 任取一条边 (u,v),把 u 和 v 加入 V' 并删去 u 和 v 及其关联的边. 重复上述过程,直到删去所有的边为止,最后输出 V'. V' 为所求的顶点覆盖.

显然,算法 MVC 的时间复杂度为 $O(m)$,其中 $m=|E|$. 记 $|V'|=2k$,V' 中的顶点是 k 条边的端点,这 k 条边互不关联. 为了覆盖这 k 条边需要 k 个顶点,从而 $\mathrm{OPT}(I) \geqslant k$. 于是

$$\frac{\mathrm{MVC}(I)}{\mathrm{OPT}(I)} \leqslant \frac{2k}{k} = 2$$

故 MVC 是最小顶点覆盖问题的 2-近似算法.

设图 G 由 k 条互不关联的边构成,对于这个实例 I,显然 $\mathrm{MVC}(I)=2k$,$\mathrm{OPT}(I)=k$,$\frac{\mathrm{MVC}(I)}{\mathrm{OPT}(I)}=2$. 这表明上面估计的 MVC 的近似比已不可能再进一步改进,即 MVC 的近似比不会小于 2.

从这个简单的例子我们看到了研究近似算法的两个基本方面——设计算法和分析算法的近似比. 近似算法通常是很简单的,设计思想常常来源于直觉或者某种物理现象、社会现象,甚至日常生活中的常识. 分析算法的近似比的关键是估计最优解的值,这也是困难所在. 我们不可能真正知道最优解的值,必须给出它的上界(对最大化问题)或下界(对最小化问题),而这个界限的好坏往往决定了所得到的近似比的质量. 给出近似比后,还要设法构造使算法产生最坏的解的实例. 如果这个解的值与最优值的比达到或者可以任意地接近得到的近似比,那么说明这个近似比已经是最好的,不可改进的了;否则,还有进一步的研究余地. 通过分析近似比,找到产生坏的解的原因,这又有可能启发我们改进算法,得到更好的近似比. 使算法产生的解值与最优值之比等于或可以任意接近近似比的实例称作**紧实例**. 例如,上面由 k 条互不关联的边构成的图 G 是 **MVC** 的近似比为 2 的紧实例. 在得到算法的近似比后,我们总希望能够构造出一个紧实例,以说明这个近似比已是最好的了. 除此之外,还应该研究问题本身的可近似性,即在 **P≠NP** 的(或其他更强的)假设下,该问题近似算法的近似比的下界. 下面将通过几个具体问题来阐述.

10.2　多机调度问题

多机调度问题:任给有穷的作业集 A 和 m 台相同的机器,作业 a 的处理时间为正整数 $t(a)$,每一项作业可以在任一台机器上处理. 如何把作业分配给机器才能使完成所有作业的时间最短? 即如何把 A 划分成 m 个不相交的子集 A_i,使得

$$\max\left\{\sum_{a \in A_i} t(a) \mid i=1,2,\cdots,m\right\}$$

最小?

双机调度是对应这个问题 $m=2$ 时的判定问题,在 9.3.5 节中已经证明它是 NP 完全的,故多机调度问题是 NP 难的.

10.2.1　贪心的近似算法

把分配给一台机器的作业的处理时间之和称作这台机器的负载. 多机调度问题是要使 m 台机器的负载尽可能的均衡. 基于这个认识,先考虑一个很简单的贪心算法.

贪心法(G-MPS):按输入的顺序分配作业,把每一项作业分配给当前负载最小的机器.

如果当前负载最小的机器有 2 台或 2 台以上,则分配给其中的任意一台.

例如,有 3 台机器,8 项作业的处理时间分别为 3,4,3,6,5,3,8,4. 算法分配给 3 台机器的作业分别为 $\{1,4\},\{2,6,7\},\{3,5,8\}$,负载分别为 $3+6=9,4+3+8=15,3+5+4=12$,完成时间为 15. 显然,这不是最优的分配方案. 最优方案是 $\{1,3,4\},\{2,5,6\},\{7,8\}$,负载分别为 $3+3+6=12,4+5+3=12,8+4=12$,完成时间为 12.

定理 10.1 对多机调度问题的每一个有 m 台机器的实例 I,有

$$\text{G-MPS}(I) \leqslant \left(2-\frac{1}{m}\right)\text{OPT}(I)$$

证 首先,下述事实是显然的:(1) $\text{OPT}(I) \geqslant \frac{1}{m}\sum_{a\in A}t(a)$;(2) $\text{OPT}(I) \geqslant \max_{a\in A}t(a)$.

设机器 M_j 的负载最大,即 $\text{G-MPS}(I)=t(M_j)$,其中 $t(M_j)$ 是 M_j 的负载. 又设 b 是最后被分配给机器 M_j 的作业. 根据算法,在考虑分配 b 时 M_j 的负载最小,故有 $t(M_j)-t(b)\leqslant \frac{1}{m}\left(\sum_{a\in A}t(a)-t(b)\right)$. 于是

$$\begin{aligned}\text{G-MPS}(I)=t(M_j) &\leqslant \frac{1}{m}\left(\sum_{a\in A}t(a)-t(b)\right)+t(b)\\ &=\frac{1}{m}\sum_{a\in A}t(a)+\left(1-\frac{1}{m}\right)t(b)\\ &\leqslant \text{OPT}(I)+\left(1-\frac{1}{m}\right)\text{OPT}(I)\\ &=\left(2-\frac{1}{m}\right)\text{OPT}(I)\end{aligned}$$

G-MPS 显然是多项式时间的. 下述实例 I 是一个紧实例: m 台机器,$m(m-1)+1$ 项作业,前 $m(m-1)$ 项作业的处理时间都为 1,最后一项作业的处理时间为 m. 算法把前 $m(m-1)$ 项作业平均地分配给 m 台机器,每台 $m-1$ 项,最后一项任意地分配给一台机器. 显然,$\text{G-MPS}(I)=2m-1$. 而最优的分配方案是把前 $m(m-1)$ 项作业平均地分配给 $m-1$ 台机器,每台 m 项,最后一项分配给留下的那台机器,$\text{OPT}(I)=m$. 得

$$\text{G-MPS}(I)=\left(2-\frac{1}{m}\right)\text{OPT}(I)$$

由于 m 可以任意地大,这个比值可以任意地接近 2,G-MPS 是一个 2-近似算法.

10.2.2 改进的贪心近似算法

分析 10.2.1 节最后给出的紧实例,发现使算法性能变坏的原因是处理时间长的作业被放在了最后分配,如果反过来,先分配处理时间长的作业,则得到最优解. 受这个启发,把上述贪心算法改进成下述递降贪心近似算法,它的近似性能确实好于原来的贪心近似算法.

递降贪心法(DG-MPS):首先按处理时间从大到小重新排列作业,然后运用 G-MPS.

把这个算法运用到 10.2.1 节最后给出的紧实例得到最优解. 运用到前面的实例,结果如下:先重新排序,8,6,5,4,4,3,3,3;3 台机器的负载分别为 $8+3=11,6+4+3=13$,$5+4+3=12$. 比 G-MPS 的结果好.

与 G-MPS 相比,DG-MPS 仅增加对作业的排序,需要增加时间 $O(n\log n)$,仍然是多项

式时间的.

定理 10.2 对多机调度问题的每一个有 m 台机器的实例 I，有

$$\text{DG-MPS}(I) \leqslant \left(\frac{3}{2} - \frac{1}{2m}\right)\text{OPT}(I)$$

证 设作业按处理时间从大到小排列为 $a_1, a_2, \cdots, a_n$，仍考虑负载最大的机器 M_j 和最后分配给 M_j 的作业 a_i. 只有两种可能：① M_j 只有一个作业. 此时必有 $i=1$，显然这个分配方案是最优解，从而 $\text{DG-MPS}(I) = \text{OPT}(I)$；② M_j 有 2 个或 2 个以上作业. 此时必有 $i \geqslant m+1$，从而 $\text{OPT}(I) \geqslant 2t(a_{m+1})$. 和定理 10.1 证明中一样，唯一不同的是 $t(a_i) \leqslant t(a_{m+1}) \leqslant \frac{1}{2}\text{OPT}(I)$. 于是

$$\text{DG-MPS}(I) = t(M_j) \leqslant \frac{1}{m}\left[\sum_{k=1}^{n} t(a_k) - t(a_i)\right] + t(a_i)$$

$$= \frac{1}{m}\sum_{k=1}^{n} t(a_k) + \left(1 - \frac{1}{m}\right)t(a_i)$$

$$\leqslant \text{OPT}(I) + \left(1 - \frac{1}{m}\right) \cdot \frac{1}{2}\text{OPT}(I)$$

$$= \left(\frac{3}{2} - \frac{1}{2m}\right)\text{OPT}(I)$$

定理表明 DG-MPS 是多机调度问题的 $\frac{3}{2}$-近似算法.

10.3 货 郎 问 题

本节考虑满足三角不等式的货郎问题，即对任意的三个城市 i, j, k，它们之间的距离满足三角不等式：

$$d(i,j) + d(j,k) \geqslant d(i,k)$$

10.3.1 最邻近法

最邻近法(NN)：从任意一个城市开始，在每一步取离当前所在城市最近的尚未到过的城市作为下一个城市. 若这样的城市不止一个，则任取其中的一个. 直至走遍所有的城市，最后回到开始出发的城市.

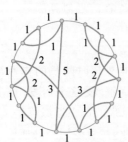

图 10.1 一个表明 NN 性
能很坏的实例

这是一种贪心法，是人们一开始最容易想到的方法. 初看起来这个方法似乎非常合理，至少不会太坏. 但实际上，它不仅不能保证得到最优解，而且算法的近似性能也很不好.

图 10.1 给出一个实例表明最邻近法的性能可能很坏，有 15 个城市(顶点)，图中没有画出边的两点之间的距离等于这两点之间最短路的长度，城市之间的距离满足三角不等式. 最优巡回路线是沿最外的圆周走一圈，$\text{OPT}(I) = 15$. 粗黑线是 NN 给出的解，$\text{NN}(I) = 27$. 关于最邻近法的近似性能有下述定理.

定理 10.3 对于货郎问题所有满足三角不等式的 n 个城市的实例 I,总有

$$\mathrm{NN}(I) \leqslant \frac{1}{2}\left(\lceil \log_2 n \rceil + 1\right)\mathrm{OPT}(I)$$

而且,对于每一个充分大的 n,存在满足三角不等式的 n 个城市的实例 I,使得

$$\mathrm{NN}(I) > \frac{1}{3}\left[\log_2(n+1) + \frac{4}{3}\right]\mathrm{OPT}(I)$$

定理表明最邻近法的近似比可以任意大. 定理的证明略去.

10.3.2 最小生成树法

把货郎问题的实例看作一个带权的完全图,要找一条最短的哈密顿回路. 下面给出两个性能比最邻近法好得多的近似算法.

最小生成树法(MST):首先,求图的一棵最小生成树 T. 然后,沿着 T 走两遍得到图的一条欧拉回路. 最后,顺着这条欧拉回路,跳过已走过的顶点,抄近路得到一条哈密顿回路.

图 10.2 给出 MST 计算过程的示意图. 由于求最小生成树和欧拉回路都可以在多项式时间内完成,故算法是多项式时间的. 有关的图论知识可参见参考文献[1].

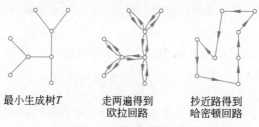

最小生成树T　　走两遍得到　　抄近路得到
　　　　　　　　欧拉回路　　哈密顿回路

图 10.2 最小生成树法

定理 10.4 对货郎问题的所有满足三角不等式的实例 I,有

$$\mathrm{MST}(I) < 2\mathrm{OPT}(I)$$

证 因为从哈密顿回路中删去一条边就得到一棵生成树,故最小生成树 T 的权小于最短哈密顿回路的长度 $\mathrm{OPT}(I)$. 于是,沿 T 走两遍得到的欧拉回路的长小于 $2\mathrm{OPT}(I)$. 最后,由于图的边长满足三角不等式,抄近路不会增加长度,故 $\mathrm{MST}(I) < 2\mathrm{OPT}(I)$.

定理表明 MST 是 2-近似算法. 图 10.3 给出一个紧实例 I,有 $2n$ 个城市,$\mathrm{OPT}(I) = 2n$,

$$\mathrm{MST}(I) = 4n - 2 = \left(2 - \frac{1}{n}\right)\mathrm{OPT}(I)$$

这个实例说明定理 10.4 给出的结果已是最好的,即对任意小的 $\varepsilon > 0$,存在货郎问题满足三角不等式的实例 I,使得 $\mathrm{MST}(I) > (2-\varepsilon)\mathrm{OPT}(I)$.

10.3.3 最小权匹配法

最小生成树法通过对最小生成树 T 的每一条边走两遍得到一条欧拉回路,其实要把 T 改造成欧拉图,只需把 T 中的所有奇度顶点变成偶度顶点. 为此,只需在每一对奇度顶点(T 的奇度顶点个数一定是偶数)之间加一条边,当然应该使新加的边的权之和尽可能小. 这就是最小权匹配法.

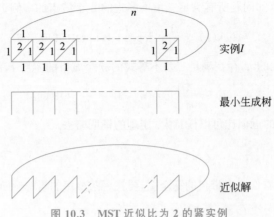

图 10.3　MST 近似比为 2 的紧实例

最小权匹配法（MM）：首先，求图的一棵最小生成树 T．然后，记 T 的所有奇度顶点在原图中的导出子图为 H，H 有偶数个顶点，求 H 的最小匹配 M．接着，把 M 加入 T 得到一个欧拉图，求这个欧拉图的欧拉回路．最后，沿着这条欧拉回路，跳过已走过的顶点，抄近路得到一条哈密顿回路．

求任意图的最小权匹配是多项式时间可解的（参见参考文献[8]），因此这个算法是多项式时间的．

定理 10.5　对货郎问题的所有满足三角不等式的实例 I，满足：

$$\mathrm{MM}(I) < \frac{3}{2}\mathrm{OPT}(I)$$

证　由于满足三角不等式，导出子图 H 中的最短哈密顿回路 C 的长度不超过原图中最短哈密顿回路的长度 $\mathrm{OPT}(I)$．沿着 C 隔一条边取一条边，得到 H 的一个匹配．总可以使这个匹配的权不超过 C 长的一半．因此，H 的最小匹配 M 的权不超过 $\frac{1}{2}\mathrm{OPT}(I)$．从而求得的欧拉回路的长小于 $\frac{3}{2}\mathrm{OPT}(I)$．和上面一样，抄近路不会增加长度，得证 $\mathrm{MM}(I) < \frac{3}{2}\mathrm{OPT}(I)$．

定理 10.5 表明 MM 是 $\frac{3}{2}$-近似算法，它的紧实例留作习题．当不限制货郎问题的实例满足三角不等式时，定理 10.4 和定理 10.5 的证明都失效，不难给出使这两个近似算法得到的近似解的值与最优值的比任意大的实例．实际上，关于一般的货郎问题有下述定理．

定理 10.6　货郎问题（不要求满足三角不等式）是不可近似的，除非 $\mathbf{P} = \mathbf{NP}$．

证　假设不然，设 A 是货郎问题的近似算法，其近似比 $r \leqslant K$，其中 K 是一个正整数．

任给一个图 $G = \langle V, E \rangle$，如下构造货郎问题的实例 I_G：城市集 V，记 $|V| = n$，每一对城市 $u, v \in V$ 的距离为

$$d(u, v) = \begin{cases} 1 & \text{若}(u, v) \in E \\ Kn & \text{否则} \end{cases}$$

若 G 有哈密顿回路，则

$$\mathrm{OPT}(I_G) = n, \quad \mathrm{A}(I_G) \leqslant r\,\mathrm{OPT}(I_G) \leqslant Kn$$

否则，经过 V 中所有城市的巡回路线中至少有两个相邻城市在 G 中不相邻，从而 $\mathrm{OPT}(I_G) >$

Kn，$A(I_G) \geqslant OPT(I_G) > Kn$. 所以，$G$ 有哈密顿回路当且仅当 $A(I_G) \leqslant Kn$.

于是，下述算法可以判断任给的图 G 是否有哈密顿回路：首先构造货郎问题的实例 I_G，然后对 I_G 运用算法 A. 若 $A(I_G) \leqslant Kn$，则输出"Yes"；若 $A(I_G) > Kn$，则输出"No".

注意到 K 是固定的常数，构造 I_G 可在 $O(n^2)$ 时间内完成，且 $|I_G| = O(n^2)$. 由于 A 是多项式时间的，n^2 的多项式也是 n 的多项式，A 对 I_G 可在 n 的多项式时间内完成计算，所以，上述算法是 **HC** 的多项式时间算法. 而 **HC** 是 NP 完全的，推得 **P＝NP**.

10.4 背包问题

本节考虑 0-1 背包问题的优化形式：任给 n 件物品和一个背包，物品 i 的重量为 w_i，价值为 v_i，$1 \leqslant i \leqslant n$，背包的重量限制为 B，其中 w_i 和 v_i 以及 B 都是正整数. 把哪些物品装入背包，才能在不超过重量限制的条件下使得价值最大？即求子集 $S^* \subseteq \{1,2,\cdots,n\}$，使得

$$\sum_{i \in S^*} v_i = \max\Big\{ \sum_{i \in S} v_i \ \Big| \ \sum_{i \in S} w_i \leqslant B, S \subseteq \{1,2,\cdots,n\} \Big\}$$

10.4.1 一个简单的贪心算法

根据日常的生活经验，谁都知道应该先装值钱的物品. 也就是说，应该先装单位重量价值大的物品. 此外，还有一种特殊情况，如果有一件物品的价值特别大（它的单位重量价值不一定是最大的），比已装入的物品的总价值都大，那么当然就换成装这一件物品. 根据这个思想，设计出下述简单的贪心算法. 下面不妨设所有物品的重量 $w_i \leqslant B$，否则可以把这件物品排除在外.

贪心算法（G-KK）

1. 按单位重量的价值从大到小排列物品，设 $v_1/w_1 \geqslant v_2/w_2 \geqslant \cdots \geqslant v_n/w_n$
2. 顺序检查每一件物品，只要能装得下就将它装入背包，设装入背包的总价值为 V
3. 求 $v_k = \max\{v_i \mid i=1,2,\cdots,n\}$. 若 $v_k > V$，则将背包内的物品换成物品 k

例如，有 4 件物品：$(3,7)$，$(4,9)$，$(2,2)$，$(5,9)$，其中前一个数是重量，后一个数是价值，背包允许的最大重量是 6. G-KK 给出的解是装入 $(3,7)$ 和 $(2,2)$，总价值为 9. 若把第 4 件物品改为 $(5,10)$，则算法给出的解是装入第 4 件物品 $(5,10)$，总价值为 10. 这两个实例的最优解都是装入 $(4,9)$ 和 $(2,2)$，总价值为 11.

定理 10.7 对 0-1 背包问题的任何实例 I，有

$$OPT(I) < 2\text{G-KK}(I)$$

证 设物品 l 是第 1 件未装入背包的物品，由于物品按单位重量的价值从大到小排列，故有

$$OPT(I) < \text{G-KK}(I) + v_l \leqslant \text{G-KK}(I) + v_{max} \leqslant 2\text{G-KK}(I)$$

其中 $v_{max} = \max\{v_i \mid i=1,2,\cdots,n\}$，显然 $v_{max} \leqslant \text{G-KK}(I)$.

定理表明 G-KK 是一个 2-近似算法. 不难给出这个近似比的紧实例.

10.4.2 多项式时间近似方案

把贪心算法 G-KK 嵌入一个较复杂的过程，可以得到近似比任意接近 1 的近似算法.

算法 PTAS

输入 $\varepsilon > 0$ 和实例 I

1. 令 $m = \lceil 1/\varepsilon \rceil$
2. 按单位重量的价值从大到小排列物品，设 $v_1/w_1 \geqslant v_2/w_2 \geqslant \cdots \geqslant v_n/w_n$
3. 对每一个 $t = 1, 2, \cdots, m$ 和 t 件物品，检查这 t 件物品的重量之和，若它们的重量之和不超过 B，则接着用 G-KK 把剩余的物品装入背包
4. 比较得到的所有装法，取其中价值最大的作为近似解

PTAS 是一簇算法. 对每一个固定的 $\varepsilon > 0$, PTAS 是一个算法，记作 PTAS_ε.

定理 10.8 对每一个 $\varepsilon > 0$ 和 0-1 背包问题的实例 I，有

$$\text{OPT}(I) < (1 + \varepsilon)\text{PTAS}_\varepsilon(I)$$

且 PTSA_ε 的时间复杂度为 $O(n^{\frac{1}{\varepsilon} + 2})$.

在证明之前，先看这个定理的结果. 首先，对每一个固定的 $\varepsilon > 0$，算法 PTAS_ε 是多项式时间的. 其次，由于 $\varepsilon > 0$ 可以任意的小，算法 PTAS_ε 的近似比 $1 + \varepsilon$ 可以任意的接近 1. 从而，0-1 背包问题是完全可近似的. 当然，算法 PTSA_ε 的近似比接近 1 的代价是时间复杂度中 n 的次幂非常高.

证 设最优解为 S^*. 若 $|S^*| \leqslant m$，则算法必得到 S^*. 不妨设 $|S^*| > m$. 考虑计算中以 S^* 中 m 件价值最大的物品为基础，用 G-KK 得到的结果 S. 不妨设 $S \neq S^*$，物品 l 是 S^* 中第一件不在 S 中的物品，在此之前 G-KK 装入的不属于 S^* 的物品（肯定有这样的物品，否则应该装入物品 l）的单位重量的价值都不小于 v_l/w_l，当然也不小于 S^* 中所有没有装入物品的单位重量的价值，故有 $\text{OPT}(I) < \sum_{i \in S} v_i + v_l$. 又因为 S 包括 S^* 中 m 件价值最大的物品，它们的价值都不小于 v_l，故又有 $v_l \leqslant \dfrac{1}{m} \sum_{i \in S} v_i$. 于是得到

$$\text{OPT}(I) < \sum_{i \in S} v_i + v_l \leqslant \sum_{i \in S} v_i + \frac{1}{m} \sum_{i \in S} v_i$$

$$\leqslant \left(1 + \frac{1}{m}\right)\text{PTAS}_\varepsilon(I) \leqslant (1 + \varepsilon)\text{PTAS}_\varepsilon(I)$$

下面考虑算法的时间复杂度. 从 n 件物品中取 t 件 ($t = 1, 2, \cdots, m$)，所有可能取法的个数为

$$C_n^1 + C_n^2 + \cdots + C_n^m \leqslant m \cdot \frac{n^m}{m!} \leqslant n^m$$

对每一种取法，G-KK 的运行时间为 $O(n)$，故算法的时间复杂度为 $O(n^{m+1}) = O(n^{\frac{1}{\varepsilon} + 2})$.

设算法 A 以 $\varepsilon > 0$ 和问题的实例 I 作为输入，如果对每一个固定的 $\varepsilon > 0$，A 是 $(1 + \varepsilon)$-近似算法，则称 A 是一个多项式时间近似方案. 算法 PTAS 是 0-1 背包问题的多项式时间近似方案.

10.4.3　伪多项式时间算法与完全多项式时间近似方案

由于 n 的幂中含有 $1/\varepsilon$，随着近似比接近 1，PTAS 的时间复杂度中 n 的次幂迅速增大，而失去实用价值. 如果在时间复杂度中，$1/\varepsilon$ 只出现在多项式的系数中，而不出现在幂中，那将好得多.

设算法 A 以 $\varepsilon > 0$ 和问题的实例 I 作为输入,如果 A 以某个二元多项式 $p(|I|, 1/\varepsilon)$ 为时间复杂度上界,且对每一个固定的 $\varepsilon > 0$,A 的近似比为 $1+\varepsilon$,则称 A 是一个 完全多项式时间近似方案.

利用伪多项式时间算法可以构造 0-1 背包问题的完全多项式时间近似方案,这个伪多项式时间算法也是动态规划算法,不过与 3.3 节的动态规划算法有点不同,这里采用它的对偶形式.令

$$G_k(d) = \min\Big\{ \sum_{i=1}^{k} w_i x_i \ \Big| \ \sum_{i=1}^{k} v_i x_i \geqslant d, x_i = 0 \text{ 或 } 1, \ 1 \leqslant i \leqslant k \Big\}$$

$0 \leqslant k \leqslant n, 0 \leqslant d \leqslant D, D = \sum_{i=1}^{n} v_i$ 且约定:$\min \varnothing = +\infty$. $G_k(d)$ 的含义是:当只考虑前 k 件物品时,为了得到不小于 d 的价值,至少要装入重量为 $G_k(d)$ 的物品. 问题的最优值为

$$\text{OPT}(I) = \max\{d \mid G_n(d) \leqslant B\}$$

考虑 G_{k+1} 与 G_k 的关系. 当 $d \leqslant v_{k+1}$ 时,为了得到价值 d,可以装前 k 件物品,也可以只装第 $k+1$ 件,取其重量小的,从而 $G_{k+1}(d) = \min\{G_k(d), w_{k+1}\}$. 当 $d > v_{k+1}$ 时,可以只装前 k 件物品,也可以装入第 $k+1$ 件和前 k 件中的若干件. 只装前 k 件物品需要装入的最小重量为 $G_k(d)$,装入第 $k+1$ 件和前 k 件中的若干件需要的最小重量为 $G_k(d-v_{k+1}) + w_{k+1}$,从而 $G_{k+1}(d) = \min\{G_k(d), G_k(d-v_{k+1}) + w_{k+1}\}$. 于是,有下述递推公式

$$G_0(d) = \begin{cases} 0 & \text{若 } d = 0 \\ +\infty & \text{若 } d > 0 \end{cases}$$

$$G_{k+1}(d) = \begin{cases} \min\{G_k(d), w_{k+1}\} & \text{若 } d \leqslant v_{k+1} \\ \min\{G_k(d), G_k(d-v_{k+1}) + w_{k+1}\} & \text{若 } d > v_{k+1} \end{cases}$$

$0 \leqslant k \leqslant n-1, 0 \leqslant d \leqslant D$. 和 3.3 节一样,这个递推公式同样可以给出 0-1 背包问题的动态规划最优化算法,其时间复杂度为 $O(nD) = O(n^2 v_{\max})$,其中 $v_{\max} = \max\{v_i \mid i = 1, 2, \cdots, n\}$. 把这个算法记作 A.

算法 A 也是伪多项式时间算法,如果所有物品的价值都不大,则算法可以变成多项式时间的. 当物品的价值很大时,D 很大,为了节省时间,我们不检查 $0 \sim D$ 的每一个值,而是把 $0 \sim D$ 分成若干段,每一段长度为 b. 忽略每一段中的差别,每一段中只检查一个代表. 如果 b 足够大,就不会需要太多的时间. 当然,这样一来最后得到的不一定是最优解,而只是一个近似解. 也就是说,用损失一定的精度来换取大量的时间. 但 b 又不能太大,否则不可能得到足够好的近似解,因此需要取到合适的 b 值才行.

算法 FPTAS

输入 $\varepsilon > 0$ 和实例 I

1. 令 $b = \max\Big(\Big\lfloor v_{\max} \Big/ \Big(1 + \frac{1}{\varepsilon}\Big) n \Big\rfloor, 1\Big)$

2. 令 $v_i' = \lceil v_i / b \rceil, 1 \leqslant i \leqslant n$. 把实例 I 中所有物品的价值 v_i 换成 v_i',记新得到的实例为 I'

3. 对 I' 应用算法 A 得到解 S,把 S 取作实例 I 的解

定理 10.9 对每一个 $\varepsilon > 0$ 和 0-1 背包问题的实例 I,有

$$\text{OPT}(I) < (1+\varepsilon)\text{FPTSA}(I)$$

并且 FPTAS 的时间复杂度为 $O\Big(n^3\Big(1 + \frac{1}{\varepsilon}\Big)\Big)$.

证　由于 $(v_i'-1)b<v_i\leqslant v_i'b,1\leqslant i\leqslant n$,对任意的 $T\subseteq\{1,2,\cdots,n\}$,

$$0\leqslant b\sum_{i\in T}v_i'-\sum_{i\in T}v_i<b\mid T\mid\leqslant bn$$

设 I 的最优解为 S^* ,注意到 S 是 I' 的最优解,故有

$$\begin{aligned}
\mathrm{OPT}(I)-\mathrm{FPTAS}(I)&=\sum_{i\in S^*}v_i-\sum_{i\in S}v_i\\
&=\Big(\sum_{i\in S^*}v_i-b\sum_{i\in S^*}v_i'\Big)+\Big(b\sum_{i\in S^*}v_i'-b\sum_{i\in S}v_i'\Big)+\Big(b\sum_{i\in S}v_i'-\sum_{i\in S}v_i\Big)\\
&\leqslant\Big(b\sum_{i\in S}v_i'-\sum_{i\in S}v_i\Big)<bn
\end{aligned}$$

其中第 2 个等号右边的前两项都小于或等于 0.

对每一个 $\varepsilon>0$,若 $b=1$,则 I' 就是 I , S 是 I 的最优解,从而 $\mathrm{FPTAS}(I)=\mathrm{OPT}(I)$. 下面设 $b>1$,注意到 $v_{\max}\leqslant\mathrm{OPT}(I)$,得

$$\mathrm{OPT}(I)-\mathrm{FPTAS}(I)<v_{\max}\Big/\Big(1+\frac{1}{\varepsilon}\Big)\leqslant\mathrm{OPT}(I)\Big/\Big(1+\frac{1}{\varepsilon}\Big)$$

整理得到

$$\mathrm{OPT}(I)<(1+\varepsilon)\mathrm{FPTAS}(I)$$

算法的运行时间主要花在 A 对 I' 的运算,其时间复杂度为 $O(n^2v_{\max}/b)=O\Big(n^3\Big(1+\frac{1}{\varepsilon}\Big)\Big)$.

定理表明算法 FPTAS 是 0-1 背包问题的完全多项式时间近似方案.

习　题　10

10.1　10.1 节中最小顶点覆盖问题的近似算法 MVC 任取一条边,把这条边的两个端点加入顶点覆盖集,现在改为只把这条边的一个端点加入顶点覆盖集,其余不变. 试分析这个修改后的算法的近似性能.

10.2　给出"对货郎问题所有满足三角不等式的实例 I ,有 $\mathrm{MM}(I)<\frac{3}{2}\mathrm{OPT}(I)$ "(定理 10.5)的紧实例.

10.3　装箱问题(优化形式):任给 n 件物品,物品 j 的重量为 w_j , $1\leqslant j\leqslant n$.限制每只箱子装入物品的总重量不超过 B ,这里 w_j 和 B 都是正整数,且 $w_j\leqslant B$, $1\leqslant j\leqslant n$. 要求用最少的箱子装入所有的物品,怎么装法?

考虑下述简单的装法.

首次适合算法(FF):按照输入顺序装物品,对每一件物品,依次检查每一只箱子,只要能装得下就把它装入. 只有在所有已经打开的箱子都装不下这件物品时,才新打开一只箱子.

证明:对装箱问题的所有实例 I ,有

$$\mathrm{FF}(I)<2\mathrm{OPT}(I)$$

10.4　证明:装箱问题不存在近似比 $r<\frac{3}{2}$ 的多项式时间近似算法,除非 P=NP.

10.5　设无向图 $G=<V,E>$，$V_1\bigcup V_2=V$，$V_1\bigcap V_2=\varnothing$，称 $(V_1,V_2)=\{(u,v)\,|\,(u,v)\in E$，且 $u\in V_1,v\in V_2\}$ 是 G 的割集．(V_1,V_2) 中的边称作割边，不在 (V_1,V_2) 中的边称作非割边．

求最大割集问题：任给无向图 $G=<V,E>$，求 G 的边数最多的割集．

考虑下述求最大割集问题的局部改进算法．

算法 MCUT：令 $V_1=V,V_2=\varnothing$．如果存在顶点 u，在 u 关联的边中非割边多于割边．若 $u\in V_1$ 则把 u 移到 V_2 中，若 $u\in V_2$ 则把 u 移到 V_1 中，直到不存在这样的顶点为止，取此时得到的 (V_1,V_2) 作为解．

证明：对最大割集问题的每一个实例 I，有

$$\mathrm{OPT}(I)\leqslant 2\mathrm{MCUT}(I)$$

10.6　双机调度问题（优化形式）：有 2 台相同的机器和 n 项作业 $J_1,J_2,\cdots,J_n$，每一项作业可以在任一台机器上处理，没有顺序限制，作业 J_i 的处理时间为正整数 t_i，$1\leqslant i\leqslant n$．要求把 n 项作业分配给这 2 台机器使得完成时间最短，即把 $\{1,2,\cdots,n\}$ 划分成 I_1 和 I_2，使得

$$\max\Big\{\sum_{i\in I_1}t_i,\sum_{i\in I_2}t_i\Big\}$$

最小．

令 $D=\Big\lfloor\dfrac{1}{2}\sum_{i=1}^{n}t_i\Big\rfloor$，$B(i)=\Big\{t\mid t=\sum_{i\in S}t_i\leqslant D,S\subseteq\{1,2,\cdots,i\}\Big\}$，$0\leqslant i\leqslant n$．$B(i)$ 包括所有前 i 项作业中任意项（可以是 0 项）作业的处理时间之和，只要这个和不超过所有作业处理时间之和的二分之一．

试给出关于 $B(i)$ 的递推公式，并利用这个递推公式设计双机调度问题的伪多项式时间算法，进而设计这个问题的完全多项式时间近似方案．

第 11 章

随机算法

在算法中加入随机性,这并不是十分新鲜的想法,人们早就在其他场合这样做了. 例如,做民意调查时,需要随机选择访问的对象. 又如,对股票市场这类本身不确定的系统进行仿真时,随机化也是自然的工具,这就是所谓的**蒙特卡洛方法**. 对于很多问题来说,采用随机算法比采用确定型算法效率更高,算法也更简单. 例如,对于素数检验问题,解决这个问题的随机算法不仅是计算机科学中最早提出的随机算法之一,而且到目前为止仍然比这个问题的确定型算法的速度更快.

虽然随机算法描述起来并不复杂,但是随机算法分析起来往往并不简单. 在本章我们将学习一些最基本的随机算法的设计与分析方法. 首先给出概率论的一些预备知识,包括在随机算法分析中常用的二项式系数的估计、期望的线性性质、并的界、马尔可夫不等式、切比雪夫不等式、切诺夫界等. 然后以快速排序为例,给出两种不同的平均运行时间分析,说明随机算法的基本分析方法. 在此基础上,介绍随机算法的分类和计算复杂性理论的一些结果,包括拉斯维加斯型和蒙特卡洛型这两类随机算法,以及对随机算法能力和局限性的简单讨论. 接着介绍素数检验和多项式恒等检验的随机算法,以及介绍用马尔可夫链分析随机游动算法,最后介绍用姚的极小极大原理来证明随机算法的时间下界.

11.1　概率论预备知识

在有限概率空间中,存在着有穷个基本事件,每个基本事件发生的概率是 $[0,1]$ 中的数,所有基本事件的概率之和等于 1. 例如,抛掷一枚均匀硬币,基本事件包括正面向上和反面向上,各自概率都为 1/2. 一些基本事件的组合称为**事件**,事件发生的概率等于其中基本事件的概率之和. 例如,抛掷一枚均匀的六面色子,基本事件为得到 1,2,3,4,5,6 点之一,概率各为 1/6,掷色子得到偶数这一事件,由 2,4,6 点这三个基本事件组成,概率为 1/6+1/6+1/6=1/2. 通常把事件 A 的概率记为 $\Pr[A]$. 设 $A_1,A_2,\cdots,A_n$ 都是事件,事件 A_i 的概率为 $\Pr[A_i]$,则 $\Pr\left[\bigcup_{i=1}^{n} A_i\right] \leqslant \sum_{i=1}^{n}\Pr[A_i]$,这个不等式称为**并的界**.

随机变量是从概率空间到实数的映射. 随机变量取各种值的概率就是分布. 例如,抛掷一枚均匀硬币 n 次,记录正面向上的次数就得到一个随机变量 X,其取值范围是 0,1,

$2,\cdots,n$，X 的分布可以描述为 $\Pr[X=i]=\dbinom{n}{i}2^{-n}$，这称为二项分布. 在涉及二项分布的计算中，常常需要估计 $\dbinom{n}{k}$ 的阶，常用的公式为

$$\left(\frac{n}{k}\right)^k \leqslant \binom{n}{k} \leqslant \left(\frac{en}{k}\right)^k$$

随机变量的加权平均值称为**期望**，通常把随机变量 X 的期望记作 $E[X]$. 例如，上述二项式分布随机变量 X 的期望为 $E[X]=\sum_{i=0}^{n}i\binom{n}{i}2^{-n}$. 设 X 和 Y 是同一个概率空间上的两个随机变量，可以定义 $X+Y$ 为一个新的随机变量，$X+Y$ 在每个基本事件上的取值就是 X 与 Y 在这个基本事件上的取值之和. 对于常数 a，也可以定义新的随机变量 aX，其取值是原来 X 取值的 a 倍. 随机变量的期望有所谓的线性性质：

$$E[aX+bY]=aE[X]+bE[Y]$$

特别当 $X=\sum_{i=1}^{n}X_i$ 时，有

$$E[X]=\sum_{i=1}^{n}E[X_i]$$

例如，设 X_i 表示第 i 次抛掷硬币的结果，1 表示正面向上，0 表示反面向上，$E[X_i]=1\times\frac{1}{2}+0\times\frac{1}{2}=\frac{1}{2}$，则上述 X 的期望值为

$$E[X]=\sum_{i=1}^{n}E[X_i]=\sum_{i=1}^{n}\frac{1}{2}=\frac{n}{2}$$

对于取值非负的随机变量 X 来说，一个有用的性质是 $\Pr[X\geqslant kE[X]]\leqslant 1/k$，或者 $\Pr[X\geqslant k]\leqslant E[X]/k$，这称为**马尔可夫不等式**.

在事件 B 发生的条件下，事件 A 发生的概率称为**条件概率**，记作 $\Pr[A\,|\,B]$，计算公式为

$$\Pr[A\,|\,B]=\Pr[A\bigcap B]/\Pr[B]$$

若 $\Pr[A|B]=\Pr[A]$，或者等价地 $\Pr[A\bigcap B]=\Pr[A]\Pr[B]$，则说事件 A,B 是**独立事件**. 对于随机变量 X,Y 来说，若对所有可能的取值 x,y，事件 $\{X=x\}$ 和 $\{Y=y\}$ 都是独立的，则说 X,Y 是**独立随机变量**. 对于独立随机变量，有 $E[XY]=E[X]E[Y]$. 一组随机变量 X_1，$X_2,\cdots,X_n$ 称为**完全独立**，如果对于任何 $S\subseteq\{1,2,\cdots,n\}$，有

$$\Pr\left[\bigcap_{i\in S}X_i\right]=\prod_{i\in S}\Pr[X_i]$$

那么对于完全独立的随机变量 $X_1,X_2,\cdots,X_n$，有

$$E\left[\prod_{i=1}^{n}X_i\right]=\prod_{i=1}^{n}E[X_i]$$

随机变量与期望之差的平方加权平均值称为**方差**，记作 $\mathrm{Var}[X]$，计算公式为

$$\mathrm{Var}[X]=E[(X-E[x])^2]=E[X^2]-(E[X])^2$$

注意，总是有 $E[X^2]\geqslant(E[X])^2$，这称为**詹森不等式**. 方差的平方根称为**标准差**，记作

σ，即 $\sigma = \sqrt{\mathrm{Var}[X]}$. 如果随机变量 $X_1, X_2, \cdots, X_n$ 是两两独立的，则

$$\mathrm{Var}\left[\sum_{i=1}^{n} X_i\right] = \sum_{i=1}^{n} \mathrm{Var}[X_i]$$

若随机变量 X 的方差为 σ^2，则对于任意 $k > 0$，有

$$\Pr[\,|X - E[X]| > k\sigma] \leqslant 1/k^2$$

这称为切比雪夫不等式.

如果随机变量 $X_1, X_2, \cdots, X_n$ 是完全独立的，并且每个 X_i 取值在 $\{0, 1\}$ 中，设 $\mu = \sum_{i=1}^{n} E[X_i]$，则对于任何 $\delta > 0$，有

$$\Pr\left[\sum_{i=1}^{n} X_i \geqslant (1+\delta)\mu\right] \leqslant \left[\frac{e^\delta}{(1+\delta)^{(1+\delta)}}\right]^\mu$$

和

$$\Pr\left[\sum_{i=1}^{n} X_i \leqslant (1-\delta)\mu\right] \leqslant \left[\frac{e^{-\delta}}{(1-\delta)^{(1-\delta)}}\right]^\mu$$

以及对任何 $c > 0$，有

$$\Pr\left[\left|\sum_{i=1}^{n} X_i - \mu\right| \geqslant c\mu\right] \leqslant 2\exp(-\min\{c^2/4, c/2\}\mu)$$

其中，$\exp(x) = e^x$. 这三个不等式统称为切诺夫界.

11.2　对随机快速排序算法的分析

本节以随机快速排序算法为例，给出了平均运行时间的两种不同的分析，说明分析随机算法的基本方法. 第一种分析方法利用平均运行时间的递推关系式，第二种分析方法利用期望的线性性质. 这两种方法都是分析随机算法的常用基本方法.

算法 11.1　随机快速排序算法

输入：包含 n 个元素的数组

输出：经过排序的 n 个元素的数组

1. 若数组包含 0 或 1 个元素则返回

2. 从数组中随机选择一个元素作为枢轴元素

3. 把数组元素分为三个子数组，并且按照 A, B, C 顺序排列：

　　A：包含比枢轴元素小的元素；

　　B：包含与枢轴元素相等的元素；

　　C：包含比枢轴元素大的元素

4. 对 A 和 C 递归地执行上述步骤

定理 11.1　设数组含 n 个不同元素，随机快速排序算法的期望比较次数 $T(n) \leqslant 2n\ln n$.

证一　选定枢轴元素后，其余 $n-1$ 个元素每个都要与枢轴元素比较一次，以决定在子数组 A, B, C 中的归属。根据枢轴元素的大小，A 和 C 中的元素个数分别可能是 0 和 $n-1$，1 和 $n-2$，$\cdots$，$n-1$ 和 0，分别对应于枢轴元素在排序后的数组中位于第 $1, 2, \cdots, n$ 个位置上。由于枢轴元素是随机选取的，枢轴元素在排序后的数组中位于第 $1, 2, \cdots, n$ 个位置上的

概率都是 $1/n$，所以有递推式 $T(n)=(n-1)+\dfrac{1}{n}\sum\limits_{i=0}^{n-1}[T(i)+T(n-i-1)]$. 在例 1.14 已经得到这个递推式的解是 $\Theta(n\log n)$，可用数学归纳法证明这个递推式更精确的上界，即 $T(n)\leqslant 2n\ln n$. 详细步骤如下：

$$T(n)\leqslant(n-1)+\frac{2}{n}\sum_{i=1}^{n-1}(2i\ln i)\leqslant(n-1)+\frac{2}{n}\int_{1}^{n}(2i\ln i)\mathrm{d}i$$

$$\leqslant(n-1)+\frac{2}{n}(n^{2}\ln n-n^{2}/2+1/2)\leqslant 2n\ln n$$

证二 首先定义随机变量 X_{ij}：

$$X_{ij}=\begin{cases}1 & \text{若算法比较第 } i \text{ 小元素和第 } j \text{ 小元素}\\ 0 & \text{否则}\end{cases}$$

其中，第 i 小和第 j 小指的是，在经过排序以后的数组中的位置. 于是算法的总共比较次数为 $\sum\limits_{i=1}^{n-1}\sum\limits_{j=i+1}^{n}X_{ij}$，根据数学期望的线性性质，算法的期望运行时间为

$$T(n)=E\Big[\sum_{i=1}^{n-1}\sum_{j=i+1}^{n}X_{ij}\Big]=\sum_{i=1}^{n-1}\sum_{j=i+1}^{n}E[X_{ij}]$$

由于 X_{ij} 的取值为 0 或 1，所以

$$E[X_{ij}]=1\cdot\Pr[X_{ij}=1]+0\cdot\Pr[X_{ij}=0]=\Pr[X_{ij}=1]$$

下面就来计算 X_{ij} 的概率分布.

如果在经过排序以后的数组中，枢轴元素位于第 i 小和第 j 小元素之间，则在算法执行过程中，第 i 小和第 j 小元素在与枢轴元素比较之后，就被分配到不同的子数组 A 和 C 中，因此以后再也不会比较这两个元素，此时 $X_{ij}=0$. 如果枢轴元素恰好就是第 i 小或第 j 小元素之一，则这两个元素之间要进行比较，此时 $X_{ij}=1$. 如果枢轴元素同时比第 i 小元素和第 j 小元素都大或都小，则这两个元素被分在同一个子数组 A 或 C 中，它们之间是否进行比较，则要取决于下一次选取的枢轴元素.

每次选取枢轴元素时，只要枢轴元素位于第 i 小元素和第 j 小元素之间，这两个元素就肯定不会进行比较. 如果枢轴元素位于第 i 小元素和第 j 小元素之外，则还要根据以后选取的枢轴元素来判断这两个元素是否进行比较. 只有当枢轴元素恰好就是第 i 小元素或第 j 小元素之一时，这两个元素之间才进行比较. 因此，相当于在排好序的数组上进行这样的投标游戏：如果把标投在第 i 小元素和第 j 小元素之外，则继续投标；如果把标投在第 i 小元素和第 j 小元素之间，或者投在这两个元素之上，则游戏结束. 游戏结束时 $X_{ij}=1$ 当且仅当把标投在第 i 小元素和第 j 小元素之上。因此

$$\Pr[X_{ij}=1]=\Pr[\text{在第 } i \text{ 小元素和第 } j \text{ 小元素之间(含这两个元素)把标投在这两个元素上}]$$

$$=\frac{2}{\text{在第 } i \text{ 小元素和第 } j \text{ 小元素之间(含这两个元素) 的元素个数}}$$

$$=\frac{2}{j-i+1}$$

于是

$$T(n)=E\Big(\sum_{i=1}^{n-1}\sum_{j=i+1}^{n}X_{ij}\Big)=\sum_{i=1}^{n-1}\sum_{j=i+1}^{n}E(X_{ij})=\sum_{i=1}^{n-1}\sum_{j=i+1}^{n}\frac{2}{j-i+1}$$

$$= \sum_{i=1}^{n-1} 2 \left(\frac{1}{2} + \frac{1}{3} + \cdots + \frac{1}{n-i+1} \right)$$

$$< 2n \left(\frac{1}{2} + \frac{1}{3} + \cdots \right) = 2n(H_n - 1) < 2n \ln n$$

其中,调和级数 $H_n = 1 + \frac{1}{2} + \frac{1}{3} + \cdots$ 满足 $\ln n < H_n < 1 + \ln n$,这与前面的结果一样.

在这里,请注意随机算法的期望运行时间与确定型算法在平均情况下的运行时间二者的区别. 在随机算法中,在给定的一个输入上,随机算法的运行时间是随机变量,这个随机变量的期望值就是随机算法在给定输入上的期望运行时间. 而在平均情况分析中,假设在所有的输入上有一个概率分布,算法在不同输入上的运行时间是随机变量,这个随机变量的期望值就是算法的平均运行时间,在 12.5 节有平均情况分析的一个例子. 在随机算法中,给定一个输入和一个随机选择序列之后,算法的执行就是确定的,因此,一个随机算法就等价于一族确定型算法以及在这族确定型算法上的一个概率分布. 所以,随机算法给定一个输入,概率分布定义在算法上;而平均情况分析中给定一个算法,概率分布定义在输入上,这是二者的主要区别. 但是这两者之间又是有关联的,例如著名的姚的极小极大原理(简称姚原理)说明,可以通过平均情况分析给出随机算法运行时间的下界,请读者参考 11.6 节.

11.3 随机算法的分类及其局限性

本节介绍随机算法的分类,包括拉斯维加斯型和蒙特卡洛型这两大类,并且从计算复杂度理论的角度,介绍 NP 完全问题不太可能有多项式时间随机算法的结论.

11.3.1 拉斯维加斯型随机算法

11.2 节介绍的随机快速排序算法是拉斯维加斯型随机算法,这种算法总是给出正确的结果,但有时运行时间长些,有时运行时间短些. 对于拉斯维加斯型算法,通常需要分析算法的平均运行时间. 例如,随机快速排序算法总是给出已经排序的数组,期望的运行时间则是 $2n \ln n$. 拉斯维加斯型随机算法的运行时间本身是一个随机变量,把期望运行时间是输入规模的多项式且总是给出正确答案的随机算法称为有效的拉斯维加斯型算法. 随机快速排序算法就是一个有效的拉斯维加斯型算法.

11.3.2 蒙特卡洛型随机算法

除了 11.3.1 节介绍的拉斯维加斯型随机算法外,还有另一种类型的随机算法,就是蒙特卡洛型随机算法. 这种算法有时会给出错误的答案,后面两节将要介绍的素数检验、多项式恒等检验的随机算法和布尔可满足性问题的随机游动算法都是这类算法的例子. 对于蒙特卡洛型随机算法,通常需要分析算法的出错概率. 蒙特卡洛型随机算法不但运行时间是随机变量,而且计算的结果也是随机事件. 把总是在多项式时间内运行且出错概率不超过 $1/3$ 的随机算法称为有效的蒙特卡洛型算法. 这里的出错概率 $1/3$ 可以变得任意小,只要让算法执行足够多次,从所有单次结果中选择出现次数最多的结果作为总的结果即可. $1/3$ 这个值本身也不重要,只需要独立重复执行多次,就可以把错误概率降到 $1/3$ 以下,甚至降低到输入规模的多项式倒数或者更低.

蒙特卡洛型随机算法又可分为单侧错误和双侧错误两类,单侧错误又可分为弃真型和取伪型这两种.所谓弃真型错误,就是在求解一个判定问题时把本应接受的输入误判为拒绝.对于弃真型的单侧错误随机算法来说,当算法宣布接受时,结果一定是对的;而当算法宣布拒绝时,结果有可能是错的.所谓取伪型错误,就是把本应拒绝的输入误判为接受.对于取伪型的单侧错误随机算法来说,当算法宣布拒绝时,结果一定是对的;而当算法宣布接受时,结果有可能是错的.单侧错误的蒙特卡洛型随机算法在所有输入上,要么只犯弃真的错误,要么只犯取伪的错误,不同时出现这两种不同的错误.双侧错误的蒙特卡洛型随机算法在所有输入上,可以同时出现这两种不同的错误.后面将要介绍的随机游动算法就是弃真型的单侧错误的蒙特卡洛型随机算法。

11.3.3 随机算法的局限性

在计算复杂性理论中,有效的拉斯维加斯型算法也称为 **ZPP 类**(zero-error probabilistic polynomial time)算法,即零错误概率多项式时间随机算法.有效的蒙特卡洛型算法也称为 **BPP 类**(bounded-error probabilistic polynomial time) 算法,即错误概率有界的多项式时间随机算法,其中有效的弃真型单侧错误随机算法又称为 **RP 类**算法,有效的取伪型单侧错误随机算法则称为 **coRP 类**算法.把 ZPP 类算法可以求解的判定问题类记作 ZPP 类,类似地可以定义 BPP,RP,coRP 等判定问题类.有效的拉斯维加斯型算法是有效的蒙特卡洛型随机算法的特殊情况,可以证明上述复杂性类满足:

$$P \subseteq ZPP = RP \bigcap coRP \subseteq BPP \subseteq P/poly$$

其中,P/poly 表示多项式规模的电路能够求解的布尔函数类,上述所有复杂性类都是它的子类.

在计算复杂性理论中有卡普-利普顿(Karp-Lipton)定理:若 NP$\subseteq$P/poly,则 PH $= \sum_2^p$.其中,PH(polynomial-time hierarchy)表示复杂性类从低到高的层次结构,又称多项式谱系.$\sum_2^p$ 指这个谱系中的第 2 层.根据这个定理,如果 NP 完全问题具有有效的随机算法,即 NP 完全问题属于 BPP 类,则 NP $\subseteq$ P/poly,于是多项式谱系中上面各层将会"塌方"到第 2 层 $\sum_2^p$.因此,假设多项式谱系不塌方,即使采用随机算法,也无法有效地解决 NP 完全问题.事实上,基于一定的计算复杂性理论的假设,通过去随机化(de-randomize)技术,甚至可以证明 P=BPP(注意这个结论是有条件的,即在一定的计算复杂性理论假设下).

这些结果清楚地表明了随机算法在能力上的限制,即不太可能为 NP 完全问题设计出多项式时间的随机算法.虽然如此,对于各种问题,随机算法依然可能比最好的确定型算法更快.在 11.4.1 节中将给出这样的例子:素数检验问题,这个问题的随机算法比已知的确定算法更快.

11.4 素数检验和多项式恒等检验

本节首先介绍素数检验问题的单侧错误概率的 coRP 型随机算法,然后介绍多项式恒等检验的随机算法.略去一些数论结果的证明,读者可参阅有关的初等数论书籍,例如华罗庚著《数论导引》(科学出版社,1979).

11.4.1 素数检验

素数判定问题的随机算法是计算机科学中最早提出的随机算法之一. 这个算法突出表现了随机算法的优点: 简单和有效. 为了介绍这个算法, 要先定义一些数论中的概念和记号.

我们把 a 与 b 的最大公因数记为 $\gcd(a,b)$, 可用著名的辗转相除法求得. 如果存在 b, 使得 $a = b^2 \pmod{n}$ 且 $\gcd(b,n) = 1$, 则称 a 是模 n 的二次剩余. 对于 $1 \leqslant a \leqslant n$, 定义

$$QR_n(a) = \begin{cases} 0 & \gcd(a,n) = 1 \\ +1 & a \text{ 是模 } n \text{ 的二次剩余} \\ -1 & \text{否则} \end{cases}$$

由初等数论可知, 对于每个奇素数 n 和所有 $1 \leqslant a \leqslant n-1$, 都有 $QR_n(a) = a^{(n-1)/2} \pmod{n}$.

对于奇数 n 和 a, 设 n 的全部素数因子为 $p_1, p_2, \cdots, p_k$, 即 $n = \prod_{i=1}^{k} p_i^{a_i}$, 定义雅各比符号为

$$\left(\frac{a}{n}\right) = \prod_{i=1}^{k} QR_{p_i}(a)$$

雅各比符号可在 $O(\log a \cdot \log n)$ 时间内求得. 由初等数论可知, 对于每个奇数 n 和所有满足 $\gcd(n,a) = 1$ 的 $1 \leqslant a \leqslant n-1$, 至多有一半的 a 满足 $\left(\dfrac{a}{n}\right) = a^{(n-1)/2} \pmod{n}$, 下面这个算法就利用这个等式来检验素数.

算法 11.2 素数检验算法

输入: 自然数 n

输出: n 是否素数

1. 若 n 是偶数且 $n \neq 2$, 则宣布 "n 是合数", 结束计算
2. 若 $n = 2$, 则宣布 "n 是素数", 结束计算
3. 若 $n = 1$, 则宣布 "$n = 1$", 结束计算
4. 从 $\{1, 2, \cdots, n-1\}$ 中随机选择自然数 a
5. 若 $\gcd(n,a) > 1$ 或 $\left(\dfrac{a}{n}\right) \neq a^{\frac{n-1}{2}} \pmod{n}$, 则宣布 "$n$ 是合数"
6. 否则, 宣布 "n 是素数"

定理 11.2 素数检验算法在多项式时间内运行. 当 n 是素数时, 素数检验算法总是输出正确结果; 当 n 不是素数时, 素数检验算法至少以概率 $1/2$ 输出正确结果.

证 由于最大公因数和雅各比符号都是多项式时间可计算的, 而利用反复平方法, 求幂也是多项式时间可计算的, 显然素数检验算法在多项式时间内运行.

如前所述, 由初等数论中的结论可知, 对于每个奇素数 n 和所有 $1 \leqslant a \leqslant n-1$, 都有 $QR_n(a) = a^{(n-1)/2} \pmod{n}$; 对于每个奇合数 n 和所有满足 $\gcd(n,a) = 1$ 的 $1 \leqslant a \leqslant n-1$, 至多有一半的 a 满足 $\left(\dfrac{a}{n}\right) = a^{(n-1)/2} \pmod{n}$. 因此, 当 n 是素数时, 算法总是正确检验出 "n 是素数"; 而当 n 是合数时, 算法至少以 $1/2$ 概率检验出 "n 是合数".

当 n 是素数时, 算法总是正确判定 n 是素数, 因此没有弃真型错误, 所以这是个 coRP 型随机算法. 通过多次重复执行这个算法, 就可以降低错误概率到任意小的程度.

11.4.2 多项式恒等检验

11.4.1 节介绍的素数检验问题现在已经有多项式时间确定算法,虽然确定算法在效率上不如随机算法. 本节介绍多项式恒等检验问题的有效随机算法,这个问题到目前为止还没有有效的确定算法. 多项式恒等检验就是给定两个多元多项式,要检验这两个多项式是否恒等的问题. 假设多项式是用紧凑形式来表示的,而不一定用展开成单项式之和的形式. 确切地说,假设用代数电路来表示多项式,电路的结构是一个有向无圈图. 有一些顶点入度为零,可以作为输入顶点,每个输入可以是变量或常数;有一些顶点出度为零,可以作为输出顶点. 除了输入以外的每个顶点都称为一个门,每个门可以进行加法、减法、乘法运算. 每个这样的电路都以自然的方式表示一个多项式,门的个数称为电路的规模. 例如,$(1+x)(y+z)$ 的规模是 3,即 2 次加法和 1 次乘法;$(((x+y)^2)^2)^2$ 的规模为 4,即 1 次加法和 3 次乘法. 假设每个门的扇入为 2,即所有门都表示二元运算,有且仅有 2 个输入,所以 $x+y+z$ 的规模为 2,即 2 次二元加法,而不是 1 次三元加法. 设 $p(x_1, x_2, \cdots, x_n)$ 和 $q(x_1, x_2, \cdots, x_n)$ 是两个多项式,令 $r(x_1, x_2, \cdots, x_n) = p(x_1, x_2, \cdots, x_n) - q(x_1, x_2, \cdots, x_n)$,于是检验 $p(x_1, x_2, \cdots, x_n)$ 和 $q(x_1, x_2, \cdots, x_n)$ 是否恒等的问题,就等价于检验 $r(x_1, x_2, \cdots, x_n)$ 是否恒等于 0 的问题.

> **算法 11.3** 多项式恒等检验算法
> 输入:用规模为 m 的代数电路 $C(x_1, x_2, \cdots, x_n)$ 表示的多项式 $r(x_1, x_2, \cdots, x_n)$
> 输出:$r(x_1, x_2, \cdots, x_n)$ 是否恒等于 0
> 1. 从 $\{1, 2, \cdots, 10 \cdot 2^m\}$ 中随机选择 n 个自然数 $a_1, a_2, \cdots, a_n$(可重复)
> 2. 从 $\{1, 2, \cdots, 2^m\}$ 中随机选择自然数 k
> 3. 在模 k 算术下,计算 $y = C(a_1, a_2, \cdots, a_n) \pmod{k} = r(a_1, a_2, \cdots, a_n) \pmod{k}$
> 4. 若 $y = 0$,则输出"$r(x_1, x_2, \cdots, x_n)$ 恒等于 0"
> 5. 否则,输出"$r(x_1, x_2, \cdots, x_n)$ 不恒等于 0"

定理 11.3 上述算法在多项式时间内运行. 当 $r(x_1, x_2, \cdots, x_n)$ 恒等于 0 时,算法输出正确结果;当 $r(x_1, x_2, \cdots, x_n)$ 不恒等于 0 时,算法至少以 $9/(40m)$ 概率输出正确结果.

证 每个 a_i 的长度为 $O(m)$ 位,$a_1, a_2, \cdots, a_n$ 的总长度为 $O(nm)$ 位,k 的长度为 $O(m)$ 位,所有运算的中间结果的长度也都为 $O(m)$ 位. 同余算术中加法、减法、乘法都是多项式时间的,所以上述算法在多项式时间内运行.

当 $r(x_1, x_2, \cdots, x_n)$ 恒等于 0 时,无论什么值代入后都等于 0,所以算法总是输出正确结果.

当 $r(x_1, x_2, \cdots, x_n)$ 不恒等于 0 时,$\Pr[r(a_1, a_2, \cdots, a_n) \neq 0] \geq 9/10$. 这是因为,若电路 C 的规模为 m,则当这 m 个门都是乘法,r 的次数 $\deg(r)$ 最多可到 2^m,于是根据施华兹-齐普尔引理$\Big($该引理说,从有限域的子集 S 中随机取值 $a_1, a_2, \cdots, a_n$ 时,有 $\Pr[r(a_1, a_2, \cdots, a_n) = 0] \leq \dfrac{\deg(r)}{|S|}\Big)$,设 a_i 都从 $S = \{1, 2, \cdots, 2^m\}$ 中随机取值,则

$$\Pr[r(a_1, a_2, \cdots, a_n) = 0] \leq \deg(r) / |S| \leq 2^m / (10 \cdot 2^m) = 1/10$$

当 $y = r(a_1, a_2, \cdots, a_n) \neq 0$ 时,$\Pr[y \neq 0 \pmod{k}] \geq 1/(4m)$. 这是因为,根据素数定理,$\{1, 2, \cdots, 2^m\}$ 中的素数至少有 $2^m/(2m)$ 个,而 y 的素数因子至多有 $\log y \leq 5m2^m$ 个,当 $m \geq 11$

时 $,2^{2m}/(2m)-5m2^m \geqslant 2^{2m}/(4m)$,因此 $,\{1,2,\cdots,2^{2m}\}$ 中的素数至少有 $2^{2m}/(4m)$ 个都不是 y 的素因子,当 k 取这些值时 $,y \not\equiv 0 \pmod k$. 所以

$$\Pr[y \not\equiv 0 \pmod k] \geqslant (2^{2m}/(4m))/2^{2m}=1/(4m)$$

因此,算法至少以 $(9/10)\cdot(1/4m)=9/(40m)$ 的概率正确输出 r 不恒等于 0 . 当 $m \leqslant 10$ 时, 只有有限多种情况,可以列在一个表中,算法通过查表来给出结果,只花费常数时间,出错概率为 0 .

通过独立重复执行上述算法 $O(m)$ 次,就能把出错概率降低到 $1/3$ 以下.

11.5 随机游动算法

本节介绍利用有限马尔可夫链(简称马氏链)来分析随机游动算法的基本方法. 随机游动算法是常见的启发式方法,虽然描述起来很简单,但用来求解一些难解问题时,却常常有胜过其他方法的好效果. 我们以二元布尔可满足性问题为例,给出用随机游动算法求解二元布尔可满足性问题的多项式时间随机算法,并利用有限马尔可夫链对这个算法进行分析. 对于很多难解问题,例如一般布尔可满足性问题和货郎问题,随机游动算法也是到目前为止实际效果最好的求解策略之一.

11.5.1 有限马尔可夫链及其表示

一个离散随机过程就是一组随机变量 $X=\{X_t \mid t \in T, T$ 是可数集 $\}$,通常 t 代表时间, X_t 就是 X 在时刻 t 的状态. 例如,一个赌徒每次抛一枚均匀硬币来赌博,如果正面向上,则他赢 1 元钱,如果反面向上,则他输 1 元钱. 假设他的初始赌本为 X_0 ,在时刻 t 的赌本为 X_t ,则 $\{X_t \mid t=0,1,2,\cdots\}$ 就是一个离散随机过程. 一个有限马尔可夫链是满足下列条件的离散随机过程 $\{X_0,X_1,X_2,\cdots\}$,其中每个 X_t 都从一个有限集中取值:

$$\Pr[X_t=a \mid X_{t-1}=b, X_{t-2}=a_{t-2}, \cdots, X_0=a_0]$$
$$=\Pr[X_t=a \mid X_{t-1}=b]=p_{b,a}$$

即 X_t 的值依赖于 X_{t-1} 的值,而不依赖于在此之前如何到达 X_{t-1} 这个值的历史. 例如,在上述赌徒的例子中,当 $b \neq 0$ 或 $b \neq n$ 时,

$$\Pr[X_t=b+1 \mid X_{t-1}=b, X_{t-2}=a_{t-2}, \cdots, X_0=a_0]$$
$$=\Pr[X_t=b+1 \mid X_{t-1}=b]=1/2$$
$$\Pr[X_t=b-1 \mid X_{t-1}=b, X_{t-2}=a_{t-2}, \cdots, X_0=a_0]$$
$$=\Pr[X_t=b-1 \mid X_{t-1}=b]=1/2$$

即 $p_{b,b+1}=p_{b,b-1}=1/2$.

对于有限马氏链,不妨设 X_t 取值的状态空间为 $\{0,1,2,\cdots,n\}$. 于是 $p_{i,j}$ 可组成一个 $n+1$ 阶方阵 $\boldsymbol{P}=[p_{i,j}]_{(n+1)\times(n+1)}$,称作一步转移矩阵. 其每一行元素之和等于 1 ,即对任意 i , 有 $\sum_j p_{i,j}=1$. 设 $p_i(t)$ 表示在时刻 t 处在状态 i 的概率,则

$$p_i(t)=p_0(t-1)p_{0,i}+p_1(t-1)p_{1,i}+\cdots+p_{n-1}(t-1)p_{n-1,i}+p_n(t-1)p_{n,i}$$

设 $\boldsymbol{p}(t)$ 表示向量 $(p_0(t),p_1(t),\cdots,p_{n-1}(t),p_n(t))$,则 $\boldsymbol{p}(t)=\boldsymbol{p}(t-1)\boldsymbol{P}$. 对任意 m ,定义 m 步转移矩阵

$$\boldsymbol{P}^{(m)}=[p_{i,j}^{(m)}]_{(n+1)\times(n+1)}$$

其中

$$p_{i,j}^{(m)} = \Pr[X_{t+m} = j \mid X_t = i]$$

于是 $\boldsymbol{P}^{(m)} = \boldsymbol{P}^m$，$\boldsymbol{p}(t+m) = \boldsymbol{p}(t)\boldsymbol{P}^m$.

有限马氏链还可以用有向带权图来表示，每个状态作为一个顶点，两个状态 i 和 j 之间的有向边所带的权就是这两个状态之间的转移概率 $p_{i,j}$，如图 11.1 所示就是一个三状态有限马氏链.

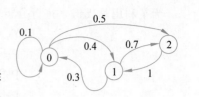

图 11.1　一个三状态有限马氏链

11.5.2　求解二元布尔可满足性问题的随机游动算法

如果合取范式的每一个简单析取式最多只有 2 个文字，则称这种合取范式为 2 元合取范式. 当限制 SAT 实例中的合取范式为 2 元合取范式时，称作二元可满足性，即

二元可满足性（2SAT）：任给一个 2 元合取范式 F，问 F 是可满足的吗？（2SAT 与 3SAT 的定义方式稍有不同，在 **3SAT** 中要求每一个简单析取式恰好有 3 个文字. 这是为了使得其实例更加整齐一些，更方便构造多项式时间变换. 其实，规定它的简单析取式最多有 3 个文字也是一样的.）

本节介绍求解二元布尔可满足性问题的随机游动算法，然后用马氏链来分析这个算法.

算法 11.4　求解二元布尔可满足性问题的随机游动算法
输入：一个有 n 个变元和 m 个子句的合取范式，每个子句至多有两个文字
输出：一个满足赋值，或者宣布没有满足赋值
1. 任意给所有变量赋值
2. 如果当前赋值是满足赋值，则输出这个赋值，算法结束
3. 均匀随机选一个不满足子句，从中均匀随机选一个文字，改变该文字的赋值
4. 重复第 2～3 步 $2mn^2$ 次，若一直没有找到满足赋值，则宣布没有满足赋值

定理 11.4　若输入公式是不可满足的，则上述随机游动算法正确宣布其不可满足. 若输入公式是可满足的，则上述算法以 $1 - 1/2^m$ 的概率找到一个满足赋值.

证　显然，当输入公式是不可满足的，算法无法找到满足赋值，因此将宣布不可满足；当输入公式可满足时，算法有可能找不到满足赋值而出错. 我们证明算法出错的概率为 $1/2^m$.

假设输入公式可满足，设 a^* 是某个满足赋值，a_t 是算法在执行 t 遍第 3 步以后的赋值，X_t 等于 a^* 和 a_t 赋值相同的变量个数. 令变量数为 n，则当 $X_t = n$ 时 $a_t = a^*$，算法将找到满足赋值 a^* 而停止. 注意，在 $X_t = n$ 之前，算法也可能找到别的满足赋值而停止.

当 $X_t = 0$ 时，a^* 和 a_t 赋值相同的变量个数为 0. 修改任何一个变量的赋值，都会让 a^* 和 a_t 赋值相同的变量个数增加 1 个，即 $X_{t+1} = 1$，所以 $\Pr[X_{t+1} = 1 \mid X_t = 0] = 1$. 当 $X_t = j$ 且 $0 < j \leqslant n-1$ 时，a^* 和 a_t 赋值相同的变量个数为 j. 修改某一个变量的赋值，只会让 a^* 和 a_t 赋值相同的变量个数增加 1 个或减少 1 个，即 $X_{t+1} = j+1$ 或 $X_{t+1} = j-1$. 假设算法选择修改子句 $C = a \lor b$ 的一个变量赋值，根据算法的定义可以知道，在赋值 a_t 下 C 是不满足子句，所以在赋值 a_t 下 $a = b =$ 假. 由于假定 a^* 是满足赋值，因此，在 a^* 下，$a =$ 真且 $b =$ 假，或 $a =$ 假且 $b =$ 真，或 $a = b =$ 真. 因此，随机选择改变 a 或 b 的赋值时，至少有一半机会让 a^* 和 a_t 赋值相同的变量个数增加 1 个. 所以，$\Pr[X_{t+1} = j+1 \mid X_t = j] \geqslant 1/2$，$\Pr[X_{t+1} = j-1 \mid X_t = j] \leqslant 1/2$. 注意 $\{X_0, X_1, X_2, \cdots\}$ 可能不是马氏链，因为 $\Pr[X_{t+1} = j+1 \mid X_t = j]$ 可能不是常数，这个值可能是 $1/2$ 或 1，这与 a^* 和 a_t 赋值相同的变量具体是哪些个变量有关.

为了利用马氏链来进行分析，我们定义一个真正的马氏链 $\{Y_0, Y_1, Y_2, \cdots\}$ 如下：

$$Y_0 = X_0$$
$$\Pr[Y_{t+1} = 1 \mid Y_t = 0] = 1$$
$$\Pr[Y_{t+1} = j + 1 \mid Y_t = j] = 1/2$$
$$\Pr[Y_{t+1} = j - 1 \mid Y_t = j] = 1/2$$

注意到

$$\Pr[Y_{t+1} = j + 1 \mid Y_t = j] = 1/2 \leqslant \Pr[X_{t+1} = j + 1 \mid X_t = j]$$
$$\Pr[Y_{t+1} = j - 1 \mid Y_t = j] = 1/2 \geqslant \Pr[X_{t+1} = j - 1 \mid X_t = j]$$

从任意状态出发，Y_t 将比 X_t 花费更长的期望时间才能进入状态 n. 下面分析 Y_t 进入状态 n 所需的期望时间，以此作为算法期望运行时间的上界. 注意，马氏链 $Y = \{Y_0, Y_1, Y_2, \cdots\}$ 可以用图 11.2 所示的带权有向图表示.

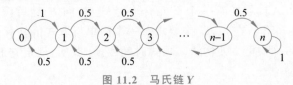

图 11.2　马氏链 Y

设 h_j 表示从状态 j 到达状态 n 的期望运行时间，则有 $h_n = 0$ 和 $h_0 = h_1 + 1$. 对于其他 j 值有

$$h_j = \frac{1}{2}(h_{j+1} + 1) + \frac{1}{2}(h_{j-1} + 1)$$

用归纳法容易证明，对于所有 j，有 $h_j \leqslant n^2 - j^2 \leqslant n^2$. 因此，

$$E[X \text{ 从 } X_0 \text{ 到达 } n \text{ 的时间}] \leqslant E[Y \text{ 从 } Y_0 \text{ 到达 } n \text{ 的时间}] \leqslant n^2$$

由马尔可夫不等式有

$$\Pr[X \text{ 从 } X_0 \text{ 到达 } n \text{ 的时间} > 2n^2] \leqslant 1/2$$

即若以 $2n^2$ 步为一个阶段，则在一个阶段中算法找不到满足赋值的出错概率不超过 $1/2$. 当重复执行每个阶段 m 次，即总共执行 $2mn^2$ 步时，算法仍然找不到满足赋值的出错概率就小于 $1/2^m$.

对于三元可满足性问题来说，也可以用随机游动算法来求解，但期望运行时间不再是多项式时间的，而是指数时间的了. 在实际求解布尔可满足性问题时，随机游动算法是效果比较好的一种方法. 当它与基于统计物理的消息传递算法配合使用时，求解三元可满足问题的随机实例可以达到上百万个变量. 我们将在第 12 章介绍随机地产生各种难解算例的方法和基于统计物理的消息传递算法.

11.6　姚的极小极大原理

本节先介绍针对拉斯维加斯型随机算法的姚的极小极大原理，然后介绍针对蒙特卡洛型随机算法的姚的极小极大原理. 拉斯维加斯型随机算法不会出错，算法的运行时间是随机变量，蒙特卡洛型随机算法则有一定的出错概率.

对于问题 P，给定算法 A 和输入 x，把算法 A 在输入 x 上运行的开销（如时间复杂度）记为 $c(A, x)$. 考虑一个二人零和博弈，甲方（算法设计者）选择算法 A，乙方（对手）选择实例 x，设博弈的支付矩阵 $\boldsymbol{M}$ 中的对应项是 $c(A, x)$，这相当于一方获得 $c(A, x)$ 的收益，另

一方承担 $c(A,x)$ 的损失. 假定双方采用混合策略,即允许随机选择算法和实例. 设甲方的策略是可供选择的算法 $\{A_1,A_2,\cdots,A_n\}$ 上的概率分布 $R=(p_1,p_2,\cdots,p_n)$,即甲方选择算法 A_i 的概率为 $R(A_i)=p_i$;设乙方的策略是可供选择的实例 $\{x_1,x_2,\cdots,x_m\}$ 上的概率分布 $d=(q_1,q_2,\cdots,q_m)$,即乙方选择实例 x_j 的概率为 $d(x_j)=q_j$. 于是,根据著名的冯·诺依曼的极小极大定理,双方在最优策略下的损益相当,即 $\max_R \min_d R^T M d = \min_d \max_R p^T M q$. 设 e_k 是第 k 个位置为 1,其余位置为 0 的单位向量,则上述定理的简化版本卢米斯定理为 $\max_R \min_j R^T M e_j = \min_d \max_i e_i^T M q$.

对于随机算法来说,设 R 是算法上的一个概率分布,设 A_R 表示按照分布 R 随机抽取的一个算法,则 A_R 是一个随机算法. 设 $E(c(A_R,x))$ 表示随机算法 A_R 在输入 x 上的期望运行时间,则 $E(c(A_R,x))=\sum_A R(A)c(A,x)$,其中 $R(A)$ 表示算法 A 在分布 R 下出现的概率. 对于固定的分布 R 来说,最坏情况的输入实例 x 应当让 $E(c(A_R,x))$ 达到最大值,而对于问题 P 来说,最优的随机算法应当让 $\max_x E(c(A_R,x))$ 达到最小值,因此定义问题 P 的(拉斯维加斯型)随机复杂度为

$$R(P) = \min_R \max_x E(c(A_R,x)) = \min_R \max_x \sum_A R(A)c(A_R,x)$$

对于随机实例来说,设 d 是输入上的一个概率分布,设 x_d 表示按照分布 d 随机抽取的一个输入,则 x_d 是一个随机实例. 设 $E(c(A,x_d))$ 表示算法 A 在随机实例 x_d 上的期望运行时间,则 $E(c(A,x_d))=\sum_x d(x)c(A,x)$,其中 $d(x)$ 表示实例 x 在分布 d 下出现的概率. 对于固定的分布 d 来说,最优的算法 A 应当让 $E(c(A,x_d))$ 达到最小值,而对于问题 P 来说,最坏的随机实例应当让 $\min_A \sum_x d(x)c(A,x)$ 达到最大值,因此定义问题 P 的(拉斯维加斯型)分布复杂度为

$$d(P) = \max_d \min_A E(c(A,x_d)) = \max_d \min_A \sum_x d(x)c(A,x_d)$$

根据冯·诺依曼的极小极大定理,有 $\min_R \max_d E(c(A_R,x_d)) = \max_d \min_R E(c(A_R,x_d))$. 根据卢米斯定理,有 $\min_R \max_x E(c(A_R,x)) = \max_d \min_A E(c(A,x_d))$,即 $R(P) = d(P)$. 换句话说,按照上述的定义,问题的随机复杂度总是等于问题的分布复杂度. 由此得到一个推论,对于算法上的任意分布 R 和实例上的任意分布 d,总有 $\min_A E(c(A,x_d)) \leqslant \max_x E(c(A_R,x))$,其中 A_R 是分布 R 下的随机算法,x_d 是分布 d 下的随机实例,这就是著名的姚的极小极大原理.

定理 11.5(姚的极小极大引理) 设 A_R 是分布 R 下的(拉斯维加斯型)随机算法,x_d 是分布 d 下的随机实例,则 $\min_A E(c(A,x_d)) \leqslant \max_x E(c(A_R,x))$.

根据姚的极小极大原理,要证明随机算法的复杂度下界,只需给出一个最优的确定型算法在随机输入上的期望运行时间. 下面以决策树算法为例,说明如何用姚的极小极大原理证明拉斯维加斯型随机算法的复杂度下界. 本书第 8 章介绍了决策树算法,现在考虑随机决策树算法. 把期望复杂度最低的随机决策树的复杂度定义为问题的随机决策树复杂度.

考虑三个布尔变元 x_1,x_2,x_3 上的多数函数. 三元多数函数 $\text{maj}(x_1,x_2,x_3)$ 定义为:若 $x_1+x_2+x_3 \geqslant 2$,则 $\text{maj}(x_1,x_2,x_3)=1$;否则,$\text{maj}(x_1,x_2,x_3)=0$.

定理 11.6 三元多数函数的随机决策树复杂度为 8/3.

证 首先证明三元多数函数的随机决策树复杂度上界为 8/3,即证明存在一种随机决

策树算法,其复杂度不超过 8/3. 考虑这样的随机决策树:以随机顺序查询三个变元;如果前两个变元相等,则停止查询并给出函数值;否则,查询第三个变元并给出函数值. 在三个布尔变元 x_1, x_2, x_3 中,总有两个变元的值是相等的,不妨设 $x_1 = x_2$. 考虑第三个变元 x_3 的值,如果 $x_1 = x_2 = x_3$,则算法总是在查询两次后就停止. 如果 $x_1 = x_2 \neq x_3$,则算法查询的次数与查询三个变元的顺序有关. 如果在前两次查询中查询了 x_3,则算法需要查询三次;如果在前两次查询中不查询 x_3,则算法只需要查询两次. 在 x_1, x_2, x_3 的 6 种不同的全排列中,x_3 排在最后的概率是 1/3. 因此,在任何输入上,随机算法的期望查询次数不超过 $(1/3) \times 2 + (2/3) \times 3 = 8/3$.

其次证明三元多数函数的随机决策树复杂度下界为 8/3. 根据定理 11.5 的姚原理,只需证明存在一种在各种输入上的概率分布,使得每个决策树算法的查询次数不低于 8/3. 考虑这样的分布:在输入 0,0,0 和 1,1,1 上概率为 0,在其余 6 种输入上概率各为 1/6. 此时 $x_1 = x_2 \neq x_3$ 的概率为 1/3,而 $x_1 \neq x_2$ 的概率为 $2/3$($x_1 \neq x_2 = x_3$ 和 $x_1 \neq x_2 \neq x_3$ 的概率各为 1/3). 因此,在每种算法下,在随机输入上的期望查询次数为 $(1/3) \times 2 + (2/3) \times 3 = 8/3$.

因此,三元多数函数的随机决策树复杂度为 8/3.

对于蒙特卡洛型随机算法 A,设算法的错误概率不超过 $\varepsilon(0 < \varepsilon < 1/2)$,记算法 A 在实例 x 上的复杂度为 $c_\varepsilon(A_R, x)$,定义问题 P 的(蒙特卡洛型)随机复杂度为

$$R(P) = \min_R \max_x E(c_\varepsilon(A_R, x)) = \min_R \max_x \sum_A R(A) c_\varepsilon(A_R, x)$$

并且定义问题 P 的(蒙特卡洛型)分布复杂度为

$$d(P) = \max_d \min_A E(c_\varepsilon(A, x_d)) = \max_d \min_A \sum_x d(x) c_\varepsilon(A, x_d)$$

则有

定理 11.7（姚的极小极大引理） 设 A_R 是分布 R 下的(蒙特卡洛型)随机算法,其错误概率不超过 $\varepsilon(0 < \varepsilon < 1/2)$,$x_d$ 是分布 d 下的随机实例,则 $\min_A E(c_{2\varepsilon}(A, x_d))/2 \leqslant \max_x E(c_\varepsilon(A_R, x))$.

习　题　11

11.1 证明切诺夫界.

11.2 证明在随机算法定义中,可以把平均运行时间为多项式的要求改为最坏运行时间为多项式的要求.

11.3 证明可以通过独立重复运行,把有效随机算法的错误概率降低到输入规模的指数的倒数.

11.4 给出中位数问题的随机算法,并分析期望运行时间.

11.5 利用多项式恒等检验,设计并分析一个求解二部图完美匹配问题的随机算法.

11.6 用随机游动算法求解三元可满足性问题,并且分析算法的期望运行时间.

11.7 在或非树求值问题中,给定完全二叉树 T_{2k},所有叶结点到根结点的距离都是 $2k$,每个非叶结点都计算或非函数:若两个输入都是 0,则输出 1;否则,输出 0. 每个叶结点都标记了 0 或 1,求根结点的值. 算法的复杂度为访问的结点数. 已知深度优先算法在所有确定型算法中对于随机实例的期望复杂度最低. 证明或非树求值问题的拉斯维加斯型随机算法的复杂度下界.

第 12 章

处理难解问题的策略

在第 9 章中我们看到，很多有趣的计算问题都是 NP 完全或 NP 难的，这就意味着，这些问题在最坏情况的复杂性度量下很可能没有多项式时间的精确算法，即这些问题是所谓的难解问题. 到目前为止，已经有成百上千个常见的计算问题被证明为 NP 完全或 NP 难的，所以难解问题的存在是一种普遍现象. 为了从理论上更深入地研究难解问题，也为了满足实际工作中的需要，经过近几十年的努力，人们逐渐积累了一些处理难解问题的策略，这些策略主要包括对问题施加限制、多项式时间近似算法、固定参数算法、改进的指数时间精确算法、启发式方法、平均情形的复杂性分析、量子算法等. 本章将系统地介绍这些策略，对于第 10 章已经专门介绍过的多项式时间近似算法，这里不再重复.

NP 完全性理论是基于最坏情况下的复杂性度量，当考虑平均情况的复杂性度量时，就会发现有些 NP 完全问题在平均复杂性度量下是易解的，这使得平均情况的复杂性分析也成了对付难解性的方法之一. 近年来，人们利用统计物理的模型来研究典型实例，即在概率趋近于 1 意义下的绝大多数实例，发现了典型实例往往具有相变现象，最难解的实例全都集中在可满足性相变点附近，人们因此设计出基于相变现象来产生难解算例（benchmarks）的方法，在算法研究和算法竞赛中得到成功的应用，人们还开发了与传统算法不同的基于统计物理的消息传递算法，在随机实例的求解上取得了很大的进展. 对于这些方面的进展，本章也将简单地加以介绍.

12.1　对问题施加限制

假如已经知道一个问题是 NP 难的，但是在实际中遇到的可能只是这个问题的某种特殊情况，即这个问题的某种子问题. 当然，这个子问题可能仍然是 NP 难的，但也有可能是多项式时间可解的，因此必须进一步地认真分析. 在一个问题的 NP 完全性证明中，所构造的实例往往是复杂的和人为的，这样的实例在实际工作中可能很少出现或根本不会出现. 换句话说，人们实际遇到的实例很可能带有一些结构上的限制，并不像 NP 完全性证明中人为构造的实例那样复杂. 对原问题施加这些限制之后，这些带有限制的子问题就可能变得容易解决了. 本节考虑如何对一般的难解问题施加限制，使得特殊的子问题变得容易解决. 我们以布尔公式的可满足性问题（简称 SAT）为例，在第 9 章中已经证明了一般的 SAT 问题是 NP 完全的，甚至连限制每个子句恰好包含 3 个文字的 **3SAT** 问题也是 NP 完全的. 但是在

第 11 章随机算法中我们看到,如果限制每个子句只包含两个文字,即二元可满足性问题(简称 **2SAT** 问题),那么 2SAT 就可以用随机游动算法在多项式期望时间内求解. 其实 2SAT 也有多项式时间的确定型算法,下面简单介绍这个算法.

12.1.1　二元可满足性问题

设计 2SAT 算法如下: 设 2 元合取范式 F 有 n 个变元 $x_1, x_2, \cdots, x_n$ 和 m 个简单析取式 $C_1, C_2, \cdots, C_m$, 每个 C_j 至多有 2 个文字. 例如, $C_1 = x_1 \vee \neg x_2$, $C_2 = x_1$, $C_3 = \neg x_1 \vee \neg x_2$, $C_4 = \neg x_2$, $C_5 = x_3 \vee x_4$, $C_6 = \neg x_3 \vee \neg x_4$, $C_7 = \neg x_3 \vee x_4$. 假设存在只有 1 个文字的简单析取式,任取其中的一个 $C_j = z$, 如果存在满足 F 的赋值 t, 则必有 $t(z) = 1$. 于是,令 $t(z) = 1$, 即当 $z = x_i$ 时,令 $t(x_i) = 1$; 当 $z = \neg x_i$ 时,令 $t(x_i) = 0$. 为方便起见,当 $z = x_i$ 时,记 $\neg z = \neg x_i$; 当 $z = \neg x_i$ 时,记 $\neg z = x_i$. 将 z 的值代入 F, 每个 C_k 有下述几种可能:

(1) $C_k = z \vee y = 1 \vee y = 1$, 从 F 中删去 C_k.

(2) $C_k = \neg z \vee y = 0 \vee y = y$, C_k 变成只含 1 个文字的简单析取式.

(3) $C_k = z = 1$, 从 F 中删去 C_k.

(4) $C_k = \neg z = 0$, 这是矛盾式.

(5) C_k 既不含 z, 也不含 $\neg z$, 保持不动.

如此重复进行,直至出现下述三种情况中的一种为止:

① 出现矛盾式,即出现(4).

② 删去了所有的简单析取式.

③ 剩下的简单析取式都有 2 个文字.

把上述过程称为化简. 看上面的例子, C_2 只含 1 个文字 x_1, 令 $t(x_1) = 1$, 删去 C_1 和 C_2, 把 C_3 改成 $C_3 = \neg x_2$. 令 $t(\neg x_2) = 1$, 即 $t(x_2) = 0$, 删去 C_3 和 C_4. 剩下 $C_5 = x_3 \vee x_4$, $C_6 = \neg x_3 \vee \neg x_4$, $C_7 = \neg x_3 \vee x_4$. 这是情况③.

如果第 1 次化简的结果是情况①,出现矛盾式,则 F 是不可满足的,计算结束. 如果结果是情况②,则赋值 t 已满足所有的简单析取式,故 F 是可满足的. 剩下情况③需要继续进行,这时已无法确定任何剩下的变元的赋值. 于是,任取一个剩下的变元 x, 令 $t(x) = 1$ 和 $t(x) = 0$ 分别进行化简. 如果 2 次化简的结果都是情况①,则 F 是不可满足的,计算结束. 如果有一次的结果是情况②,则整个赋值(前面的赋值加上这次化简的赋值) t 已满足所有的简单析取式,故 F 是可满足的,计算结束. 如果有一次化简的结果是情况③,则取定这次化简中的赋值,然后对剩余的变元和简单析取式重复上述过程,直至出现前两种情况为止. 继续上面的例子,令 $t(x_3) = 1$, 删去 C_5, 把 C_6 和 C_7 改成 $C_6 = \neg x_4$. $C_7 = x_4$. 令 $t(x_4) = 1$, 删去 C_7, $C_6 = 0$, 得到情况①. 再令 $t(x_3) = 0$, 重新进行化简,删去 C_6 和 C_7, 把 C_5 改成 $C_5 = x_4$. 令 $t(x_4) = 1$, 删去 C_5, 得到情况②. 这时 $t(x_1) = 1$, $t(x_2) = 0$, $t(x_3) = 0$, $t(x_4) = 1$, 这是 F 的一个满足赋值,故 F 是可满足的.

现在估计这个算法的时间复杂度. 每次化简显然可在 $O(m)$ 步内完成,关键是发现每一个变元至多经过 2 次化简,从而总共至多进行 $2n$ 次化简,故算法的时间复杂度为 $O(nm)$, 其中 n 是变元数, m 是简单析取式的个数. 得证 **2SAT $\in$ P**.

12.1.2　霍恩公式可满足性问题

下面我们再对 SAT 问题施加另一种限制,这次限制每个子句具有特殊的形式,即让每个子句中正文字(不带否定号的变量)至多出现一次,这样的子句称为霍恩(Horn)子句,由霍恩子句构成的公式称为霍恩公式,输入限制为霍恩公式的 SAT 问题称为霍恩 SAT 问题,简写为 HornSAT,由于霍恩公式在人工智能和逻辑推理中起着重要作用,考虑这样的限制是有实际意义的. 下面证明 HornSAT 具有一个简单的多项式时间算法,这个算法不仅正确地判定霍恩公式是否可满足,而且在可满足的情况下,直接给出一个满足赋值.

算法 12.1 求解 HornSAT 的多项式时间算法

输入:一组霍恩子句(即每个子句至多包含 1 个正文字)

输出:一个满足赋值或宣布没有满足赋值

1. 把所有变量赋值为假
2. 循环检查所有蕴涵子句(即带 1 个正文字的子句),只要还有不满足的,就把该子句中唯一的正文字的变量赋值为真
3. 检查所有的纯负子句(即不含正文字的子句),若没有不满足的,则输出当前赋值,算法结束;否则,宣布没有满足赋值

定理 12.1 上述算法在公式长度的平方时间内正确求解 HornSAT.

证 首先证明上述算法在公式长度的平方时间内运行,在这里用公式长度 s(即公式中变量出现的总次数)作为输入规模的度量. 上述算法的第 1 步为每个变量赋值,至多花费 $O(n)$ 步,其中 n 是不同变量的总数,注意 n 总是不超过 s. 第 2 步循环检查的总次数不超过蕴涵子句的个数,因为每次发现一个不可满足的蕴涵子句,就把该子句中的唯一正文字的变量赋值为真,从而满足了该子句,而这样被满足的蕴涵子句不会重新变得不满足,因为算法从不把赋值为真的变量再次赋值为假,所以每个蕴涵子句至多有一次被发现不满足,因此循环的总次数不超过蕴涵子句的个数,而蕴涵子句的个数不超过公式的总长度 s. 在每个循环内部,检查所有的蕴涵子句是否都被满足,只需要扫描一遍输入公式,检查每个蕴涵子句中是否至少有 1 个文字取值为真,以及相应地为变量赋值,这些都不超过线性时间 $O(s)$,因此整个第 2 步花费的时间不超过公式长度的平方时间 $O(s^2)$. 第 3 步检查是否有不满足的纯负子句,与第 2 步的一次循环类似,也只花费 $O(s)$ 时间. 所以,算法总的运行时间是公式长度的平方时间 $O(s^2)$.

其次证明上述算法的正确性. 如果算法返回一个赋值,那么这个赋值一定是可满足赋值,这是因为算法在返回赋值前,已经先确认了没有不满足的子句. 注意霍恩公式中的子句要么是蕴涵子句,要么是纯负子句,第 2 步保证了一定没有不满足的蕴涵子句,第 3 步则只在确认没有不满足的纯负子句时才返回赋值,所以算法返回的赋值一定是满足赋值.

接下来需要证明,当算法宣布没有满足赋值时也是正确的. 为此,考虑算法的执行过程. 当算法在第 1 步把所有变量都赋值为假时,所有包含有负文字(即带否定号的变量)的子句就都被满足了. 这时在第 2 步最早检查出的不满足子句都只包含正文字,而根据霍恩子句的定义,每个子句中至多包含 1 个正文字,因此这个子句恰好由 1 个正文字构成. 于是为了满足这个子句,在第 2 步就必须给这个变量赋值为真. 而在第 2 步循环体内,随着一些变量被赋值为真,可能有些原来通过负文字取值为真来满足的蕴涵子句又变得不满足,这时就必须把这些蕴涵子句中的正文字赋值为真. 换句话说,在第 2 步中每次把一个变量的赋值由假改为真,都是必需的,即在所有可能的满足赋值中,这些变量都

必须被赋值为真,因为只有这样,才能满足相关的那些蕴涵子句.这样一来,如果这样的赋值还不能满足所有的纯负子句,那么就不可能再有其他的满足赋值了,因此算法的第3步确实给出正确的结果.

上面以可满足性问题为例,说明了可以通过施加限制条件,让一般难解的 SAT 问题的特殊子问题变成易解的.类似的例子还有一些图论的难解问题,当限制输入的无向图为树、二部图、平面图等,或者限制顶点的度不超过某个固定值时,这些特殊的子问题也可能变成易解的.例如,图的着色问题,当图的色数不超过 2 时,就是易解的.又如,如果限制图的顶点度数都不超过一个固定的常数 d,那么求最大团的问题是多项式时间可解的.采用简单的穷举搜索,因为顶点度数不超过 d,最大团中最多有 $d+1$ 个顶点,故只需要检查所有 $d+1$ 个顶点就能找到最大团.设有 n 个顶点,任取 $d+1$ 个顶点有 $\binom{n}{d+1}$ 种可能,检查 $d+1$ 个顶点之间的相邻关系只需 $O((d+1)^2)=O(1)$ 次运算,共需 $O\left(\binom{n}{d+1}\right)=O(n^{d+1})$ 次运算.这是多项式时间算法.当然,当 d 较大时,这个算法是没有实用价值的.

12.2　固定参数算法

通常把优化问题转化为判定问题时,都会在输入中引入一个参数.例如,图的最小顶点覆盖问题,输入是一个无向图 G,输出是一个最小的顶点集,使得每条边都至少有一个端点在这个集合中.把这个最小化问题转化为判定问题时,输入就变成 (G,k),其中 k 是 $0\sim n$ 的整数,n 是 G 的顶点数,而问题则变成判断 G 中是否有一个大小不超过 k 的顶点覆盖.这个判定问题的一个平凡解法就是穷举所有可能的 k 元顶点子集,看看其中有没有一个顶点覆盖.这样的算法的复杂度大约是 $O\left(kn\binom{n}{k}\right)=O(kn^{k+1})$,对于固定的 k,这个运行时间是多项式的,但即便对于中等大小的 k(如 $k=10$),当图的规模较大时(如 $n=1000$),则运行时间依然是令人无法忍受的,如对于上述规模的实例就有 $10\times1000^{10}=10^{31}$,在每秒运算百万次的计算机上,至少需要 10^{24} 秒,这个时间比宇宙年龄还要大几个数量级!幸运的是,我们可以设计出运行时间为 $O(2^k kn)$ 的算法,这样在上述计算机上只需花上几秒钟就能解决这种规模的实例.

我们把输入中带有一个参数 k,当输入规模为 n 时,运行时间为 $O(f(k)n^c)$ 的算法,称为**固定参数算法**(Fixed-Parameter Algorithms)或者**参数化算法**(Parameterized Algorithms),这里的 $f(k)$ 是与 n 无关的函数,c 是与 n 和 k 都无关的常数.对于固定参数算法来说,当 k 是常数时,算法的运行时间是多项式的.如果这时碰巧 $f(k)$ 和 c 都比较小,则这样的算法是对平凡的穷举算法的有力改进,对于比较大的输入规模都还是有效的.正如上面的例子所表明的,固定参数算法不失为一种用来对付难解性的方法.而当 $f(k)$ 和 c 至少有一个比较大时,这样的算法往往也只具有理论上的价值,如当 $k=40$ 时,上述算法在上述机器上就要运行几年时间.

参数 k 的选择具有一定自由度,可以是问题的任何一个有意义的参数,不一定仅限于把优化问题转化为判定问题时所引入的那个参数,如可以是图中顶点的最大度等.同一个问题对于不同的参数要分别加以考虑,可能对有些参数存在固定参数算法,而对于其他参数又不存在这样的算法. 下面我们就以顶点覆盖问题为例,介绍上面提到的 $O(2^k kn)$ 时间的固定参数算法.

算法 12.2　顶点覆盖问题的固定参数算法
输入:一个 n 阶无向简单图 G
参数:希望找到的顶点覆盖的规模上界 k,其中 $0 \leqslant k < n$
输出:一个大小不超过 k 的顶点覆盖或宣布没有这样的顶点覆盖
1. 检查 G 的边集,若没有边,则输出空集为顶点覆盖,算法结束
2. 若边数超过 $k(n-1)$,则宣布没有大小不超过 k 的顶点覆盖,算法结束
3. 任选一条边 (u,v),递归地检查 $G-\{u\}$ 和 $G-\{v\}$ 是否具有大小不超过 $k-1$ 的顶点覆盖
3.1　若它们都没有,则宣布 G 没有大小不超过 k 的顶点覆盖,算法结束
3.2　若它们中至少一个有,如 $G-\{u\}$ 有大小不超过 $k-1$ 的顶点覆盖 T,则输出 $T \cup \{u\}$ 为 G 的大小不超过 k 的顶点覆盖

定理 12.2　上述算法在 $O(2^k kn)$ 时间内正确地解决大小不超过 k 的顶点覆盖问题.

证　先来证明上述算法的正确性. 第 1 步显然是对的,因为若 G 中没有边,则按照顶点覆盖的定义,空集就是顶点覆盖. 再看第 2 步,由于简单图中一个顶点的最大度不能超过 $n-1$,则每个顶点最多关联 $n-1$ 条边,假如存在不超过 k 个顶点的顶点覆盖,则总边数不会超过 $k(n-1)$,所以第 2 步是对的.

下面证明第 3 步也是对的. 先假设 G 中存在大小不超过 k 的顶点覆盖 S,那么按照顶点覆盖的定义,对于任意一条边 (u,v) 来说,u 和 v 中至少有一个要属于 S,不妨设 u 属于 S,于是 $S-\{u\}$ 就要覆盖所有不与 u 关联的边,即 $S-\{u\}$ 是 $G-\{u\}$ 的大小不超过 $k-1$ 的顶点覆盖. 再假设 $G-\{u\}$ 和 $G-\{v\}$ 中至少有一个具有大小不超过 $k-1$ 的顶点覆盖,不妨设 $G-\{u\}$ 有大小不超过 $k-1$ 的顶点覆盖 T,于是 $T \cup \{u\}$ 就覆盖 G 中所有的边,即 G 中存在大小不超过 k 的顶点覆盖. 这样我们就证明了 G 中存在大小不超过 k 的顶点覆盖,当且仅当对于任意一条边 (u,v),$G-\{u\}$ 和 $G-\{v\}$ 中至少有一个具有大小不超过 $k-1$ 的顶点覆盖,所以第 3 步也是正确的.

由于每次递归都让图中减少一个顶点和至少一条边,所以在有限步递归之后,第 1 步或第 2 步的条件将被满足,算法将从递归中返回,所以算法不存在死循环. 这样就证明了上述算法的正确性.

下面证明上述算法的时间复杂性为 $O(2^k kn)$ 时间. 假设 $T(n,k)$ 表示算法在 n 阶图和参数 k 上的运行时间,则对于某个常数 c,$T(n,k)$ 满足下述递推公式:

$$T(n,1) \leqslant cn$$
$$T(n,k) \leqslant 2T(n-1,k-1)+ckn \leqslant 2T(n,k-1)+ckn$$

对 $k \geqslant 1$ 进行归纳,可证明 $T(n,k) \leqslant c2^k kn$,即假设 $T(n,k-1) \leqslant c2^{k-1}(k-1)n$,则

$$
\begin{aligned}
T(n,k) &\leqslant 2T(n,k-1)+ckn \quad &\text{(递推公式)}\\
&\leqslant 2c2^{k-1}(k-1)n+ckn \quad &\text{(归纳假设)}\\
&= c2^k kn - c2^k n + ckn \\
&\leqslant c2^k kn \quad &\text{(因为 } 2^k > k\text{)}
\end{aligned}
$$

关于固定参数算法,已经系统地发展了很多设计方法和分析技巧,也发展了相应的复杂

性理论. 例如,跟 NP 完全理论类似,这里有 W[1]完全的概念,如果证明一个问题是 W[1]完全或 W[1]难的,则很可能这个问题就没有固定参数算法,有兴趣的读者可以参阅关于固定参数算法的论文或专著[20].

12.3　改进指数时间算法

12.2 节介绍的固定参数算法是对平凡的穷举算法的有力改进,本节继续在更一般的情况下,即不考虑参数的作用的情况下,考虑如何改进平凡的穷举算法,以得到改进的指数时间精确算法. 当一个问题的平凡穷举算法为 $O^*(2^n)$ 时间时,这里的 O^* 记号表示忽略了多项式因子,即 $O^*(2^n) = O(n^{O(1)} 2^n)$,则对于任何满足 $1 < c < 2$ 的常数 c,把时间复杂性为 $O^*(c^n)$ 的指数时间算法称为非平凡的指数时间算法,或改进的指数时间算法. 当我们不满足于近似解而必须要求精确解的时候,指数时间精确算法就是有用的,而改进的指数时间算法则允许精确地求解更大规模的实例. 例如,当一个指数时间的算法的时间复杂性为 $O(1.01^n)$ 时,这样的算法在 $n = 1000$ 规模的输入上,比 $O(n^2)$ 的算法还要快几十倍. 所以,改进的指数时间精确算法不失为对付难解性的又一种方法.

下面我们以 SAT 问题为例,来说明如何得到改进的指数时间精确算法. 我们知道,SAT 问题是 NP 完全问题,平凡的穷举算法的时间复杂性是 $O^*(2^n)$,即穷举 n 个变量的所有 2^n 种不同赋值. 我们还知道,当限制每个子句包含不超过 k 个文字时,即考虑 kSAT 时,当 $k = 2$ 时,2SAT 是易解的,而当 $k \geqslant 3$ 时,3SAT,4SAT,5SAT,…都是 NP 完全的,对于这些施加限制之后仍然难解的问题,我们可以设计出改进的指数时间精确算法. 下面用 3SAT 问题来举例说明这样的改进算法.

算法 12.3　3SAT 的指数时间改进算法
输入：一个合取范式,每个子句最多包含 3 个文字
输出：一个满足赋值上或宣布这个公式是不可满足的
1. 令 $G = F$
2. 若 $G = \varnothing$,则输出 t,计算结束;若 G 包含空语句,则宣布 G 是不可满足的
3. 任取一个子句 $C = \alpha_1 \vee \alpha_2 \vee \alpha_3$,其中 α_i 都是文字,$1 \leqslant k \leqslant 3$,执行下述 k 步
   3.1　令 $t(\alpha_1) = 1$,删除所有含 α_1 的子句,把所有含 $\neg \alpha_1$ 的子句 $D = \neg \alpha_1 \vee D'$ 换成 D',其中 D' 可能是空子句,即 $\neg \alpha_1 = \neg \alpha_1 \vee \varnothing$. 记化简后得到的公式为 G'. 对 G' 递归地运用算法步骤 2~步骤 4
   3.2　令 $t(\alpha_1) = 0, t(\alpha_2) = 1$,类似上面化简,记化简后得到的公式为 G'. 对 G' 递归地运用算法步骤 2~步骤 4
   3.3　令 $t(\alpha_1) = 0, t(\alpha_2) = 0, t(\alpha_3) = 1$,类似上面化简,记化简后得到的公式为 G'. 对 G' 递归地运用算法步骤 2~步骤 4
   若上述 k 步都宣布 G' 是不可满足的,则宣布 G 是不可满足的
4. 若宣布 G 是不可满足的,则 F 是不可满足的,计算结束

定理 12.3　上述算法在 $O^*(1.8393^n)$ 时间内正确求解 3SAT.

证　我们先来证明上述算法的正确性. 当算法在第 2 步输出一个赋值时,这个赋值的确满足赋值,因为算法检查过该赋值满足赋值. 下面证明当算法宣布没有满足赋值时也是正确的. 如果输入公式中含有某个子句 $C = \alpha_1 \vee \alpha_2 \vee \alpha_3$,则所有满足赋值被划分为以下三类.

第 1 类：把 α_1 赋值为真.

第 2 类：把 α_1 赋值为假，把 α_2 赋值为真.

第 3 类：把 α_1 赋值为假，把 α_2 赋值为假，把 α_3 赋值为真.

任何一个满足赋值必定属于且仅属于上述一类. 算法在第 3 步递归地检查所有的情况，当第 3.1 步～第 3.3 步所有递归检查都失败时，也就是说上述三类赋值中都没有满足赋值时，输入公式必定没有满足赋值，因为任何一个满足赋值必定属于上述三类之一，所以这时算法在第 3 步宣布没有满足赋值，就是正确的.

由于每次递归至少为一个变量赋值，因此每个递归检查的深度至多为 n，即算法不存在死循环. 这样就证明了算法是正确的.

下面分析算法的复杂性. 设 $T(n)$ 表示算法在 n 个变量的公式上的运行时间，设公式中有 m 个子句，则 $m=O(n^3)$，因为每个子句至多含有 3 个文字，不同子句的个数至多为 $O(n^3)$. 关于 $T(n)$，与定理 12.2 证明中类似，有下列递推公式：

$$T(n) \leqslant T(n-1) + T(n-2) + T(n-3) + O(n+m)$$

按照参考文献[1]中介绍的递推公式的解法，这个递推公式的解是 $T(n)=O^*(1.8393^n)$，其中1.8393 是方程 $\lambda^3=\lambda^2+\lambda+1$ 的最大根.

上述 3SAT 的改进算法远不是最优的，截至 2010 年年底，3SAT 的指数时间精确算法的最好结果是：有一个 $O^*(1.321^n)$ 时间的随机算法，和一个 $O^*(1.439^n)$ 时间的确定型算法. 对于其他的 kSAT 问题，也有类似的改进算法. 而对于一般的 SAT 问题，则目前还不知道是否有非平凡的改进算法. 改进 NP 完全问题的指数时间精确算法，目前是一个活跃的研究方向，一些几十年没有解决的问题都在近期获得突破. 例如，任意色数的图的顶点着色问题都有 $O^*(3^n)$ 的算法，背包问题有比 $O^*(2^{n/2})$ 更好的算法，货郎问题也有比 $O^*(2^n)$ 更好的算法. 而在未来如果对于 SAT 问题设计出比 $O^*(2^n)$ 更好的算法，将是算法领域和理论计算机科学领域的重要进展.

对于改进的指数时间精确算法，也有一些复杂性理论方面的研究. 例如，有人就猜想 kSAT 的指数时间算法的底数不能任意小，这就是所谓的 指数时间假设（exponential time hypothesis，ETH）：对于每个正整数 k，都存在常数 $c_k>0$，使得求解 kSAT 的精确算法时间复杂性不低于 $O^*(2^{c_k n})$. 上述的指数时间假设仅仅是针对 kSAT 而言的，对于其他的难解问题，也可以有类似的假设，但假设的具体指数形式可能不同. 所有这些指数时间假设都比复杂性理论中另一个著名假设 $\mathbf{P}\neq\mathbf{NP}$ 更强. 由指数时间的假设就能得出 $\mathbf{P}\neq\mathbf{NP}$ 的结论，因为 $\mathbf{P}\neq\mathbf{NP}$ 是排除了难解问题的多项式时间算法，而指数时间假设则说难解问题只有指数时间的算法，连 $O(n^{\log n})$ 时间这样的算法也都排除掉了. 更进一步地，有人猜想解决 NP 完全问题这类难解问题，无论采用何种计算模型和何种物理实现，包括各种可能的物理手段、生物手段或化学手段等，所消耗的资源量都是指数量级的，这里的资源除了时间和空间外，还可以是能量或质量等其他物理量或化学量. 这样的假设对于更深刻地理解我们所处世界的本性，以及对于一些应用来说，例如基于难解性假设的现代密码学，都是具有重要意义的. 而研究这些假设的途径，无外乎尝试去证明或推翻这些假设，证明主要依赖于各种下界技术，推翻主要依赖于各种算法技术，而尝试改进指数时间算法，对于推翻这些假设来说，就是最基本的一个出发点. 有趣的是，在一定场合下甚至可以通过改进指数时间算法来证明下界，感兴趣的读者可参阅论文[21].

12.4 启发式方法

前面介绍的各种方法,都在理论上有明确的性能保证. 例如,在限制法中证明受限制的问题属于 **P** 类,在近似算法中给出近似比,在固定参数算法和改进指数时间算法中给出非平凡的时间界限. 除此之外,人们发现还有一类方法,目前无法从理论上给出任何性能保证,但在实践中却效果良好,就把这类方法统称为启发式方法(heuristics). 常用的启发式方法主要包括回溯法、分支限界法、局部搜索法、遗传算法等. 第 5 章介绍了回溯法和分支限界法,这里不再重复,第 11 章介绍的随机游动算法也属于局部搜索法,下面主要介绍一种改进的局部搜索算法,称为模拟退火法,这是在实践中求解优化问题效果较好的一种启发式方法.

局部搜索法也称为局部改进法,其求解优化问题的基本策略是:先产生一个初始解,然后对这个解做出局部修改,看看解的性能是否有所改进. 若是,则用改进的解代替原来的解;否则,就保留原来的解. 如此这般重复执行,直到用完预先设定的循环次数后,就输出所见过的最好解. 这个算法的性能依赖于问题的邻域结构,即如何对当前的解做出局部修改,也依赖于局部最优解的数目和分布,因为一旦算法进入一个局部最优解,就有可能陷入其中而跳不出来. 为了克服局部最优解,人们想到应当随机选择初始解,这称为随机化(randomization)策略,还想到应当让算法在不同的初始解上重新开始多运行几次,这称为重启(restart)策略,这两种策略都能增加找到全局最优解的机会.

更加有趣的想法是,应当偶尔让退步解(即性能变差的解)代替当前解,这样就能增加从局部最优解中跳出来的机会. 在固体冷却的物理过程中,当温度较高时,分子的活动范围较大,当温度逐渐降低时,分子的活动范围就越来越小. 受此现象启发,人们引入一个参数 T,称为温度. 温度越高,用退步解代替当前解的几率就越大,但如果退步的幅度 Δ 越大,这个几率就应当越小. 受物理学原理的启发,可以让这个概率等于 $e^{-\frac{\Delta}{T}}$. 随着解的性能不断提高,应当让温度逐渐降低,这种策略就称为模拟退火法.

算法 12.4 模拟退火法

输入:一个优化问题的实例

输出:一个可行解

1. 生成一个初始解,设定初始温度 T。

2. 循环执行下列步骤,直到 $T=0$

2.1 从当前解的邻域中随机选择一个新解

2.2 若新解是改进解,则代替当前解;否则,设新解的退步幅度为 Δ,以概率 $e^{-\frac{\Delta}{T}}$ 用新解代替当前解

2.3 更新温度 T

3. 输出见到的最好的解

上述算法第 2.3 步中更新温度 T 的方式,称为算法的退火时间表,是算法的关键. 应当根据当前解的性能来更新温度,初始温度通常较高,而随着当前解的性能越来越好,温度就应越来越低. 在直观上,用退步解代替当前解的几率取决于退步幅度和温度. 温度越高,就越积极地搜索退步幅度较大的解,以增加从局部最优解中跳出的几率. 而随着温度降低,就

减少搜索退步幅度较大的解,以降低从全局最优解中跳出的概率.

算法中的另一个重要因素是解的邻域结构.例如,对于 **SAT** 问题,如果两个赋值只在一个变量上不同,就认为它们彼此相邻,就是一种很自然的邻域结构,第 11 章中的随机游动算法中正是这样做的.

12.5 平均情形的复杂性

如本章开头所述,NP 完全性理论是基于最坏情形下的复杂性度量,当考虑平均情形的复杂性度量时就会发现,有些 NP 完全问题在平均复杂性度量下是易解的,这使得平均情形的复杂性分析也成了对付难解性的方法之一.本节举一个这样的例子,这个例子就是哈密顿回路问题.可以证明在平均情形的复杂度性度量下,哈密顿回路问题有多项式时间的算法.

为了考虑平均情形的复杂性度量,首先要在所有输入上定义一个概率分布.对于无向简单图,一种自然的选择就是经典的随机图模型 $G(n,p)$. 在 $G(n,p)$ 中让图的顶点数为 n,然后在任何两个不同顶点之间独立地以概率 p 连一条边.对于任何一个 n 阶简单图 H 来说,设 H 有 m 条边,则 $G(n,p)=H$ 的概率为 $p^m(1-p)^{n(n-1)/2-m}$,当 $p=1/2$ 时,$G(n,1/2)$ 就是所有 n 阶简单图上的一个均匀分布.

算法 12.5 哈密顿回路问题在 $G(n,1/2)$ 上的有效算法
输入:在 $G(n,1/2)$ 分布下产生的一个随机图 G
输出:G 中的一条哈密顿回路
1. 反复利用下面两条规则构造一条路径 P,直到 P 不能再延长为止
1.1 若 P 外的顶点 x 与 P 的端点 v 相邻,则用边 (x,v) 把 x 加入 P,即令 $P=xP$

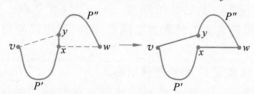

1.2 若 $P=vP'yzP''$ 且 v 与 z 相邻、y 与 P 外的顶点 x 相邻,则令 $P=xyP'vzP''$

2. 反复利用下面两条规则构造一个圈 C
2.1 若 $P=vP'xyP''w$ 且 v 与 y 相邻、w 与 x 相邻,则令 $C=wxP'vyP''w$

2.2 若 $P=vP'xyP''w'w$ 且 v 与 y 相邻、w' 与 x 相邻,则令 $C=w'xP'vyP''w'$

3. 反复利用下面三条规则把其余顶点加入 C,每次加入 1 个或 2 个顶点,直到没有剩余顶点为止

3.1 若 C 外的顶点 x 与 C 上连续两点 y 和 z 都相邻,则令 $C=C\cup\{(y,x),(x,z)\}-\{(y,z)\}$

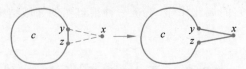

3.2 若 C 外的 2 点 x 和 y 相邻且分别与 C 上连续 2 点 u 和 v 相邻,则令 $C=C\cup\{(u,x),(x,y),(y,v)\}-\{(u,v)\}$

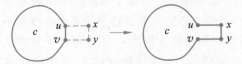

3.3 若 $C=abP'yzP''a$ 且 C 外的顶点 x 与 a 和 y 都相邻、b 与 z 相邻,则令 $C=axyP'bzP''a$

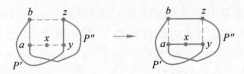

4. 输出 C 作为哈密顿回路

定理 12.4 上述算法在 $G(n,1/2)$ 上以大概率在 $O(n^3)$ 时间内输出哈密顿回路.

证 首先我们明确一下,在这里"以大概率"(with high probability,简称 w.h.p.)的意思是,随着 n 趋于无穷,上述算法能有效找出哈密顿回路的 $G(n,1/2)$ 随机图的概率趋于 1,这个概率不是随机算法在某个输入上的成功概率,而是上述算法在随机输入上的成功概率. 以下只给出证明的大致思路,而把细节留作习题.

利用第 11 章中介绍的切诺夫界,容易证明 G 以大概率满足以下三条性质(设 $N(v)$ 表示顶点 v 的邻域).

性质一:对每个顶点 v,$|N(v)|$ 介于 $n/2\pm n/50$ 之间.

性质二:对每对顶点 u 和 v,$|N(u)\cup N(v)|$ 介于 $3n/4\pm n/50$ 之间.

性质三:对每三个顶点 u,v 和 w,$|N(u)\cup N(v)\cup N(w)|$ 介于 $7n/8\pm n/50$ 之间.

利用这些性质,容易证明:

① 算法在第 1 步构造的路径 P 上至少有 $7n/8-n/50$ 个顶点.

② 在第 2 步构造的圈 C 上至少有 $7n/8-n/50-1$ 个顶点.

③ 在第 3 步上只要还有边的两端都在圈 C 之外,则可以应用第 3.1 步或第 3.2 步,因此第 3 步总是可行的.

因此以大概率,上述算法找出 G 的哈密顿回路.

容易看出,算法的第 1 步～第 3 步每一步都可在 $O(n^3)$ 时间内实现,因此上述算法在 $O(n^3)$ 时间内运行.

关于平均情形的复杂性分析,也已经发展出整套的复杂性理论,与 **P** 和 **NP** 类对应的复杂性类是 **DistP**(或 **AvgP**)和 **DistNP** 类,与 NP 完全性的概念类似,这里也有 DistNP 完全的概念,而证明一个问题是 DistNP 完全的,则这个问题很可能就在平均情形下是难解的. 例如,可以证明图着色问题在平均情况下是易解的,而铺砖问题则在平均情况下是难解的.

12.6 难解算例生成

在研究算法的过程中,从理论上分析一个算法,给出算法性能的渐近比较紧的界,这往往是一件很困难的任务,例如前面介绍的启发式方法等. 因此,人们需要产生一些难解的算例,用来测试和比较不同算法的性能,这在算法的教学和研究中都起着重要作用,有的学者称为算法试金石. 过去人们曾经拿工业界的一些实际问题作为算例,这些问题的规模比较大,因此看起来似乎是难解的. 但是后来发现,这些问题由于来源于实际问题,所以往往带有特定的结构,导致其中存在少数一些变量,称为后门变量(backdoors),只要确定了这些变量的取值,整个问题就非常容易解决. 例如,一个包含几千个变量的布尔公式,其中后门变量的个数只有几十个. 因此,只要穷举包含几十个变量的子集和这些变量的不同取值,就能比基于完全穷举法的其他方法快很多倍地解决这些问题. 后来人们找到了更好的办法来产生真正难解的算例,这就是随机产生的算例,这些算例的难解性来源于下面介绍的相变现象.

12.6.1 相变现象与难解性

如果用一个随机过程来产生实例,并且通过一些参数来控制这个随机过程,那么经常会出现所谓的相变现象:存在参数的一个临界值,实例的性质在临界点两侧发生了很大的突变,具有某个性质的概率在一侧随实例规模趋于无穷而渐近为 0,在另一侧则随实例规模趋于无穷而渐近为 1. 例如,可满足性相变是说,在临界值的一侧,以很大的概率产生有解的实例,而在临界值的另一侧,以很大的概率产生无解的实例. 人们通过实验发现,最难解的实例都集中在可满足性相变临界值的附近. 只有在远离临界值的地方,实例才会变得容易解决. 甚至在距离临界值还有一段距离的地方,所有已知的算法就都失效了,因此人们就用临界值附近的实例作为难解算例.

以约束满足问题为例,约束满足问题是对于布尔公式可满足性、图着色等 NP 完全问题的一种自然推广. 在约束满足问题的实例中,给定一些变量和这些变量之间的一些约束,每个约束规定了一些变量之间各种取值的相容组合,问题是寻找变量的赋值,以满足所有的约束. 为了产生约束满足问题的随机实例,人们提出过 A,B,C,D 这 4 种模型,设 $0<p_1<1$ 和 $0<p_2<1$ 是两个控制参数,设有 n 个变量,设每个变量有 d 种取值,$d>0$ 是正整数.

A 模型:在可能的 $n(n-1)/2$ 对变量中,每对变量以概率 p_1 成为约束,也就是在 $n(n-1)/2$ 对变量中,每对变量以概率 p_1 被选出组成约束. 对于每个给定的约束,在 d^2 对赋值中,每组赋值以概率 p_2 成为不相容赋值.

B 模型:在可能的 $n(n-1)/2$ 对变量中,随机选择 $p_1 n(n-1)/2$ 对变量成为约束,也就是在 $n(n-1)/2$ 对变量中,以等概率挑选一个有 $p_1 n(n-1)/2$ 对变量的子集组成约束集. 对于每个给定的约束,在 d^2 对赋值中,随机挑选 $p_2 d^2$ 个成为不相容赋值.

C 模型:在可能的 $n(n-1)/2$ 对变量中,每对变量以概率 p_1 成为约束,也就是在 $n(n-1)/2$ 对变量中,每对变量以概率 p_1 被选出组成约束. 对于每个给定的约束,在 d^2 对赋值中,随机挑选 $p_2 d^2$ 个成为不相容赋值.

D 模型：在可能的 $n(n-1)/2$ 对变量中，随机选择 $p_1 n(n-1)/2$ 对变量成为约束，也就是在 $n(n-1)/2$ 对变量中，以等概率挑选一个有 $p_1 n(n-1)/2$ 对变量的子集组成约束集．对于每个给定的约束，在 d^2 对赋值中，每组赋值以概率 p_2 成为不相容赋值．

但是后来发现这些模型有所谓渐近无解性，这种性质损害了它们作为随机算例的用处．就是说，当参数确定时，在变量个数变成充分大时，这些模型产生的实例基本上是没有解的，即解的个数将趋近于 0．具体来说，将 X 作为表示解的个数的随机变量，使用马尔可夫不等式有 $\Pr[|X|\geqslant 1]\leqslant E[X]$．通过计算 X 的期望，可以得到

$$E(X) = d^n (1-p_2)^{p_1\binom{n}{2}} = \left[d(1-p_2)^{\frac{p_1(n-1)}{2}} \right]^n$$

显然，为了避免 $\lim_{n\to\infty} E(X)=0$，必须保证 $d\geqslant(1-p_2)^{-p_1\frac{n-1}{2}}$ 对于 B 模型，当约束紧度 $p_2\geqslant 1/d$ 时，实例有解的概率随变量数 n 趋于无穷大而趋近于 0；对于 A 模型，若 $p_2\geqslant 0$，则实例有解的概率就将趋近于 0．这就说明，当变量个数充分大以后，在多数情况下，A 模型和 B 模型所生成的随机实例几乎是无解的，将不会出现相变现象，因此难以产生真正的难解实例．人们后来也找到了解决渐近无解性的办法，其中一种比较成功的模型称为 RB 模型，意思是对 B 模型的修订，这是首个在理论上严格地证明了存在既有精确相变现象又有难解实例的 NP 完全问题的随机模型．

算法 12.6 为 RB 模型产生随机实例

输入：参数组 $<k,n,\alpha,r,p>$，其中

- 每个约束由 k 个不重复的变元组成，k 是大于或等于 2 的整数
- n 是变元个数
- 每个变元的值域大小为 $d=n^\alpha$，α 是正常数
- 至多有 $m=rn\ln n$ 个约束，r 是正常数，控制约束的密度
- p 是正常数，控制约束的紧度，$0<p<1$

输出：在 RB 模型中产生的随机实例

1. 有重复地选择 $m=rn\ln n$ 个随机约束，每个约束由 k 个不重复的变元组成

2. 对每个约束，均匀随机无重复地选择 $q=pd^k$ 个不相容赋值，因此相容赋值的个数为 $(1-p)d^k$ 个

定理 12.5 设 $k,\alpha>\dfrac{1}{k},p\leqslant\dfrac{k-1}{k}$ 都是常数，令 $r_{cr}=\dfrac{-\alpha}{\ln(1-p)}$，则

$$\Pr[\text{RB 模型的随机实例是可满足的}] = \begin{cases} 1 & \text{当 } r < r_{cr} \text{ 时} \\ 0 & \text{当 } r > r_{cr} \text{ 时} \end{cases}$$

定理 12.6 设 $k,\alpha>\dfrac{1}{k},r\leqslant\dfrac{\alpha}{\ln k}$ 都是常数，令 $p_{cr}=1-e^{-\frac{\alpha}{r}}$，则

$$\Pr[\text{RB 模型的随机实例是可满足的}] = \begin{cases} 1 & \text{当 } p < p_{cr} \text{ 时} \\ 0 & \text{当 } p > p_{cr} \text{ 时} \end{cases}$$

这两个定理的证明主要应用概率方法中的一阶矩法和二阶矩法，我们略去其证明．由这个定理可以看出，存在着能精确计算出来的参数 r 和 p 的阈值，在阈值两侧随着 n 趋于无穷，随机实例的可满足概率分别趋于 0 和 1．还可以证明，把这样产生的随机实例转化为 SAT 实例后，随着 n 趋于无穷，这些实例以大概率具有指数的归结复杂度，由于归结法是求解 SAT 的基本方法，因此在理论上 RB 模型产生的实例是难解的．

12.6.2　隐藏解的难解算例

一个更难的问题是不但要产生难解实例,而且要产生已知解的难解实例. 普通方法产生的难解实例,由于其难解性,有时甚至连产生者自己也不知道解. 有一类算法称为不完全算法,例如随机游动算法,即使在解存在的情况下,这类算法也不能保证一定能够找到解. 对于不完全算法来说,使用不知道解的算例来测试性能,就会遇到问题. 例如,当算法没有找到解时,就无从判断算法的结果的正确性. 因此,人们需要构造带有植入解(planted solution)的难解算例,就是预先隐藏了一个已知的解的难解算例. 对于优化问题,还要在算例中隐藏一个最优解. 在这方面,RB 模型也具有很好的性质,不仅能产生植入解的判定问题的难解算例,甚至还能产生隐藏着最优解的难解算例.

算法 12.7　产生隐藏着解或最优解的算例

输入:一组控制参数

输出:隐藏解或最优解的算例

1. 选定一个要隐藏的解或最优解

2. 按照控制参数规定的方式随机产生算例的各个约束,但每产生一个约束,就要检查这个约束是否与要隐藏的解矛盾. 如果不矛盾则保留这个约束,否则就丢弃这个约束,直到产生足够多的约束得到一个算例为止

3. 输出最后得到的算例

显然这样产生的算例以隐藏的解或最优解作为一个解或最优解. 但是应用这个简单的策略有时会引起问题,例如对于随机 SAT 问题来说(随机 3SAT 的定义在 12.7.2 节),这样隐藏解之后,随机算例的解的数目和解的分布都发生了很大变化,导致隐藏解之后的算例变得容易求解了. 幸运的是,在 RB 模型上这个策略却很有效. 通过计算可以发现,RB 模型隐藏解之后,解的个数和解的分布都几乎没有变化,这一点也得到实验的证实. 下面举例说明如何构造一个最大团的难解算例,该算例有 4000 个顶点,其中隐藏了一个大小为 100 的团.

算法 12.8　用 RB 模型产生最大团难解算例

输入:图的顶点数 4000,要隐藏的最大团的大小为 100

输出:一个有 4000 个顶点的图,其中隐藏了 100 个顶点的最大团

1. 把 4000 个顶点分成 100 组,每组 40 个顶点

2. 从每组随机挑选一个顶点,共挑出 100 个顶点,把这 100 个顶点相互之间都连上边,得到一个大小为 100 的团

3. 在不同组的顶点之间随机连边,连的总边数 m 参照算法 12.6 和定理 12.5(或定理 12.6)用参数 r 和 p 来定,其中 $n=100, d=40$(由此可推算出 α),$k=2$

上述实例中,同组内的顶点之间不连任何边,这样就保证了存在恰好 100 个顶点的最大团(虽然可能不唯一). 这个最大团问题的实例也可以看作一个 RB 模型的实例,其中,有 $n=100$ 个变量,对应于 100 组顶点;每个变量有 $d=40$ 种不同取值,对应于每组内 40 个顶点;每个约束包含 $k=2$ 个变量,对应着两组顶点;实例图中两组顶点之间的那些边,就代表两个变量之间的相容赋值,即边的两端点在各自组内代表的变量值的组合. 所以,这是用 RB 模型生成的隐藏最优解的难解算例. 这个最大团的算例的确是难解的,按照目前最好的算法的性能来估计,即使考虑到摩尔定律的效果,在今后 20 年内用普通微机也难以在一天

之内找出这种实例中的最大团.

用 RB 模型也能类似地生成其他 NP 完全问题的难解算例,基于 RB 模型的算例已经被多项国际算法竞赛和大量研究论文采用,实际效果也表明这些实例的确是难解的. 更多的算例和目前的求解记录以及参考文献请参看网址 http://www.nlsde.buaa.edu.cn/~kexu/benchmarks/graph-benchmarks.htm.

12.7 基于统计物理的消息传递算法

在 20 世纪 80 年代,Parisi 等人在旋转玻璃上的工作取得了统计物理在无序系统研究方面的重要进展,那时人们已经知道,无序系统的统计物理与计算机科学中的组合优化问题有密切联系,即优化问题中的成本函数可以对应于无序系统中的能量函数,优化问题的最优解可以对应于低温结晶状态. 但是这些工作没有引起计算机科学家的关注,因为当时的计算机科学更关注具体实例在最坏情况下的时间复杂性,而统计物理学家则关注随机实例的平均情形时间复杂性. 到了 20 世纪 90 年代,随着在人工智能研究中发现了计算问题的相变现象之后,统计物理中已有的成果被迅速应用到计算机科学问题上,取得了很大成功. 基于统计物理的消息传递算法(如 survey propagation)在距离可满足性相变点很近的地方求解随机实例的效率比以往的算法提高了两个数量级. 目前,结合了统计物理算法和局部搜索算法的程序已经能够求解 100 万个变量的随机 3SAT 实例,这是在以往采用其他算法所做不到的. 本节介绍一种基于统计物理的消息传递算法.

12.7.1 消息传递算法与回溯法、局部搜索算法的比较

基于统计物理模型的消息传递(message passing)算法是与回溯算法和局部搜索算法不同的算法策略. 下面以约束满足问题为例,先简单介绍这几种算法之间的不同,以便于读者理解消息传递算法的特色,然后再详细介绍一种具体的消息传递算法.

最早用于解决约束满足问题的算法策略之一就是回溯法,例如求解 SAT 问题的著名的 DPLL 算法. 回溯算法为变量逐个赋值,当遇到不能满足的约束时,就回溯改变上一个变量的赋值,直到找到一个解,或者最终宣布无解. 回溯算法在很多简单情况下是有效的,但是在最坏情况下往往是指数时间的.

局部搜索或随机游动算法一开始就为所有变量赋值,如果这个赋值不是解,则任意改变一个变量的赋值,这样重复进行直到找到解,或者执行足够多步后宣布失败. 局部搜索算法是一种不完全算法,它有可能漏掉解,但实际上执行足够多步之后,这种可能性可以降到很低. 局部搜索算法对于求解 SAT 问题非常有效.

在回溯法和局部搜索法中,除了检查目前的赋值是否满足给定的约束外,并没有利用或很少利用到实例的结构信息. 在消息传递算法中,变量结点和约束结点之间来回传递信息,而且变量只向它在其中出现的约束传递消息,约束也只跟它里面包含的变量传递消息,这样就利用到了实例本身的结构信息. 在回溯法和局部搜索法中,采用的是硬决策,即直接为变量赋值. 在消息传递算法中,采用的是软决策,即不直接为变量赋值,而是计算每个变量取某个值的概率分布,通过不断迭代来修正这个概率分布,直到取某个值的概率明显占优,才确定采用这个赋值;或者到概率分布没有明显改进为止,再采用其他方法来决定这个变量的

取值,例如局部搜索法等.更新概率的规则是基于统计物理模型来制定的,根据消息的含义和更新规则,消息传递算法由简单到复杂又可分为警告传播算法(warning propagation,简称 **WP 算法**)、置信传播算法(belief propagation,简称 **BP 算法**)、调查传播算法(survey propagation,简称 **SP 算法**)等.下面以一种针对随机 **3SAT** 问题的 SP 算法为例,简单介绍基于统计物理的消息传递算法.

12.7.2　用消息传递算法求解 3SAT 问题

这种专门针对随机 3SAT 的 SP 算法结合了消息传递算法和局部搜索算法.作为消息传递算法,这个算法利用二部图来表示 **SAT** 的实例,分别以每个子句和每个变量(或文字)作为一个顶点,如果一个变量 z 的文字 l 在一个子句 C 中出现,就在这个变量顶点和子句顶点之间连上边,沿着这条边子句 C 可以看到文字 l 并且给文字发送消息 $\gamma_{C \to l}$,每个变量(或文字)只收到它在其中出现的子句的消息,每个子句只看到它包含的变量或文字,也只向它们发送消息.

算法是个不断迭代的过程,在每轮迭代内部,每个变量(或文字)顶点根据它收到的全部消息来决定它的当前赋值,例如每条消息可以取 0 或 1 的值,表示真或假的意思,变量把收到的消息当作投票,按照多数获胜的原则决定自己的赋值,然后每个子句根据自己看到的变量(或文字)的赋值,再向每个变量(或文字)发送消息,例如当一个三元子句看到 2 个文字都已经赋值为假时,就要向第 3 个文字发警告消息"你应当赋值为真"(这正是 warning 的意思),这样就完成一轮.

算法的奇妙之处在于,从任意一个初始赋值开始,经过不断迭代,有些变量或文字就逐步找到了正确的赋值.如果给消息加上灵活性,不是简单地表示真或假,而是表示真或假的概率(这正是 belief 或 survey 的意思),算法的能力就更精巧了,当某个变量赋某个值的概率很大时,就选定这个变量代入这个赋值对公式进行化简,当所有剩余变量的赋值的倾向性都不明显时,就运行局部搜索算法.算法的关键在于设计消息的含义和设计如何更新消息的机制.在这方面,跟模拟退火法一样,人们从统计物理学中得到启发,根据一些物理模型来设计算法的细节,在这里我们就不详细介绍算法背后的物理模型了,有兴趣的读者可查阅有关论文或书籍.

随机 3SAT 模型:给定变元个数 n 和子句个数 m,从 $2n$ 个文字的所有长度为 3 的子句中均匀随机选择 m 个子句,这些子句的合取就构成一个随机 3SAT 公式.

算法 12.9　随机 3SAT 的 SP 算法
输入:随机 3SAT 公式
输出:一个满足赋值
选定某个临界值 $\varepsilon > 0$.对每个子句 C 和每个文字 l,若 l 在 C 中出现,则按照下列规则计算值 $\gamma_{C \to l}$
1. 开始时,按照 $[0,1]$ 上的均匀分布,为每个 $\gamma_{C \to l}$ 独立随机赋值
2. 对每个子句 C,按照文字的随机排列顺序,根据下列规则 3~5 迭代更新 $\gamma_{C \to l}$
3. 令

$$Z_l = \prod_{C' : l \in C'} \gamma_{C' \to l}$$

$$Z_l^C = \prod_{C' : l \in C' \wedge C' = C} \gamma_{C' \to l}$$

其中约定空的乘积等于 1

4. 若 $C = j \lor k \lor l$，则令

$$\gamma_{C \to l} = 1 - \left(1 - \frac{Z_{\bar{j}}}{Z_{\bar{j}} + Z_j^C - Z_{\bar{j}} Z_j^C}\right) \left(1 - \frac{Z_{\bar{k}}}{Z_{\bar{k}} + Z_k^C - Z_{\bar{k}} Z_k^C}\right)$$

若 $C = k \lor l$，则令

$$\gamma_{C \to l} = \frac{Z_{\bar{k}}}{Z_{\bar{k}} + Z_k^C - Z_{\bar{k}} Z_k^C}$$

这里的 $\bar{k}$ 是文字 k 的否定

5. 当所有 $\gamma_{C \to l}$ 的更新都小于 ε 时，停止迭代更新 $\gamma_{C \to l}$

6. 找出 $\left| \dfrac{-Z_x + Z_{\bar{x}}}{Z_x + Z_{\bar{x}} + Z_x Z_{\bar{x}}} \right|$ 最大的变量 x，这里的 $\bar{x}$ 是 x 的否定. 如果这个绝对值小于 ε，则运行随机游动算法

7. 当 $\dfrac{-Z_x + Z_{\bar{x}}}{Z_x + Z_{\bar{x}} + Z_x Z_{\bar{x}}} > 0$ 时，把 x 赋值为真，当 $\dfrac{-Z_x + Z_{\bar{x}}}{Z_x + Z_{\bar{x}} + Z_x Z_{\bar{x}}} < 0$ 时，把 x 赋值为假，化简公式，回到第 2 步，对剩余的公式继续迭代更新 $\gamma_{C \to l}$ （说明：$\dfrac{-Z_x + Z_{\bar{x}}}{Z_x + Z_{\bar{x}} + Z_x Z_{\bar{x}}} = 0$ 的情况包含在第 6 步中处理）

目前对于这种算法在随机 3SAT 上为何如此有效，以及类似的策略能否应用到其他问题上，还在进一步研究中.

12.8　量子算法简介

随着计算机硬件尺寸越来越小，人们开始考虑如何利用微观世界的量子效应，量子算法就是基于量子物理学原理在量子计算机上运行的算法，它在一定场合下比经典算法更强. 本节只简单介绍量子算法的基本概念，包括量子比特和量子门，然后举一个最简单的例子说明量子算法有可能比经典算法更强.

12.8.1　量子比特

用 $|\varphi\rangle$ 这样的记号表示量子比特，以区别于经典比特，这种记号称为迪拉克（Dirac）记号，下面会解释它的优点. 经典比特有两个取值 0 和 1，其物理实现可以是电压的高和低、开关的断和通等，在经典世界中这些状态不能叠加，如开关不能同时既断又通，所以经典比特要么为 0、要么为 1. 量子比特也有值 $|0\rangle$ 和 $|1\rangle$，其物理实现可以是电子的两个自旋方向、光子的两个偏振方向、原子的两个能级等，但在量子世界中这些状态是可以叠加的，如电子可以同时处在两个自旋方向上、光子可以同时具有两个偏振方向、原子可以同时处于两个能级等，所以量子比特还可以是 $|0\rangle$ 和 $|1\rangle$ 的线性叠加，即形如 $\alpha|0\rangle + \beta|1\rangle$ 的叠加态，其中 α 和 β 是两个复数，称为几率幅，表示处在 $|0\rangle$ 的概率是 $|\alpha|^2$，处在 $|1\rangle$ 的概率是 $|\beta|^2$，这里 $|\alpha|$ 表示复数 α 的模，所以 α 和 β 要满足 $|\alpha|^2 + |\beta|^2 = 1$.

用线性代数的话来说，量子比特就是一个二维复系数线性空间中的单位向量. 如果用 $|0\rangle$ 和 $|1\rangle$ 作为一组基，称为计算基（computational bases，简称基），相应的坐标表示就是 $|0\rangle = \begin{pmatrix} 1 \\ 0 \end{pmatrix}$，$|1\rangle = \begin{pmatrix} 0 \\ 1 \end{pmatrix}$，$\alpha|0\rangle + \beta|1\rangle = \begin{pmatrix} \alpha \\ \beta \end{pmatrix}$，于是 $|\varphi\rangle$ 这样的记号就表示了列向量. 除了 $|0\rangle$ 和 $|1\rangle$ 外，还有 $|+\rangle = \dfrac{1}{\sqrt{2}}(|0\rangle + |1\rangle) = \begin{pmatrix} 1/\sqrt{2} \\ 1/\sqrt{2} \end{pmatrix}$ 和 $|-\rangle = \dfrac{1}{\sqrt{2}}(|0\rangle - |1\rangle) = \begin{pmatrix} 1/\sqrt{2} \\ -1/\sqrt{2} \end{pmatrix}$，也可以

作为一组基. 通常都用 $|0\rangle$ 和 $|1\rangle$ 作为基, 除非另加说明.

两个或多个量子比特可以组成量子寄存器, 还用线性代数的话来说, 量子寄存器的状态就是各个量子比特状态的张量积. 所谓**张量积**, 就是两个以上线性空间或两个以上向量之间的一种运算, 两个线性空间的张量积还是一个线性空间, 它的维数等于原来两个线性空间维数之积, 它的基等于原来两个线性空间的基的卡氏积, 即对于原来两个线性空间的每一对基 $|i\rangle$ 和 $|j\rangle$, 在张量积空间有一个对应的基, 记作 $|i\rangle \otimes |j\rangle$, 也简记作 $|i\rangle|j\rangle$, $|i,j\rangle$ 或 $|ij\rangle$. 从原来两个线性空间中各取一个向量, 在张量积空间有一个对应的向量, 等于把原来两个向量用 $\otimes$ 相乘并按照分配律展开的结果. 例如, 向量 $\alpha_1|0\rangle + \beta_1|1\rangle$ 和 $\alpha_2|0\rangle + \beta_2|1\rangle$ 的张量积就是 $(\alpha_1|0\rangle + \beta_1|1\rangle) \otimes (\alpha_2|0\rangle + \beta_2|1\rangle) = \alpha_1\alpha_2|00\rangle + \alpha_1\beta_2|01\rangle + \beta_1\alpha_2|10\rangle + \beta_1\beta_2|11\rangle$.

两个经典比特构成的经典寄存器共有 4 个状态 $00, 01, 10, 11$. 两个量子比特构成的量子寄存器也有 4 个基 $|00\rangle, |01\rangle, |10\rangle, |11\rangle$, 以及这 4 个基的线性叠加态 $\alpha|00\rangle + \beta|01\rangle + \gamma|10\rangle + \delta|11\rangle$, 其中 $\alpha, \beta, \gamma, \delta$ 都是复数, 也称为几率幅, 也满足 $|\alpha|^2 + |\beta|^2 + |\gamma|^2 + |\delta|^2 = 1$. 一般地, n 个量子比特构成的量子寄存器有 2^n 个基 $|00\cdots0\rangle, |00\cdots1\rangle, \cdots, |11\cdots1\rangle$, 每个基对应一个长度为 n 的 0-1 串, 量子寄存器的状态是这 2^n 个基态的叠加态. 而 2^n 个几率幅也满足模的平方和等于 1 的条件, 描述这样的一个状态就需要 2^n 个几率幅. 直观上, 若用经典寄存器来模拟 n 个量子比特构成的量子寄存器的状态, 就需要保存 2^n 个几率幅, 这个开销是指数增长的. 著名物理学家费曼 (Feynman) 在用经典计算机模拟量子系统的时候就遇到了这个问题, 从而最早提出了量子计算机的设想. 由于叠加态的存在, 使得量子计算机不仅有可能在存储能力上比经典计算机更强, 而且还具备了并行处理能力.

12.8.2 正交测量

虽然量子比特可以具有叠加态, 几率幅 α 和 β 作为复数里面包含有无穷多位的信息, 但却不能通过物理测量来得到几率幅, 因此无法直接利用这些信息, 对量子比特最简单的测量是下面介绍的正交测量. 在量子比特的线性空间上可以定义一个内积, 即对于两个量子比特 $|\phi\rangle = \alpha|0\rangle + \beta|1\rangle = \begin{pmatrix} \alpha \\ \beta \end{pmatrix}$ 和 $|\varphi\rangle = \gamma|0\rangle + \delta|1\rangle = \begin{pmatrix} \gamma \\ \delta \end{pmatrix}$, 令内积 $(\phi, \varphi) = (\alpha^*, \beta^*) \begin{pmatrix} \gamma \\ \delta \end{pmatrix} = \alpha^*\gamma + \beta^*\delta$, 其中 α^* 是 α 的共轭复数, 这样的线性空间称为**希尔伯特空间**. 约定对于一般的列向量 $|\varphi\rangle = \alpha|0\rangle + \beta|1\rangle = \begin{pmatrix} \alpha \\ \beta \end{pmatrix}$, 让 $\langle\varphi|$ 表示 $|\varphi\rangle$ 的共轭转置, 即让 $\langle0| = (1,0)$, $\langle1| = (0,1)$, $\langle\varphi| = \alpha^*\langle0| + \beta^*\langle1| = (\alpha^*, \beta^*)$, 于是内积 (ϕ, φ) 就可以记作 $\langle\phi \| \varphi\rangle$, 或简记作 $\langle\phi|\varphi\rangle$. 这是采用 $|\varphi\rangle$ 这样的记号的另一个好处, 即容易表示复向量的共轭转置. 由于 $\langle0|1\rangle = \langle1|0\rangle = 0$ 和 $\langle0|0\rangle = \langle1|1\rangle = 1$, 所以 $|0\rangle$ 和 $|1\rangle$ 是一组标准正交基. 同样可以验证 $|+\rangle$ 和 $|-\rangle$ 是另一组标准正交基. 每个正交测量由一组正交基表示, 一次测量的结果就是一个随机变量, 取值就是测量所用的各个正交基, 概率就是对应几率幅的模的平方. 例如, 在 $|0\rangle$ 和 $|1\rangle$ 下测量 $|\varphi\rangle = \alpha|0\rangle + \beta|1\rangle$, 结果就是以概率 $|\alpha|^2$ 得到 $|0\rangle$, 以概率 $|\beta|^2$ 得到 $|1\rangle$, 这正是前面说量子比特可以同时处在 $|0\rangle$ 和 $|1\rangle$ 上的精确含义.

在基 $|0\rangle$ 和 $|1\rangle$ 下测量 $|+\rangle = \frac{1}{\sqrt{2}}(|0\rangle + |1\rangle)$, 就能以等概率 $1/2$ 分别得到 $|0\rangle$ 或 $|1\rangle$. 这相当于抛掷一枚均匀硬币的结果, 所以量子算法天然就能轻松地模拟经典随机算法. 虽然

几率幅可以是复数,但对于量子算法而言,几率幅只需取实数就够了. 因为有人证明了,这样的限制不会降低量子算法的能力. 经典概率只能是非负实数,几率幅既可以是正数,也可以是负数,正负还可以互相抵消,这是量子算法比经典随机算法更强的一个原因.

在测量之后,原来的量子比特就变成测量结果中出现的那个正交基,而原来的状态就消失了. 虽然一个量子比特中包含无穷多的信息,但如果通过正交测量来读取它,一次也只能得到一个经典比特的信息,并且一次测量之后,原来的状态就被破坏了,除非原来的状态恰好等于正交测量的某个正交基,这样测量就得到确定的结果,且测量后原来的状态不变. 量子测量的这种性质在一定程度上抵消了量子叠加态带来的好处,给量子算法的性能带来了严重限制. 计算复杂性理论中有证据表明,量子算法大概和概率算法一样,都不能在多项式时间内解决 NP 完全问题. 虽然如此,对于某些特定的问题,量子算法依然比经典算法更强.

12.8.3　量子门

我们采用著名计算机科学家姚期智先生提出的量子电路模型来描述量子算法,量子电路的基本运算单元是量子门. 在经典计算中,经典比特是逻辑真值,基本运算是三种逻辑运算与、或、非,相应地称为与门、或门、非门,任何其他复杂运算都能用这三种基本运算的组合来表示. 而在量子计算中,量子比特是希尔伯特空间中的单位向量. 在量子比特上的基本操作除了上述的正交测量外,还有保持向量长度不变的线性变换,就是数学上所说的酉变换(物理学上称为幺正变换),这些变换就称为量子门. 量子门可以用酉方阵来表示,即满足 $U^{\dagger}U = UU^{\dagger} = I$ 的方阵 U,其中 $U^{\dagger}$ 是 U 的共轭转置,I 是单位阵. 一个量子门 U 作用在量子比特 $|\varphi\rangle$ 上的结果,就得到量子比特 $U|\varphi\rangle$. 注意,量子门作为酉变换,都是可逆的,而经典与门和或门都不是可逆的,只有经典非门是可逆的. 下面列出的量子门都是酉变换,请读者自行验证,留作习题.

先看单比特量子门 $I = \begin{bmatrix} 1 & 0 \\ 0 & 1 \end{bmatrix}, X = \begin{bmatrix} 0 & 1 \\ 1 & 0 \end{bmatrix}, Z = \begin{bmatrix} 1 & 0 \\ 0 & -1 \end{bmatrix}, H = \begin{bmatrix} \dfrac{1}{\sqrt{2}} & \dfrac{1}{\sqrt{2}} \\ \dfrac{1}{\sqrt{2}} & -\dfrac{1}{\sqrt{2}} \end{bmatrix}$. 容易

看出,I 是恒等映射;$X|0\rangle = |1\rangle$ 和 $X|1\rangle = |0\rangle$,X 相当于非门,起翻转比特的作用;$Z|0\rangle = |0\rangle$ 和 $Z|1\rangle = -|1\rangle$,但 $Z|+\rangle = |-\rangle$ 和 $Z|-\rangle = |+\rangle$,Z 对于另一组基 $|+\rangle$ 和 $|-\rangle$ 起非门的作用;H 称为哈达玛门,$H|0\rangle = |+\rangle$ 和 $H|1\rangle = |-\rangle$,以及 $H|+\rangle = |0\rangle$ 和 $H|-\rangle = |1\rangle$,所以 H 在两组不同基之间起坐标变换作用;另外,如前所述,H 也用来模拟抛硬币:先让 $H|0\rangle = |+\rangle$,然后再测量 $|+\rangle$.

再看两比特量子门 $\mathbf{CN} = \begin{bmatrix} I & \\ & X \end{bmatrix} = \begin{bmatrix} 1 & 0 & & \\ 0 & 1 & & \\ & & 0 & 1 \\ & & 1 & 0 \end{bmatrix}$,约定空白处都是 0. 容易看出

$\mathbf{CN}|00\rangle = |00\rangle$,$\mathbf{CN}|01\rangle = |01\rangle$,$\mathbf{CN}|10\rangle = |11\rangle$,$\mathbf{CN}|11\rangle = |10\rangle$,这个 $\mathbf{CN}$ 称为受控非门(Controlled-Not),因为当第 1 个量子比特等于 1 时,就对第 2 个量子比特做非运算,否则什么都不做. 第 1 个量子比特称为控制比特,第 2 个比特称为目标比特,把这样的门记作 $\mathbf{CN}_{1,2}$,即 $\mathbf{CN}_{1,2}|a,b\rangle = |a, a \oplus b\rangle$,其中 $\oplus$ 表示异或运算或模 2 加法. 类似地可定义 $\mathbf{CN}_{2,1}$,

让第 2 个比特作控制,第 1 个比特作目标,即 $\mathbf{CN}_{2,1}|a,b\rangle=|a\oplus b,b\rangle$.

定理 12.7 不存在两比特量子门 **COPY**,使得对于任意量子比特 $|\varphi\rangle$,$\mathbf{COPY}|\varphi\rangle|0\rangle=|\varphi\rangle|\varphi\rangle$.

证 用反证法,假设存在这样的两比特量子门 **COPY**,则按照 **COPY** 的定义,就有

$$\mathbf{COPY}|0\rangle|0\rangle=|0\rangle|0\rangle,\quad \mathbf{COPY}|1\rangle|0\rangle=|1\rangle|1\rangle$$

当 $|\varphi\rangle=\alpha|0\rangle+\beta|1\rangle$ 时,按照 **COPY** 的定义,就有

$$\mathbf{COPY}|\varphi\rangle|0\rangle=|\varphi\rangle|\varphi\rangle=(\alpha|0\rangle+\beta|1\rangle)(\alpha|0\rangle+\beta|1\rangle)$$
$$=\alpha^2|0\rangle|0\rangle+\alpha\beta|0\rangle|1\rangle+\beta\alpha|1\rangle|0\rangle+\beta^2|1\rangle|1\rangle$$

但是按照 **COPY** 的线性性质(量子门都是线性变换),就有

$$\mathbf{COPY}|\varphi\rangle|0\rangle=\mathbf{COPY}(\alpha|0\rangle+\beta|1\rangle)|0\rangle$$
$$=\mathbf{COPY}(\alpha|0\rangle|0\rangle+\beta|1\rangle|0\rangle)=\alpha|0\rangle|0\rangle+\beta|1\rangle|1\rangle$$

对比上述两个结果,对于任意的 α 和 β 不会总是相同的,所以这是矛盾.

上述定理表明量子信息不可克隆,即在量子算法中,不能像经典算法那样随便把一个变量的值赋给另一个变量,保留同一个值的两个副本,只能保留一个副本. 但我们可以交换两个变量的赋值,即存在两比特量子门 **SWAP**,使得 $\mathbf{SWAP}|a\rangle|b\rangle=|b\rangle|a\rangle$,而这只需要三次使用受控非门 **CN** 即可实现:

$$\mathbf{CN}_{1,2}|a\rangle|b\rangle=|a\rangle|a\oplus b\rangle$$
$$\mathbf{CN}_{2,1}|a\rangle|a\oplus b\rangle=|a\oplus(a\oplus b)\rangle|a\oplus b\rangle=|b\rangle|a\oplus b\rangle$$
$$\mathbf{CN}_{1,2}|b\rangle|a\oplus b\rangle=|b\rangle|(a\oplus b)\oplus b\rangle=|b\rangle|a\rangle$$

当给定一个函数 $f:\{0,1\}\rightarrow\{0,1\}$ 时,用函数门 $\mathbf{O}_f|a\rangle|b\rangle=|a\rangle|b\oplus f(a)\rangle$ 来获得函数 f 在输入 a 上的值 $f(a)$,注意每次使用函数门涉及两个量子比特,一个保存输入,一个保存输出. 对于一般的函数 $f:\{0,1\}^n\rightarrow\{0,1\}^m$,也用函数门 $\mathbf{O}_f|a\rangle|b\rangle=|a\rangle|b\oplus f(a)\rangle$ 来获得函数 f 在输入 a 上的值 $f(a)$,只不过这时 $|a\rangle$ 是一个 n 位量子寄存器(即 n 个量子比特),而 $|b\rangle$ 是一个 m 位量子寄存器,所以每次使用函数门涉及 $n+m$ 个量子比特. 之所以这样定义 $\mathbf{O}_f$,是为了保证 $\mathbf{O}_f$ 是酉变换,因为一般情况下 $\mathbf{O}_f|a\rangle=|f(a)\rangle$ 不是可逆的,而酉变换都是可逆的. 这样的函数门也称为外部信息源(Oracle)门,或查询(Query)门,因为我们只要准备好输入 a,就能立即获得函数值 $f(a)$,而不需要知道计算 f 的详细过程,也不需要花费实际计算 $f(a)$ 的代价,换句话说,我们把函数 f 当成一个免费暗箱(Black-box)来对待,只关心输入和输出,而不关心内部细节.

12.8.4 一个量子算法

假设有一个函数 $f:\{0,1\}\rightarrow\{0,1\}$,我们想知道 $f(0)=f(1)$ 还是 $f(0)\neq f(1)$. 如果采用经典算法,至少需要两次求出 f 的值,即分别求出 $f(0)$ 和 $f(1)$ 的值,然后才能给出正确答案. 这是因为如果只求出 $f(0)$ 的值,那么可以假设 $f(1)$ 的值被一个对手(Adversary)所控制,无论给出什么答案,对手总是可以控制 $f(1)$ 的值,让答案出错. 但是下述的道奇(Deutsch)算法却能只求一次 f 的值,就得出正确答案,算法的关键是利用了叠加态,求一次函数的值就同时获得了 $f(0)$ 和 $f(1)$ 的值,并且巧妙地利用变换和测量来得到所需要的信息,这个算法清楚地说明了量子算法的特点.

算法 12.10 道奇算法

输入：以暗箱形式给出的函数 $f:\{0,1\}\rightarrow\{0,1\}$，两比特量子寄存器初始状态 $|0\rangle|1\rangle$

输出：宣布 $f(0)=f(1)$，或者宣布 $f(0)\neq f(1)$

1. 对寄存器的两个量子比特分别作用哈达玛门 $\boldsymbol{H}$
2. 对寄存器的两个量子比特共同作用函数门 $\boldsymbol{O}_f$
3. 对寄存器的第 1 个量子比特作用哈达玛门 $\boldsymbol{H}$
4. 测量寄存器的第 1 个量子比特，如果测量结果是 $|0\rangle$ 就宣布 $f(0)=f(1)$，如果是 $|1\rangle$ 则宣布 $f(0)\neq f(1)$

定理 12.8 道奇算法正确解决上述问题，且只求一次函数值.

证 显然算法只在第 2 步用了一次函数门（注意每次使用函数门涉及两个量子比特），即只求一次函数值.

下面跟踪量子寄存器两个量子比特的状态，来证明算法的正确性. 在第 1 步之后，寄存器的状态是（回忆一下，$\boldsymbol{H}|0\rangle=|+\rangle$ 和 $\boldsymbol{H}|1\rangle=|-\rangle$）：

$$|+\rangle|-\rangle=\frac{1}{\sqrt{2}}(|0\rangle+|1\rangle)\frac{1}{\sqrt{2}}(|0\rangle-|1\rangle)$$

$$=\frac{1}{2}(|0\rangle|0\rangle-|0\rangle|1\rangle+|1\rangle|0\rangle-|1\rangle|1\rangle)$$

在第 2 步之后状态是（回忆一下，$\boldsymbol{O}_f|0\rangle|0\rangle=|0\rangle|0\oplus f(0)\rangle$，$\boldsymbol{O}_f|0\rangle|1\rangle=|0\rangle|1\oplus f(0)\rangle$ 等）

$$\frac{1}{2}(|0\rangle|0\oplus f(0)\rangle-|0\rangle|1\oplus f(0)\rangle+|1\rangle|0\oplus f(1)\rangle-|1\rangle|1\oplus f(1)\rangle)$$

$$=\frac{1}{2}(|0\rangle|f(0)\rangle-|0\rangle|1\oplus f(0)\rangle+|1\rangle|f(1)\rangle-|1\rangle|1\oplus f(1)\rangle)$$

$$=\frac{1}{2}|0\rangle(|f(0)\rangle-|1\oplus f(0)\rangle)+\frac{1}{2}|1\rangle(|f(1)\rangle-|1\oplus f(1)\rangle)$$

以下分两种情况：

（1）当 $f(0)=f(1)$ 时，$|f(0)\rangle-|1\oplus f(0)\rangle=|f(1)\rangle-|1\oplus f(1)\rangle$，所以上述第 2 步以后的状态是：

$$\frac{1}{2}(|0\rangle+|1\rangle)(|f(0)\rangle-|1\oplus f(0)\rangle)=\frac{1}{\sqrt{2}}(|0\rangle+|1\rangle)\frac{1}{\sqrt{2}}(|f(0)\rangle-|1\oplus f(0)\rangle)$$

$$=|+\rangle\frac{1}{\sqrt{2}}(|f(0)\rangle-|1\oplus f(0)\rangle)$$

此时第 3 步之后的状态是（回忆一下，$\boldsymbol{H}|+\rangle=|0\rangle$）：

$$|0\rangle\frac{1}{\sqrt{2}}(|f(0)\rangle-|1\oplus f(0)\rangle)$$

所以第 4 步的测量百分之百得出 $|0\rangle$，算法宣布 $f(0)=f(1)$ 就是正确的.

（2）当 $f(0)\neq f(1)$ 时，即 $f(0)=1\oplus f(1)$ 和 $f(1)=1\oplus f(0)$ 时，这时 $|f(0)\rangle-|1\oplus f(0)\rangle=-(|f(1)\rangle-|1\oplus f(1)\rangle)$，此时第 2 步以后的状态是：

$$\frac{1}{2}(|0\rangle-|1\rangle)(|f(0)\rangle-|1\oplus f(0)\rangle)=\frac{1}{\sqrt{2}}(|0\rangle-|1\rangle)\frac{1}{\sqrt{2}}(|f(0)\rangle-|1\oplus f(0)\rangle)$$

$$=|-\rangle\frac{1}{\sqrt{2}}(|f(0)\rangle-|1\oplus f(0)\rangle)$$

此时第 3 步之后的状态是(回忆一下 $\boldsymbol{H}|-\rangle = |1\rangle$):

$$|1\rangle \frac{1}{\sqrt{2}}(|f(0)\rangle - |1 \oplus f(0)\rangle)$$

所以第 4 步的测量百分之百得出 $|1\rangle$,算法宣布 $f(0) \neq f(1)$ 就是正确的.

上述的道奇算法是人们找到的第 1 个比经典算法加速一倍的量子算法. 后来人们又找到了格罗乌(Grove)量子算法,它从 N 个输入(每个输入带标记或不带标记)中找出一个带标记的输入,只花费 $O(\sqrt{N})$ 时间,比花费 $O(N)$ 时间的经典算法有平方级的加速;当这个算法用于 NP 完全问题的求解时,就可以让任何一个经典算法都自动取得平方级的加速. 而肖尔(Shor)量子算法则能在 $O(n^2 \ln n \ \ln\ln n)$ 时间内完成 n 位整数的因子分解,这比已知最快的 $\exp(\Theta(n^{1/3} \ln^{2/3} n))$ 时间经典算法具有指数倍加速,请读者参见参考文献[14].

习 题 12

12.1 证明最小顶点覆盖、最大团、最大独立集在树上都是易解的.

12.2 所谓区间图是这样的图,图的每个顶点都对应于某条固定直线上的一段区间,两个顶点相邻当且仅当其对应的区间相交(重叠). 证明区间图的顶点着色是易解的.

12.3 所谓圆弧图是这样的图,图的每个顶点都对应于某条固定圆周上的一段圆弧,两个顶点相邻当且仅当其对应的圆弧相交(重叠). 研究圆弧图的顶点着色问题,它是 NP 完全的,还是易解的?

12.4 证明圆弧图的顶点着色有固定参数算法,其中参数 k 为着色的色数.

12.5 给出比正文中结果更好的 3SAT 的改进的指数时间确定算法.

12.6 利用随机游动算法给出 kSAT 的改进的指数时间随机算法.

12.7 给出 kSAT 的改进的指数时间确定算法.

12.8 针对某个实际问题应用一下模拟退火策略.

12.9 完成定理 12.4 证明中的细节,并证明算法实际可在 $O(n^2)$ 时间内运行.

12.10 按照最大团难解实例的产生方法,自己产生一个难解实例,并试验求解. 你能求出的最大团有多少个顶点?

12.11 产生随机 3SAT 的一些实例,用 SP 算法求解这些实例,观察 m/n 最大到多少时 SP 算法仍然有效.

12.12 验证 12.8 节中介绍的量子门都是酉变换.

12.13 把道奇算法推广到函数 $f:\{0,1\}^n \to \{0,1\}$ 上,即假设函数 f 要么在所有输入上都取相同的值,要么在一半的输入上取值 0,在另一半的输入上取值 1,设计量子算法区分这两种情况.

参 考 文 献

[1] 耿素云,屈婉玲,王捍贫. 离散数学教程[M]. 北京：北京大学出版社,2002.

[2] KLEINBERG J,TARDOS E. 算法设计[M]. 张立昂,屈婉玲,译. 北京：清华大学出版社,2007.

[3] CORMENT T H,LEISERSON C E,RIVEST R L. Introduction to Algorithms[M]. 2ed. The MIT Press,2001. 北京：高等教育出版社,2002.

[4] HU T C. Combinatorial Algorithms[M]. Addison-Wesley Publishing Company,1982.

[5] AHO A V, HOPCROFT J E ,JEFFREY D ULLMAN. The Design and Analysis of Computer Algorithms[M]. 北京：机械工业出版社,2006.

[6] DASGUPTA S, PAPADIMITRIOU C, VAZIRANI U. Algorithms[M]. The McGraw-Hill Companies, 2008.

[7] 张立昂. 可计算性与计算复杂性导引[M]. 3 版. 北京：北京大学出版社,2011.

[8] PAPADIMITRIOU C H,STEIGLITZ K. Combinatorial Optimization,Algorithms and Complexity [M]. 刘振宏,蔡茂诚,译. 北京：清华大学出版社,1988.

[9] 王晓东. 算法设计与分析[M]. 2 版. 北京：清华大学出版社,2008.

[10] FRIEZE A, REED B. Probabilistic Analysis of Algorithms[J]//Probabilistic Methods for Algorithmic Discrete Mathematics. Algorithms and Combinatorics,1998,16：36-92.

[11] XU K, LI W. Exact Phase Transitions in Random Constraint Satisfaction Problems[J]. Journal of Artificial Intelligence Research,12：93-103,2000.

[12] XU K,LI W. Mang Hard Examples in Exact Phase Transitions[J]. Theoretical computer Science, 355(3)：291-302,2006.

[13] XU K,BOUSSEMART F,HEMERY F,et al. Random Constraint Satisfaction：Easy Generation of Hard(Satisfiable) Instances. Artificial Intelligence,171：514-534,2007.

[14] MICHAEL N,ISAAC C. Quantum Computation and Quantum Information[M]. 北京：高等教育出版社,2003.

[15] GERHARD W. Exact Algorithms for NP-Hard Problems：A Survey. In：Combinatorial Optimization（Edmonds Festschrift）[J]. Lecture Notes in Computer Science Vol. 2570，185-207,2003.

[16] ABRAHAM F. Algorithms for Random 3-SAT[J]. In：The Encyclopedia of Algorithms. 742-744, 2008. Extended Version：http：www.math.cmu.edu/～adf/vesearch/rand-sat-algs.pdf.

[17] RAJEEV M，RAGHAVAN PRABHAKAR，RANDOMIZED ALGORITHMS. Cambridge University Press,1995.

[18] AVRIM B. Lecture 3—Probabilistic Analysis and Randomized Quicksort, Lecture notes in an Algorithms course[J]. Carnegie Mellon University,2009. http://www.cs.cmu.edu/～avrim/451f09/lectures/lect0901.pdf.

[19] HON W K. Lecture 21-Markov Chains (Definition,Solving 2SAT). Lecture slides in an Randomized Algorithms course[J]. National Tsing Hua University,2009.http://www.cs.nthu.edu.tw/～wkhon/random09/lecture/lecture21.pdf.

[20] NIEDERMEIER R. Invitation to Fixed-Parameter Algorithms[M]. Oxford University Press,2006.

[21] WILLIAMS R. Non-uniform ACC Circuit Lower Bounds[C]. 26th Annual IEEE Conference on Computational Complexity,115-125,2011.